高职高专教育"十二五"规划建设教材

肉制品加工技术

牛红云　于海涛　主编

中国农业大学出版社

·北京·

内 容 简 介

《肉制品加工技术》摒弃了原有工艺、品控、设备等内容孤立成章的编写模式，每个项目均按照企业生产过程将工艺过程、设备知识、质量控制知识、成本核算等内容有机融合到一起，使学生能够全面、系统地进行学习。本教材不仅面向食品加工技术专业学生，也可作为食品生物技术、食品营养与检测专业的选修课程教材，同时也可作肉制品生产企业员工的培训教材。因此，在基本理论、基本技能、基本方法的介绍中力避晦涩难懂，同时也注重其专业性。并且在书后附有相应的附录和标准，供深入研究者进一步查询。

图书在版编目(CIP)数据

肉制品加工技术/牛红云,于海涛主编. —北京:中国农业大学出版社,2013.7
ISBN 978-7-5655-0738-0

Ⅰ.①肉…　Ⅱ.①牛…②于…　Ⅲ.①肉制品-食品加工-高等职业教育-教材
Ⅳ.①TS251.5

中国版本图书馆 CIP 数据核字(2013)第 134171 号

书　　名	肉制品加工技术		
作　　者	牛红云　于海涛　主编		
策划编辑	陈 阳 伍 斌	责任编辑	张 蕊
封面设计	郑 川	责任校对	王晓凤 陈莹
出版发行	中国农业大学出版社		
社　　址	北京市海淀区圆明园西路 2 号	邮政编码	100193
电　　话	发行部 010-62731190,2620	读者服务部	010-62732336
	编辑部 010-62732617,2618	出 版 部	010-62733440
网　　址	http://www.cau.edu.cn/caup	e-mail	cbsszs @ cau.edu.cn
经　　销	新华书店		
印　　刷	北京鑫丰华彩印有限公司		
版　　次	2013 年 8 月第 1 版　2013 年 8 月第 1 次印刷		
规　　格	787×1 092　16 开本　23.75 印张　586 千字		
定　　价	45.00 元		

图书如有质量问题本社发行部负责调换

编写人员

主　编　牛红云　黑龙江农垦职业学院

　　　　于海涛　黑龙江农垦职业学院

副主编　姚　微　黑龙江农垦职业学院

　　　　孙　强　黑龙江农垦职业学院

　　　　尚丽娟　黑龙江农垦科技职业学院

参　编　孙洁心　黑龙江农垦职业学院

　　　　曲彤旭　黑龙江农垦职业学院

　　　　王　冰　黑龙江农垦职业学院

　　　　李晓红　黑龙江农业经济职业学院

前　言

　　肉制品是人类获取蛋白质营养的主要来源,也是人们日常饮食的重要食品。随着经济的快速增长,人民生活水平有较大提高,消费习惯也在发生转变,肉制品已经成为人们餐桌上不可或缺的食品。肉制品的产品结构也从屠宰后直接进入市场,向冷却肉制品、保鲜肉制品、低温肉制品、深加工肉制品的方向转变,同时人们也越来越注重肉制品的品质和质量。近几年,我国肉制品生产和加工企业发展迅速,对肉制品的生产加工、品控、管理方面的人才需求增大,培养肉制品加工与品控方面的高端技能型人才已经成为各类高职院校食品专业的重要任务,肉制品生产与控制这门课程已成为高职院校食品类专业的一门专业核心课程。

　　本教材按照教育部"十二五"规划教材整体要求,系统全面地从畜禽屠宰、原料肉检验、肉制品加工、肉制品质量控制、肉制品出厂前准备等方面进行了系统的阐述,同时本教材打破原有学科体系教材的编写模式,通过项目导入、任务驱动的设计理念编排内容,通过项目导入激发学生的学习兴趣,并从项目的分析展开后续的教学内容,符合学生的认知规律。设立实际的工作任务,要求学生围绕任务展开对相关知识和技能的学习,符合高职学生注重技能的培养要求,也符合当前高职课程改革需要。

　　《肉制品加工技术》摒弃原有工艺、品控、设备等内容孤立成章的编写模式,每个项目均按照企业生产过程将工艺过程、设备知识、质量控制知识、成本核算等内容有机融合到一起,使学生能够全面、系统地进行学习。本教材不仅面向食品加工技术专业学生,也可作为食品生物技术、食品营养与检测专业的选修课程教材,同时也可作肉制品生产企业员工的培训教材。因此,在基本理论、基本技能、基本方法的介绍中力避晦涩难懂,同时也注重其专业性。并且在书后附有相应的附录和标准,供深入研究者进一步查询。

　　本教材由牛红云,于海涛主编,姚微、孙强、尚丽娟为副主编。编写分工:牛红云,于海涛编写模块二、模块四、习题、附录;王冰编写模块一;孙洁心编写绪论、模块三中的项目二、项目五、项目八;孙强编写模块三中的项目一、项目四;姚微编写模块三中的项目三、项目七;曲彤旭编写模块三的项目六;尚丽娟编写模块三中的项目九;李晓红编写模块三中的项目十。

　　由于编者水平有限,书中错误与不当之处在所难免,敬请读者不吝指正。

编　者
2013 年 5 月

目　录

绪　　论

　　我国有很多肉用畜禽资源,包括猪、牛、家禽等各个种类的多个品种。据古书和考古资料记载,传说远在黄帝轩辕时代,我国人民已开始"圈养鸟兽"。西安半坡村出土的我国 6 000 多年前的母系氏族社会遗址中,已有鸡的骨骼。因此可推断,我国畜牧业至少已有 6 000 多年的历史。从公元 1898—1899 年在河南安阳小屯殷墟出土的无数甲骨文可以看出,到了殷商时代(公元前 1600—公元前 1046 年),我国的畜牧业已很发达,后人所拥有的马、牛、羊、鸡、猪、狗六畜,当时都已成为家畜。1978 年改革开放以来,我国的畜牧业发展出现强劲势头,肉类产量逐年上升。畜牧业的发展,不仅繁荣了市场,增加了国民经济收入,也极大地推动了其他行业,如饲料加工业、肉品加工业的快速发展。

第一节　我国肉类工业的现状和发展趋势

一、我国肉类工业的现状

　　我国肉类工业包括畜禽的屠宰,肉的冷却、冷冻与冷藏,肉的分割,肉制品加工与副产品。中国肉类量已达世界肉类总产量的 1/4。从 1990 年开始,中国已成为世界最大的肉类消费大国。2010 年全国肉类人均占有量达到 59.1 kg,已超过世界人均水平。

(一)产业集中度逐年提高

　　2009 年,全国规模以上屠宰及肉类加工企业达 3 696 家,比 2005 年的 2 466 家增加了1 230 家。其中畜禽屠宰加工为 2 076 家、肉制品加工为 1 620 家,两种企业结构比为 56∶44。随着规模化企业的扩张和发展,一些无竞争优势的企业被兼并或转产,规模以上企业占屠宰及肉类加工企业总数的 17.8%,比 2005 年的 8.2%增加了 9.6 个百分点。

(二)肉制品加工比重上升

　　我国肉制品总产量 2005—2008 年分别为 890 万 t、948 万 t、1 000 万 t、1 070 万 t,2009 年约为 1 120 万 t,比上年增长 4.7%,占肉类总产量的比重为 14.7%,已经提前达到并超过"十一五"的规划目标。

　　经过几年的结构调整,中西式肉制品的结构已由过去的 40∶60 调整到现在的 45∶55,中式肉制品比重有所提升。在西式肉制品中,高温制品约占 40%,低温制品约占 60%。肉类产品结构的调整,更好地满足了消费者日益增长的多层次需求。

(三)肉品安全保障工作加强

随着《生猪屠宰管理条例》的修订和《食品安全法》的颁布实施,肉类企业的主体资格和生产经营行为得到进一步规范,生产条件和经营环境更加符合食品安全和卫生要求,肉品安全保障工作得到加强。肉类行业 90 个强势企业及部分大中型肉类企业都已通过了 ISO 9000 和 HACCP 质量管理体系认证。

(四)产业区域布局渐趋合理

2009 年,全国规模以上屠宰及肉类加工企业工业资产投资布局大体上分为三大梯度:以鲁、豫、川、辽、吉、苏、皖、蒙、黑、冀 10 个主要畜禽产区为第一梯度,形成资产量为 1 741 亿元,占全国规模以上企业总量的 77%;以闽、京、鄂、湘、粤、浙、沪、晋、渝、津为第二梯度,资产量为 412.3 亿元,占资产总量的 18%;以赣、陕、桂、云、新、甘、贵、青、宁、藏、琼为第三梯度,资产量为 102.7 亿元,占资产总量的 5%。肉类工业的投资区域分布态势趋向于主要畜禽产区。

(五)企业技术进步加快

"十一五"以来,肉类工业科技创新推动了行业的科技进步。通过实施国家重点支撑项目及高科技研究发展计划("863"计划),肉类工业在屠宰加工技术与装备、肉类加工技术与装备、肉类质量安全控制欲溯源技术、副产品综合利用与清洁生产技术等方面实现了重大技术突破,形成了一大批与生产实践紧密结合的共性技术和关键技术。在引进国外先进技术和设备的同时,国内自主开发和生产的屠宰加工设备和技术得到了较快发展。

二、我国肉类工业发展中的主要问题

(一)规模化畜禽养殖比重较小,影响肉类市场稳定

从肉类产品的结构调整看,2009 年我国猪肉、禽肉、牛肉、羊肉、杂畜肉的结构比重依次为 64:21:8.3:5.1:1.6。这种结构距离猪肉、牛羊肉、禽肉各占 60%、20% 和 20% 左右的规划目标差距较大。目前,我国规模化养殖占畜禽生产总量不足 40%,农户散养的生产量受市场价格波动影响,很不稳定。

(二)工厂化屠宰加工比重较低,影响肉品安全

2009 年,我国有 21 000 多家定点屠宰厂(场),其中规模以上屠宰加工企业仅占总数的 9.9%,全国大约 90% 的屠宰企业还处于小规模手工或半机械屠宰的落后状态。这种情况下,屠宰企业很难有效地保障肉品质量安全。

(三)肉食加工增值能力较弱,影响结构调整

在手工或半机械屠宰与代宰经营占大比重的基础上,由于企业技术更新改造投入不足、低水平重复建设严重,冷链化流通发展缓慢等原因,导致肉品结构调整困难,市场上"四多四少"(即白条肉多、分割肉少;热鲜肉多、冷鲜肉少;散售裸肉多、包装肉少;高温制品多、低温制品少)的状况尚未得到明显改变,肉类产品形态单一、同质化的问题突出,与城乡居民肉食消费多层次、多样性的需求结构很不适应。

(四)国内肉食供需变化大,影响对外出口

近些年我国肉类产品进出口数量连续大于出口,这一重大变化,一方面说明了国内肉类生

产供给变化和消费市场需求的潜力；另一方面也说明我国肉类产品曾经具有的原料、劳动力成本较低的优势正在逐步削弱，而世界贸易对产品质量安全的标准日益提高，对我国肉类出口的阻力逐渐加大，我国肉类工业发展正面临着贸易市场全球化竞争的新形势。

三、我国肉类工业发展战略

在世界肉类组织、中国肉类协会共同主办的 2010 年中国国际肉类工业峰会上，中国肉类协会提交了《"十二五"期间中国肉类工业发展战略研究的报告》，报告中提出，未来 5 年，中国肉类发展中心任务是确保稳定均衡的肉类供给能力和肉品安全。为此，需加快"三个转变"：一是由分散的传统饲养方式向规模化的现代饲养方式转变；二是由作坊式的手工加工向工厂化、机械化的加工方式转变；三是由肉类产品的落后生产流通方式向现代生产、冷链物流、连锁经营等先进方式转变，促进畜禽养殖、屠宰加工、制品加工、储运销售等各个环节的有机结合与相互协调。同时，加快推进企业组织结构、技术结构和产品结构"三个调整"，最终实现生产要求向优势企业集中，提高资源配置效率和产业核心竞争力。

四、我国肉类工业领域的发展重点和主要任务

(一)完善设置规划，优化产业布局

1. 畜禽屠宰加工区域布局

推动畜禽主产区集中发展大型屠宰加工企业，减少活畜(禽)跨区调运。严格控制新增产能，原则上不再新建生猪、羊年屠宰量 15 万头以下、牛 1 万头以下、禽 1 000 万只以下的企业；加快淘汰手工及半机械化的畜禽屠宰加工项目。机械化屠宰厂的新建要实现产能减量化、布局合理化、生产规模化。

2. 肉制品加工企业区域布局

结合大中城市屠宰企业的外移，利用原有肉类联合加工厂的基础设施进行技术改造，转变为肉制品加工企业或物流企业。结合肉类生产布局的调整，在肉类主要产区新建肉制品加工企业，原则上不再新建年加工量 3 000 t 以下的西式肉制品加工企业。

3. 冷库及冷链流通体系建设区域布局

加快淘汰落后的制冷设备、水循环设备，采用先进的制冷装置，加强维护与保养，按照节能环保、资源节约、安全运行的要求对于部分冷库设施进行技术更新改造，使其转变为适应现代物流要求的商业性冷库。同时，要结合产业布局的调整，积极采用先进技术，新建一批与之配套的冷库及冷链流通设施。

(二)促进兼并重组，优化资源配置

鼓励支持有实力的肉类企业以多种方式进行兼并重组，重点加大城市及其周边地区定点屠宰企业的整合力度，促进屠宰厂点的集中合并。鼓励外商投资肉类工业领域，同时，鼓励大型企业"走出去"，通过在国外建厂、控股、兼并等多种形式进行跨国经营，提升我国屠宰及肉类加工企业在国际市场上的影响力。

(三)延伸产业链条，扩大市场销售

要建设优质专用畜禽产品生产基地，逐步实现加工原料的专用化、规模化和标准化，确保肉类工业发展的原料需求。鼓励肉类企业以产业化经营模式，与畜禽生产者建立稳定的购销

关系和合理的利益分配机制,保证肉类工业优质专用原料的有效供给。

要建立肉类食品现代营销网络和物流配送体系。支持企业创建品牌,发展低温仓储和冷链配送,扩张品牌连锁销售网络和电子商务。鼓励肉类食品专业批发市场进行标准化改造。支持肉类食品企业发展出口业务,提升国际市场竞争力。

(四)加快技术进步,提升装备水平

一是加快淘汰落后的手工和半机械化屠宰厂;二是加快符合设置规划的定点屠宰企业的标准化改造;三是依托大型企业,建设一批科技创新基地和现代化示范生产线,构建科技创新的基础平台;四是积极发展畜禽屠宰及制品加工、禽蛋及制品加工装备制造业,提高我国肉类工业、蛋品工业装备国产化率和整体发展水平。

(五)调整产品结构,确保肉品安全,培育自主品牌

积极落实"变大为小、变粗为精、变生为熟、变裸为包、变废为宝、变害为利"的方针,扩大冷鲜肉、小包装分割肉的加工比重,扩大液蛋、蛋粉等禽蛋制品精深加工的比重,开发科技含量高、附加值高的优质新产品,加快我国传统肉类食品的工业化生产。

(六)加强环保节能和资源综合利用,发展清洁生产

加强定点屠宰场点的环境治理,坚决关闭位于饮用水源地、居住区等环境敏感地带的屠宰企业;对新建项目要严格执行环境影响评价和项目竣工环境保护验收,落实各项环保要求;支持企业建立排污设施,确保污染物达标排放;加快推广畜禽资源综合利用技术和清洁生产技术;推广病害畜禽及其非食用肉品的无害化处理技术;推广冷加工、冷库节能、节水减排技术;推广沼气工程,发展循环经济。

第二节 肉的组织结构和化学组成

肉制品工艺学属于应用型技术学科,它是以屠宰动物为对象,以肉类科学为基础,综合相关学科知识,研究肉与肉制品及其他副产品加工技术和产品质量变化规律的科学。肉制品工艺学将对发展肉食品工业生产、促进肉品加工科技进步及发展国民经济、推动农业的发展、改善人民生活等许多方面发挥极其重要的作用。

一、肉及肉制品加工的概念和研究范围

我们通常所说的"肉",是指动物体的可食部分,不仅包括动物的肌肉组织,而且还包括像心、肝、肾、肠、脑等器官在内的所有可食部分。由于世界各国的动物品种来源及食用习惯不同,食用动物的品种也有一定的差异,不过大多数国家和地区的肉类来源主要包括牛、猪、羊、鸡、鱼等。由于鱼类是水产品的一个大的类别,所以一般把它们归为水产品类。因此,我们这里所指的肉,主要指牛肉、猪肉、羊肉、鸡肉等品种。

在肉品工业中,按其加工利用价值,把肉理解为胴体,即畜禽经屠宰后除去毛(皮)、头、蹄、尾、血液、内脏后的肉尸,俗称白条肉,它包括肌肉组织、脂肪组织、结缔组织和骨组织。肌肉组织是指骨骼肌,俗称之"瘦肉"或"精肉"。胴体因带骨又称为带骨肉,肉剔骨以后又称其为净

肉。胴体以外的部分统称为副产品,如胃、肠、心、肝等称做脏器,俗称"下水"。脂肪组织中的皮下脂肪称做肥肉,俗称"肥膘"。

在肉品生产中,把刚宰后不久的肉称为"鲜肉";经过一段时间的冷处理,使肉保持低温而不冻结的肉称为"冷却肉";经低温冻结后的肉则称为"冷冻肉";按不同部位分割包装的肉称为"分割肉";将肉经过进一步的加工处理生产出来的产品称为"肉制品"。

根据某种标准,利用某些设备和技术将原料肉制造成半成品或可食用的产品,这个过程称为肉制品加工。

肉制品种类繁多,其分类方法也有许多种。例如,我国习惯上把国内生产的肉制品特别是传统肉制品称为中式肉制品,把国外生产的或者从国外引进的肉制品品种称为西式肉制品。随着加工方式的不断改进,现在不少肉类制品已经难以区别"中"、"西"了;根据肉制品加工过程中使用的方法,可以将其分为腌腊制品、发酵制品、熏烤制品等。事实上,很多肉制品在加工过程中都是用了几种加工方法,有时以某一种方法为主;根据肉制品的成型,可将其分为灌肠制品、罐头制品等。可成型不同的肉类制品,其内含物使用的加工方法有时是类似的;还有用生产地名加上生产工艺来分类的方法,等等。从上面的叙述可以看出,各种分类方法都有其不足之处,所以至今没有一种被公认的分类方法。为了能使大家对各种肉制品都有所接触,我们在学习的过程中,结合以上几种分类方法将肉制品大致分为腌腊制品、灌肠制品、罐头制品、酱卤制品、熏烤制品、干肉制品、西式火腿和其他类肉制品如油炸肉制品、速冻肉制品、低温肉制品等。

二、肉的组织结构

肉(胴体)是由肌肉组织、脂肪组织、结缔组织和骨组织四大部分构成。这些组织的结构、性质直接影响肉品的质量、加工用途及其商品价值。

(一)肌肉组织

肌肉组织可分为骨骼肌、平滑肌、心肌 3 种,是构成肉的主要组成部分。肉制品加工学习中主要指的是骨骼肌,占胴体的 $50\%\sim60\%$,具有较高的食用价值和商品价值。

1. 肌肉组织的宏观结构

肌肉是由许多肌纤维和少量结缔组织、脂肪组织、腱、血管、神经、淋巴等组成。从组织学看,肌肉组织是由丝状的肌纤维集合而成,每 $50\sim150$ 根肌纤维由一层薄膜所包围形成初级肌束。再由数十个初级肌束集结并被稍厚的膜所包围,形成次级肌束。由数个次级肌束集结,外表包着较厚膜,构成了肌肉。

2. 肌肉组织的微观结构

构成肌肉的基本单位是肌纤维,也叫肌纤维细胞。肌纤维是属于细长的多核的纤维细胞,长度由数毫米到 20 cm,直径只有 $10\sim100~\mu m$。在显微镜下可以看到肌纤维细胞沿细胞纵轴平行的、有规则排列的明暗条纹。肌纤维是由肌原纤维、肌浆、细胞核和肌鞘构成。

肌原纤维是构成肌纤维的主要组成部分,直径为 $0.5\sim3.0~\mu m$。肌肉的收缩和伸长就是由肌原纤维的收缩和伸长所致。肌原纤维具有和肌纤维相同的横纹,横纹的结构是按一定周期重复,周期的一个单位叫肌节。肌节是肌肉收缩和舒张的最基本的功能单位,静止时的肌节长度约为 $2.3~\mu m$。肌节两端是细线状的暗线称为 Z 线,中间宽约 $1.5~\mu m$ 的暗带称为 A 带,A 带和 Z 线之间是宽约为 $0.4~\mu m$ 的明带或称 I 带。在 A 带中央还有宽约 $0.4~\mu m$ 的稍明的 H

区,形成了肌原纤维上的明暗相间的现象。

肌浆是充满于肌原纤维之间的胶体溶液,呈红色,含有大量的肌溶蛋白质和参与糖代谢的多种酶类。此外,尚含有肌红蛋白。由于肌肉的功能不同,在肌浆中肌红蛋白的数量不同,这就使不同部位的肌肉颜色深浅不一。

(二)脂肪组织

脂肪组织是仅次于肌肉组织的第二个重要组成部分,具有较高的食用价值。对于改善肉质、提高风味均有影响。脂肪在肉中的含量变动较大,取决于动物种类、品种、年龄、性别及肥育程度。

脂肪的构造单位是脂肪细胞,脂肪细胞或单个或成群地借助于疏松结缔组织联在一起。细胞中心充满脂肪滴,细胞核被挤到周遍。脂肪细胞外层有一层膜,膜为胶状的原生质构成,细胞核即位于原生质中。脂肪细胞是动物体内最大的细胞,直径为 $30\sim120\ \mu m$,最大者可达 $250\ \mu m$,脂肪细胞愈大,里面的脂肪滴愈多,因而出油率也愈高。脂肪细胞的大小与畜禽的肥育程度及不同部位有关。如牛肾周围的脂肪直径肥育牛为 $90\ \mu m$,瘦牛为 $50\ \mu m$;猪脂肪细胞的直径皮下脂肪为 $152\ \mu m$,而腹腔脂肪为 $100\ \mu m$。脂肪在体内的蓄积,依动物种类、品种、年龄、肥育程度不同而异。猪脂肪多蓄积在皮下、肾周围及大网膜;羊脂肪多蓄积在尾根、肋间;牛脂肪主要蓄积在肌肉内;鸡脂肪蓄积在皮下、腹腔及肠胃周围。脂肪蓄积在肌束内最为理想,这样的肉呈大理石样,肉质较好。脂肪在活体组织内起着保护组织器官和提供能量的作用,在肉中脂肪是风味的前提物质之一。脂肪组织的成分,脂肪占绝大部分,其次为水分、蛋白质以及少量的酶、色素和维生素等。

(三)结缔组织

结缔组织是肉的次要成分,在动物体内对各器官组织起到支持和连接作用,使肌肉保持一定弹性和硬度。结缔组织有细胞、纤维和无定形的基质组成。细胞为成纤维细胞,存在于纤维中间;纤维由蛋白质分子聚合而成,可分胶原纤维、弹性纤维和网状纤维3种。

1. 胶原纤维

胶原纤维呈白色,故称白纤维。纤维呈波纹状,分散存在于基质内。纤维长度不定,粗细不等;直径为 $1\sim12\ \mu m$,有韧性及弹性,每条纤维由更细的胶原纤维组成。胶原纤维主要由胶原蛋白组成,是肌腱、皮肤、软骨等组织的主要成分,在沸水或弱酸中变成明胶;易被酸性胃液消化,而不被碱性胰液消化。

2. 弹性纤维

弹性纤维色黄,故又称黄纤维。有弹性,纤维粗细不同而有分支,直径为 $0.2\sim12\ \mu m$。在沸水、弱酸或弱碱中不溶解,但可被胃液和胰液消化。弹性纤维的主要化学成分为弹性蛋白,在血管壁、项韧带等组织中含量较高。

3. 网状纤维

网状纤维主要分布于输送结缔组织与其他组织的交界处,如在上皮组织的膜中、脂肪组织、毛细血管周围,均可见到极细致的网状纤维,在基质中很容易附着较多的黏多糖蛋白,可被硝酸银染成黑色,其主要成分是网状蛋白。

结缔组织的含量决定于年龄、性别、营养状况及运动等因素。老龄、公畜、消瘦及使役的动物其结缔组织含量高;同一动物不同部位也不同,一般来讲,前躯由于支持沉重的头部而结缔组织较后躯发达,下躯较上躯发达。

结缔组织为非全价蛋白,不易被消化吸收,能增加肉的硬度,降低肉的食用价值,可以用来加工胶冻类食品。牛肉结缔组织的吸收率为 25%,而肌肉的吸收率为 69%。由于各部的肌肉结缔组织含量不同,其硬度不同,剪切力值也不同。

肌肉中的肌外膜是由含胶原纤维的致密结缔组织和疏松结缔组织组成,还伴有一定量的弹性纤维。背最长肌、腰大肌、腰小肌这两种纤维都不发达,肉质较嫩;半腱肌这两种纤维都较发达,肉质较硬;股二头肌外侧弹性纤维发达而内侧不发达;颈部肌肉胶原纤维多而弹性纤维少。肉质的软硬不仅决定与结缔组织的含量,还与结缔组织的性质有关。老龄家畜的胶原蛋白分子交联程度高,肉质硬。此外,弹性纤维含量高,肉质就硬。

(四)骨组织

骨组织是肉的次要部分,食用价值和商品价值较低,在运输和贮藏时要消耗一定能源。成年动物骨骼的含量比较恒定,变动幅度较小。猪骨占胴体的 5%~9%,牛骨占 15%~20%,羊骨占 8%~17%,兔骨占 12%~15%,鸡骨占 8%~17%。

骨由骨膜、骨质和骨髓构成,骨膜是结缔组织保卫在骨骼表面的一层硬膜,里面有神经、血管。骨骼根据构造的致密程度分为密致骨和松质骨,骨的外层比较致密坚硬,内层较为疏松多孔。按形状又分为管状骨和扁平骨,管状骨密致层厚,扁平骨密致层薄。在管状骨的管骨腔及其他骨的松质层空隙内充满有骨髓。无机质的成分主要是钙和磷。

将骨骼粉碎可以制成骨粉,作为饲料添加剂,此外还可熬出骨油和骨胶。利用超微粒粉碎机制成骨泥,是肉制品的良好添加剂,也可用作其他食品以强化钙和磷。

三、肉的化学组成

肉的化学组成主要是指肌肉组织中的各种化学物质,包括有水分、蛋白质、脂类、碳水化合物、含氮浸出物及少量的矿物质和维生素等(表 1-1)。

表 1-1　畜禽肉的化学组成

名称	含量/%					热量/(J/kg)
	水分	蛋白质	脂肪	碳水化合物	灰分	
牛肉	72.91	20.07	6.48	0.25	0.92	6 186.4
羊肉	75.17	16.35	7.98	0.31	1.92	5 893.8
肥猪肉	47.40	14.54	37.34	—	0.72	13 731.3
瘦猪肉	72.55	20.08	6.63		1.10	4 869.7
马肉	75.90	20.10	2.20	1.33	0.95	4 305.4
鹿肉	78.00	19.50	2.25	—	1.20	5 358.8
兔肉	73.47	24.25	1.91	0.16	1.52	4 890.6
鸡肉	71.80	19.50	7.80	0.42	0.96	6 353.6
鸭肉	71.24	23.73	2.65	2.33	1.19	5 099.6
骆驼肉	76.14	20.75	2.21	—	0.90	3 093.2

(一)水分

水是肉中含量最多的成分,不同组织水分含量差异很大,其中肌肉含水量 70%~80%,皮肤为 60%~70%,骨骼为 12%~15%。畜禽愈肥,水分的含量愈少,老年动物比幼年动物含量少。肉中水分含量多少及存在状态影响肉的加工质量及贮藏性。肉中水分存在形式大致可分为结合水、不易流动水、自由水 3 种。

1. 结合水

肉中结合水的含量,大约占水分总量的 5%。通常在蛋白质等分子周围,借助分子表面分布的极性基团与水分子之间的静电引力而形成的一薄层水分。结合水与自由水的性质不同,它的蒸气压极低,冰点约为 −40℃,不能作为其他物质的溶剂,不易受肌肉蛋白质结构或电荷的影响,甚至在施加外力条件下,也不能改变其与蛋白质分子紧密结合的状态。通常这部分水分分布在肌肉的细胞内部。

2. 不易流动水

不易流动水约占总水分的 80%,指存在于纤丝、肌原纤维及膜之间的一部分水分。这些水分能溶解盐及溶质,并可在 −1.5~0℃ 下结冰。不易流动水易受蛋白质结构和电荷变化的影响,肉的保水性能主要取决于此类水的保持能力。

3. 自由水

自由水指能自由流动的水,存在于细胞外间隙中能够自由流动的水,约占水分总量的 15%。

(二)蛋白质

肌肉中除水分外主要成分是蛋白质,占肌肉的 18%~20%,占肉中固形物的 80%,依其构成位置和在盐溶液中溶解度可分成以下 3 种:肌原纤维蛋白质、肌浆中的蛋白质、基质蛋白质。

1. 肌原纤维蛋白质

肌原纤维是肌肉收缩的单位,由丝状的蛋白质凝胶所构成。肌原纤维蛋白质的含量随肌肉活动而增加,并因静止或萎缩而减少。而且肌原纤维中的蛋白质与肉的某些重要品质特性(如嫩度)密切相关。肌原纤维蛋白质占肌肉蛋白质总量的 40%~60%,它主要包括肌球蛋白、肌动蛋白、肌动球蛋白和 2~3 种调节性结构蛋白质。

2. 肌浆中的蛋白质

肌浆是浸透于肌原纤维内外的液体,含有机物与无机物,一般占肉中蛋白质含量的 20%~30%。通常将磨碎的肌肉压榨便可挤出肌浆。它包括肌溶蛋白、肌红蛋白、肌球蛋白 X 和肌粒中的蛋白质等。这些蛋白质易溶于水或低离子强度的中性盐溶液,是肉中最易提取的蛋白质。故称之为肌肉的可溶性蛋白质。这里重点叙述与肉及其制品的色泽有直接关系的肌红蛋白。

肌红蛋白是一种复合性的色素蛋白质,是肌肉呈现红色的主要成分。肌红蛋白由一条肽链的珠蛋白和一分子亚铁血色素结合而成。肌红蛋白有多种衍生物,如呈鲜红色的氧合肌红蛋白、呈褐色的高铁肌红蛋白、呈鲜亮红色的 NO 肌红蛋白等。肌红蛋白的含量,因动物的种类、年龄、肌肉的部位而不同。

3. 基质蛋白质

基质蛋白质亦称间质蛋白质,是指肌肉组织磨碎之后在高浓度的中性溶液中充分抽提之后的残渣部分。基质蛋白质是构成肌内膜、肌束膜和腱的主要成分,包括胶原蛋白、弹性蛋白、网状蛋白及黏蛋白等,存在于结缔组织的纤维及基质中,它们均属于硬蛋白类。

(三)脂肪

脂肪对肉的食用品质影响甚大,肌肉内脂肪的多少直接影响肉的多汁性和嫩度。动物的脂肪可分为蓄积脂肪和组织脂肪两大类,蓄积脂肪包括皮下脂肪、肾周围脂肪、大网膜脂肪及肌间脂肪等;组织脂肪为脏器内的脂肪。动物性脂肪主要成分是甘油三酯(三脂肪酸甘油酯),约占90%,还有少量的磷脂和固醇脂。肉类脂肪有20多种脂肪酸,其中饱和脂肪酸以硬脂酸和软脂酸居多;不饱和脂肪酸以油酸居多,其次是亚油酸。磷脂以及胆固醇所构成的脂肪酸酯类是能量来源之一,也是构成细胞的特殊成分,它对肉类制品质量、颜色、气味具有重要作用。不同动物脂肪的脂肪酸组成不一致,相对来说,鸡脂肪和猪脂肪含不饱和脂肪酸较多,牛脂肪和羊脂肪中含不饱和脂肪酸较少。

(四)浸出物

浸出物是指除蛋白质、盐类、维生素外能溶于水的浸出性物质,包括含氮浸出物和无氮浸出物。

1. 含氮浸出物

含氮浸出物为非蛋白质的含氮物质,如游离氨基酸、磷酸肌酸、核苷酸类(ATP、ADP、AMP、IMP)及肌苷、尿素等。这些物质左右肉的风味,为香气的主要来源,如ATP除供给肌肉收缩的能量外,逐级降解为肌苷酸是肉香的主要成分,磷酸肌酸分解成肌酸,肌酸在酸性条件下加热则为肌酐,可增强熟肉的风味。

2. 无氮浸出物

无氮浸出物为不含氮的可浸出的有机化合物,包括有糖类化合物和有机酸。糖类又称碳水化合物。因由C、H、O3个元素组成,氢氧之比恰为2∶1,与水相同。但有若干例外,如去氧核糖($C_2H_{10}O_4$),鼠李糖($C_6H_{12}O_5$),并非按氢2氧1比例组成。又如乳酸按氢氧比例2∶1组成,但无糖的特性,属于有机酸。

无氮浸出物主要是糖原、葡萄糖、麦芽糖、核糖、糊精,有机酸主要是乳酸及少量的甲酸、乙酸、丁酸、延胡索酸等。

糖原主要存在于肝脏和肌肉中,肌肉中含0.3%~0.8%,肝中含2%~8%,马肉肌糖原含2%以上。宰前动物消瘦,疲劳及病态,肉中糖原储备少。肌糖原含量多少,对肉的pH、保水性、颜色等均有影响,并且影响肉的包藏性。

(五)矿物质

矿物质是指一些无机盐类和元素,含量占1.5%左右。这些无机盐在肉中有的以游离状态存在,如镁离子、钙离子;有的以螯合状态存在,如肌红蛋白中含铁,核蛋白中含磷。肉中尚含有微量的锰、铜、锌、镍等。肉中主要矿物质含量如表1-2所示。

表 1-2 肉中主要矿物质含量 mg/100 g

项目	矿物质							
	钙	镁	锌	钠	钾	铁	磷	氯
含量	2.6~8.2	14~31.8	1.2~8.3	36~85	451~297	1.5~5.5	10~21.3	34~91
平均含量	4.0	21.1	4.2	38.5	395	2.7	20.1	51.4

(六)维生素

肉中维生素主要有维生素 A、维生素 B_1、维生素 B_2、维生素 PP、叶酸、维生素 C、维生素 D 等。其中脂溶性维生素较少,但水溶性 B 族维生素含量丰富。猪肉中维生素 B_1 的含量比其他肉类要多得多,而牛肉中叶酸的含量则又比猪肉和羊肉高。此外,动物的肝脏,几乎各种维生素含量都很高。肉中主要维生素含量如表 1-3 所示。

表 1-3 肉中主要维生素含量

mg/100 g

畜肉	维生素 A	维生素 B_1	维生素 B_2	维生素 PP	泛酸	生物素	叶酸	维生素 B_6	维生素 B_{12}	维生素 D
牛肉	微量	0.07	0.20	5.0	0.4	3.0	10.0	0.3	2.0	微量
小牛肉	微量	0.10	0.25	7.0	0.6	5.0	5.0	0.3	—	微量
猪肉	微量	1.0	0.20	5.0	0.6	4.0	3.0	0.5	2.0	微量
羊肉	微量	0.15	0.25	5.0	0.5	3.0	3.0	0.4	2.0	微量

模块一　畜禽屠宰及初步加工

【知识目标】

1. 了解畜禽屠宰场的场址选择方法及要求。
2. 理解屠宰场的卫生设施及其布局。
3. 掌握畜禽屠宰的宰前检验方法和屠宰工艺。
4. 掌握畜禽肉分割及分割肉加工工艺。
5. 掌握原料肉的贮藏方法。

【技能目标】

1. 能够进行简单的屠宰场布局设计。
2. 能够熟练对畜禽进行各项宰前检验。
3. 能够进行简单的畜禽肉分割加工操作。

项目一　屠宰场及其设施卫生

【项目导入】

　　屠宰加工企业是集中屠宰加工畜禽,为人类提供肉食和肉制品及其他副产品的场所。屠宰场所与肉食品卫生和环境卫生关系极为密切,如果卫生管理不当,将成为人、畜疫病的散播地及自然环境的污染源。随着我国肉类产量的增加和人民生活水平的提高,屠宰加工企业与人民生活的关系越来越密切,它在公共卫生中的地位也日益重要,为了既保障肉食品的食用安全,又避免环境污染和有利于控制疫病传播,在新建屠宰加工企业时,必须按照我国的有关规定做好厂(场)址的选择工作。

任务　屠宰场设施及布局

【要点】

1. 了解屠宰厂的工厂布局,以及屠宰加工中常用的机械设备及生产设施。
2. 了解畜禽屠宰的工业化生产过程和分割肉的基本加工流程。
3. 熟悉畜禽屠宰各工序的操作要点和操作规程及质量控制的关键。

【工作过程】

一、参观流程

工厂整体布局参观→分割肉加工工序→畜禽的屠宰工艺过程→畜禽内脏及副产品的处理工序→畜禽的宰后检验工序→畜禽的宰前准备→畜禽的宰前检验工序。

基本原则：最洁净区→次洁净区→非洁净区（待宰）。

二、各工序的参观要点

1. 工厂整体布局参观

主要观察厂址布局是否符合兽医卫生要求；功能车间和建筑物配置是否合理；待宰畜禽进厂到屠宰的各个工序车间如何安排，是否最有利于生产的进行；卫生消毒及污水排放如何进行。

2. 分割肉加工工序

了解分割肉加工的总体流程和详细分割程序；各分割岗位的具体操作要求、分割产品的规格标准和技术要点、车间的温度控制、卫生消毒制度等。

3. 畜禽的屠宰工艺过程

主要观察畜禽屠宰的工艺流程；各屠宰环节的操作要点及质量控制，各种屠宰机械的功能、工作原理、操作时注意事项；屠宰车间的温度控制、卫生消毒制度等。

4. 畜禽内脏及副产品的处理工序

主要了解各种内脏取出后的初步处理方法与去向；皮毛、血液的进一步加工处理方法；卫生消毒制度等。

5. 畜禽的宰后检验工序

主要观察宰后检验程序和方法、宰后检验的要点，头部检验、皮肤检验、内脏检验、肉尸检验、旋毛虫检验、禽流感检验等检验项目分别是怎样进行的；对保证肉品的质量与安全有什么重要意义；检验后肉品的处理方法、卫生消毒制度等。

6. 畜禽的宰前准备

了解畜禽在宰前进行哪些准备和管理；了解宰前休息、宰前禁食和供水对良好肉品的生产有何重要意义及执行情况。

7. 畜禽的宰前检验工序

主要观察宰前检验程序和方法；参观宰前兽医卫生监督（各种检查、报表制度）的实施情况，如屠宰加工企业检验人员查生猪产地动物防疫监督机构的检疫证明，并验物、记录，合格的方可入场屠宰等；宰前检验结果的处理，如检验为合格或检验为病畜禽的情况下分别如何进行处理，卫生消毒如何进行。

【相关知识】

屠宰加工企业总平面布局应本着既符合卫生要求，又方便生产、利于科学管理的原则。各车间和建筑物的配置应科学合理，既要相互连贯又要做到病、健隔离，病、健分宰，使原料、成品、副产品及废弃物的转运不致交叉相遇，以免造成污染和扩散疫病病原。

为便于管理及流水作业的卫生要求，整个布局可分为彼此隔离的五个区（图 1-1）：

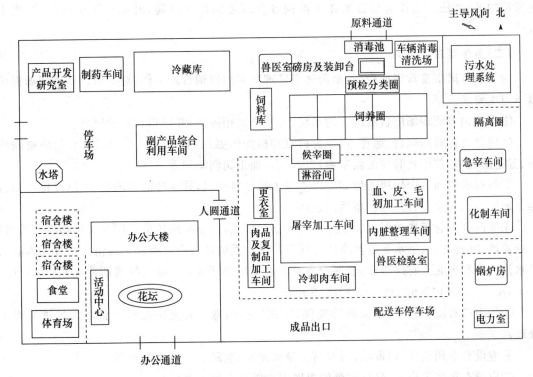

图 1-1　中、小型肉联厂平面布局示意图

①宰前饲养管理区即贮畜场,包括三圈一室,即宰前预检分类圈、饲养圈、候宰圈、兽医室。此区还应设置有卸载台和检疫栏。

②生产加工区,包括五间二室一库即屠宰加工车间、副产品整理车间、分割车间、肉品和副产品加工车间、生化制药车间、卫检办公室、化验室、冷库。

③病畜隔离及污水处理区,包括一圈二间一系统即病畜隔离圈、急宰车间、化制车间及污水处理系统。

④动力区,包括一房两室,锅炉房、供电室、制冷设备室等。

⑤行政生活区,办公室、宿舍、库房、车库俱乐部、食堂等为一区,稍具规模的屠宰加工企业应另辟生活区,且应在生产加工区的下风点。

【必备知识】

屠宰加工企业主要部门和系统的卫生要求。

屠宰加工企业的主要部门和系统包括畜禽宰前饲养管理场、病畜禽隔离圈、候宰间、屠宰加工车间、分割车间、急宰车间、化制车间、供水系统及污水处理系统等。

一、宰前饲养管理场

(一)宰前饲养管理场的规模

宰前饲养管理场是对屠宰畜禽实施宰前检疫、宰前休息管理和宰前停饲管理的场所。

宰前饲养管理场储备畜禽的数量,应以日屠宰量和各种屠宰畜禽接受宰前检疫、宰前休息管理与宰前停饲管理所需要的时间来计算,以能保证每天屠宰的需要量为原则,容量一般为日屠宰量的 2~3 倍。延长屠宰畜禽在宰前饲养管理场的饲养时间,既不利于疾病防治,也不经济。

(二)卫生要求

为了做好屠宰畜禽宰前检疫、宰前休息管理和宰前停饲管理工作,对宰前饲养管理场提出以下卫生要求。

①宰前饲养管理场应自成独立的系统,与生产区相隔离,并保持一定的距离。

②应设有畜禽卸载台、地秤、供宰前检疫和检测体温用的分群圈(栏)和预检圈、病畜隔离圈、健畜圈、供宰前停食管理的候宰圈,以及饲料加工调制车间等。

③所有建筑和生产用地的地面应以不渗水的材料建成,并保持适当的坡度,以便排水和消毒。地面不宜太光滑,防止人、畜滑倒跌伤。

④宰前饲养管理场的圈舍应采用小而分立的形式,防止疫病传染。应具有足够的光线、良好的通风、完善的上、下水系统及良好的饮水装置。圈内还应有饲槽和消毒清洁用具及圆底的排水沟。在我国北方有保暖设施,寒冷季节圈温不应低于 4℃。每头牲畜所需面积:牛为 1~3 m²,羊为 0.5~0.7 m²,猪为 0.6~0.9 m²。

⑤场内所有圈舍,必须每天清除粪便,定期进行消毒。粪便应及时送到堆粪场进行无害处理。

⑥应设有车辆清洗、消毒场,备有高压喷水龙头、洗涮工具与消毒药剂。

⑦应设有兽医工作室,建立完整的兽医卫生管理制度。

二、病畜禽隔离圈

(一)建筑设施的卫生要求

病畜禽隔离圈是用于收养宰前检疫中剔除的有病的,尤其是怀疑有传染病的畜禽。其容畜量应不少于宰前饲养管理场的 1%。在建筑和使用上应有更加严格的兽医卫生要求。隔离圈与宰前饲养管理场和急宰间应保持联系,而与其他部门严格隔离。要设高而坚固的围墙,围墙及地面应坚固,便于消毒、冲洗。饲槽等一切用具均应专用,应设专用的粪尿处理池,粪尿必须经消毒后方可运出或排放入污水处理系统,还应备有密闭的尸体专用车。出入口要设消毒池。

(二)卫生管理

应派专人专职管理,管理人员不得与其他部门随意来往。要有更加严格的消毒措施,每天至少全面消毒 1 次,若一天中有多批病畜禽进入或移出,每次移出后的圈舍都应消毒 1 次。

三、候宰间

(一)建筑设施的卫生要求

候宰间是屠宰畜禽宰前停留休息的地方,其建筑应与屠宰加工车间相毗邻。候宰间的大小应以能圈养 1 d 屠宰加工的屠畜禽量为宜。候宰间由若干个小圈组成,在建筑上应做到墙壁光滑,地面不渗水,易于冲洗、消毒。候宰间内应光照充足,设有良好的饮水设备和淋浴间,淋浴间应紧连屠宰加工车间。

（二）卫生管理

候宰间应有专人进行卫生管理。每天工作结束时应进行彻底的清洗与消毒。若发现病畜禽时，应随时消毒。应经常对淋浴设施进行检修，保证喷水流畅。

四、屠宰加工车间

屠宰加工车间是肉联厂或屠宰场最重要的车间，是卫检人员履行其职责的主要场所。其卫生状况对肉及其制品的质量影响极大。因此，严格执行屠宰车间的兽医卫生监督，是保证肉品原料卫生的重要环节。

屠宰加工车间的建筑设施，随规模的大小和机械化程度不同而相差悬殊，但卫生管理的基本原则是一致的。例如，无论是高层建筑的大型肉类联合加工厂，还是简易的屠宰场，都必须做到病、健隔离，原料与成品隔离，生、熟食品生产隔离，原料、成品、废弃物的转运不得交叉，进出应有各自专用的门径，所有设备要保持清洁，产品不得落地。此外，厕所应远离肉品加工车间 25 m 以上。

（一）建筑设施的卫生要求

①车间内墙面应用不透水的材料建成。在离地 2 m（屠宰室为 3 m）以下的墙壁上，应用白色瓷砖铺砌墙裙，以便洗刷和消毒。

②车间地面最好用水泥纹砖铺盖，并形成 1°～2° 的倾斜度，以防滑和便于排水。地面应无裂缝，无凹陷，避免积留污物和污水。

③地角、墙角、顶角必须设计成弧形，并有防鼠设施。

④天花板的高度，在垂直放血处宰牛车间不低于 6 m，其他部分不低于 4.5 m。顶棚或吊顶的表面应平整、防潮、防灰尘集聚，如其表面使用涂层时，应涂刷便于清洗、消毒并不易脱落的无毒浅色涂料。

⑤门窗应采用密闭性能好、不变形的材料制作。内窗台宜设计成向下倾斜 45° 斜坡或采用无窗台构造，使其不能放置物品。

窗户与地面面积的比例为 1∶（4～6），以保证车间有充足的光线。室内光照要均匀、柔和、充足，过强、过弱均会影响工作人员的视力。屠宰车间工作场所照度应不小于 75 lx，屠宰操作面照度不小于 150 lx，检验操作面照度应不小于 300 lx。人工照明时，应选择日光灯，不应使用有色灯和高压水银灯，更不能用煤油灯或汽灯，因为在这些光线下不好辨别肉品色泽，有碍病理变化的判定，尤其是煤油灯、汽灯还会给肉附加一种不良的气味。

⑥在各兽医检验点应设有操作台，并备有冷、热水和刀具消毒设备。在放血、开膛、摘除内脏等加工点，也应有刀具消毒设备。

⑦楼梯及扶手、栏板均应做成整体式的，面层应采用不渗水材料制作。楼梯与电梯应便于清洗消毒。

⑨特殊屠宰设施。屠宰供应少数民族食用的畜类产品的屠宰厂（场），要尊重民族风俗习惯；使用祭牲法宰杀放血时，应设有使活畜仰卧固定装置。

（二）传送装置的卫生要求

（1）要求采用架空轨道。使屠体的整个加工过程在悬挂状态下进行，既可减少污染，又能节省劳力。

①猪屠宰悬挂输送设备放血线轨道面应距地面 3～3.5 m,胴体加工线轨道面距地高度为单滑轮 2.5～2.8 m,双滑轮 2.8～3 m;自动悬挂输送机的输送速度每分钟不超过 6 头;挂猪间距应大于 0.8 m。

②牛屠宰悬挂输送设备,放血线轨道面应距地面 4.5～5 m,挂牛间距不小 1.2 m。

③羊屠宰悬挂输送设备,放血线轨道面应距地面 2.4～2.6 m,挂羊间距应大于 0.8 m。

从生产流程的主干轨道,分出若干叉道,以便随时将需要隔离的疑似病畜胴体从生产流程中分离出来。畜禽放血处要设有表面光滑的金属或水泥斜槽,以便收集血液。

(2)在悬挂胴体的架空轨道旁边,应设置同步运行的内脏和头的传送装置(或安装悬挂式输送盘),以便兽医卫检人员实施"同步检验",综合判断。

(3)为了减少污染,屠宰加工车间与其他车间的联系,最好采用架空轨道和传送带。在大型多层肉类联合加工厂,产品在上下层之间的传送分别采用金属滑筒。一般屠宰场产品的转运,可采用手推车,但应用不渗水和便于消毒的材料制成。

(4)从卫生的角度考虑,所有用具和设备(包括传送装置)应采用不锈钢材料制作。

(三)车间通风的要求

车间内应有良好的通风设备。由于车间内的湿度较大,尤其是在我国北方的冬季,室内雾气浓重,能见度很低,所以应安装去湿除雾机。在车间的入口处应设有套房,以免冷风直入室内形成浓雾。夏季气温高,在南方应安装降温设备,门窗的开设要适合空气的对流,要有防蝇、防蚊装置。室内空气交换以每小时 1～3 次为宜。交换的具体次数和时间可根据悬挂胴体的数量和气温来决定。

(四)上、下水系统的卫生要求

车间内需备有冷、热水龙头,以便洗刷、消毒器械和去除油污。热水龙头尽量不用手动的,消毒用水水温不低于 82℃。为及时排除屠宰车间内的废水,保持生产地面的清洁和防止产品污染,必须建造通畅完善的下水道系统。每 20 m² 车间地面设置一收容坑,坑上盖有滤水铁箅子,以便阻止污物和碎肉块进入下水道系统。车间排水管道的出口处,应设置脂肪清除装置和沉淀池,以减少污水中的脂肪和其他有机物的含量。

(五)屠宰加工车间的卫生管理

屠宰加工车间的卫生管理是整个屠宰加工管理的核心部分,该车间的卫生状况直接影响到产品的质量。因此,屠宰加工车间的卫生管理必须做到制度化、规范化和经常化。具体要求如下。

①车间门口应设与门等宽且不能跨越的消毒池,池内的消毒液应经常更换,以保持药效。外来参观人员必须在专人带领下穿戴专用工作服和胶靴进入车间。严禁闲散人员进入车间。

②屠宰加工车间是兽医卫生检验人员履行职责、施行检验检疫的重要场所。因此,车间内应保持充足的光线,人工光源应达到要求的照度,光源发生故障后要及时修理,决不能让兽医卫生检验人员在暗光下进行检验操作。为增加车间的可见度,冬季应配备除雾、除湿设备。

③车间内各岗位人员应尽职尽责,忠于职守。车间的地面、墙裙、设备、工具、用具等要经常保持清洁,每天生产完毕后用热水洗刷。除发现烈性传染病时紧急消毒外,每周应用 2% 的热碱液消毒 1 次,至下一班生产前再用流水洗刷干净。放血刀应经常更换和消毒。生产人员所用的工具受污染后,应立即消毒和清洗。为此,在各加工检验点除设有冷热水龙头外,还应

备有消毒液或热水消毒器。

　　④烫池的热水应每 4 h 更换 1 次,清水池要有进有出,保持清洁卫生。

　　⑤血液应收集在专用容器或血池中,经消毒或加工后方准出厂,不得任意外流。供医疗或食用的血液应分别编号收集,经检验确认为来自健康畜时方可利用。

　　⑥在整个生产过程中,要防止任何产品落地,严禁在地上堆放产品。废弃品要妥善处理严禁喂猫、喂狗或直接运出厂外作肥料。

　　⑦严禁在屠宰加工车间进行急宰。

五、分割车间

　　分割车间是将屠宰后的家畜胴体或光禽按部位进行分割、包装和冷冻加工的场所。分割肉具有很大的优越性,不但能活跃市场,方便群众,而且产品卫生质量高,还可给屠宰加工企业带来较好的经济效益。

(一)建筑设施的卫生要求

　　分割车间一端应紧靠屠宰加工车间,另一端应靠近冷库,这样便于原料进入和产品及时冷冻。分割车间应设有分割肉预冷间、加工分割间,其分割产品再进入成品冷却间、包装间、冻结间及成品冷藏间。还应设有更衣室、磨刀间、洗手间、下脚料贮存发货间等。

　　分割车间的各种设施都应具有较高的卫生标准。所有墙壁均应用瓷砖贴面,墙与地面相交处和墙角都为半圆形,门、窗均采用防锈、防腐材料制成。加工分割间应安装空调,热分割加工环境温度不得高于 20℃,冷分割加工环境温度不得高于 15℃,应有良好的照明设备和防鼠、防蚊、防蝇装置。应设有冷、热水洗手龙头和热水消毒池,消毒池水温应达到 82℃以上。所有水龙头应是触碰式或脚踩式的,不能用手开关。操作台面用不锈金属板制成,表面应平整、光滑。

(二)卫生管理

　　操作人员应勤剪指甲。工作前应洗手和消毒,凡中途离开车间必须重新洗手和消毒。进入车间必须穿戴工作衣帽,出车间时应脱去工作衣帽。工作衣帽必须每天换洗和定期消毒。

　　每天工作前和下班后均应做好工具、操作台面的卫生,除每天用不低于 82℃的热水冲洗外,还应定期(最少每周 2 次)以 2% NaOH 液消毒,地面每周应消毒 2 次。

六、急宰车间

(一)建筑设施的卫生要求

　　急宰车间是对非烈性传染病病畜禽进行紧急宰杀的场所,是每个屠宰加工企业必不可少的组成部分,因为在这里屠宰的是病畜禽,所以对其建筑设施的卫生要求更为严格。

　　急宰车间应位于病畜隔离圈的侧方。其建筑设施包括屠宰室、冷却室、有条件利用肉的无害化处理室、胃肠加工室、皮张消毒室、尸体和病料化制室,同时应设有专用的更衣室、淋浴室、污水池、粪便处理池。大型肉联厂,可建立单独的病畜化制车间。整个车间的污水和粪便必须经严格消毒后方可排入本场污水处理系统。急宰车间应有更为严密的防蝇、防蚊、防鼠设备,以防疫病病原体传播。

(二)卫生管理

急宰车间除应遵守屠宰加工车间的卫生原则外,还应有一些特殊的卫生要求:

①急宰车间的工作人员应相对稳定,本车间与其他车间的工作人员在工作期间不得互相往来。在急宰车间工作的人员,应注意个人防护。

②凡送往急宰间的屠畜禽,需持有兽医开具的急宰证明。凡确诊为烈性传染病的牲畜,一律不得急宰。

③胴体、内脏、皮张均应妥善放置,未经检验不得移动。该车间生产的所有产品,均必须经无害化处理后方可出厂,严禁将该车间的任何用具带出车间。

④每次工作完毕后,应进行彻底消毒。对车间的地面及工作台板、用具等需要用5%热碱水或含6%有效氯的漂白粉液消毒。金属用具要在消毒后及时清洗,以防腐蚀生锈。

七、化制车间

化制车间是专门处理废弃品的场所。它是利用专门的高温设备,杀灭废弃品中的病原体,以达到无害化处理的目的。从保护环境、防止污染的角度出发,各屠宰加工企业,都应建立化制车间。

(一)建筑设施的卫生要求

化制车间应该是一座独立的建筑物,位于屠宰加工企业的边缘位置和下风处。车间的地面、墙壁、通道、装卸台等均用不透水的材料建成,大门口和各工作室门前应设有永久性消毒槽。

化制车间的工艺布局应严格地分为两部分:第一部分为原料接收室、解剖室、化验室、消毒室等,房屋建筑要求光线充足,有完善的供水(包括热水)和排水系统,防蝇、防鼠设备要齐全;第二部分为化制室和成品贮存室等。两个部分一定要用死墙绝对分开。第一部分分割好的原料,只能通过一定的孔道,直接进入第二部分的化制锅内。

(二)卫生管理

①化制车间的工作人员,要保持相对稳定,非特殊情况不得任意调动。工作时要严格遵守卫生操作规程,在上述两个部分工作的人员,工作时间严禁相互来往,更不准随便交换刀具、工作服和其他用品,以免发生污染。

②在化制车间工作的人员,要特别注意个人的防护,防止受到人畜共患病的感染。

③由化制车间排出的污水,不得直接通入下水道,必须经过严格的消毒处理之后,排入屠宰加工企业的污水处理系统进行净化处理。

八、供水系统

屠宰加工企业在日常生产中要消耗大量的水,水质的好坏直接影响畜禽肉及其产品的卫生质量。因此,生产用水必须符合我国《生活饮用水卫生标准》(GB 5749—2006)。

九、污水处理系统

所有的屠宰加工企业,都必须建有污水处理系统(大、中城市的肉类联合加工厂附近设有城市污水处理系统的除外)。屠宰加工企业的一切污水,都必须经污水处理系统净化处理并消毒后,方可排入公共下水道或河流。

十、屠宰场各个分区的卫生要求

各分区之间应有明确的分区标志,尤其是宰前饲养管理区、生产区和病畜隔离及污水处理区,应以围墙隔离,设一专门通道相连,并要有严密的消毒措施。生活区和生产车间应保持相当的距离。肉制品、生化制药、炼油等生产车间应远离饲养区。病畜隔离圈、急宰间、化制间及污水处理场所应在生产加工区的下风点。锅炉房应临近使用蒸汽的车间及浴室附近,距食堂也不宜太远。

各厂区内人员的交往,原料(活畜等)、成品及废弃物的转运应分设专用的门户与通道,成品与原料的装卸站台也要分开,以减少污染的机会。所有出入口均应设置与门等宽的消毒池。

各个建筑物之间的距离,应不影响彼此间的采光。

大型的肉类联合加工厂至少有2幢多层的大楼组成,即屠宰加工楼和肉食品加工楼。在两幢楼之间应设有架空轨道。中、小型肉联厂或屠宰场因日屠宰量不大,加工流水线不长,因而生产加工车间一般为单层设置,不必分楼层设置,但卫生要求与大型肉类联合加工厂相同。

项目二　畜禽屠宰

【项目导入】

肉用畜禽经过刺杀放血、解体等一系列处理过程,最后加工成胴体(即肉尸,商品名称作白条肉)的过程称作屠宰加工,它是进一步深加工的前处理,因而也称初步加工。优质肉品的获得,除了原料本身因素外,很大程度上决定于屠宰加工的条件和方法。

任务　宰前检验与选择

【要点】
屠宰前的检验方法。
【工作过程】

一、屠宰前的检验

1. 入场检验

运到屠宰场的牲畜,在未卸车之前,由兽医检验人员向押运员索阅牲畜检疫证件,核对牲畜头数,了解途中病亡等情况。如检疫证上注明产地有传染病疫情及运输途中患病、死亡的很多时,此时这批牲畜应采取紧急措施,隔离观察。并根据疫病性质,按现行"屠宰牲畜及肉品卫生检验规程"分别加以处理。经检查核对认为正常时,允许将牲畜卸下车并赶入预检圈休息。同时,兽医人员应配合熟练工人逐头观察其外貌、步样、精神状态,如发现异常时,应立即隔离,待验收后详细检查,或送往急宰。正常的牲畜准许赶入预检圈,但必须分批、分地区、分圈饲养,不可混杂;进入预检圈的牲畜先饮水,经2～4 h后逐头测量体温,再详细检查其外貌和精神,正常的牲畜,可转入健康牲畜饲养圈,并按肥瘦程度分圈饲养管理。

2. 送宰前的检验

经过预检的牲畜在饲养场休息 24 h 后,再测体温,并进行外貌检查,正常的牲畜即可送往屠宰间等候屠宰。对圈内的牲畜进行宰前检验,看有无离群现象。行走是否正常,被毛是否光亮,皮肤有无异状,眼鼻有无分泌物,呼吸是否困难。如有上述病状之一的,应挑出圈外检查。一般观察后再逐头测量体温,必要时检查脉搏和呼吸数。有可疑传染病时,应做细菌学检验。确属健康的牲畜方准送去屠宰。

二、检查的方法

1. 运动时的检查

通常在装卸时或驱赶过程中,进行运动状态的检查。检查者通常站于通道一侧,进行观察。健康的畜禽精神活泼,行走平稳,步态矫健,两眼前视,触动尾根有力,以手按摩腰部呈有力反应,并很敏感;而病畜则表现精神沉郁或过度兴奋,低头垂尾,弓腰曲背,腹部蜷缩,行动迟缓,步态踉跄,走路靠边或跛行掉队,检查时看到上述表现的病畜禽应标以记号,加以剔出。在运动状态检查时,需要注意畜禽的叫声,对行动时呻吟、咳嗽或发出异常鼻音者应随时剔出。对鼻镜干燥或呈三角形者、鼻孔有液体流出或者有水疱者以及蹄冠部有蹄壳脱落现象者,应立即剔出。

2. 休息时的检查

畜禽在车船或圈舍围栏内休息时,可做检查,检查内容包括睡的姿态、毛色及呼吸状态等,有的病畜禽被毛粗乱而无光泽,尾及肛门处沾有粪污。有的病畜如猪、牛,要观察鼻盘、乳房状况,蹄冠有无水泡及蹄壳是否脱落。

3. 喂食饮水时的检查

此时检查又称"验食"检查。检查畜禽食欲,如大口吞咽、反刍、食之倾槽而光者为健康畜禽;病畜或可疑病畜,如猪,勉强驱赶上槽,也不爱吃食,有时吃几口就后退。有的猪吃了半天肚子仍然瘪瘪的,这类畜禽就应剔出再进行个别检查。

4. 检温

畜禽的高热,很可能是传染病的反应,也有"应激"反应而引起的无名高热。

【相关知识】

屠宰前的饲养管理与宰前检疫

一、屠宰前饲养

屠畜运到屠宰场经兽医检验后,按产地、批次、强弱和健康状况分圈分群饲养。对育肥良好的牲畜饲喂量,以能恢复运输途中受到的损失为原则。

二、屠宰前休息

运到屠宰场的牲畜,到达后不宜马上进行宰杀,必须在指定的圈舍中休息。宰前休息目的是恢复牲畜在运输途中的疲劳。由于环境改变,受到惊吓等外界因素的刺激,牲畜易于过度紧张而引起疲劳,使血液循环加速,体温升高,肌肉组织中的毛细血管充满血液,正常的生理机能受到抑制、扰乱或破坏,从而降低了机体的抵抗力,微生物容易侵入血液中,加速肉的腐败过程,也影响副产品质量。

三、屠宰前断食和安静

屠畜一般在宰前 $12\sim24$ h 断食,断食时间必须适当,其意义主要有以下几点:首先,临宰前给予充足饲料时,其消化和代谢机能旺盛,肌肉组织的毛细血管中充满血液,屠宰时放血不完全,肉容易腐败;其次,停食可减少消化道中的内容物,防止剖腹时胃肠内容物污染胴体,并便于内脏的加工处理;再次,保持屠宰安静,便于放血。但断食时间不能过长,断食会降低牲畜的体重和屠宰率。

四、宰前检疫

在屠宰以前必须进行宰前的兽医卫生检验。其目的是保证牲畜合乎人类肉食卫生的要求,使健康或合乎屠宰的牲畜得以屠宰。通过检疫对贯彻执行,病、健隔离,病、健分宰,防止肉品污染,提高肉品的卫生质量,保证人们身体健康方面起着重要的把关作用。一般牲畜在屠宰以前经过一定时间的饥饿管理,即停止给食而仅供给饮水,对初步加工的操作有利。

宰前检验通常用视诊、触疹、测量体温等方法来检验,大牲畜逐头检验,小家畜成群观察,抽查可疑不健康者。体温检验对宰前检验具有重要的意义。其方法是用兽用体温表插入肛门检查,现在多数是先用红外体温计检查后对怀疑的再进行肛门检查。主要牲畜的正常体温:猪为 $38.5\sim40℃$,牛为 $37.5\sim39.5℃$,羊为 $39\sim40.5℃$,认为健康合格可以屠宰的牲畜,必须出具兽医证明文件。

【必备知识】

各种家畜的屠宰加工工艺过程,都包括有致昏、刺杀放血、褪毛或剥皮、开膛解体、胴体修整、检验盖印等主要程序,但因家畜种类不同,生产规模、条件和目的不同,其加工程序的繁简、方法和手段有所区别,但都必须符合安全、卫生,提高生产效率,保证肉品质量,按基本操作规程要求进行。

一、猪的屠宰加工

1. 淋浴

生猪宰杀前必须进行水洗或淋浴,其主要目的是洗去猪体上的污垢,以减少猪体表面的病菌及污物和提高肉品质量。淋浴的水温心要根据季节的变化,适当的加以调整,冬季一般应保持在 $38℃$ 左右。夏季一般在 $20℃$ 左右,淋浴的时间为 $3\sim5$ min,淋浴时要保持一定的水压,不宜太急,以免生猪过度紧张,喷水应是上下左右交错的喷向猪体,使猪体表面清洗干净。每次淋浴的生猪应以麻电宰杀的速度决定淋浴的批次,其间隔时间要求淋浴后休息 $5\sim10$ min,但最长时间不应超过 15 min。另外,生猪淋浴后,体表带有一定的水分,增加了导电性能,这就更有利于麻电操作。

2. 击晕

应用物理或化学的方法,使家畜在宰杀前短时间内处于昏迷状态,谓之致昏,也称击晕。主要方法有电击法、锤击法及 CO_2 麻醉法。击晕的目的是使屠畜暂时失去知觉,因为屠宰时牲畜精神上受到刺激,容易引起内脏血管收缩。血液剧烈地流集于肌肉内,致使放血不完全,从而降低了肉的质量。同时减少宰杀时牲畜号叫,拼命挣扎消耗过多的糖原,使宰后肉尸保持较低 pH。

3. 刺杀放血

致昏后的生猪通过吊蹄提升上自动轨道生产线后,即进行刺杀放血工作阶段。

(1)刺杀部位。进刀的部位是纵的位置在猪的颈正中线及食道左侧 2 mm 处(左侧进刀是从安全生产上考虑,因为操作时左蹄被手抓住进刀,而右蹄任其自然活动易发生踢伤),横的位置是颈部第一对肋骨水平线 3.5～4.5 cm,这个纵与横的交叉点上就是进刀放血的部位。

(2)刺杀技术。生猪经栓链提升入自动轨道后,刺杀人员用左手抓住猪的左前蹄。右手持刀,将刀尖对准刺入的部位。握刀必须正直,大拇指压在刀背上,不得偏斜,刀尖向上,刀刃与猪体颈部垂直线形成 15°～20° 的角度,倾斜进刀。刺入后刀尖略向右倾斜,然后再向下方拖刀,将颈部的动、静脉切断,刀刺入的深度应按猪的品种、肥瘦情况而定,一般在 15 cm 左右,刀不要刺得太深,以免刺入胸腔和心脏,造成淤血。

(3)刺杀放血的方法。在刺杀持刀时,将刀刃向上,斜面要求 15°～20°,按其刺杀部位,准确的刺入颈部并用刀往上捅,以切断颈部血管。这种刺杀放血的方法,要求技术性较高,刺杀时略有不慎则易造成放血困难。这种刺杀放血的刀口小,污染面积也小。

(4)空心刀刺杀采血。目前,国内利用多刀旋转采血机是一项先进技术。该机性能比较先进,生产工艺简单,操作方便,放血安全,采集的血液符合卫生要求,适合小型屠宰加工厂的连续生产使用。

4. 洗猪

生猪麻电放血后,必须经过洗猪这一工序。虽然在麻电放血前已进行过淋浴,但因麻电前的淋浴生猪还是活的机体。不可能彻底清洗掉猪体上的污垢。在麻电放血之后洗猪,是强制性冲洗。如能使用温水,还会促使猪体残余血液的排出,这不但可提高产品质量,而且能减少沙门氏菌属的污染机会。

5. 浸烫脱毛

浸烫脱毛是带皮猪屠宰加工中的重要环节,浸烫脱毛的好坏与白条肉质量有直接关系。

(1)浸烫脱毛原理。猪宰后浸入一定温度(60℃以上)的水中,保持适当的时间,使表皮、真皮、毛囊和毛根的温度升高,毛囊和毛根处发生蛋白质变性而收缩。促使毛囊和毛根分离。同时毛经过浸烫后变软,增加了韧性。脱毛时不易折断,可收到连根拔起之效。水温过高或过低,都会对脱毛的质量产生不利影响。如水温过低,毛根、毛囊、表皮与真皮之间不起变化,无法脱毛脱皮;如水温过高、蛋白质迅速变性,皮肤收缩,结果毛囊收缩,无法脱毛,表皮与真皮结合在一起。无法分离。所谓"烫生烫熟"就是指浸烫时水温过低或过高而产生次品的结果。

(2)浸烫水温与浸烫时间。浸烫水温、浸烫时间与季节、气候、猪品种、月龄有关。不同品种猪的毛稀密程度不同,皮厚度也不一样,因而对浸烫温度和时间也有不同要求。月龄大的对水温要求比月龄小的猪高。一般浸烫水温为 62～63℃,时间为 3～5 min。

(3)刮毛。刮毛分手工热烫脱毛和机器脱毛两种。

机器脱(刮)毛设备分烫猪机和刮毛机两部分。烫猪机安装在热水池内,它是一种边将猪拨动,边将其推向前进的水下传送装置。传送带上装有许多蝶形架,每两只蝶形架之间可以横放一头猪。盆(池)内右侧留有宽约 40 cm 的一条狭弄,专供不能进烫猪机的约 125 kg 以上的大猪浸烫之用。烫猪机右侧装有栅门,以防止有些屠体被蝶形架卡住时可以将猪体拖出。此外,池内还装有自来水管、蒸汽管和温度计。

6. 剥皮

白条肉有带皮和不带皮之分,不带皮白条肉更易污染,操作时需特别注意卫生。

(1)洗猪。猪体在剥皮前,必须用净水洗去周身污垢,以免在剥皮时污染猪体表面影响肉品品质。洗猪分手工洗猪与机器洗猪两种。不论手工洗猪或机器洗猪,都必须用水池。水池为方形,宽约 1.4 m,深 0.8 m 左右,并配有猪体升降机。水池中水的温度约为 30℃,这一温度对微生物有利。因此,水池要消毒,水要保持流动、清洁,以免交叉污染。

①手工洗猪。将猪屠体放入洗猪池后,浸泡一定时间。操作者戴上手套或用长柄毛刷将屠体背部、四肢、夹裆、腹、颈等部位洗干净。

②机器洗猪。洗猪机械有三种类型,一是将屠体在水中经机器往复式均衡摆动,可洗去猪体大部分污物;二是竖式洗猪机,该机特点是,竖立滚筒,滚筒装有硬刮片,另一侧为挡板,挡板上端装有喷水管,屠体吊挂在灵活的链钩上,经过滚筒时,硬刮片刮其屠体的体表,一边转动屠体,一边喷水,从而达到清洗的目的;三是圆筒式洗猪机,主要由机壳、主轴橡胶爪、进猪传送带所组成。工作时橡胶爪不断摩擦,并不断翻动猪体,达到清洗目的。三种机械以竖式洗猪机最理想。

(2)剥皮前的辅助操作。

①割头、割尾巴。洗净的屠体进入割头的传送带,侧卧平放,左侧向上,并使头部超出割头传送带。割尾巴与割头同时进行。

②割前后爪。

③挑裆、挑门圈。挑裆前先要燎毛与刷焦。先用喷灯对屠体的胸腹部及前后肋部进行燎毛,随后进行刷焦。把烧焦的毛渣刷干净,使挑裆时少受毛的污染。所谓挑裆,是指在屠体胸腹腔部正中间,用刀挑破皮肤,直至离肛门 1 cm 处。挑门圈就是用刀使皮肤与肛门分离。

(3)机器剥皮。

①人工预剥。人工预剥是为了解决剥皮机不能剥到皮肤的问题。预剥时,操作人员站立在猪体的左右两侧,使猪仰卧,按程序首先沿胸腹中线(即两排乳头的中间)挑开胸腹部皮层,然后分别挑开四肢内侧皮层。

②机器剥皮。目前,国内使用的剥皮机主要是立式滚筒剥皮机。无论哪一种剥皮机都需先进行人工预剥。

③割小皮、去浮毛。剥皮后的肉体,必须再次进行接修,以便把肉体上的小皮全部割除。割小皮时,左手拇指与食指捏起角或皮上的长毛,右手持刀,用刀尖轻轻把皮角和紧贴小皮的皮下层慢慢割去。

7. 剖腹取内脏

剖腹取内脏主要包括编号、割肥腮(下腮巴肉)、挑胸、削腹肠、脾、胰、肝、心、肺,割肾脏、割尾巴、割头、劈半等内容。

(1)编号。编号人员对自动线输送的屠体,按顺序在每一屠体耳部和前腿外侧用屠宰变色笔编上号码,这有利于统计当日屠宰的头数。编号字迹要清晰,并保证不重号、不错号、不漏号。

(2)割肥腮。操作人员右手持刀,左手抓住左边放血口肥腮,刀离颌腺 3~5 cm 处入刀,顺着下颌骨平割至耳根后再在寰枕关口处入刀,入刀时刀刃横割,刀尖略偏上,刀柄略向下,顺下颌骨割至放血口离颌下 2~5 cm 处收刀,要割深、割透,两侧肥腮肉要割得平整,一般以小平头为标准左右肥腮与颈肉相连通，但不能有皮连接。

（3）挑胸。操作者以左手抓住屠体的左前腿，使其胸部与人相对，略偏右，右手持刀，刀刃向下，对准胸部两排乳头的中间略偏左 1 cm（放血口在右侧就在右侧挑胸），由上而下切开胸部的皮肤、皮下脂肪、胸肌至放血口处，直至看见胸骨（俗称胸子竹），再将刀刃翻转向上。刀刃离胸骨中心线 3～5 cm，并与胸骨中线呈 40°角，与水平线呈 70°角，从胸前口（放血口）插入胸腔，刀往上挑，挑开左侧全部真肋、肋软骨，与胸骨分离，挑胸口与放血口对齐成一直线。在入刀时，用力要先重后轻，防止用力过重，刺破肝、胆、胃，同时刀尖不宜刺得太深，以免刺破肺脏。

（4）剖腹。剖腹前必须先割除雄性生殖器。操作者将屠体腹部与人相对，左手抓住左后肋，右手持刀，沿腹白线（正中线）由上而下轻轻切开皮肤和皮下脂肪至包皮处，这时外生殖器——阴茎已露出部分，左手用食指、中指和拇指掐住阴茎，右手用刀尖分离阴茎周围的脂肪，左手随之拉开阴茎，从坐骨弓处割断，并与包皮同时切除，放入容器内。剖腹时，屠体腹部与人相对，操作者用左手抓住左后肋，以起着固定和着力作用，右手持刀，沿两股中间切开皮肤、脂肪层和腹壁肌，到耻骨缝合，然后将刀柄和右手放在腹腔内，右手拇指和食指紧贴在腹壁上，用力向下推割，一直割到与挑胸的刀口形呈一条线，俗称三口成一线，即放血口、挑胸口、剖腹口呈一条线。入刀时用力要适当，用力过重会切破膀胱、直肠和其余肠子，污染肉尸和刀具，用力过轻，则需要剖两三刀。如内脏破损，必须将污物排出，用水冲洗干净，刀具应消毒，以防止交叉污染而影响肉质。

（5）刁门圈。操作者面对肉尸背面，刀尖向下，从尾根下面落刀，轻轻划开该部皮肉，然后以左手食指伸入肛门口，拉紧下刀部位皮层，右手刀刃沿肛门绕刀刁成圆形，刀尖稍向外，割开肛圈四周的皮肉，割断尿梗、筋络，使直肠（肛门囷）头脱离肉尸，操作时注意勿使刀尖戳破里面的直肠，也不要戳入后腿肌肉、膘肉内，同时也应防止指甲刻破肠壁。如肛门内粪便较稀且较多时，应在下刀前排出粪便，以免刁开肛门圈时粪便随直肠落入腹腔，沾染肉尸。

（6）拉直肠割膀胱。把直肠、膀胱从骨盆腔中拉出割除，称为拉直肠割膀胱。操作时使屠体腹腔朝向操作者，左手抓住膀胱体，右手持刀，将左右两边两条韧带切断，然后左手用力一拉，使直肠脱离骨盆腔，同时用刀割开肠系膜与腹壁的结合部分，直至肾脏处。最后在膀胱颈处切断，将膀胱放入容器内再作处理，拉直肠时注意用力要均匀，以防止直肠被拉断或被拉出花纹而降低经济效益，同时，用刀时还要注意防止戳破直肠壁和膀胱。

（7）取胃、肠、脾、胰。操作时左手抓住直肠，右手持刀，割开直肠系膜与腹壁的固着部分直至肾脏处，然后左手食指和拇指再抓住胃的幽门部食管 1.5 cm 处，并切断，使其分离，再轻轻提放到内脏整理台上，防止胃、肠破裂，粪便和胆汁污染肉体。此外，如果肉尸已被污染，应立即冲洗肉尸，胃、肠也应冲洗干净。

（8）取肝、心、肺。操作时以左手拨开左边肝叶，右手持刀，从左膈肌处入刀，紧贴腹壁作逆时针方向运转，切开左侧隔膜的腱质部分，接着用左手拎起肝的尾叶，右手持刀在膈肌处入刀，切断膈肌脚与肝脏的连接，膈肌角留在屠体上，大小适中，便于肉品检验时采样用，再用左手拨开肝的右侧叶，右手持刀从右膈肌脚处入刀，顺时针方向运转，切开右侧膈肌腱质部分，这时左手换抓肺的两叶向下捺，右手持刀在肺的背缘和脊椎之间割开纵膈外切断主动脉弓，然后刀刃沿左胸壁向下割开心包膜（护心油），把气管拉到放血口下部即成，操作时注意不要弄破胆囊，以免污染肉尸。

（9）割肾脏。割肾脏俗称割腰子。操作时左手抓住肾脏，右手持刀，在肾门处割断血管、神经、输尿管,并放入容器内,要求肾脏不带输尿管和碎油、包膜。

(10)割尾巴。操作时,左于抓住尾巴,右手持刀,在尾部关节将尾割下,要求尾根不突出,无残留。

(11)割头。一般有以下几种方法。

①锯头。用锯头机可上下调节,升降自如,适合大生产需要。操作时,一人掌握升降圆盘锯,看准屠体大小,迅速调整锯片对准屠体头颈寰椎关节处。另一人左手抓住屠体左前腿,右手推胸眉骨处,可迅速割下猪头。不足之处是猪体过大会影响锯头速度和直接影响出肉率。

②刀砍。操作者先割好猪头一侧槽头,左手抓住手钩,钩起,使露出寰椎关节,然后右手持砍刀,对准寰椎关节猛砍,猪头即被砍下。此法缺点是劳动强度大。

③刀割关节。操作者右手抓起一侧肥腮,看准寰椎关节,右手用刀尖划破关节韧带,露出一道小口,然后左手抓下颌向下按,右手继续用刀尖切开关节周围全部韧带,猪头即被割下。缺点是,大猪猪头离地面太近,割头有些困难。

(12)劈半。将整个屠体沿椎骨分成两半,术语称开片。劈半方法大致分为下列3种。

①刀劈。在刀劈之前,先描屠体脊,俗称划脊,即左于扶住屠体,右手拿描脊刀。从尾根部开始顺脊椎向下划至颈部,划破皮肤和肌肉,然后用斩脊刀从荐骨框开始向颈剖斩。

②往复式电锯劈半。使用此电锯前仍需描脊。操作时需要两人协作,一人掌握,站在屠体腹面,一人扳锯头,站在屠体背面。由掌握者启动电锯,把锯头搭到屠体耻骨中间,扳锯头者右手握住锯头,左手掌握屠体,控制电锯沿描脊线从上而下,锯到颈部寰椎为止,不能推前拉后或两边摆动,以达到两边均匀、脊骨对开,整齐美观的要求。

③桥形圆盘式电锯劈半。此法可减轻劳动强度,减少操作人员且操作速度快,但必须配有一套快速牵引设备,但肉的损耗较大。

8. 肉尸修整

肉尸修整包括修割与整理两部分,修割就是把残留在肉尸上的毛、灰、血污等,以及对人体有害的腺体和病变组织修割掉,以确保人身健康,修整则是根据加工规格要求或合同的需要进行必要的整理。

二、牛、羊的屠宰加工

1. 宰前检疫与管理

牛、羊屠宰前要进行严格的兽医卫生检验,一般要测量体温和视检皮肤、口、鼻、蹄、肛门、阴道等部位,确定没有传染病者可屠宰。在屠宰前应停止喂食,绝食期间应给以足够的清洁饮水。但宰前2~4 h应停止喂水。

2. 致昏

致昏主要有锤击致昏和电麻致昏两种。锤击致昏法是将牛鼻绳系牢在铁栏上,用铁锤猛击前额(左角至右眼,右角至左眼的交叉点),将其击昏。此法必须准确有力,一锤成功,否则,有可能给操作者带来很大危险。电击致昏法是用带电金属棒直接与牛体接触,将其击昏。此法操作方便,安全可靠,适宜于较大规模的机械化屠宰厂进行倒挂式屠宰。

3. 放血

牛被击昏后,立即进行宰杀放血。用钢绳系牢处于昏迷状态的牛的右后脚,用提升机提起并转挂到轨道滑轮钩上,滑轮沿轨道前进,将牛运往放血池,进行戳刀放血。在距离胸骨前

15～20 cm 的颈部,以大约 15°角刺 20～30 cm 深,切断颈部大血管,并将刀口扩大,立即将刀抽出,使血液尽快流出。入刀时力求稳妥、准确、迅速。

4. 剥皮、剖腹、整理

(1)割牛头、剥头皮。牛被宰杀放净血后,将牛头从颈椎第一关节前割下。有的地方先剥头皮,后割牛头。剥头皮时,从牛角根到牛嘴角为一直线,用刀挑开,把皮剥下。同时割下牛耳,取出牛舌,保留唇、鼻。然后,由卫生检验人员对其进行检验。

(2)剥前蹄、截前蹄。沿蹄甲下方中线把皮挑开,然后分左右把蹄皮剥离(不割掉),最后从蹄骨上前节处把牛蹄截下。

(3)剥后蹄、截后蹄。在高轨操作台上的工人同时剥、截后蹄,剥蹄方法同前蹄,但应使蹄骨上部胫骨端的大筋露出,以便着钩吊挂。

(4)做脘口、剥臀皮。由两人操作,先从剥开的后蹄皮继续深入到臀部两侧及腋下附近,将皮剥离,然后用刀把脘口(直肠)周围的肌肉划开,使脘口缩入腔内。

(5)剥腹、胸、肩部。腹、胸、肩各部都由两人分左右操作。先从腹部中线把皮挑开,顺序把皮剥离。至此,已完成除腰背部以外的剥皮工作。若是公牛,还要将生殖器(牛鞭)割下。

(6)机器拉皮。牛的四肢、臀部、胸、腹、前颈等部位的皮剥完后,遂将吊托的牛体顺轨道推到拉皮机前。牛背向机器,将两只前肘交叉叠好,以钢丝绳套紧。绳的一端扣在柱脚的铁齿上,再将剥好的两只前腿皮用链条一端拴牢,另一端挂在拉皮机的挂钩上,开动机器,牛皮受到向下的拉力,就被慢慢拉下。拉皮时,操作人员应以刀相辅,做到皮张完整,无破裂,皮上不带膘肉。

(7)摘取内脏。摘取内脏包括剥离食道、气管、锯胸骨、开腔等工序,沿颈部中线用刀划开,将食管和气管剥离,用电锯由胸骨正中锯开。出腔时将腹部纵向剖开,取出肚(胃)、肠、脾、食管、膀胱、直肠等,再划开横膈肌,取出心、肝、胆、肺和气管。取出的脏器要由卫生检验人员检验。

(8)取肾脏、截牛尾。肾脏在牛的腔内部,被脂肪包裹,划开脏器膜即可取下。截牛尾时,由于牛尾巴已在拉皮时一起拉下,只需要尾部关节用刀截下即可。摘取内脏时,要注意下刀轻巧,不能划破肠、肛、膀胱、胆囊,以免污染肉体。

(9)劈半、截牛。摘取内脏之后,要把整个牛体分成四分体。先用电锯沿后部盆骨正中开始分锯,把牛体从盆骨、腰椎、胸椎、颈椎正中锯成左右两片。再分别从后数第二、三肋骨之间横向截断,这样整个牛体被分成四大部分,即四分体。

(10)修割整理。修割整理一般在劈半后进行,主要是把肉体上的毛、血、零星皮块、粪便等污物和肉上的伤痕、斑点、放血刀口周围的血污修割干净,然后对整个牛进行全面刷洗。

羊的屠宰加工和牛基本相同。吊羊时只需人工套腿,直接用吊羊机吊起,沿轨道移进放血池。羊头也在下刀后割下,但不剥皮,不取舌,对绵羊要加剥肥羊尾一道工序。另外,羊肉完工后成为带骨胴体,开剖整理时不必劈半分截和剔骨。

三、畜禽的宰后检验

1. 定义

牲畜在屠宰以后,要经过兽医卫生检验,叫做"宰后检验"。一般分为头部检验、内脏检验、胴体检验及实验室检验 4 种。

头部检验：检查口腔及咽喉黏膜，然后剖检颌下淋巴结。

内脏检验：应逐个进行，观察是否有充血、出血、溃烂、硬化等病变，同时检查是否有寄生虫（如疽）。

实验室检验：主要是寄生虫检验，是否有旋毛虫、囊尾蚴、住肉孢子虫、猪囊虫病。

胴体检验：首先是进行淋巴结检验，然后是皮肤和体表脂肪、肌肉、胸膜及腹膜等有无异状。

2. 家畜淋巴结的分布

（1）淋巴结。淋巴结为大小不同（2～50 mm）、形状各异（圆形、长形、扁形）的致密结构，呈灰色或淡蔷薇色。通常群集在一处，埋藏在脂肪中，由疏松结缔组织包着，在反刍类畜肉中，淋巴结数量少而大。在家禽中没有淋巴结，只有网状淋巴管联结点的淋巴丛。

淋巴结是淋巴进血管前必经之处，具有滤除细菌、外来物质和杂质的功能。可以通过淋巴结的大小、形态和颜色以及内部状况来判断牲畜屠宰前的健康状况。淋巴结如出现显著增大、充血或出血、脓肿等不正常现象，它说明屠宰前的牲畜健康是有问题的，需要做进一步的鉴定。

在生产肉类制品时要求将胴体各部位上的所有淋巴结切除掉，因为食用这种积有大量细菌的淋巴结肉有害于人体健康，严重时还会导致死亡。

（2）常见的淋巴结分布。肉类加工时切除的淋巴结，主要是分布在胴体上的浅淋巴结（图1-2至图1-4），大多数深淋巴结在体腔内和内脏连接在一起的，在下内脏时一起被下掉了。

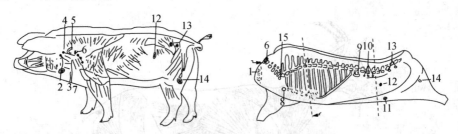

图 1-2　猪胴体加工时常见淋巴结分布图

1—槽头淋巴群集结区；2—下颌淋巴结；3—下颌副淋巴结；4—咽喉外侧淋巴结；5—咽喉内侧淋巴结；
6—肩前淋巴结（颈浅背侧淋巴结）；7—颈浅腹侧淋巴结；8—胸骨前淋巴结；9—肾淋巴结；
10—腰旁淋巴结；11—腹股浅淋巴结；12—股前淋巴结；13—荐外淋巴结；14—腘淋巴结。

3. 异常畜肉的鉴别

注水畜肉的鉴别：

（1）感官检验。若瘦肉淡红色带白，有光泽，有水慢慢地从畜肉中渗出，则为注水肉，若肉注水过多时，水会从瘦肉上往下滴。未注水的瘦肉，颜色鲜红。

（2）手摸检验。用手摸瘦肉不黏手，则怀疑为注水肉，未注水的，用手去摸瘦肉黏手。

（3）纸贴检验。用卫生纸或吸水纸贴在肉的断面上，注水肉吸水速度快，黏着度和拉力均比较小。另外，将纸贴于肉的断面上，用手压紧，片刻后揭下，用火柴点燃，如有明火，说明纸上有油，肉未注水，否则有注水之嫌。

米猪肉的鉴别：

主要是注意瘦肉（肌肉）切开后的横断面，看是否有囊虫包存在，囊虫包为白色、半透明。猪的腰肌是囊虫包寄生最多的地方，囊虫包呈石榴粒状，多寄生于肌纤维中。用刀子在肌肉上

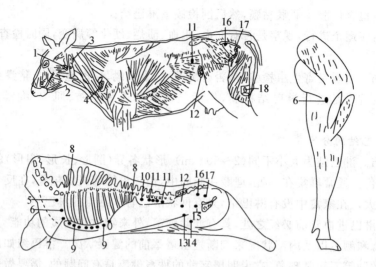

图 1-3　牛胴体加工时常见淋巴结分布图

1—腮腺淋巴结；2—下颌淋巴结；3—咽后淋巴结；4—肩前淋巴结；5—颈深后淋巴结(胸前淋巴结)；
6—腋淋巴结；7—胸骨前淋巴结；8—肋间淋巴结；9—腹纵隔膜淋巴结；10—肾淋巴结；11—腰旁
淋巴结；12—股前外淋巴结；13—股前内淋巴结；14—腹浅淋巴结；15—腹深淋巴结；
16—荐外淋巴结；17—坐骨淋巴结；18—腘淋巴结。

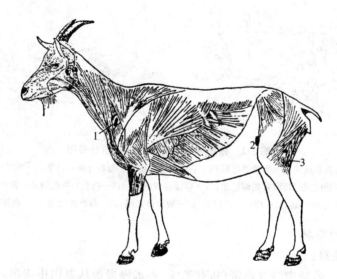

图 1-4　山羊浅淋巴结分布图

1—肩前淋巴结；2—股前淋巴结；3—腘淋巴结。

切割，一般厚度间隔为 1 cm，连切四五刀后，在切面上仔细观察，如发现肌肉中附有小石榴籽或米粒一般大小的水泡状物，即为囊虫包，可断定这种肉就是米猪肉。

瘟猪肉的鉴别：

(1)看出血点。猪皮上有出血点或出血性斑块；去皮猪肉的脂肪、腱膜或内脏上有出血点，都说明是瘟猪肉。

(2)看骨髓。正常的猪骨髓应为红色；若骨髓是黑色的，说明是瘟猪肉。

老母猪肉的鉴别：

老母猪肉是指生育过仔猪的猪经改良后宰杀的猪肉。它口感差,味道不鲜,不受消费者的欢迎。另外,母猪肉内有一种叫做免疫球蛋白的特殊物质,它具有高度的专一性和特异性,不能成为其他动物的抗体,而可能成为一种抗原。母猪肉,尤其是生仔猪前后的母猪肉,未做处理而食用,易导致人体的进行性贫血、黄疸和血红蛋白尿等溶血病症状。因此,必须加强对母猪肉的鉴别与检验。

(1)看猪皮。老母猪肉皮厚、多皱折、毛囊粗,与肉结合不紧密,分层明显,手触有粗糙感。肥育猪皮色泽光滑,较细腻,毛孔较小。

(2)看瘦肉。老母猪肉肉色暗红,纹路粗乱,水分少,用手按压无弹性,也无黏性。肥育猪肉颜色呈水红色,纹路清晰,肉细嫩,水分较多。

(3)看脂肪。老母猪的脂肪看上去非常松弛,呈灰白色,手摸时手指上沾的油脂少。而肥育猪的脂肪,手摸时手指沾的油脂多。

(4)看奶头。母猪奶头长、硬、乳腺孔明显。而公猪奶头短、软、乳腺孔不明显。必要时可切开猪胴体的乳房查看,乳腺中如有淡黄色透明液体渗出,就可以基本肯定为母猪或改良母猪肉。

4.判定结果

①适于食用的肉尸;

②冷冻处理肉尸;

③产酸处理;

④盐腌处理;

⑤高温处理;

⑥炼制食用油。

经检验后的产品,应加盖特定的印戳,如图1-5所示。

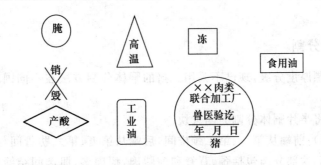

图 1-5　检验后对产品处理用印戳

项目三　宰后初步加工

【项目导入】

肉的分割是按不同国家、不同地区的分割标准将胴体进行分割,以便进一步加工或直接供给消费者。分割肉是指宰后经兽医卫生检验合格的胴体,按分割标准及不同部位肉的组织结构分割成不同规格的肉块,经冷却、包装后的加工肉。

任务 1　猪肉分割及分割肉加工

【要点】

1. 掌握猪肉的分割方法。

2. 掌握猪分割肉的名称。

【工作过程】

一、材料用具

1. 原料

猪半胴体,50 kg。

2. 工具

刀具(尖刀、方刀、弯头刀、直刀等)、刀棍、磨石、台秤、冰箱或冰柜、不锈钢盆、不锈钢桶、塑料袋等。

二、方法步骤

我国供市场零售的猪胴体分为肩颈部、背腰部、臀腿部、肋腹部、前后肘子、前颈部及修整下来的腹肋部六大部位。供内、外销的猪胴体分为颈背肌肉、前腿肌肉、脊背肌肉、臀腿肌肉四个部分。

肉的切割方法有两种。一种是按胴体肌肉发达程度及脂肪厚度分级;另一种是按胴体的不同部位肌肉组织结构、食用价值和加工用途分割,分割成的大小和形状不同的肉块称作分割肉。

三、猪胴体的分割

我国以前按肥膘厚度分级,现已不采用。猪的胴体分割方法在不同国家或不同地区有不同的要求。

我国商业上常将半片胴体分割为四大块。

一号肉(肩颈肉):前端从第一、第二颈椎间,后端从第五、第六肋骨间与被线垂直切开,下端从肘关节处切开。这部分肉包括颈、背脊和前腿肉,瘦肉多,肌肉间结缔组织多,适于做馅、罐头、灌肠制品和叉烧肉。

二号肉(方肉):大排下部割去奶脯的一块方形肉块。这块肉脂肪和瘦肉互相间层,俗称五花肉,是加工酱肉、酱汁肉、走油肉、咸肉、腊肉和西式培根的原料。

三号肉(大排、通脊):前端从第五、第六肋骨间,后端从最后腰椎与荐椎间垂直切开,在脊椎下 5~6 cm 肋骨处平行切下的脊背部分。这块肉主要由通脊肉和其上部一层背膘构成。通脊肉是较嫩的一块优质瘦肉,是中式排骨、西式烧排、培根和烤通脊肉的好原料。背膘较硬,不易被氧化,可用做灌肠的上等原料。

四号肉(后腿肉):从最后腰椎与荐椎间垂直切下并除去后肘的部分。后腿肉瘦肉多,脂肪和结缔组织少,用途广,是中式火腿、西式火腿、肉松、肉脯、灌肠制品的上等原料。

血脖（颈肉、槽头肉）：肉质较差，可用于制馅和低档灌肠制品。

任务2　鸡肉分割及分割肉加工

【要点】

1. 掌握鸡肉的分割方法。
2. 掌握鸡分割肉的名称。

【工作过程】

一、材料用具

1. 原料

光鸡4只，8 kg。

2. 工具

刀具（尖刀、方刀、弯头刀、直刀等）、刀棍、磨石、台秤、冰箱或冰柜、不锈钢盆、不锈钢桶、塑料袋等。

二、方法步骤

1. 选料

原料光鸡一般选择1.5～2.0 kg，饲养50～70 d的肉用鸡。

2. 宰杀

要将活鸡宰杀、浸烫、去毛、开膛取内脏，成品为光鸡。

3. 分割

通常将肉鸡大体上分割为腿部、胸部、副产品（翅、爪及内脏）3个部分。

（1）腿部分割。将脱毛光鸡两腿的腹股沟的皮肉割开，用两手把左右腿向脊背拽把背皮划开。再用刀将盆边的肉切开，用刀口后部切压闭孔，左手用力将鸡腿肉反拉开即成。

（2）胸部分割。以颈的前胸面正中线，以咽颌到颈椎右边颈皮切开，并切开左肩胛骨，用同样的方法切开后颈皮和右肩胛骨，左手握住鸡颈骨，右手食指插入胸腔，并向相反方向拉开即成。

（3）副产品分割。

①鸡翅。切开肱骨喙骨连接处，即成三节鸡翅。

②鸡爪。用剪刀或刀切断胫骨与腓骨的连接处。

③心肝。从嗉囊起把肝、心脏、肠分割后再摘出心、肝。

④肫。肫出门切开，剥去肫的内金皮，不残留黄色。

【相关知识】

牛胴体的分割

1. 牛肉按加工需求分割

根据市场需求和生产的总体情况，牛肉按加工需求可分为以下各部位肉：里脊（tenderlion）、外肌（striplion）、眼肉（ribeye）、上脑（highrib）、嫩肩肉（tendershoulder）、臀肉（rump）、膝圆(knuckle)、大米龙(outsideplat)、小米龙(eyeround)、腰肉(sirsket)、胸肉(brisket)、腹肉(flank)和腱子肉(shin)。

眼肉:主要包括背阔肌、肋最长肌、肋间肌等。其一端与外肌相连,另一端在第5~6胸椎处。分割时先剥离胸椎,抽出筋腱,在眼肌腹侧8~10 cm处切下。

上脑:主要包括背最长肌、斜方肌等。其一端与眼肉相连,另一端在最后颈椎处。分割时剥离胸椎,去除筋腱,在眼肌腹侧6~8 cm处切下。

胸肉:主要包括胸大肌和胸横肌等。在剑状软骨处随胸肉的自然走向剥离,修去部分脂肪即为完整的胸肉,

嫩肩肉:主要是三角肌。分割时沿眼肉横切面的前端向前分割,可得一圆锥形的肉块即为嫩肩肉。

腰肉:主要包括臀中肌、臀深肌、股阔筋膜张肌等,在臀肉、大米龙、小米龙、膝圆取出后,剩下的一块肉即是腰肉。

膝圆:主要是臀股四头肌。当大米龙、小米龙、臀肉取下后,见到的一块圆形肉块,沿此肉块的自然走向分割,即得完整的膝圆。

大米龙:主要是股二头肌。与小米龙紧密相连,故剥离小米龙后大米龙就完全暴露,沿该肉块自然走向剥离即可。

小米龙:主要是半腱肌。位于臀部,当把牛后腱子取出后,小米龙处于明显的位置,按其自然走向分离即得小米龙。

肋腹肉:主要包括肋间内肌,肋间外肌等,也称肋排。一般包括4~7根肋骨。分无骨肋排和带骨肋排两种。

腱子肉:腱子分前、后两部分。前牛腱从尺骨下刀,剥离骨头;后牛腱从胫骨上端下刀剥离骨头,取下。

2. 肉块分割方法和标准

牛柳也称里脊,即腰大肌。分割时先剥去肾脂肪,然后沿耻骨前下方把里脊剔出,由里脊头向里脊尾逐个剥离腰椎横突,取下完整的里脊。

外脊也称西冷,主要是背最长肌,其分割步骤如下:

①沿最后腰椎切下;

②沿眼肌腹壁侧(离眼肌5~8 cm)切下;

③在第9~10胸肋处切断胸椎;

④逐个剥离胸、腰椎。

项目四 原料肉贮藏

【项目导入】

肉中含有丰富的营养物质,适合于微生物的大量生长繁殖,如果控制不当,微生物会污染肉品,导致其腐败变质,失去食用价值。甚至会产生对人体有害的毒素,引起食物中毒。另外,肉自身的酶类也会使肉产生一系列变化,在一定程度上可以改善肉质,但若控制不当,亦会造

成肉的变质。肉的贮藏保鲜就是通过抑制或杀灭微生物,钝化酶的活性,延缓肉内部物理、化学变化,达到较长时间的贮藏保鲜目的。

任务1　低温贮藏技术

【要点】

1. 掌握低温贮藏的机理任务和方法。

2. 了解低温贮藏的注意事项及影响因素。

【工作过程】

冻结工艺分为一次冻结和二次冻结。

1. 一次冻结

宰后鲜肉不经冷却,直接送进冻结间冻结。冻结间温度为$-25℃$,风速为$1\sim2$ m/s,冻结时间为$16\sim18$ h,肉体深层温度达到$-15℃$即完成冻结过程,出库后送入冷藏间贮藏。

2. 二次冻结

宰后鲜肉先送入冷却间,在$0\sim4℃$温度下冷却$8\sim12$ h,然后转入冻结间,在$-25℃$条件下进行冻结,一般$12\sim16$ h即完成冻结过程。

【相关知识】

低温贮藏室现代原料肉贮藏的最好方法之一,这种方法不会引起动物组织的根本变化,却能抑制微生物的生命活动,延缓由组织酶、氧以及热和光的作用而产生的化学和生物学变化的过程,可以较长时间保持肉的品质。

因采用的温度不同,肉的低温贮藏法可以分为冷却法和冻结法。

一、肉的冷却贮藏

使产品深处的温度降低到$0\sim1℃$,在$0℃$左右贮藏的方法称为肉的冷却贮藏。冷却肉因仍有低温菌活动,所以贮存期不长,一般猪肉可以贮存1周左右。为了延长冷却肉的贮存期,可使产品深处的温度降低到$-6℃$左右。但由于原料种类的不同,冷却处理的条件也有差异。

1. 冷却方法及影响因素

(1)冷却方法。在每次进肉前,使冷却间温度下降到$-3\sim-2℃$,进肉后经$14\sim24$ h的冷却,待肉的中心温度达到$0℃$左右时,使冷却间的温度保持$0\sim1℃$。在空气温度为$0℃$左右的自然循环条件下所需冷却时间分别为猪、牛胴体及副产品24 h,羊胴体18 h,家禽12 h。

(2)影响冷却速度的因素。

①冷却间温度。刚屠宰后的肉体,为了阻止微生物的繁殖和延缓酶的活性,应尽快降低肉的温度。对牛、羊肉来说,为防止产生冷收缩,在pH尚未降到6以下时,肉温不得低于$10℃$;但对猪肉影响不大。肉类在冷却过程中,肉温达到$-10\sim-6℃$也不结冰。因此,冷却室在开始进肉之前降到$-3℃$左右,这样在进肉结束之后,可以使库内温度不会突然升高,维持在$0℃$左右进行冷却。

②冷却间相对湿度。湿度不仅影响微生物的生长繁殖,而且是决定冷却肉干耗量大小的主要因素。在整个冷却过程中,冷却初期冷却介质和肉之间的温差较大,冷却速度快,表面水分蒸发量在开始初期的$1/4$时间内,占总干耗量的50%以上。因此,空气的相对湿度大致可

分为两个阶段:在第一阶段的约 1/4 时间内,维持相对湿度 95％以上,不但可减少水分的蒸发,而且由于时间较短,微生物也不会大量繁殖;在后期阶段占总时间的 1/4。相对湿度为90％～95％为宜;临近结束时在 90％左右。这样既能保证肉表面形成干燥的保护膜,又不致产生严重的干耗。

③空气流速。在冷却中常强制空气流动来增加冷却速度。但过强的空气流速会显著增加肉表面的干耗。因此,在冷却过程中空气的流速以不超过 2 m/s 为宜,或每小时换 10～15 个冷库容积。

2. 冷却肉的贮藏及贮藏期的变化

冷却肉的贮藏系指经过冷却后的肉在 0℃ 左右的条件下进行的贮藏。冷却肉冷藏的目的,一方面可以完成肉的成热过程;另一方面达到短期保藏的目的。短期加工处理的肉类,不应冻结冷藏,因为冻结后再解冻的肉类,即使条件非常好,其干耗、解冻后肉汁流失等都比冷却肉大。

(1)冷藏条件。肉在冷却状态下冷藏的时间取决于冷藏环境的温度和相对湿度。肉在冷藏期间的温度和湿度应当保持均衡,空气流速以 0.1～0.2 m/s 为宜。

(2)冷藏过程中肉的变化。低温冷藏的肉类、禽等,由于微生物的作用,使肉品的表面发黏、发霉、变软,并有颜色的变化和产生不良的气味。

二、肉的冻结贮藏

温度在肉的冰点以上,对酶和微生物的活动及肉类的各种变化,只能在一定程度上有抑制作用,但不能终止其活动。所以,肉经冷却后只能做短期贮藏。如要长期贮藏,则需要进行冻结,即将肉的温度降低到 −18℃ 以下,肉中的绝大部分水分(80％以上)形成冰结晶,该过程称为肉的冻结。

1. 肉冻结前处理

冻结前的加工大致可分为 3 种方式:

①胴体劈半后直接包装、冻结。

②将胴体分割、去骨、包装、装箱后冻结。

③胴体分割、去骨,然后装入冷冻盘冻结。

2. 冻结过程

一般肉类冰点为 −2.2～−1.7℃,达到这个温度时肉中的水即开始结冰。在冻结过程中,首先是完成过冷状态,肉的温度下降到冻点以下也不结冰的现象称为过冷状态。在过冷状态,只是形成近似结晶而未结晶的凝聚体,这种状态很不稳定,一旦破坏(温度降低到开始出现冰核或振动的促进),立即放热向冰晶体转化,温度会升到冻结点并析出冰结晶。降温过程中形成稳定性晶核的温度,或开始回升的最低温度称作临界温度或过冷温度,畜、禽、鱼肉的过冷温度为 −5～−4℃。肉处在过冷温度时水分析出形成稳定的凝聚体,随温度降到冻结点而开始结冰。

三、冻结的方法

(1)冻结条件。冻结条件依冻结间的装备情况而变化,当冻结间设计温度为 −30℃,空气流速为 3～4 m/s 时,牛、羊肉尸冻结至中心温度为 −18℃ 所需时间约为 48 h。

(2)冻结速度。一般在生产上冻结速度通常用冻结所需的时间来区分,如中等肥度猪半胴体由 0～4℃冻结至－18℃,需 24 h 以下的为快速冻结,需 24～48 h 的为中速冻结,若超过 48 h 则为慢速冻结。

四、冻结肉的冷藏

冻结肉冷藏间的空气温度通常保持在－18℃以下,在正常情况下温度变化幅度不得超过 1℃。在大批进货、出库过程中一昼夜不得超过 4℃。

冻结肉类的保藏期限取决于保藏的温度、入库前的质量、种类、肥度等因素,其中主要取决于温度。因此,对冻结肉类应注意掌握安全贮藏,执行先进先出的原则,并经常对产品进行检查。

任务 2 辐射保藏技术

【要点】
1. 掌握辐射保藏的机理和方法。
2. 了解辐射保藏的注意事项及影响因素。
【工作过程】

一、肉类辐射保藏的机理

是利用放射性核素发出的 γ 射线或利用电子加速器产生的电子束或 X 射线,在一定剂量范围内辐照肉,杀灭其中的害虫和病原微生物及其他腐败细菌,或抑制肉品中某些生物活性物质和生理过程,从而达到保藏或保鲜的目的,该方法已越来越受到人们的关注,因为它与其他保藏加工方法相比,具有以下明显的优点。

①射线穿透能力强,可以杀灭深藏于肉内部的病菌及害虫,而且处理方法简便,不论是大包装、小包装或散装的批量肉均可处理;

②辐照肉内的温度不会升高,因此不引起肉品在色、香、味等方面的重大变化。辐照肉品的外观好,无营养损失;

③辐照肉的保藏方法是物理加工过程,没有化学药物残留问题,不会污染环境;

④辐照肉的保藏方法比较节省能源;

⑤辐照肉品保藏方法的加工效益高,一旦辐照装置投产后,可以连续作业。

二、辐射保藏注意事项及影响因素

1. 辐照源

广义地说,用于食品辐照贮藏的射线包括微波、紫外线、X 射线、β 射线、α 射线和 γ 射线。一般辐射保藏都指后 4 种。它们的特点如下:

β 射线:为从原子核中射出的带负电荷的高速粒子流。穿透物质的能力比 α 射线强,但电离能力不如 α 射线。

γ 射线:为波长非常短的电磁波束,食品工业中用 ^{60}Co 来产生。它能量高,穿透物质的能力极强,电离能力不如 α 射线和 β 射线。

α 射线:穿透物质能力很小,但有很强的电离能力。

X射线:其本质与γ射线相同。

2. 辐照对肉品质的影响

(1)颜色。鲜肉类及其制品在真空条件下辐照时,瘦肉的红色更鲜,肥肉也出现淡红色。这种增色在室温贮藏过程中由于光和空气中氧的作用会慢慢褪去。

(2)嫩化作用。辐照能使粗老牛肉变得细嫩,这可能是射线打断了肉的肌纤维所致。

(3)辐照味。肉类食品经过辐照后产生一种类似于蘑菇的味道,称作辐照味。辐照味的产生与照射量大致成正比。这种异臭的主要成分是甲硫醇和硫化氢。

3. 辐照食品的卫生安全性

经过辐照处理的食品必须由国家的相应的法规认可之后方可进入市场销售。各国的认可法规不同,有关国际组织推荐标准也不尽相同。但是,任何法规或标准的基本目的是保证辐照食品的卫生安全性,而卫生安全性主要包括以下四个方面。

(1)辐照必须不诱导放射性的形成。

(2)辐照食品必须保证微生物安全性。

(3)营养价值必须被保留。

(4)在辐照过的食品中不产生引起毒性效应的有毒物质。

【相关知识】

辐照杀菌的应用

高能射线对微生物的强烈杀伤作用,很早就引起了人们的重视,它非但能直接以细胞为靶子破坏微生物细胞核内的DNA,而且射线所产生的活性粒子对细菌也有强烈的杀伤作用。在20世纪50年代初已开始研究利用辐照来保藏肉类及其制品。辐照杀菌根据其目的及剂量不同,可分为辐照消毒杀菌及辐照完全杀菌两种方式。

一、辐照消毒杀菌

辐照消毒杀菌的作用是抑制或部分杀灭腐败性微生物及致病性微生物。辐照消毒杀菌又分为选择性辐照杀菌及针对性辐照杀菌,前者又称辐照耐贮杀菌,后者称为辐照巴氏杀菌。

1. 选择性辐照杀菌

选择性辐照杀菌的剂量一般定为5 kGy以下,它的主要目的是抑制腐败性微生物的生长和繁殖,增加冷冻贮藏的期限。结合低温处理,常用于鱼、贝等水产品捕捞后的贮运。由于鱼、贝等水产开始就带有假单胞菌,它耐低温,在0℃也会逐渐增殖,致使水产很快腐败变质。但这类菌抗辐照能力很弱,只需1 kGy以下就可抑制其生长及繁殖,甚至可杀死它们。

2. 针对性辐照杀菌

针对性辐照杀菌的剂量范围是5 kGy。主要用于畜禽的零售鲜肉和水产品,用来杀灭沙门氏菌。沙门氏菌有1 000~3 000种,现在已研究清楚的还不到1 000种,它在绝大部分的畜、禽、水产品上都可发现,它的污染往往是引发富含蛋白质的食品造成食物中毒的一个重要原因,沙门氏菌对热不太敏感,现在的加热法不能完全解决沙门氏菌的污染问题。但它对辐照十分敏感,据报道,5 kGy的剂量就能杀死平均10^5~10^7个/g沙门氏菌。辐照法对冷冻的食品进行处理,也能杀死食品深处的沙门氏菌。采用8 kGy对冻鸡照射,能有效地控制沙门氏菌的污染,被处理的鸡在-30℃下保存2年,香味及质地均无明显变化。

二、辐照完全杀菌

辐照完全杀菌是一种高剂量辐照杀菌法,剂量范围为 $10\sim60$ kGy。它可杀灭肉类及其制品上的所有微生物,以达到"商品消毒"的目的。只要包装不破损,就能在室温下贮藏几年。每种食品完全灭菌的剂量用 12-D 表示,也称为最低辐照剂量。它是把生存的孢子从 10^{12} 降低到 100 所需的剂量,可以用抗辐照性最强的肉毒杆菌通过实验测试来决定。12-D 剂量将随食品介质发生变化,因此,必须对加工的每种食品进行实测。

该法的缺点是所需剂量较大(通常为 $25\sim50$ kGy,有时高达 70 kGy),加工费用高。但经本法处理的牛肉、鸡肉、火腿、猪肉、香肠、鱼、虾等在常温下($21\sim38$℃)贮藏 2 年以上,其质量仍很好,色、香、味都较满意。在低温无氧条件下照射的肉贮藏 3 年后仍和新鲜肉无区别。为了有效地延长食品的贮藏期限,降低辐照剂量,可以采取下列措施。

1. 减少微生物的污染

对水产品可用淡水或海水洗净,去头、去皮、去内脏;对禽类则可改进加工卫生条件。荷兰在辐照保藏小虾研究中发现,辐照前去头、去皮、洗净海水,可减少辐照剂量 1 kGy。

2. 钝化自溶酶

食品被辐照而不引起味道严重变化的最高剂量(约为 70 kGy)只能使 $25\%\sim50\%$ 的自溶酶失去活性。肉类食品经过辐照处理后,若在室温下贮藏,由于自溶酶的作用会发生分解,损坏组织结构,降低营养成分,味道逐渐变坏,最后发生液化而限制了贮藏期。用加热来钝化自溶酶的活性是目前唯一安全可靠的方法。曾试用过化学抑制剂,但它们有毒且可靠性较差。对那些准备长期在室温下贮藏的肉类食品,在辐照前应加热钝化自溶酶。

3. 真空密封包装

经辐照灭菌的食品,如不在冷冻下贮藏则还会再次污染微生物。同时氧、光、水汽等也会对食品造成各种不良影响。为此在辐照前应采用耐低温、耐辐照、具有一定机械强度,并对食品无害的包装材料进行真空密封包装。这些包装材料应具有遮光、隔氧、拒潮、微生物不能侵入的性能。如要做成袋形时,可把这些薄膜做多层膜的内层,中层用铝箔,再用聚对苯二酸乙烯酯或聚乙酰亚胺做外层以增加复合膜的强度。马口铁也可用于制作包装罐头,可用于 -90℃低温下的剂量高达 75 kGy。

4. 加入添加剂

在食品中加入食盐、香料及其他腌渍剂或维生素 K 等可提高灭菌效果,使辐照灭菌的 12-D 剂量显著降低(可降低 $7\sim20$ kGy)。在采用加热法使自溶酶钝化时,加入 0.75% 食盐(盐味阈值以下)和 $0.25\%\sim0.50\%$ 的三聚磷酸钠能保持肉汁,改善色、香、味。

任务 3 气调保藏技术

【要点】

1. 掌握气调保藏的机理和方法。

2. 了解气调保藏的注意事项及影响因素。

【工作过程】

在我国,鲜肉消费占肉类总产量的 $70\%\sim80\%$。目前,国内猪肉的销售方式以集市无包装销售和超市的速冻包装为主。前者虽然有较好的新鲜度,但在流通过程中易导致质量下降;后者虽可较长时间保存,但鲜度较差,难以满足人们对新鲜食品的质量要求。在经济发达的国家,鲜肉都以小包装的形式在超市销售。一些北美和欧洲国家,如美国、加拿大、德国和荷兰等国,普遍采用保鲜包装并在低温冷链下流通,可有效提高鲜肉的保鲜期和质量。这种保鲜包装鲜肉必须在 0~5℃贮存和销售,称为"冷却肉"。

研究表明,大气环境和温度是影响鲜肉保藏期的主要因素。在常温的大气环境中,细菌迅速繁殖而导致鲜肉变质,因而降低贮藏温度,并创造一个"人工气候环境",可有效延长鲜肉的保质期。目前,鲜肉的保鲜包装有真空包装和气调包装两种。但真空包装时鲜肉缺氧,肉色呈淡紫色,会使消费者误认为肉不新鲜。

鲜肉的气调包装就是利用适合食品保鲜的保护气体置换包装容器内的空气,抑制细菌繁殖,结合调控温度以达到长期保存和保鲜的一种保鲜技术。

1. 气调保鲜肉的发展

CO_2 是鲜肉气调贮藏中最为常用的气体。高浓度 CO_2 气调在肉保鲜上的最早应用是在1930 年。在把鲜肉由澳大利亚和新西兰运往英国的轮船上发挥了较好的保鲜作用。到 1938年,澳大利亚的 26% 和新西兰的 60% 的鲜肉都是在有 CO_2 的气调保存方式下运输的。气体比例为 CO_2:O_2=20:80(体积比),一般采用大包装或大容器。

在 20 世纪 70 年代,高浓度 CO_2 气调对肉的保鲜作用又重新引起了人们的兴趣。人们用 CO_2、N_2、O_2、H_2 等不同气体及其组合进行了广泛的试验,观察其对微生物的抑制效果及对肉的影响。研究表明,气调中充入 20% 的 CO_2 可抑制肉中革兰氏阴性菌的繁殖,延长保存期,同时在气调中加入 5% 以下 CO_2,可以使包装袋内的肉色呈鲜红色,但随后的研究又发现,氧气的加入虽使最初肉色红亮,但以后肉褐变严重,贮存期也明显缩短。到了 20 世纪 80 年代,大量试验和实践证明,100% 纯 CO_2 气调为最理想的鲜肉保鲜方式。通过研究各种气体及其组合对肉上微生物生长情况及肉色的影响发现,在 0℃ 的冷藏条件下,充入不含氧的 CO_2 至饱和可大大提高鲜肉的保存期,同时可防止肉色由于低氧分压引起的氧化变褐。如果能做到从屠宰、包装到贮藏过程中有效防止微生物污染,则鲜肉在 0℃ 下能达到 20周的贮存期。

我国对气调保鲜肉的研究始于 20 世纪 80 年代后期,但在生产和商业中的应用仅是近几年的事。目前,也仅仅是北京、上海等少数大城市的市场上能看到这类气调保鲜肉。近几年,国外先进的连续式真空充气包装机的引进,才使气调保鲜肉的生产成为可能。

2. 气调包装保鲜机理

气调包装的保鲜机理是通过在包装内充入一定的气体,破坏或改变微生物赖以生存繁殖以及色变的条件,以达到保鲜防腐目的。气调包装用的气体通常为 CO_2、O_2 和 N_2,或是它们的各种组合。每种气体对鲜肉的保鲜作用不同。

(1)CO_2。CO_2 是气调包装的抑制剂,对大多数需氧菌和霉菌的繁殖有较强的抑制作用。CO_2 也可延长细菌生长的滞后期和降低其对数增长期的速度,但对厌氧菌和酵母菌无作用。由于 CO_2 可溶于肉中,降低了肉的 pH,可抑制某些不耐酸的微生物。但 CO_2 对塑料包装薄膜具有较高的透气性并易溶于肉中,导致包装盒塌落,影响产品外观。因此,若选用 CO_2 作为保护气体,应选用阻隔性较好的包装材料。

(2)O_2。O_2 对鲜肉的保鲜作用主要有两方面:一方面抑制鲜肉贮藏时厌氧菌的繁殖;另一方面在短期内使肉色呈鲜红色,易被消费者接受。但氧的加入使气调包装肉的贮存期大大缩短,在 O_2 条件下,贮存期仅为 2 周。

(3) N_2。 N_2 是惰性气体,对被包装物一般不起作用,也不会被食品所吸收。氮对塑料包装材料透气率很低,因而可作为混合气体缓冲或平衡气体,并可防上因 CO_2 逸出而使得包装盒受大气压力压塌。

3. 鲜肉气调包装保护气体的选用

气调保鲜肉的保护气体必须根据保鲜要求选用由一种、两种或三种气体按一定比例组成的混合气体。

(1) 100% 纯 CO_2 气调包装。在冷藏条件下(0℃),充入不含 O_2 的 CO_2 至饱和可大大延长鲜肉的保存期,同时可防止肉色由于低氧分压引起的氧化变褐。用这一方式保存猪肉至少可达 15 周。如果能做到在屠中、包装到贮藏过程中有效防止微生物污染,则贮藏期可达到 20 周。因此,纯 CO_2 气调包装适合于批发的、长途运输的、要求较长保存期的销售方式。为了使肉色呈鲜红色,让消费者所喜爱,在零售以前,改换含氧包装,或换用聚苯乙烯托盘覆盖聚乙烯薄膜包装形式,使氧与肉接触形成鲜红色氧合肌红蛋白,以吸引消费者选购。改成零售包装的鲜肉在 0℃ 下约可保存 7 d。

(2) 75% O_2 和 25% CO_2 的气调包装。用 75% O_2 和 25% CO_2 组成的混合气体,充入鲜肉包装内,既可形成氧合肌红蛋白,又可使肉在短期内达到防腐保鲜。在 0℃ 的冷藏条件下可保存 10～14 d。这种气调保鲜肉是一种只适合于在当地销售的零售包装。

(3) 50% O_2、 25% CO_2 和 25% N_2 的气调包装。用 50% O_2、 25% CO_2 和 25% N_2 组成的混合气体作为保护气体充入鲜肉包装内,既可使肉色鲜红、防腐保鲜,同时又可防止因 CO_2 逸出而造成的包装盒受大气压力压蹋。这种气调包装同样是一种适合于在本地超市销售的零售包装形式。在 0℃ 冷藏条件下,保存期可达到 14 d。

4. 鲜肉气调包装应注意的问题

鲜肉气调包装的保鲜效果取决于以下 4 个因素。

①鲜肉在包装前的卫生指标;

②包装材料的阻隔性及封口质量;

③所用气体配比;

④包装肉贮存环境温度。

因此,在鲜肉气调包装工艺上应注意以下几个问题。

(1) 鲜肉在包装前的处理。生猪宰杀后如果在 0～4℃ 温度下冷却 24 h,可以抑制鲜肉中 ATP 的活性,以便实现排酸过程。这种排酸后的冷却肉,营养和口感远比速冻肉好。另外,为了保证气调包装的保鲜效果,还必须控制好鲜肉在包装前的卫生指标,防止微生物污染。

(2) 包装材料的选择。气调包装应选用阻隔性良好的包装材料,以防止包装内气体外逸,同时也要防止大气中 O_2 的渗入。作为鲜肉气调包装,要求对 O_2 和 CO_2 均有较好的阻隔性,通常选用以 PET、PP、PA、PVDC 等作为基材的复合包装薄膜。

(3) 充气和封口质量的保证。充气和封口质量的控制,必须依靠先进的充气包装机械和良好的操作质量。例如,德国 Tiromat 公司制造的连续式真空充气包装机,使容器成形、计量充填、抽真空充气到封口切断、打印日期和产品输出均在一台机器上自动连续完成,不仅高效可靠,而且减少了包装操作过程中的各种污染,有利于提高保鲜效果。

(4)产品贮存温度的控制。温度对保鲜效果的影响来自两个方面:一是温度的高低直接影响肉体表面的各种微生物的活动;二是包装材料的阻隔性与温度有着密切关系。温度越高,包装材料的阻隔性越小。因此,必须实现从产品、贮存、运输到销售全过程的温度控制。

模块二　肉制品加工前准备

【知识目标】

1. 要求了解肉的组成和特性，了解原料肉及肉质有哪些常见的品质问题。

2. 理解肉的成熟、嫩度、风味、肉色等对肉制品加工的影响。

3. 掌握肉的成熟和腐败过程及原料肉的检验知识。

4. 明确肉制品加工所用辅料的种类及应用特点。

【技能目标】

1. 能够对原料肉进行新鲜度的检验及品质的评定。

2. 能够熟练对原料肉进行各项检验。

3. 能够识别和正确使用肉制品加工中常见的香辛料。

项目一　原料肉选择

【项目导入】

　　各类肉制品加工之前要对原料肉及辅料进行正确的选择，然后按照合理的工艺及配方，通过严格的质量控制过程进行生产。要想生产出优质的肉制品，首先要明确原料、辅料的性能，进行正确的选择和使用，确保原料、辅料的质量，包括对原料肉的新鲜度进行检验、原料肉的品质进行评定、原料肉的理化检验、微生物检验等。因此，在分类学习各类肉制品加工技术之前，集中学习相关的知识和技能，为进一步的学习和工作打好基础。

任务1　原料肉感官评定

【要点】

1. 明确原料肉感官检验的指标包括色泽、组织状态、黏度、气味、弹性及煮沸后肉汤。

2. 原料肉的抽样规则

（1）组批。同一班次，同一品种，同一规格的产品为一批。

（2）抽样。按表2-1抽取样本，在全批货物堆垛的不同方位抽取所需检验量，其余样本原封不动进行。

表 2-1　抽样数量及判定规则

批量范围(箱)	样本数量(箱)	合格判定数 Ae	不合格判定数 Re
小于 1 200	5	0	1
1 200～2 500	8	1	2
大于 2 500	13	2	3

(3)从抽样的每箱产品中抽取 2 kg 试样。用于检验煮沸肉汤和挥发性盐基氮,其余部分按每箱进行感官检验和等级评定。

【相关器材】

电炉 1 台、石棉网 1 个、小尖刀 1 把、天平一台、表面皿 1 个、剪肉刀 1 把、温度计 1 支、100 mL 量筒 1 个、200 mL 烧杯 1 个。

【工作过程】

①自然光线下,观察肉的表面及脂肪色泽,有无污染附着物,用刀顺肌纤维方向切开,观察断面的颜色。

②常温下嗅其气味。

③食指按压肉的表面,观察弹性情况,看指压凹陷恢复情况、表面干湿及是否发黏。

④称取 20 g 绞碎的试样,置于 100 mL 烧杯中,加 20 mL 水,用表面皿盖上加热 50～60℃,开盖检查气味,继续加热煮沸 20～30 min,检查肉汤的气味、滋味和透明度,以及脂肪的气味和脂肪滴的情况,并参见卫生标准。

⑤按照国家标准进行评定(表 2-2 至表 2-8)。

表 2-2　鲜猪肉感官指标(GB 2707—94)

项目	一级鲜度	二级鲜度
色泽	肌肉有光泽,红色均匀,脂肪洁白	肌肉色稍暗,脂肪缺乏光泽
黏度	外表微干或微湿润,不黏手	外表干燥或黏手,新切面湿润
弹性	指压后的凹陷立即恢复	指压后的凹陷恢复慢且不能完全恢复
气味	具有鲜猪肉正常气味	稍有氨味或酸味
煮沸后肉汤	透明澄清,脂肪团聚于表面,具有香味	稍有浑浊,脂肪呈小滴浮于表面,无鲜味

表 2-3　鲜猪肉、鲜羊肉、鲜兔肉感官指标(GB 2708—94)

项目	一级鲜度	二级鲜度
色泽	肌肉有光泽,红色均匀,脂肪洁白或淡黄色	肌肉色稍暗,切面尚有光泽,脂肪缺乏光泽
黏度	外表微干或有风干膜,不黏手	外表干燥或黏手,新切面湿润
弹性	指压后的凹陷立即恢复	指压后的凹陷恢复慢且不能完全恢复
气味	具有鲜猪肉、鲜羊肉、鲜兔肉的正常气味	稍有氨味或酸味
煮沸后肉汤	透明澄清,脂肪团聚于表面,具特有香味	稍有浑浊,脂肪呈小滴浮于表面,香味差或无鲜味

表 2-4　鲜鸡肉感官指标(GB 2724—81)

项目	一级鲜度	二级鲜度
眼球	眼球饱满	眼球皱缩凹陷,晶体稍浑浊
色泽	皮肤有光泽,因品种不同而呈淡黄、淡红、灰白或灰黑等色,肌肉切面发光	皮肤色泽转暗,肌肉切面有光泽
黏度	外表微干或微湿润,不黏手	外表干燥或黏手,新切面湿润
弹性	指压后的凹陷立即恢复	指压后的凹陷恢复慢且不能完全恢复
气味	具有鲜鸡肉的正常气味	无其他异味,唯腹腔内有轻度不快味
煮沸后肉汤	透明澄清,脂肪团聚于表面,具特有香味	稍有浑浊,脂肪呈小滴浮于表面,香味差或无鲜味

表 2-5　冻猪肉(解冻后)感官指标(GB 2707—81)

项目	一级鲜度	二级鲜度
色泽	肌肉有光泽,色红均匀,脂肪洁白无霉点	肌肉色稍暗红,缺乏光泽,脂肪微黄或有少量霉点
组织状态	肉质紧密,有坚实感	肉质软化或松弛
黏度	外表及切面微湿润,不黏手	外表湿润,微黏手,切面有渗出液,不黏手
气味	无异味	稍有氨味或酸味

表 2-6　冻牛肉(解冻后)感官指标(GB 2708—94)

项目	一级鲜度	二级鲜度
色泽	肌肉色均匀,有光泽,脂肪白色或微黄色	肉色稍暗,肉与脂肪缺乏光泽,但切面尚有光泽脂肪稍发黄
黏度	肌肉外表微干或有风干膜,或外表湿润不黏手	外表干燥或轻度黏手,切面湿润黏手
组织状态	肌肉结构紧密,有坚实感,肌纤维韧性强	肌肉组织松弛,肌纤维有韧性
气味	具有牛肉的正常气味	稍有氨味或酸味
煮沸后肉汤	透明澄清,脂肪团聚于表面,具有鲜牛肉汤固有的香味和鲜味	稍有浑浊,脂肪呈小滴浮于表面,香味、鲜味较差

表 2-7　冻羊肉(解冻后)感官指标(GB 2709—94)

项目	一级鲜度	二级鲜度
色泽	肌肉色鲜艳,有光泽,脂肪白色	肉色稍暗,肉与脂肪缺乏光泽,但切面尚有光泽
黏度	外表微干或有风干膜,或湿润不黏手	外表干燥或轻度黏手,切面湿润黏手

续表 2-7

项目	一级鲜度	二级鲜度
组织状态	肌肉结构紧密,有坚实感,肌纤维韧性强	肌肉组织松弛,肌纤维有韧性
气味	具有羊肉的正常气味	稍有氨味或酸味
煮沸后肉汤	透明澄清,脂肪团聚于表面,具有鲜牛肉汤固有的香味和鲜味	稍有浑浊,脂肪呈小滴浮于表面,香味、鲜味较差

表 2-8　冻鸡肉(解冻后)感官指标(GB/T 16869—1997)

项目	一级鲜度	二级鲜度
眼球	眼球饱满或平坦	眼球皱缩凹陷,晶体稍浑浊
色泽	皮肤有光泽,因品种不同而呈淡黄、淡红、灰白或灰黑等色,肌肉切面发光	皮肤色泽转暗,肌肉切面有光泽
黏度	外表微湿润,不黏手	外表干燥或黏手,新切面湿润
弹性	指压后的凹陷恢复慢,且不能完全恢复	肌肉发软,指压后的凹陷不能恢复
气味	具有鸡肉的正常气味	无其他异味,唯腹腔内有轻度不快味
煮沸后肉汤	透明澄清,脂肪团聚于表面,具特有香味	稍有浑浊,油珠呈小滴浮于表面,香味差或无鲜味

【相关知识】

肉品质的感官评定

感官鉴定对肉品加工选择原料方面,有重要的作用。感官鉴定主要从以下几个方面进行:视觉——肉的组织状态、粗嫩、黏滑、干湿、色泽等;嗅觉——气味的有无、强弱、香、臭、腥臭等;味觉——滋味的鲜美、香甜、苦涩、酸臭等;触觉——坚实、松弛、弹性、拉力等;听觉——检查冻肉、罐头的声音的清脆、浑浊及虚实等。

(1)新鲜肉。外观、色泽、气味都正常,肉表面有稍带干燥的"皮膜",呈浅玫瑰色或淡红色;切面稍带潮湿而无黏性,并具有各种动物肉特有的光泽;肉汁透明肉质紧密,富有弹性;用手指按压时凹陷处立即复原;无酸臭味而带有鲜肉的自然香味;骨骼内部充满骨髓并有弹性,带黄色,骨髓与骨的折断处相齐;骨的折断处发光;腱紧密而具有弹性,关节表面平坦而发光,其渗出液透明。

(2)陈旧肉。肉的表面有时带有黏液,有时很干燥,表面与切口处都比鲜肉发暗,切口潮湿而有黏性。如在切口处盖一张吸水纸,会留下许多水迹。肉汁浑浊无香味,肉质松软,弹性小,用手指按压,凹陷处不能立即复原,有时肉的表面发生腐败现象,稍有酸霉味,但深层还没有腐败的气味。

密闭煮沸后有异味,肉汤浑浊不清,汤的表面油滴细小,有时带腐败味。骨髓比新鲜的软一些,无光泽,带暗白色或灰色,腱柔软,呈灰白色或淡灰色,关节表面为黏液所覆盖,其液浑浊。

(3)腐败肉。表面有时干燥,有时非常潮湿而带黏性。通常在肉的表面和切口有霉点,呈灰白色或淡绿色,肉质松软无弹力,用手按压时,凹陷处不能复原,不仅表面有腐败现象,在肉的深层也有浓厚的酸败味。

密闭煮沸后,有一股难闻的臭味,肉汤呈污秽状,表面有絮片,汤的表面几乎没有油滴。骨髓软弱无弹性,颜色暗黑,腱潮湿呈灰色,为黏液所覆盖。关节表面有黏液深深覆盖,呈血浆状。

任务 2 原料肉的品质评定

【要点】

通过评定或测定原料肉的颜色、酸度、保水性、嫩度、大理石纹及熟肉率,对原料肉品质做出综合评定。

【相关器材】

1. 原料

猪半胴体。

2. 用具

肉色评分标准图、大理石纹评分图、定性中速滤纸、酸碱度计、钢环允许膨胀压力计、取样品、LM-嫩度计、书写用硬质塑料板、分析天平。

【工作过程】

1. 肉色

猪宰后 2~3 h 内取最后胸椎处背最长肌的新鲜切面,在室内正常光线下用目测评分法评定,评分标准见表 2-9。应避免在阳光直射或室内阴暗处评定。

表 2-9 肉色评分标准

肉色	灰白	微红	正常鲜红	微暗红	暗红
评分	1	2	3	4	5
结果	劣质肉	不正常肉	正常肉	正常肉	正常肉*

注:* 为美国《肉色评分标准图》,因我国的猪肉较深,故评分 3~4 者为正常。

2. 肉的酸碱度

宰杀后在 45 min 内直接用酸碱度计测定背最长肌的酸碱度。测定时先用金属棒在肌肉上刺一个孔,按国际惯例,用最后胸椎部背最长肌中心处的 pH 表示。正常肉的 pH 为 6.1~6.4,灰白水样肉(PSE)的 pH 一般为 5.1~5.5。

3. 肉的保水性

测定保水性使用最普遍的方法是压力法,即施加一定的重量或压力,测定被压出的水量与肉重之比或按压出水所湿面积之比。我国现行的测定方法是用 35 kg 重量压力法度量肉样的失水率,失水率愈高,系水力愈低,保水性愈差。

(1)取样。在第 1~2 腰椎背最长肌处切取 1.0 mm 厚的薄片,平置于干净橡皮片上,再用直径 2.523 cm 的圆形取样器(圆面积为 5 cm)切取中心部肉样。

(2)测定。切取的肉样用感量为 0.001 g 的天平称重后,将肉样置于两层纱布间,上下各垫 18 层定性中速滤纸,滤纸外各垫一块书写用硬质塑料板,然后放置于改装钢环允许膨胀压缩仪上,用均速摇动把加压至 35 kg,保持 5 min,解除压力后立即称量肉样重。

(3)计算。失水率＝加压后肉样重/加压前肉样重×100%

计算系水率时,需在同一部位另采肉样 50 g,按常规方法测定含水量后按下列公式计算:

$$失水率＝(肌肉总重量－肉样失水量)/肌肉总水分量×100\%$$

4. 肉的嫩度

嫩度评定分为主观评定和客观评定两种方法。

(1)主观评定。主观评定是依靠咀嚼和舌与颊对肌肉的软、硬与咀嚼的难易程度等方法进行综合评定。感官评定的优点是比较接近正常食用条件下对嫩度的评定。但评定人员必须经过专门训练。感官评定可从以下 3 个方面进行:①咬断肌纤维的难易程度;

②咬碎肌纤维的难易程度或达到正常吞咽程度时的咀嚼次数;

③剩余残渣量。

(2)客观评定。用肌肉嫩度计(LM-嫩度计)测定剪切力的大小来客观表示肌肉的嫩度。实验表明,剪切力与主观评定之间的相关系数达 0.60～0.85,平均为 0.75。

测定时在一定温度下将肉样煮熟,用直径为 1.27 cm 的取样器切取肉样,在室温条件下置于剪切仪上测量剪切肉样所需的力,用千克表示,其数值越小,肉越嫩。重复 3 次计算其平均值。

5. 大理石纹

大理石纹反映了一块肌肉可见脂肪的分布状况,通常以最后一个胸椎处的背最长肌为代表,用目测评分法评定:脂肪只有痕迹评 1 分;微量脂肪评 2 分;少量脂肪评 3 分;适量脂肪评 4 分;过量脂肪评 5 分,目前暂用大理石纹评分标准图测定,如果评定鲜肉时脂肪不清楚,可将肉样置于冰箱内在 4℃下保持 24 h 后再评定。

6. 熟肉率

将完整腰大肌用感量为 0.1 g 的天平称重后,置于蒸锅屉上蒸煮 45 min,取出后冷却 30～40 min 或吊挂于室内无风阴凉处,30 min 后称重,用下列公式计算:

$$熟肉率＝蒸煮后肉样重/蒸煮前肉样重×100\%$$

【实训作业】

根据实验结果,对原料肉品质做出综合评定,写出实训报告。

【相关知识】

各种畜禽肉的特征及品质评定

1. 牛肉

正常的牛肉呈红褐色,组织硬而有弹性。营养状况良好的牛肉组织间夹杂着白色的脂肪,形成所谓"大理石状"。有特殊的风味,其成分大约为水分 73%,蛋白质 20%,脂肪 3%～10%。鉴定牛肉时根据风味、外观、脂肪等即可以大致评定。

2. 猪肉

肉色鲜红而有光泽,因部位不同,肉色有差异。肌肉紧密,富有弹性,无其他异常气味,具有肉的自然香味,脂肪的蓄积量比其他肉多,凡脂肪白而硬且带有芳香味时,一般是优等的肉。

3. 绵羊肉及山羊肉

绵羊肉的纤维细嫩,有一种特殊的风味,脂肪硬。山羊肉比绵羊肉带有浓厚的红土色。种公羊有特殊的腥臭味,屠宰时应加以适当的处理。幼绵羊及幼山羊的肉,俗称羔羊肉,味鲜美细嫩,有特殊风味。

4. 鸡肉

鸡肉纤维细嫩,部位不同,颜色也有差异。腿部略带灰红色,胸部及其他部分呈白色。脂肪柔软、熔点低。鸡皮组织以结缔组织为主,富于脂肪而柔软、味美。

5. 兔肉

肉色粉红,肉质柔软,具有一种特殊清淡风味。脂肪在外观上柔软,但熔点高,因兔肉本身味道很清淡。

任务3 原料肉的理化检验

【要点】

在感官检验的基础上需要辅以实验室检验来鉴定肉的腐败程度,理化检验是实验室常用的检验方法,对肉而言,主要通过测定挥发性盐基氮、pH以及球蛋白沉淀实验来完成。

【工作过程】

(一)爱氏试剂法

(1)爱氏试剂。1份25%盐酸、3份95%乙醇、1份乙醚混合而成。

(2)器皿。大试管、普通橡皮塞、带铁丝橡皮塞(在塞子下方插一铁丝,铁丝下端弯成钩形)。

(3)鉴别方法。吸取2~3 mL爱氏试剂,置于大试管内,塞上普通橡皮塞,摇2~3次。然后取下塞子,并立即塞上带钩橡皮塞(肉挂在弯钩上),注意勿碰管壁,距液面1~2 cm。

若肉已不新鲜,就有氨存在,于数秒钟内即有氯化铵白雾生成。少量白雾出现,可认为肉开始变质;如出现大量白雾,则样品已腐败变质。

(二)纳斯勒(Nessler)氏试剂氨反应

1. 原理

氨和胺类化合物是肉变质腐败时所产生的特征产物,它能够与纳斯勒氏试剂在碱性环境中生成不溶性的复合盐沉淀——碘化二亚汞铵(橙黄化),颜色的浓淡和沉淀物的多少取决于肉中的氨和胺类化合物的量。该反应对游离氨或结合氨都能进行测定。反应式如下:

$$2HgCl_2 + 4KI \rightarrow 2HgI_2 + 4KCl$$

$$2HgI_2 + 4KI + 3KOH + NH_3 \rightarrow HgOHgNH_2I + 2H_2O + 7KI$$

2. 纳斯勒氏试剂

称取10 g碘化钾,溶解于10 mL热蒸馏水中,陆续加入饱和氯化汞溶液($HgCl_2$在20℃时100 mL水中能溶解6.1 g),不断振摇,直到产生的珠红色沉淀不再溶解为止。然后向此溶液中加入35%氢氧化钾溶液80 mL,最后加入无氨蒸馏水将其稀释至200 mL,静置24 h后,取上清液作为试剂。移于棕色瓶中,塞上橡皮塞,置阴凉处保存。

3. 仪器

试管、吸管、试管架。

4. 操作方法

(1)肉浸出液的制备。用挥发性盐基氮测定时所制备的(1:10)肉浸出液。

(2)具体操作。取2支试管,1支内加入1 mL肉浸出液,另1支加入1 mL煮沸2次冷却的无氨蒸馏水作对照,然后向其中各滴入纳斯勒氏试剂,每加1滴振摇数次,并观察颜色的变化。一直加到10滴为止。

5. 判定标准

纳斯勒氏试剂反应结果判定见表2-10。

表 2-10　纳斯靳氏试剂反应质量判定表

试剂滴数	颜色和沉淀的变化情况	氨和胺类的含量/ (mg/100 g)	反应结果	肉的品质
10	颜色未变,没有浑浊和沉淀	<16	—	新鲜肉
10	淡黄色,轻度浑浊,无沉淀	16～20	±	次鲜肉
10	呈黄色,轻度浑浊,稍有沉淀	21～30	+	自溶肉
6	呈黄色或橙黄色,有沉淀	31～45	++	腐败肉
1～5	明显的黄色或橙黄色,有较多沉淀	46 以上	+++	完全腐败肉

(三)球蛋白沉淀反应

1. 原理

肌球蛋白也称肌凝蛋白,是构成肌纤维的主要蛋白质,它易溶于碱性溶液中,在酸性环境中则不溶解。当肉腐败变质时,由于肉中氨和盐胺类等碱性物质的蓄积,肉的酸度减小,pH升高,使肌肉中球蛋白呈溶胶状态,在重金属盐(如硫酸铜)或者酸(如醋酸)的作用下发生凝结而沉淀。

2. 试剂

(1)10%醋酸溶液。量取10 mL醋酸,加蒸馏水至100 mL,混匀。

(2)10%硫酸铜溶液。称取五水硫酸铜($CuSO_4 \cdot 5H_2O$)15.64 kg,先以少量蒸馏水使其溶解,然后加蒸馏水稀释至100 mL。

3. 仪器

试管、试管架、吸管、水浴锅。

4. 操作方法

(1)肉浸液的制备。同挥发性盐基氮所用的肉浸出液(1:10)。

(2)具体操作。

①醋酸沉淀法。向试管中加入肉浸出液2 mL,加10%醋酸2滴,将试管置于80℃水浴3 min,然后观察结果。

②硫酸铜沉淀法。向试管中加入肉浸出液2 mL,加10%硫酸铜溶液5滴,振摇后静置5 min,然后观察结果。

5. 判定标准

新鲜肉:液体清亮透明,次新鲜肉,液体稍浑浊,变质肉,液体浑浊,并有絮片或胶冻样沉淀物。

(四)pH 的测定

1. 原理

家畜生前肌肉的 pH 为 7.1～7.2。宰后由于缺氧,肌肉中代谢过程发生改变,肌糖原无氧酵解,产生乳酸,三磷酸腺苷(ATP)迅速分解,使肉 pH 下降,如宰后 1 h 的热鲜肉,其 pH 可降落到 6.2～6.3;宰后 24 h 的热鲜肉,其 pH 可降落到 5.6～6.0,此 pH 在肉品加工叫做"排酸值",它能一直持续到肉发生腐败分解之前,所以新鲜肉浸出液的 pH 通常在 5.8～6.2。肉腐败时,由于肉内蛋白质在细菌酶的作用下,被分解为氨和胺类化合物等碱性物质,因而使肉趋于碱性,ph 显著增高。

此外,家畜在宰前由于过劳、虚弱、患病等原因使能量消耗过大,肌肉中糖原减少,所以宰后肌肉中形成的乳酸和磷酸量也较少。在这种情况下,肉虽具有新鲜肉的感官特征,但有较高的 pH(6.5～6.8)。因此,在测定肉浸液 pH 时,要考虑这方面的因素,测定肉 pH 的方法,通常有比色法和电化学法。电化学法简便易行。

2. 试剂

(1)指示剂。甲基红(pH 4.6～6.0)、溴麝香草酚蓝(pH 6.0～6.7)及酚红(pH 6.8～8.0)

(2)0.01%硝嗪黄溶液。

3. 仪器

天平、量筒、烧杯、锥形瓶、刻度吸管、剪刀、pH 精密试纸、比色箱、电位计、pH 计、酸度计。

4. 肉浸液的制备

①称取精肉肉样 10 g,剪成豆粒大小的小块(50～60 块),置于 200 mL 烧杯中,加 100 mL 蒸馏水,浸泡 15 min,其间振摇 3～4 次。

②用滤纸将浸泡液过滤即为肉浸出液。备用。

5. 测定方法

(1)比色法。利用不同的酸碱指示剂来指示出被测液的 pH。

常用的比色法有 pH 试纸法和溶液比色法。

由于酸碱指示剂在溶液中随着溶液 pH 的改变而显示不同的颜色,而且溶液中氢离子浓度在一定范围内,某种指示剂的色度与离子浓度成比例。因此,可以利用不同指示剂的混合物显示的各种颜色来指示溶液的 pH。根据这一原理,制成一种由浅至深的标准试纸或标准比色管,测定时以指示剂呈现的颜色与标准比较。

①pH 试纸法。将 pH 精密试纸条的一端浸入被检肉浸出液中或直接贴在肉的新鲜切面上,数秒钟后取出与标准色板比较,直接读取 pH 的近似数值。

②肉浸液比色法。借助于比色箱进行测定,首先利用万能指示剂,预测被测液的 pH 范围,以便选择适宜的指示剂(通常选用溴麝香草酚蓝),然后取 3 支专用的比色管分别加入 5 mL 肉浸液,其中 1 支加入 0.25 mL,插于比色箱有玻璃侧之左右孔。由标准比色管排上取出蒸馏水管插于比色箱有玻璃测之中间孔,再由与该指示剂相应的比色管排上,选取 2 支与加入指示剂与被测液管色调近似的比色管,插于比色箱无玻璃侧之左右孔。

此时,将比色箱举至距眼睛 25 cm 水平处侧向着光源进行比色,当某标准比色管颜色与加入指示剂之被测液管的颜色完全相同时,则该标准比色管上的 pH 数值就相当于被测液的 pH。如被测液的色度处于两标准比色管色度之间时,则采取其 pH 的平均值。

③硝嗪黄试剂反应法。取 0.01％硝嗪黄溶液 5～10 mL,注入类似蒸发皿样的白瓷皿中,再取检样肉片 1～2 g,放入皿中,然后用小刀在皿内挤压肉片,挤出肉汁,观察溶液变化。

溶液呈深紫色者,pH 在 6.5 以上;溶液无变化者,pH 在 6.5 以下;溶液呈绿色者,pH 在 6.5。

此法不适用于宰后 pH 异常的病畜肉及 PSE 肉的检验。

(2)电化学法。比色法只能测得粗略近似的 pH,有一定的局限性。而电化学法对于有色、浑浊及胶状溶液的 pH 都能够测量,准确度高。

①酸度计法。该方法比较快速、准确。将酸度计调零、校正、定位,然后将玻璃电极和参比电极插入容器内的肉浸液中,按下读数开关,此时指针移动,到某一刻度处静止不动,读取指针所指的值,加上 pH 范围调节挡上的数值,即为该肉浸液的 pH。

②电表 pH 计测定法。用电表 pH 计测定肉 pH 时,可不必制备肉浸液,只需将电表 pH 计的电极直接插入被检肉的组织中或新鲜切面上,便可自电表 pH 计上读取肉(或馅)的 pH。

判定标准:

①新鲜肉:pH 5.8～6.2;

②次鲜肉:pH 6.3～6.6;

③变质肉:pH 6.7 以上。

(五)硫化氢的测定

1. 原理

构成蛋白质的氨基酸中,半胱氨酸和胱氨酸含有巯基,在细菌酶的作用下能形成硫化氢,硫化氢与可溶性铅盐作用时,形成黑色的硫化铅。此种反应在碱性环境下进行,则能提高反应的灵敏度。因此,测定肉中的硫化氢时,醋酸铅碱性溶液作为直接点肉法或滤纸法的试剂。其反应式如下:

$$H_2S + Pb(CH_3COO)_2 \rightarrow PbS \downarrow + 2CH_3COOH$$

2. 试剂

醋酸铅碱性溶液:在 10％醋酸铅液内加入 10％氢氧化钠溶液,直到析出沉淀为止。

3. 仪器

100 mL 具塞锥形瓶、定性滤纸。

4. 测定方法和结果判定

(1)醋酸铅滴肉法。将醋酸铅碱性溶液直接滴在肉面上,2～3 min 后,观察反应。正常新鲜肉无变化;腐败肉滴上试剂后就能出现褐色或黑色反应。此法灵敏度较高,简单易行,便于在市场上检验肉品时应用,作为综合判定的参考。

(2)醋酸铅滤纸法。

①将被检肉剪成绿豆或黄豆粒大小的肉粒,放入 100 mL 带塞的三角烧瓶中,使之达到烧瓶容量的 1/3,铺平在瓶底。

②瓶中悬挂经醋酸铅碱性溶液润湿过的滤纸条,使之略接近肉面(但不接触肉面),另一端固定在瓶颈内壁与瓶塞之间。

③在室温下放置 15 min 后,观察瓶内滤纸条的变色反应。

新鲜肉:滤纸条无变化。

次鲜肉:由于硫化铅的形成,滤纸条边缘变为淡褐色。

变质肉:由于硫化铅大量形成,滤纸条变为黑褐色或棕色。

(3)滤纸贴肉法。用一条浸过醋酸铅碱性溶液的滤纸条,直接贴在肉切面上,有硫化氢时,纸条变为褐色或黑色。

(六)过氧化氢酶法

1. 原理

新鲜动物的肌肉组织内含有过氧化氢酶,它可促进过氧化氢释放氧,氧化有机物,发生特殊的颜色反应,从而鉴定肉的新鲜程度。如联苯胺在氧的存在下,可生成蓝绿色的物质。反应式如下:

$$联苯胺＋过氧化氢 \rightarrow 对醌二亚胺(蓝绿色)＋水$$

2. 试剂和仪器

①10％愈创木酚溶液。

②1∶500 联苯胺乙醇溶液,可使用 7 d,过期重配。

③1∶500 甲萘酚乙醇溶液。

④1％过氧化氢溶液。

⑤试管若干。

⑥绞肉机。

3. 实验步骤

吸取粉碎均匀的 10％肉浸汁 2 mL,置于试管中,加入 5 滴①、②、③三种试剂的任一种,摇匀后,再加入 2 滴 1％过氧化氢溶液。

如肉汁内有过氧化氢酶存在,用愈创木酚试剂时则呈现青灰色;用联苯胺乙醇溶液时,呈蓝绿色或绿色;用甲萘酚乙醇溶液试剂时,呈淡紫色或很快变成浅樱红色。新鲜肉在 0.5～2 min 内就显色;若非新鲜肉,则在 2 min 后呈色或不呈色。

(七)挥发性盐基氮的测定

1. 挥发性盐基氮的概念

挥发性盐基氮(简称 VBN)也称挥发性碱性总氮(简称 TVBN)。所谓 VBN 系指食品水浸液在碱性条件下能与水蒸气一起蒸馏出来的总氮量,即在此条件能形成 NH_3 的含氮物(含氨态氮、胺基态氮等)的总称。

2. 挥发性盐基氮的产生及测定意义

肉品腐败过程中,蛋白质分解产生的氨(NH_3)和胺类($R-NH_2$)等碱性含氮的有毒物质,如酪胺、组胺、尸胺、腐胺和色胺等,统称为肉毒胺。它们具有一定的毒性,可引起食物中毒。大多数的肉毒碱有很强的耐热性,需在 100℃加热 1.5 h 才能破坏。肉毒胺可以与腐败过程中同时分解产生的有机酸结合,形成盐基态氮($NH_3^+ \cdot R^-$)而积集在肉品中。因其具有挥发性,因此称为挥发性盐基氮。

肉品中所含挥发性盐基氮的量,随着腐败的进行而增加,与腐败程度之间有明确的对应关系。因此,测定挥发性盐基氮的含量是衡量肉品新鲜度的重要指标之一。

3. 挥发性盐基氮的测定方法

(1)半微量定氮法。

①原理。根据蛋白质在腐败过程中,分解产生的氨和胺类物质具有挥发性,可在弱碱剂氧化镁的作用下游离并蒸馏出来,被硼酸溶液吸收,用标准的酸进行滴定,计算含量。

②试剂。氧化镁混悬液、2%硼酸溶液(吸收液)、0.2%甲基红乙醇液、0.1%亚甲蓝水溶液临用时将③④等量混合为混合指示液、0.01 mol/L 盐酸标准溶液或 0.005 mol/L 硫酸标准溶液。

③仪器。半微量定氮装置(Markhan 氏式)、微量滴定管(最小分度 0.01 mL)。

④操作方法。

a. 样液的制备:将样品除去脂肪、骨头及筋腱后,切碎搅匀,称取 10 g 于锥形瓶中,加 100 mL水,不时振摇,浸渍 30 min 后过滤,滤液置于冰箱中备用。

b. 测定:预先将盛有 10 mL 吸收液并加有 5～6 滴混合指示液的锥形瓶置于冷凝管下端,并使其下端插入锥形瓶内吸收的液面下,精密吸取 5 mL 上述样品滤液于蒸馏器反应室内,加 5 mL 1%氧化镁混悬液,迅速盖塞,并加水以防漏气,通入蒸汽,待蒸汽充满蒸馏器内时即关闭蒸汽出口管,由冷并行管出现第一滴冷凝水开始计时,蒸馏 5 min 即停止,吸收液用0.01 mol/L 盐酸标准溶液或 0.005 mol/L 硫酸标准溶液滴定,终点呈蓝紫色。同时做试剂空白试验。

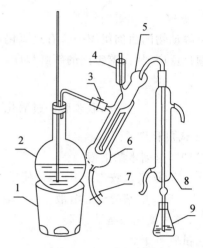

图 2-1　凯氏定氮图装置
1—电炉;2—水蒸气发生器(2 L平底烧瓶);3—螺旋夹;4—小玻杯及棒状玻塞;5—反应室;6—反应室外层;7—橡皮管及螺旋夹;8—冷凝管;9—蒸馏液接收瓶。

⑤计算。

$$X_1 = \frac{(V_1 - V_2) \times N_1 \times 14}{m_1 \times 5/100} \times 100\%$$

式中,X_1 为样品中挥发性盐基氮的含量,mg/100 g;V_1 为测定用样液消耗盐酸或硫酸标准溶液体积,mL;V_2 为试剂空白消耗盐酸或硫酸标准溶液体积,mL;N_1 为盐酸或硫酸标准溶液的摩尔浓度,mol/L;m_1 为样品质量,g;14 为 1 mol/L 盐酸或硫酸标准溶液 1 mL 相当氮的毫克数。

(2)微量扩散法。

①原理。挥发性含氮物质在碱性溶液中释出,在扩散皿中于 37℃时挥发后吸收于吸收液中,用标准酸滴定,计算含量。

②试剂。

a. 饱和碳酸钾溶液:称取 50 g 碳酸钾,加 50 mL 水,微加热助溶,使用时取上清液。

b. 水溶性胶:称取 10 g 阿拉伯胶,加 10 mL 水,再加 5 mL 甘油及 5 g 无水碳酸钾(或无水碳酸钠),研匀。

c. 吸收液:混合指示液、0.010 0 mol/L 盐酸标准溶液,与半微量定氮法相同。

③仪器。

a. 扩散皿（标准型）：玻璃质，内外室总直径 61 mm，内室直径 35 mm；外室深度 10 mm，内室深度 5 mm；外室壁存 3 mm，内室壁存 2.5 mm，回壁纱厚玻璃盖，如图 2-2 所示，其他型号亦可用。

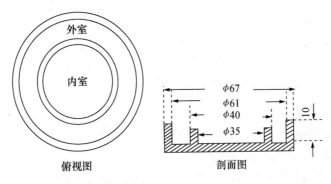

图 2-2 微量扩散皿（标准型）

b. 微量滴定管：最小分度 0.01 mL。

④操作方法

a. 将水溶性胶涂于扩散皿的边缘，在皿中央内室加入 1 mL 吸收液及 1 滴混合指示液。在皿外室一侧加入 1.00 mL 按半微量定氮法制备的样液，另一侧加入 1 mL 饱和碳酸钾溶液，注意勿使两滴接触，立即盖好；密封后将皿于桌面上轻轻转动，使样液与碱液混合。

b. 将扩散皿置于 37℃ 温箱内放置 2 h，揭去盖，用 0.01 mol/L 盐酸标准溶液或 0.005 mol/L 硫酸标准溶液滴定，终点呈蓝紫色。同时做试剂空白试验。

⑤说明。

a. 加碳酸钾时应小心加入，不可溅入内室。

b. 扩散皿应洁净、干燥，不带酸碱性。

c. 检样测定与空白试验均需各作 2 份平行试验。

⑥计算。

$$X_2 = \frac{(V_3 - V_4) \times N_1 \times 14}{m_1 \times 100/5} \times 100\%$$

式中，X_2 为样品中挥发性盐基氮的含量，mg/100 g；V_3 为测定用样液消耗盐酸或硫酸标准溶液体积，mL；V_4 为试剂空白消耗盐酸或硫酸标准溶液体积，mL；N_1 为盐酸或硫酸标准溶液的摩尔浓度，mol/L；m_1 为样品质量，g；14 为 1 mol/L 盐酸或硫酸标准溶液 1 mL 相当氮的毫克数。

(八)猪肉中盐酸克伦特罗的测定

1. 实验原理

采用间接竞争 ELISA 方法，在酶标板微孔条上预包被克伦特罗抗原，样本残留的克伦特罗和微孔条上预包被的抗原竞争抗克伦特罗抗体，加入酶标二抗后，用 TMB 底物显色，样本吸光值与其残留物克伦特罗负相关，与标准曲线比较再乘以其对应的稀释倍数，即可得出样品中克伦特罗的含量。

2. 仪器和试剂

(1)试剂。

　　①甲醇(分析纯)；

　　②氢氧化钠(分析纯)；

　　③浓盐酸；

　　④去离子水。

　　(2)仪器。

　　①振荡器；

　　②涡旋仪；

　　③离心机；

　　④天平:感量 0.01 g；

　　⑤刻度移液管:10 mL；

　　⑥聚苯乙烯离心管:10 mL、50 mL；

　　⑦微量移液器:单道 20～200 μL、200～1 000 μL、多道 250 μL。

　　3.操作步骤

　　(1)试样制备。称取(2.0±0.05)g 匀浆样本至 50 mL 聚苯乙烯离心管中；加入 6 mL 组织样本提取液,用振荡器振荡；4 000 r/min 离心 10 min；取 1 mL 上清液,加入 20 μL 1 mol/L 氢氧化钠溶液混匀(混匀后测定 pH,大约为 8)；4 000 r/min 离心 5 min；取上清液 20 μL 用于分析。

　　(2)测定。

　　①将所需试剂从冷藏环境中取出,置于室温(20～25℃)平衡 30 min 以上,注意每种液体试剂使用前均必须摇匀。

　　②取出需要数量的微孔板,将不用的微孔放入自封袋,保存于 2～8℃。

　　③洗涤工作液在使用前也需回温。

　　④编号。将样本和标准品对应微孔按序编号,每个样本和标准品做 2 孔平行,并记录标准孔和样本孔所在的位置。

　　⑤加标准品/样本:加标准品/样本 20 μL/孔到对应的微孔中,再加入克伦特罗酶标物 50 μL/孔,再加入克伦特罗抗试剂 80 μL/孔轻轻振荡混匀,用盖板膜盖板后置 25℃避光环境中反应 30 min。

　　⑥洗板。小心揭开盖板膜,将孔内液体甩干,用洗涤工作液 300 μL/孔,充分洗涤 5 次,每次间隔 30 s,用吸水纸拍干(拍干后未被清除的气泡可用未使用过的枪头戳破)。

　　⑦显色。加入底物液 A 液 50 μL/孔,再加底物液 B 液 50 μL/孔,轻轻振荡混匀,用盖板膜盖板后置。

　　25℃避光环境中反应 20～30 min。

　　⑧测定。加入终止液 50 μL/孔,轻轻振荡混匀,设定酶标仪于 450 nm 处(建议用双波长 450/630 nm 检测,请在 5 min 内读完数据),测定每孔 OD 值(若无酶标仪,则不加终止液用目测法可进行判定)。

　　4.结果判定

　　结果判定有两种方法,粗略判定可用第 1 种方法,而定量判定用第 2 种方法。注意样本吸光值与其所含克伦特罗呈负相关。

　　(1)用样本的平均吸光度值与标准值比较即可得出其浓度范围(μg/L)。假设样本 1 的吸光度值为 0.569,样本 2 的吸光度值为 1.725,标准液吸光度值分别:0 μg/L 为 2.523;0.05 μg/L 为 2.217;0.15 μg/L 为 1.566;0.45 μg/L 为 0.842;1.35 μg/L 为 0.387;4.05 μg/L 为 0.145。则样本 1 的浓度范围是 0.45～1.35 μg/L;样本 2 的浓度范围是 0.05～0.15 μg/L,再乘以其对应的稀释倍数即可得出样本中克伦特罗的浓度范围。

(2)定量分析。

①百分吸光率的计算,标准品或样本的百分吸光率等于标准品或样本的百分吸光度值的平均值(双孔)除以第一个标准(0 标准)的吸光度值,再乘以 100%,即

$$百分吸光度值 = \frac{B}{B_0} \times 100\%$$

式中,B 为标准品或样本溶液的平均吸光度值;B_0 为 0(μg/L)标准品的平均吸光度值。

②标准曲线的绘制与计算。以标准品百分吸光率为纵坐标,以克伦特罗标准品浓度(μg/L)的半对数为横坐标,绘制标准曲线图。将样本的百分吸光率代入标准曲线中,从标准曲线上读出样本所对应的浓度,乘以其对应的稀释倍数即为样本中克伦特罗实际残留量。

【实训作业】

根据检测结果,对原料肉做出综合评定,写出实训报告。

【相关知识】

原料肉理化指标见表 2-11。

表 2-11 理化指标

项　　目	指　　标	
	一级鲜度	二级鲜度
挥发性盐基氮含量/(mg/100 g)	≤15	≤20
汞含量/(mg/kg),以 Hg 计	≤0.05	

任务 4　原料肉的微生物检测

【要点】

通过镜检,掌握肉新鲜度的细菌学判定方法。

【相关器材】

显微镜、玻片、剪子、镊子等。

【工作过程】

1. 检样采取

从肉尸的不同部位采取 3 份检样,每份重约 200 g,并尽可能采取立方体的肉块。

整个肉尸或半肉尸分别从下列部位采样:

①相当于第 4 和第 5 颈椎的颈部肌肉;

②肩胛部的表层肌肉;

③股部的深层肌肉。

1/4 的肉尸或部分肉块应从可疑的,特别是有感官变化的部位和其他正常部位采样。采

取的样品,应分别用清洁的油纸包好,并注明是从肉尸哪一部位采取的。把同一肉尸采取的3份(或2份)检样包在一起或装在容器内,迅速送检,并附送检单。

实验室对采自同一肉尸的3个检样,应分别进行同样的化验。

2.细菌学镜检

一般仅对肩胛部和股部采取的检样进行细菌学镜检。

(1)触片制作。用灭菌的剪子和镊子,取肩胛部检样,肉表层剪取约 $1 cm^2$ 大小的肉片,以小肉片的新切面在清洁的载玻片触压一下做成触片,在空气中自然干燥,经火焰固定后,用革兰氏染色法染色后待检。再以同样的方法从股部肌肉的中、深层取样作触片。

(2)镜检。每张触片各做5个视野以上的检查,并分别记录每个视野中所见到的球菌、杆菌的数目,然后分别累计全部视野中的球菌和杆菌数,求出其平均数。肩胛部检样触片上的细菌数代表肉尸表层肌肉染菌情况,股部肌肉触片上的细菌数,表示肉尸深层肌肉染菌情况。

3.判定标准

(1)新鲜肉。触片上几乎不留肉的痕迹,着色不明显。表层肉触片上可看到少数的球菌和杆菌,深层肉触片上无菌。

(2)次鲜肉。印迹着色良好,表层见到20～30个球菌和少数杆菌,深层可发现20个左右的细菌,触片上可明显地看到分解的肉组织。

(3)变质肉。肌肉组织有明显的分解标志,触片标本高度着染,表层和深层的平均菌数皆超过30个,其中以杆菌为主;当肉严重腐败时组织呈现高度的分解状态,触片着染更重,表层与深层触片视野中球菌几乎全部消失,杆菌替换了球菌的优势地位;腐败严重时一个视野可以发现上百个杆菌,甚至难以计数。

【相关知识】

引起肉类腐败变质的众多原因中,根本的原因是致腐菌作用的结果。细菌通过内源(血液循环和淋巴循环)和外源(表面侵蚀)感染肉尸使之腐烂变质,通过显微镜检查细菌种类及数目判定肉质的好坏。

细菌在肉表面发育过程可分为3个时期:

①静止期。肉表面的细菌数目变化不大,甚至由于某些细菌不能适应肉的物理化学环境而死亡,致使总菌数趋于减少。此时,肉仍呈新鲜状态。

②缓慢生长期。肉表面的细菌逐渐开始繁殖,其繁殖的快慢决定于保存期间的温度、湿度和细菌的特性。此时,细菌一般仅沿肌肉的表面扩散,很少向纵深发展。故肉的中、深层无明显的腐败分解现象,仅在肉的表面有潮湿、轻微发黏等感官变化。此时,肉仍可认为是新鲜肉或次新鲜肉。

③旺盛生长期。细菌在适当的温度、湿度、酸碱度以及其他适宜生长条件下迅速繁殖,且沿着肌肉间尤其是骨骼周围的结缔组织向深部蔓延。肌肉组织逐渐分解产生氨、硫化氢、乙硫醇等腐败分解产物,并散发出臭气。

任务5 原料肉的菌落总数检验

【要点】

1.操作过程中注意无菌操作,检验中所用玻璃器皿,如培养皿、吸管、试管、移液器的吸头等必须是完全灭菌的,并在灭菌前彻底洗涤干净,不得残留有抑菌物质。

2. 用作样品稀释的液体,每批都要有空白对照。如果在琼脂对照平板上出现几个菌落时,要查找原因,可通过追加对照平板,以判定是空白稀释液,用于倾注平皿的培养基,还是平皿、吸管或空气可存在的污染。

3. 检样的稀释液一般用灭菌盐水,如果对含盐量较高的食品进行稀释,则宜用蒸馏水。

【相关器材】

1. 除微生物实验室常规灭菌培养设备外,其他设备和材料如下

恒温培养箱、冰箱、恒温水浴箱、电子天平(感量 0.1 g)、均质器、振荡器、无菌吸管:[1 mL(具 0.01 mL 刻度)、10 mL(具 0.1 mL 刻度)]或微量移液器及吸头、无菌锥形瓶(250 mL、500 mL)、无菌培养皿(直径 90 mm)、pH 计或 pH 比色管或精密 pH 试纸。放大镜或(和)菌落总数器或 Petrifilm TM 自动判读仪。

2. 培养基和试剂

平板计数琼脂培养基、磷酸盐缓冲液、无菌生理盐水(称取 8.5 g 氯化钠溶于 1 000 mL 蒸馏水中,121℃高压灭菌 15 min)。

盐酸(HCl):移取浓盐酸 90 mL,用蒸馏水稀释至 1 000 mL。

【工作过程】

1. 培养基的准备

①固体和半固体样品。称取 25 g 样品置盛有 225 mL 磷酸盐缓冲液或生理盐水的无菌均质杯内,8 000～10 000 r/min 均质 1～2 min,或放入盛有 225 mL 稀释液的无菌均质袋中,用拍击式均质器拍打 1～2 min,制成 1:10 的样品匀液。

②液体样品。以无菌吸管吸取 25 mL 样品置盛有 225 mL 磷酸盐缓冲液或生理盐水的无菌锥形瓶(瓶内预置适当数量的无菌玻璃珠)中,充分混匀,制成 1:10 的样品匀液。

③用 1 mL 无菌吸管或吸头(尖端不要触及稀释液面),振摇试管换用一支无菌吸管反复吹打打其混合均匀,制成 1:100 的样品匀液。

④按以上操作程序,制备 10 倍系列稀释样品匀液。每递增一次,换用一次 1 mL 无菌吸管或吸头。

⑤根据对样品污染状况的估计,选择 2～3 个适宜稀释度的样品匀液(液体样品可包括原液),在进行 10 倍递增稀释时,每个稀释度分别吸取 1 mL 样品液加入两个无菌平皿内。同时分别取 1 mL 稀释液加入两个无菌平皿作空白对照。

⑥及时将 15～20 mL 冷却至 46℃的平板计数琼脂培养基[可放置于(46±1)℃恒温水浴箱中保温]倾注平皿,并转动平皿混合均匀。

2. 增菌

①琼脂凝固后,将平板翻转,(36±1)℃培养(48±2)h。水产品(30±1)℃培养(72±3)h。

②如果样品中可能含有在琼脂培养基表面弥漫生长的菌落时,可在凝固后的琼脂表面覆盖一薄层琼脂培养基(约 4 mL),凝固后翻转平板,按以上条件进行培养。

3. 菌落计数

可用肉眼观察,必要时用放大镜或菌落计数器,记录稀释倍数和相应的菌落数量。菌落计数以菌落单位(colony-forming units,CFU)表示。

①选取菌落数在 30～300 CFU、无蔓延菌落生长的平板计数菌落总数量。低于 30 CFU

的平板记录具体菌落数,大于 300 的可记录为多不可计。每个稀释度的菌落数应采用两个平板的平均数。

②其中一个平板有较大片状菌落生长时,则不宜采用,而应以无片状菌落生长的平板作该稀释度的菌落数;若片状菌落不到平板的一半,而其余一半中菌落分布又很均匀,即可计算半个平板后乘以 2,代表一个平板菌落数。

③当平板上出现菌落间无明显界线的链状生长时,则将每条链作为一个菌落计数。

4. 结果表述

(1)菌落总数的计算方法。

①若只有一个稀释度平板上的菌落数在适宜计数范围内,计算两个平板菌数的平均值,再将平均值乘以相应稀释倍数,作为每克(或毫升)中菌落总数结果。

②若有两个连续稀释度的平板菌落数在适宜计数范围内时,按以下公式计算。

$$N = \sum C/(N_1 + 0.1 N_2)d$$

式中,N 为样品中菌落数;$\sum C$ 为平板(含适宜范围菌落数的平板)菌落数之和;N_1 为第一个适宜稀释度平板上的菌落数;N_2 为第二个适宜稀释度平板上的菌落数;d 为稀释因子(第一稀释度)。

③若所有稀释度的平板上菌落数均大于 300,则对稀释度最高的平板进行计数,其他平板可记录为多不可计,结果按平均菌落数乘以最高稀释倍数计算。

④若所有稀释度的平板菌落数均小于 30,则应按稀释度最低的平均菌落数乘以稀释倍数计算。

⑤若所有稀释度(包括液体样品原液)平板均无菌落生长,则以上于 1 乘以最低稀释倍数计算。

⑥若所有稀释度的平板菌落数均不在 30~300,其中一部分小于 30 或大于 300 时,则以最接近 30 或 300 的平均菌数乘以稀释倍数计算。

(2)菌落总数的报告。

①菌落数在 100 以内时,按"四舍五入"原则修约,采用两位有效数字报告。

②大于或等于 100 时,第三位数字采用"四舍五入"原则修订后,以前两位数字,后面用 0 代替位数;也可用 10 的指数形式来表示,按"四舍五入"原则修约后,采用两位有效数字。

③若所有平板上为蔓延菌落而无法计数,则报告菌落蔓延。

④若空白对照上有菌落生长,则此次检测结果无效。

⑤称重取样以 CFU/g 为单位报告,体积取样以 CFU/mL 为单位报告。

附录 A 　(规范性附录)培养基

A.1 　平板计数琼脂(plate count agar,PCA)培养基

A.1.1 　成分

胰蛋白胨 5.0 g、酵母浸膏 2.5 g、葡萄糖 1.0 g、琼脂 15.0 g、蒸馏水 1 000 mL、pH 7.0±0.2。

A.1.2 　制法

将上述成分加于蒸馏水中,煮沸溶解,调节 pH。分装试管或锥形瓶,121℃高压灭菌 15 min。

菌落总数检验原始数据记录报告单

样品名称：	报检单位：
报检号：	检验日期：　　年　　月　　日

检验内容

菌落总数

检验依据：

培养基：

稀释倍数：　　　A　　　B　　　结果报告 CFU/g(mL)

空白：

备注：

检验员：　　　　　　　　复核：

任务 6　原料肉的旋毛虫检验

【要点】

1. 掌握肌肉旋毛虫压片镜检法的操作方法。

2. 掌握旋毛虫病肉的处理方法。

【相关器材】

1. 材料

被检肉品。

2. 器材

载玻片、剪刀、镊子、天平、显微镜。

3. 试剂

50％甘油水溶液、10％稀盐酸。

【工作过程】

1. 采样

自胴体左右两侧横膈膜的膈肌脚,各采膈肌 1 块(与胴体编成相同号码),每块肉样不少于 20 g,记为一份肉样,送至检验台检查。如果被检样品为部分胴体,则可从肋间肌、腰肌、咬肌等处采样。

2. 肉眼检查

撕去被检样品肌膜,将肌肉拉平,在良好的光线下仔细检查表面有无可疑的旋毛虫病灶。未钙化的包囊呈露滴状,半透明,细针尖大小,较肌肉的色泽淡;随着包囊形成时间的增加,色泽逐步变深而为乳白色、灰白色或黄白色。若见可疑病灶时,做好记录且告知总检将可疑肉尸隔离,待压片镜检后做出处理决定。

3. 制片

取清洁载玻片 1 块放于检验台上,并尽量靠近检验者。用镊子夹住肉样顺着肌纤维方向将可疑部分剪下。如果无可疑病灶的，则顺着肌纤维方向在肉块的不同部位剪取 12 个麦粒大小的肉粒（2 块肉样共剪取 24 个小肉粒）。将剪下的肉粒依次均匀地附贴于载玻片上且排成两行，每行 6 粒。然后再取一清洁载玻片盖放在肉片的载玻片上，并用力适度捏住两端轻轻加压，把肉粒压成很薄的薄片，以能通过肉片标本看清下面报纸上的小字为标准。另一块膈肌按上法制作，两片压片标本为一组进行镜检。

4. 镜检

把压片标本放在低倍（4×10）显微镜下，从压片的一端第一块肉片处开始，顺肌纤维依次检查。镜检时应注意光线的强弱及检查速度，切勿漏检。

5. 结果判定

①没有形成包囊的幼虫，在肌纤维之间呈直杆状或逐渐蜷曲状态，但有时因标本压得太紧，可使虫体挤入压出的肌浆中。

②包囊形成期的旋毛虫，在淡黄色背景上，可看到发光透明的圆形或椭圆形物。包囊的内外两层主要由均质透明蛋白质和结缔组织组成，囊中央是蜷曲的虫体。成熟的包囊位于相邻肌细胞所形成的梭形肌腔内。

③发生机化现象的旋毛虫。虫体未形成包囊以前，包围虫体的肉芽组织逐渐增厚、变大，形成纺锤形、椭圆形或圆形的肉芽肿。被包围的虫体有的结构完整，有的破碎甚至完全消失。虫体形成包囊后的机化，其病理过程与上述相似。由于机化灶透明度较差，需用 50％甘油水溶液作透明处理，即在肉粒上滴加数滴 50％甘油水溶液，数分钟后，肉片变得透明，再覆盖上玻片压紧观察。

④钙化的旋毛虫。在包囊内可见数量不等、浓淡不均的黑色钙化物，包囊周围有大量结缔组织增生。由于钙化的不同发展过程，有时可能看到下列变化：a. 包囊内有不透明黑色钙盐颗粒沉着；b. 钙盐在包囊腔两端沉着，逐渐向包囊中间扩展；c. 钙盐沉积于整个包囊腔，并波及虫体，尚可见到模糊不清的虫体或虫体全部被钙盐沉着。此外，在镜检中有时也能见到由虫体开始钙化逐渐扩展到包囊的钙化过程（多数是由于虫体死亡后而引起的钙化）。发现钙化旋毛虫时，可以通过脱钙处理，滴加 10％稀盐酸将钙盐溶解后，可见到虫体及其痕迹，与包囊毗邻的肌纤维变性，横纹消失。

⑤鉴别诊断。在旋毛虫检验时，往往会发现住肉孢子虫和发育不完全的囊尾蚴，虫体典型者，容易辨认，如发生钙化，死亡或溶解现象时，则容易混淆。

【相关提示】

1. 采样操作过程中，肉样要做好登记编号，不能搞错。

2. 肉眼检查时光线要充足，检查一段时间后要注意休息，避免因疲劳而漏检。

3. 制片时剪取小肉粒应顺肌纤维方向挑取膈肌脚的可疑小病灶剪下。如果无可疑病灶的，则顺着肌纤维方向在肉块的不同部位剪取，不应盲目地集中一处剪样。压片要厚薄适当，不能过厚或过薄，应以能通过肉片标本看清下面报纸上的小字为标准。

4. 检查过程中要注意与住肉孢子虫、囊尾蚴的鉴别。

【相关知识】

旋毛虫（Trichinella spiralis；trichina）是线虫动物门、无尾感器纲（Aphasmida）、毛形目、毛形科、毛形属的一种。旋毛虫幼虫寄生于肌纤维内，一般形成囊包，囊包呈柠檬状，内含一条略弯曲似螺旋状的幼虫。囊膜由二层结缔组织构成。外层甚薄，具有大量结缔组织；内层透明玻璃样,无细胞。据 20 世纪 70 年代初的资料估计,美国约 150 万人肌肉中带有旋毛虫囊包,每年新感染的人数达 15 万～30 万人。中国自 70 年代以来,曾先后在云南、河南、西藏、辽宁、黑龙江等地发现病人。人的感染率与当地疫源地的存在及生食肉类的饮食习惯有关。食牛、羊肉之所以会受染,可能因牛、羊等食入受污染的饲料、野草所致。

【必备知识】

第一节　肉的组织及化学成分

一、肉的组织

肉在形态学上分为骨骼组织、肌肉组织、脂肪组织和结缔组织。

骨骼组织按其性质可分为硬骨、软骨两大类,硬骨按其形状又分为管状骨和扁平状骨;按骨质构造的致密度可分为密质骨和疏松骨,其中疏松骨具有巨大的食用意义,它在熬煮时可得到达 22.65% 的油脂和 31.85% 的胶原物质。成年动物骨骼含量比较恒定,变动幅度较小。猪骨占胴体 5%～9%,牛骨占 15%～20%,羊骨占 8%～17%,兔骨占 12%～15%,鸡骨占 8%～17%。

肌肉组织是肉在质与量上最重要的组成部分。可分为横纹肌、心肌、平滑肌 3 种。横纹肌是附着在骨骼上的肌肉,心肌是构成心脏的肌肉,平滑肌分布在消化道、血管壁等处,用于肉制品加工的主要原料是横纹肌,它占动物机体的 30%～40%,占整个肉尸重量的 50%～60%,横纹肌是由多数的肌纤维和比较少量的结缔组织,以及脂肪细胞、腱、血管、神经纤维、淋巴结或淋巴腺等,按一定秩序排列构成的。在加工肉制品时主要研究就是这类肌肉。

脂肪组织,大多附着在动物皮下、脏器的周围和腹腔等处,它具有储存脂肪,保持体温,保护脏器等作用,若脂肪组织积于肉中的话,能使肉的柔软性、致密度、滋味及气味等明显提高。脂肪组织是由脂肪细胞所构成的,脂肪细胞是用很多胶原纤维将它们互相连接起来,再由很多的脂肪细胞构成集团,用结缔组织膜把它包住形成脂肪小叶,很多个脂肪叶聚集起来构成脂肪组织。

结缔组织在动物体内分布极广,在肉内构成肌腱、筋鞘、韧带、肌肉组织的肉外膜。它的主要功用是赋予肉以伸缩性和韧性。结缔组织是由少量的细胞和大量的细胞外基质构成,后者的性质变异很大,可以是柔软的胶体,也可以是坚韧的纤维。其重量占尸体重量的 9.7%～12.4%。

二、化学成分

肉的成分因动物种类有所不同,一般成分主要包括水分、蛋白质、脂肪及少量碳水化合物等物质。另外,肉中还会有其他各种非蛋白质含氮化合物,无氮有机化合物及维生素 A、维生素 B_1、维生素 B_2、维生素 C 等。

目前屠宰厂加工生猪毛重约 95 kg,约能够产出白条肉 63 kg,产肉合计 55～60 kg。

1. 水分

水分是肉中含量最多的组分,占 70% 左右,所以水分对肉质的影响很大。例如,加热时容易脱水的肉为保水性差的肉,保水性差的肉的风味比保水性好的肉风味要差。肉的水分不仅与风味有关,它还与肉的保存性、色调等有关系。

表 2-12　各种畜禽肉的标准成分（每 100 g 可食部分中）　　　　　　　g/100 g

类别	名称	水分	蛋白质	脂质	碳水化合物	灰分
牛肉	肩肉	66.8	19.3	12.5	0.3	1.1
	肋肉	58.3	17.9	22.6	0.3	0.9
	腹肉	63.7	18.8	16.3	0.3	0.9
	腿肉	71.0	22.3	4.9	0.7	1.1
猪肉	肩肉	71.6	19.3	7.8	0.3	1.0
	通脊	65.4	19.7	13.2	0.6	1.1
	腹肉	53.1	15.0	30.8	0.3	0.8
	腿肉	73.3	21.5	3.5	0.5	1.2
	猪皮	46.3	26.4	22.7	4.0	0.6
绵羊	肩肉	64.2	16.9	18.0	0.1	0.8
	腿肉	65.0	18.8	15.3	0.1	0.8
其他	马肉	76.1	20.1	2.5	0.3	1.0
	家兔	72.2	20.5	6.3	Φ	1.0
	鸡胸	66.0	20.6	12.3	0.2	0.9
	鸡腿	67.1	17.3	14.6	0.1	0.9
	家鸭肉	54.3	16.0	28.6	0.1	0.9
	火鸡肉	72.9	19.6	6.5	0.1	0.9

通常把食肉中水分的状态分为结合水（占总水分 5%），不易流动的水（占总水分 80%）和自由水（占总水分 15%）。肉中的水分含量随脂肪的积蓄而变化，含脂肪率高的肉有水分含量降低的倾向。

微生物的繁殖受食品中水分含量影响，这一关系可用水分活度 A_w 表示，在肉品微生物章节中有讲解。

2. 蛋白质

去脂肪层的新鲜肉中的蛋白质含量为 20% 左右。肌肉中的蛋白质，可根据其溶解性进行分类。

肌浆中的蛋白质约占肌肉蛋白质的 30%。它是水溶性肌浆蛋白和在低盐溶液中可溶性球蛋白的总和。

肌原纤维蛋白质，常称为肌肉的结构蛋白，它直接参与肌肉的收缩过程也称为肌肉的不溶性蛋白，占肌肉蛋白质总量的 50% 左右。

肉基质蛋白质约占肌肉蛋白质总量的 10%，主要有胶原蛋白、弹性蛋白、网硬蛋白。它们构成了结缔组织，其数量与肉的硬度有关，其中胶原蛋白的含量最多。

3. 脂质

脂质在肉的可食部分，不同部位脂质含量的变动最大，性质差别也大。

牛、羊等反刍动物的体脂肪都比猪脂的硬脂酸多，但亚油酸含量少，所以它的熔点高，而且较硬。鸡脂是软脂,含有油酸、亚麻酸、棕榈酸等主要的脂肪酸,构成脂肪酸的不饱和度很高。

各类脂肪的融点也多不相同:一般牛脂为 40~50℃,羊脂为 44~45℃,猪脂为 33~46℃,鸡脂为 30~32℃。所以,以猪肉为原料的火腿、香肠不经加热,直接食用时,嚼起来很香,就是因为猪脂的熔点和人的体温接近造成的。其他的原料产品冷食较困难。另外,还有非蛋白质含氮化合物,不含氮的有机化合物及其他一些无机物,维生素、酶等。特别是无机物对肉的保水性和脂质腐败等都有影响,因为它可保持细胞液的盐类浓度,参于酶的作用等,所以它们在肉利用时不仅在营养上,而且在肉加工上起重要作用。

<h3 style="text-align:center">第二节　肉的感官性质</h3>

一、肉色

对肉及肉制品的评价,大都从色、香、味、嫩度等几个方面来评价,其中给人的第一印象就是颜色。肉的颜色主要取决于肌肉中的色素物质——肌红蛋白和血红蛋白,如果牲畜放血充分,前者在肉中比例为 80%~90%,占主导地位,所以肌红蛋白多少和化学状态变化造成不同动物,不同肌肉颜色深浅不一,肉色千变万化,从紫色到鲜红色,从褐色到灰色,甚至还会出现绿色。

肌红蛋白的含量决定肉色的深浅,它受动物种类、肌肉部位、运动程度、年龄以及性别的影响。不同种的动物肌红蛋白含量差异很大,在肉用动物中,牛>羊>猪>兔,肉颜色的深度也依次排列,牛、羊肉深红,猪肉次之,兔肉就近乎于白色。在同一种动物的肌肉中差异也很大,最典型的是鸡的腿肉和胸脯肉,前者肌红蛋白含量是后者的 5~10 倍,所以前者肉色红,后者肉色白。

肌红蛋白(Mb)本身是紫红色,与氧结合可生成氧合肌红蛋白,呈鲜红色是新鲜肉的象征;Mb 和氧合 Mb 均可以被氧化生成高铁肌红蛋白,呈褐色,使肉色变暗;有硫化物存在时 Mb 还可被氧化生成硫代肌红蛋白,呈绿色,是一种异色;Mb 与亚硝酸盐反应可生成亚硝基肌红蛋白,呈亮红色,是腌肉加热后的典型色泽;Mb 加热后蛋白质变性形成球蛋白氯化血色原,呈灰褐色,是熟肉的典型色泽。

氧合肌红蛋白和高铁肌红蛋白(即变性肌红蛋白)的形成和转化对肉色泽的影响最为重要。因为前者为鲜红色,代表肉新鲜,为消费者所钟爱。以上转化受氧气量(图 2-3)和温度的影响,所以屠宰后的胴体冷却时在 7℃ 左右条件下放置一会儿,来促进肉产生理想的红颜色,此操作称作增艳。而后者为褐色,是肉放置时间长久的象征。如果不采取措施,一般肉的颜色将经过 2 个转变。第一个是紫色转变为鲜红色,第二个是鲜红色转变为褐色。第一个转变很快,在置于空气30 min 内就发生,而第二个转变快则几个小时,慢则几天。快慢受环境中 O_2 压、pH、细菌繁殖程度、温度等诸多因素的影响,减缓第二个转变

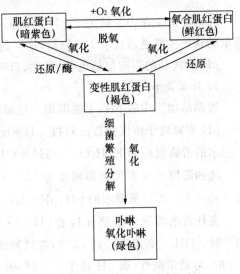

图 2-3　氧对肉色变化的影响

是保色的关键,采用真空包装、气调包装、低温存贮、抑菌和添加抗氧化剂等措施,可达到以上目的。

二、嫩度

嫩度是肉的重要感官指标之一。肉质太软或太硬都不受人们的欢迎。决定和影响嫩度的因素很多,主要决定于肌肉的组织结构和成分及死后结构蛋白的生物化学变化等。

形成肉嫩度的最基本东西是由于各种肉中的肌原纤维和肌纤维的粗细构成肌肉的纤维数和纤维的长度不同造成的。一般纤维太长,构成数越多越硬,纤维越短越软。

另外,肉的嫩度也受结缔组织存在量和各种硬质蛋白构成比的影响,肉中结缔组织量因动物种类、部位、营养状态等不同而不同。牛、马这样的大动物即使同一部位的结缔组织量也比猪要多,同一头家畜,前肩、肋腹肉比后腿、背部肉的结缔组织要多。另外,瘦的家畜比肥的家畜结缔组织要多。

由于屠宰后的肉 ATP 酶减少,和活体时的肌肉收缩,同时肌动蛋白和肌球蛋白的结合加快,形成硬化。随着时间的推移,带骨肉受其反作用的抗拉强度作用引起肉的切断,小片化,使肉的嫩度逐渐增加。

三、持水性

肌肉中 70% 是水,其中大部分呈比较容易游离的状态,所以将烹调过的肉放入口中咀嚼时,这些水分就和肉中的可溶性蛋白、气味成分一起流出,使人感到鲜美的风味。肉的风味受其所含汁液的多少和流出难易程度的影响,这样的肉品性质称作多汁性或汁液性。

肉品中给肉提供汁液性的是不易流动的水和游离水,其中特别重要的是不易流动的水。我们把保持肉的这种不易流动水的能力称作持水力或持水性。保水力大,即持水性高时,不易流动水的比例就变大,肉的汁液就丰富。

四、pH

在肉类加工业中了解关于 pH 的知识和它与肉品质量的关系是十分必要的,目前对肉品质量的认识主要是通过 pH 的测量,这样的测量是快速的、容易的和可靠的。

pH 对肉品的影响包括色泽、嫩度、口味、持水力、保质期。

1. 什么是 pH

肉制品加工中的 pH,不能够简单地解释为酸度,原因是不呈酸性的溶液也有 pH。

pH 为氢离子浓度倒数的对数:$pH = lg1/[H^+]$

水的游离反应如下:$H_2O \rightleftharpoons H^+ + OH^-$

纯的蒸馏水在 25℃时游离度为 10^{-7} mol/L,水中氢离子浓度 $[H^+]$ 和羟离子 $[OH^-]$ 均为 10^{-7} mol/L。所以蒸馏水的 pH:$pH = lg1/[H^+] = lg1/10^{-7} = 7$。

在任何水溶液中必须保持着 $[H^+] \cdot [OH^-] = 10^{-14}$ 的不变关系。如果 $[H^+]$ 增加至 10^{-4} 时,$[OH^-]$ 必定降低到 10^{-10};在这种情况下,pH=4.0。凡氢离子浓度增加而使 pH 低于 7.0 时,溶液带酸性,而 pH 高于 7.0 时,表示溶液中含多量羟离子,则溶液为碱性。pH 的测定方法有两种:一是用 pH 试纸;二是用带玻璃电极的 pH 仪。

2. pH 与肉的质量关系

在活体肌肉中的 pH 是在中性点以上,pH 约 7.2,宰后由于糖酵解的作用使乳酸在肌肉中累计,pH 下降,肌肉 pH 下降的速度和程度对肉的颜色、系水力、蛋白质溶解度以及细菌的繁殖速度等均有影响。正常的肌肉糖酵解是缓慢的,pH 在宰后 24 h 内最终降至在 5.8～5.3。如果肌肉 pH 在宰后 45 min 后快速下降至 5.8 以下,就产生了 PSE 肉,这种原料肉因 pH 下降过快造成蛋白质变性、肌肉失水、肉色灰白,系水力很差。还有一些肌肉在宰后糖酵解太少,pH 只下降零点几,24 h 后仍然保持在 6.2 以上,我们称其为 DFD 肉,这种原料有很好的系水力,肉色深但是存放期短。pH 下降的速度与牲畜遗传因素和牲畜宰前、宰杀过程中受到的刺激压迫有关。

3. PSE(Pale、Soft、Exude)、DFD(Dark、Firm、Dry)肉的特征

表 2-13 **PSE、DFD 肉的特征对照表**

特性	PSE 肉	DFD 肉	特性	PSE 肉	DFD 肉
pH 下降	快	慢,并不充分	系水性	少	多
pH	<5.8	>6.2	滴水性	多	少
色泽	苍白,光亮	深色	保存期	有时候减少	肯定减少
坚硬度	软	坚硬	嫩度	降低	较好

在 pH 最终下降到低部后,停留一段时间然后开始上升,如果肉存放时间过长,微生物开始繁殖直至肉腐败发臭。pH 在上升过程中受到温度、细菌状况、空气(空气,CO_2 真空)和肉的种类的影响。

4. 如何利用 PSE、DFD 肉加工产品

尽管 PSE、DFD 肉有区别于正常的肉,但是我们仍然可以使用它们,利用其特点。例如,PSE 肉系水性差,不适合用于加工熟香肠和火腿。DFD 肉有好的系水性,所以它们不适合加工生火腿和生香肠。另外,可以在正常肉中混合一部分 PSE 肉和 DFD 肉使用,最多不能超过原料肉总量的 20%。

原料肉的质量决定了加工出产品的最终质量(表 2-14),有一些质量因素(腌制效果、保存期、口味),是由低 pH 原料造成的,因而需要高 pH 原料(较强的系水性)来平衡正常原料肉。

表 2-14 **原料肉情况与 pH 的关系**

原料情况	pH	原料情况	pH
活体肌肉	7.0～7.2	生香肠原料	5.3～5.9
正常的肉(24 h 后)	5.3～5.8	不适合生香肠原料	>6.0
可以承受猪肉(24 h)	5.8～6.2	不适合生火腿原料	>6.0
可以承受牛肉(24 h)	5.8～6.0	熟香肠原料	5.4～6.2
PSE 肉	<5.8	不新鲜原料	>6.5
DFD 肉	>6.2		

表 2-15 在 pH＜5.8 时 PSE 肉的加入

在以下产品中可以加入	在以下产品中不能加入
生香肠(一般肉混合)	罐装火腿
熟香肠(一般肉和 DFD 肉混合)	烟熏火腿
涂抹香肠	生香肠(全部 PSE 肉)
	熟香肠(全部 PSE 肉)
	自然肉排

表 2-16 在 pH＞6.2 时 DFD 肉的加入

在以下产品中可以加入	在以下产品中不能加入
熟香肠	煮熟的腌肉
熟火腿	生火腿
烤肉	生香肠
烧烤肉	包装产品
	带骨火腿

肉制品的 pH。添加剂、微生物(生香肠)和加热过程会改变 pH。最终产品得到的 pH 与原料肉的 pH 是不同的。测量原料的 pH 有助于我们控制产品质量,假如原料 pH 与正常值有较大差距,我们可以肯定产品质量存在问题。

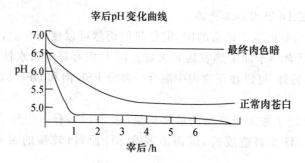

图 2-4 宰后 pH 变化

五、风味

肉的风味大都通过烹调后产生,生肉一般只有咸味、金属味和血腥味。当肉加热后,前体物质反应生成各种呈味物质赋予肉以滋味和芳香味。这些物质主要是通过美拉德反应,脂质氧化和一些物质的热降解这三种途径形成。熟肉中与风味有关的物质已超过 1 000 种。

鉴于肉的基本组成类似,包括蛋白质、脂肪、碳水化合物等,而风味又是由这些物质反应生成,加上烹调方法具有共同性,如加热。所以,无论来源于何种动物的肉均具有一些共性的呈味物质,当然不同来源的肉有其独特的风味,如牛、羊、猪、禽肉有明显的不同。风味的差异主要来自于脂肪氧化,这是因为不同种动物脂肪酸组成明显不同,所以造成氧化产物及风味的差异。

生肉的香味很弱,但加热后,肉能生成很强的特有风味。这是由于加热所导致肉中的水溶性成分和脂肪的变化造成的。

肉在烹调时的脂肪氧化(加热氧化)原理与常温脂肪氧化相似,但加热脂肪氧化由于热和能的存在使其产物与常温氧化大不相同,常温氧化产生酸败味,而加热氧化产生风味物质。

当把肉加热到 $80℃$ 以上有硫化氢产生,随着加热温度的提高,其量也增加,同时增加的还有游离脂肪酸的量,因而认为加热温度对风味影响较大。同时随着温度的升高所产生的美拉德反应也给肉增加了特有的香味。

肉的风味还受加热时间影响,有报道说在 3 h 以内随时间的增加风味也增加,更长的时间则减少,因此加热时间(杀菌时间)要适度。

肉的风味由肉的滋味和香味组合而成,滋味是非挥发性的,主要靠人的舌面味蕾(味觉细胞)感觉。香味是挥发性芳香物质,主要靠人的嗅觉细胞感受。

第三节　肉的成熟

一、概念

刚刚屠宰的动物的肉是柔软的,并具有很高的持水性,经过一段时间的放置,则肉质变得粗硬,持水性也大为降低,继续延长放置时间,则粗硬的肉又变成柔软的,持水性有所恢复,而且风味也有极大地改善。在外观上的表现是宰后会发生死后僵直(尸僵),经过一段时间后这种僵硬现象会逐渐消失变软。这是由于家畜被屠宰以后,活体时正常生化平衡被打破,氧气供给停止(即有氧代谢受到了阻碍),在缺氧的环境中,在体内组织酶的作用下,肉组织内发生一系列较复杂的生物化学变化所引起的。这一变化过程为肉的成熟。

二、成熟肉的特征

①胴体表面形成一层干涸薄膜,用手触摸,光滑微有沙沙的响声;
②肉汁较多,切开时断面有肉汁看见;
③肉的组织柔软具有弹性;
④肉呈酸性反应;
⑤具有肉的特殊香味。

三、成熟的过程

刚屠宰的家禽肌肉 Pr
处于生理的胶溶状态　————体内糖原在糖原酵解酶的作用下,————→ 肌肉开始变硬
pH 7.2 左右(肉柔软)　　开始无氧酵解,生成乳酸,放出能量

乳酸蓄积使肉中 pH 下降到 6.5 以下(一般为 4~8 h)

肌肉开始变硬————糖原酵解酶活力逐渐消失,无机磷酸————→ 全身僵直出现尸僵
　　　　　　　化酶分解 ATP 产生磷酸放出能量

pH 继续下降,肌凝蛋白与肌纤蛋白结合成肌纤凝蛋白,直到 pH 降至 5.4~6.2

全身僵直出现尸僵 —随着肌肉中糖原消耗殆尽，ATP大量分解而减少→ 肉变得柔软多汁，富有弹性，并有特殊的香味和鲜味

组织蛋白酶活性急剧增强，肌纤凝蛋白解离为肌凝蛋白和肌纤蛋白，肌纤维松弛，结缔组织被软化，部分蛋白质被轻度水解

四、肉的成熟方法

肉的成熟与温度密切相关，室温高，成熟快，反之则慢。但高温会促进微生物的大量繁殖，加速肉的腐败。因此，将胴体吊挂在一个较低温度的环境中，使之适当成熟，一般牛肉是倒挂在2～4℃的冷藏库内保存2～3昼夜，猪肉由于纤维较牛肉细嫩，一般是倒挂在0℃冷藏库内1～2昼夜即可。

肉的成熟还必须适当控制，不能过度，否则会带来保质期的损失。

在生产中为达到更好的产品品质，对不同的产品要使用不同处理的原料肉，如加工灌肠类制品（烤肠、维也纳香肠等）应尽量利用热鲜肉（牛肉宰杀后3～4 h内，猪肉1 h之内），因为其持水性、黏结力均较好；加工火腿类、培根类制品应尽量选用经吊挂冷却处理的冷却肉，因为其色泽、风味、持水性均较好。

第四节 肉的新鲜度的检查

肉的腐败变质是一个渐进的过程，变化十分复杂，同时受多种因素的影响，所以肉的新鲜度检查要通过感官检查和实验室检查相结合的方法，才能比较客观地对其变质或卫生状态做出判断。

一、感官检查

通常最常用的是用感官检查方法观察肉的腐败分解产物的特性和数量，以及细菌污染的程度来进行。感官检查总是先以有无腐败气味来作为检验的开始。但如果新鲜肉与腐败肉一起存放，其腐败气味很可能被新鲜肉吸收，因此还需别的方法来澄清，如把被检验的肉切成重2～3 g的若干小块盛冷水烧杯中，煮开，然后判断其气味，观察汤的透明度和表面浮游脂肪的状态。

以下是新鲜猪肉的卫生标准：

表 2-17　鲜猪肉卫生指标

	一级鲜度	二级鲜度	变质肉（不能供食用）
色泽	肌肉有光泽，红色均匀，脂肪洁白	肌肉色稍暗，脂肪缺乏光泽	肌肉无光泽，脂肪灰绿色
黏度	外表微干或微湿润，不黏手	外表干燥或黏手，新切面湿润	外表极度干燥或黏手，新切面发黏。
弹性	指压后的凹陷立即恢复	指压后的凹陷恢复慢，且不能完全恢复	纤维疏松，指压后凹陷不能完全恢复，留有明显痕迹
气味	具有鲜猪肉正常气味	稍有氨味或酸味	有臭味
煮沸后肉汤	透明澄清、脂肪团聚于表面，具有香味	稍有浑浊，脂肪呈小滴浮于表面，无鲜味	浑浊，有黄色絮状物，脂肪极少浮于表面，有臭味

二、实验室检查

主要包括理化检验和微生物检验。

1. 理化检验

(1)挥发性盐基氮(TVBN)测定。挥发性盐基氮是指蛋白质分解后产生碱性含氮物质,如氨、伯胺、仲胺等。此类物质具有挥发性,在碱性溶液中蒸发后,可用酸滴定定量测得。

挥发性盐基氮在肉的变质过程中,能有规律地反映肉品质量鲜度变化,新鲜肉、冷鲜肉、变质肉之间差异非常明显,是评定肉品质量鲜度变化的客观指标。

(2)氢离子浓度(pH)测定。肉腐败变质时,由于肉中蛋白质在细菌及酶的作用下,被分解为氨和胺类化合物等碱性物质,使肉趋于碱性,其 pH 比新鲜肉高,因此肉中 pH 在一定范围内可以反映肉的新鲜程度。也就是说它只能作为肉质量鉴定的一项参考指标。

2. 微生物检验

肉的腐败是由于细菌大量繁殖,所以可以通过检测肉中的微生物污染情况来判断其新鲜度。其方法有触片镜检和细菌菌落总数的测定。

表 2-18　肉质量卫生指标综合表

项目	纯瘦肉		
	一级鲜度	二级鲜度	变质肉
挥发性盐基氮/(mg/100 g)	$\leqslant 15$	$\leqslant 20$	> 20
pH	$5.8 \sim 6.2$	$6.3 \sim 6.6$	> 6.7
细菌菌落总数	$\leqslant 5 \times 10^4$	$5 \times 10^4 \sim 5 \times 10^6$	$> 5 \times 10^6$
触片镜检/(个/视野)	看不到细菌,或只见个别的细菌	表层 20~30 个,中层 20 个,球、杆菌都有	30 个以上,以杆菌为主

项目	肥肉		
	良质	次质	变质
酸价	$\leqslant 2.25$	$\leqslant 3.5$	> 3.5
过氧化值	$\leqslant 0.06$	$\leqslant 0.1$	> 0.15
TBA 值	$0.202 \sim 0.664$	> 1	

【项目小结】

原料肉质量的优劣直接关系到加工成的肉制品的质量,因此肉制品加工企业严把原料质量关,一方面通过正规渠道采购原料;另一方面还要进行一系列的感官检验、理化检验、微生物检验等检验项目,确保原料肉的质量。原料肉的理化性质对加工成的肉制品食用品质有很大的影响。因此,要掌握肉的化学成分、畜禽屠宰后肉的变化过程、肉的风味和品质特征,这对肉制品的生产具有重要的指导意义。

【项目思考】

1. 原料肉进厂前需要哪些检验过程?

2. 如何进行原料肉的感官评定和品质鉴定?

3. 简述肉的组织结构。

4. 形成肉色的物质是什么？影响肉色变化的主要因素有哪些？

5. 影响肉嫩度的因素有哪些及如何进行肉的嫩化？

6. 影响肉保水性的主要因素主要有哪些？

7. 影响肉风味的因素有哪些？

8. 简述 pH 与肉的质量关系。

9. 什么是 PSE、DFD 肉？如何利用 PSE,DFD 肉加工产品？

10. 什么是肉的成熟？简述肉成熟的方法、影响因素及意义。

11. 试述肉的腐败过程中的变化及控制方法。

项目二 肉制品加工辅料

【知识目标】

1. 熟悉肉制品加工过程中常用的调味料、香辛料和食品添加剂的种类及作用。

2. 掌握添加剂的作用机理及使用用量。

3. 掌握肉制品常用的包装材料和包装方法。

【技能目标】

1. 能够辨别常见的香辛料并能够简单描述其特点。

2. 会对调味料进行进厂验收和检验。

3. 能够完成肠衣的制作。

【项目导入】

在肉制品加工中,常加入一定量的天然物质或化学物质,以改善制品的色、香、味、形、组织状态和贮藏性能,这些物质统称为肉制品加工辅料。正确使用辅料,对提高肉制品的质量和产量,增加肉制品的花色品种,提高其商品价值和营养价值,保证消费者的身体健康,具有十分重要的意义。

任务1 调味料的入厂检验

【要点】

1. 按照企业调味料入厂程序组织学生完成入厂检验任务。

2. 制定产品验收单,会正确填写检验结果报告。

【相关材料】

食盐、白糖、味精、柠檬酸、研钵、烧杯、酒精灯。

【工作过程】

1. 食盐

①检验内容。卫生指标;感官指标。

②抽样方法。每批抽取1袋。

③技术要求。

a. 卫生指标：为国家允许使用、定点厂生产的食用盐。

b. 感官指标：白色，无可见外来杂物，味咸，无苦味。

④检验方法。

a. 检查分承包方提供的有关证实材料，验证是否具有国家允许使用、定点厂生产的合格证明。

b. 感官检查。将样品撒在一张白纸上观察，其颜色应为白色或白色带淡灰色或淡黄色，不应有肉眼可见的外来杂质。取约 20 g 样品于瓷钵中研磨后，立即检查，不应有气味。取约 5 g 样品，用 100 mL 温水溶解，其水溶液应具有纯净的咸味，无其他异味。

2. 白糖

①检验内容。卫生指标；感官指标。

②抽样方法。每批抽取 1 袋。

③技术要求。

a. 卫生指标：为国家有关标准生产的合格产品。

b. 感官指标：晶粒均匀，晶粒或其水溶液味甜，无异味，干燥松散，洁白，有光泽。

④检验方法。

a. 检查分承包方提供的有关证实材料，验证是否具有合格分承包方按国家标准生产的合格证明。

b. 感官检验：将样品撒在一张白纸上观察，其颜色应洁白，晶粒应均匀，无带色糖粒，糖块干燥松散。取约 10 g 样品，用 100 mL 温水溶解，其水溶液味甜纯正，无异臭味，无异物。

3. 味精

①检验内容。卫生指标；感官指标。

②抽样方法。每批抽取 1 袋。

③技术要求。

a. 卫生指标：为国家有关标准生产的合格产品。

b. 感官指标：具有正常味精的色泽滋味，不得有异味及夹杂物。

④检验方法。

a. 检查分承包方提供的有关证实材料，验证是否具有合格分承包方按国家标准生产的合格证明。

b. 将样品撒在一张白纸上观察，其颜色应为白色结晶，无杂物，品尝应无异味。

4. 添加剂

①检验内容。卫生指标；感官指标。

②抽样方法。按规定要求抽样。

③技术指标。

a. 卫生指标：为按国家有关标准生产的合格产品。

b. 感官指标：符合品质应有的色泽，外观，无沉淀及杂质、无异臭及异味。

④检查方法。

a. 检查分承包方提供的有关证实材料，验证是否具有合格分承包方按国家标准生产的合格证明。

b. 感官检验：量取 10～30 mL（1～3 g）样品，倒入 50 mL 清洁干燥无色玻璃杯中（加入

10～30 mL 蒸馏水),观察其颜色,应透明无沉淀、无杂质。尝其味应有该品质的风味,不应有霉味、酸味、异味等。有些不能品味。

任务2 天然香辛料的观察和辨别

【要点】

1. 香辛料的感官评估,包括看、闻、摸及必要的品尝。

2. 对小包装调味品要认真查看其商标,特别要注意保质期和出厂期。无厂名、无厂址、无质量标准代号的要特别注意。

【相关材料】

八角、肉桂、花椒、山楂、肉蔻、小茴、山柰、砂仁、白芷、白蔻、草蔻、陈皮、草果、白胡椒、黑胡椒、丁香、生姜。

【工作过程】

(1)在老师的组织下认识给出的香辛料并进行感官评定,并说出其特征。

(2)按照企业的验收标准对香辛料进行验收。验收标准见表 2-19。

表 2-19 验收标准

品名	检验方法及特征	品名	检验方法及特征
八角	眼观:个大、色红、油多 鼻嗅:有特殊香气、香浓 口尝:微甜	黑胡椒	眼观:粒大饱满、色黑、皮皱 鼻嗅:气味强烈 口尝:辛辣
肉蔻	眼观:个大、体重、坚实 鼻嗅:气芳香而强烈 口尝:味辣而微苦	生姜	块壮大、丰满、无霉烂 鼻嗅:气清香 口尝:味辣
花椒	眼观:鲜红光艳,皮细均匀 鼻嗅:有强烈香气 口尝:麻辣而持久	肉桂	眼观:皮细、肉厚(3 mm 左右),断面紫红色,油多 鼻嗅:香气浓 口尝:味甜、微辛、嚼之无渣
山柰	眼观:色白,粉性足,饱满 鼻嗅:芳香,略同樟脑 口尝:辣味强	小茴	眼观:颗粒均匀饱满,黄绿色 鼻嗅:芳香、香浓 口尝:味甜
白芷	眼观:断面白色或苍白色,根条粗大,皮细,粉性长 鼻嗅:气芳香,香气浓 口尝:味苦辛	山楂	眼观:个大、皮红、肉厚 鼻嗅:气微清香 口尝:味酸,微甜
草蔻	眼观:个圆、坚实 鼻嗅:气芳香 口尝:辛辣	砂仁	眼观:个大、坚实、仁饱满 鼻嗅:芳香 口尝:味辛、微苦、浓厚
草果	眼观:个大、饱满、棕红色 鼻嗅:气软弱,种子破碎时发出特异的臭气 口尝:味辛辣	白蔻	眼观:个大、饱满、果皮薄而完整 鼻嗅:气芳香浓厚 口尝:辛凉

续表 2-19

品名	检验方法及特征	品名	检验方法及特征
陈皮	眼观:皮薄、片大、色红、油润 鼻嗅:气芳香,香气浓 口尝:味苦	丁香	眼观:个大、粗壮、鲜紫色、油多 鼻嗅:气味强烈 口尝:味辛
白胡椒	眼观:个大、粒圆、坚实、色白 鼻嗅:气味强烈 口尝:辛辣		

判定标准:检验结果符合表 2-19 规定的为合格品。

【相关知识】

肉制品风味的形成

判定肉制品质量优劣的标准是看其是否达到了色、香、味、形的完美结合。香、味作为重要的感官指标,对于肉制品加工具有重要意义,肉制品的风味包括滋味和香味。

1. 调味

肉制品滋味的形成主要是由在加工过程中添加的盐、糖、酱油等调味料及肉本身蛋白质水解产生的。

肉制品滋味的调配,只要掌握好适当的糖盐比、添加适当的增味剂,基本就能达到较为满意的效果。

2. 调香

肉制品在加热过程中能产生一定的香味,但其香味一般都达不到令人满意的效果,同时还会产生一些腥、腻、臭等不良气味。为确保加工出的肉制品达到风味最佳,需要对肉制品进行调香,肉制品的调香包含两个方面:提香和赋香。

调香应内外兼顾,赋香是外因,提香是内因。提香是去腥,去除原料的不良气味,发掘出肉类本身的香味(突出本香);赋香是赋予产品一种特有风味,即添加香辛料。

3. 香辛料使用原则

几乎所有的香辛料都具有强烈的呈味性。一般辣味物质同增进食欲密切相关;而芳香味强烈的物质往往有脱臭、矫臭效果。

胡椒、葱类、大蒜、生姜等可起消除肉类特殊异臭,使风味达到最佳的作用。其中大蒜效果最好,并最好同葱类并用,而且量要小。

肉制品中使用的香辛料,有的以味道为主,有的以香、味兼有,有的以香为主,通常将这些按 6∶3∶1 的比例混合使用。

豆蔻、多香果等芳香辛辣的香料,用量过大会产生涩味和苦味。对于会产生苦味的香辛料,使用时应引起注意。

少量使用芥菜、月桂叶、洋苏叶等对肉制品的风味有很好的效果,用量过大则易产生药味。

辛料往往是两种以上混合使用。香料之间会产生相乘、相杀作用。详见表 2-20。

表 2-20　不同肉制品使用香辛料时的选择性

肉类原料	适用的香料
牛肉、羊肉与猪肉	罗勒、香叶、咖喱粉、大蒜、马玉兰、洋葱、百里香
家禽与海鲜	香叶、莳萝、茴香、大蒜、芥末、欧芹、红辣椒粉、迷迭香、洋苏叶、藏红花、香草、百里香
色拉调味酱	罂粟子、香叶、罗勒、莳萝、大蒜、洋葱、马玉兰、芥末、牛至、百里香

任务 3　肠衣加工

【要点】

1. 了解肠衣的结构及掌握在加工过程中的工艺和操作要点。

2. 现场操作，要求学生能独立完成整个实验，得到符合要求的产品。

3. 掌握加工肉制品常用的包装方法。

【相关材料】

猪小肠、粗盐、精盐、木槽、刮板、刮刀、分路卡、缸、竹筛、水容器（带直式水龙头）、塑料袋、量码尺。

【工作过程】

1. 取肠

猪宰后，先从大肠与小肠的连接处割断，随即一只手抓住小肠，另一只手抓住肠网油，轻轻地拉扯，使肠与油层分开，直到胃幽门处割下。

2. 捋肠

将小肠内的粪便尽量捋尽，然后灌水冲洗，此肠称为原肠。

3. 浸泡

从肠大头灌入少量清水，浸泡在清水木桶或缸内。一般夏天 2～6 h，冬天 12～24 h。冬天的水温过低，应用温水进行调节提高水温。

要求浸泡的用水要清洁，不能含有矾、硝、碱等物质。将肠泡软，易于刮制，又不损害肠衣品质。

4. 刮肠

把浸泡好的肠放在平整光滑的木板（刮板）上，逐根刮制。刮制时，一手捏牢小肠，一手持刮刀，慢慢地刮，持刀需平稳，用力应均匀。既要刮净，又不损伤肠衣。

5. 盐腌

每把肠（91.5 m）的用盐量为 0.7～0.9 kg。要轻轻涂擦，到处擦到，力求均匀。一次腌足。腌好后的肠衣再打好结，放在竹筛上，盖上白布，沥干生水。夏天沥水 24 h，冬天沥水 2 d。沥干水后将多余盐抖下，无盐处再用盐补上。

6. 浸漂折把

将半成品肠衣放入水中浸泡、折把、洗涤、反复换水。浸漂时间夏季不超过 2 h，冬季可适当延长。漂至肠衣散开、无血色、洁白即可。

7. 灌水分路

将漂洗净的肠衣放在灌水台上灌水分路。肠衣灌水后，两手紧握肠衣，双手持肠距离30～

40 cm,中间以肠自然弯曲成弓形,对准分路卡,测量肠衣口径的大小,满卡而不碰卡为本路肠衣。测量时要勤抄水,多上卡,不得偏斜测量。盐渍猪小肠衣分路标准见表表2-21。

表 2-21 猪肠衣分路标准

分路	1	2	3	4	5	6	7
口径/mm	24～26	26～28	28～30	30～32	32～34	34～36	36 以上

8. 配码

将同一路的肠衣,在配码台上进行量码和搭配。在量码时先将短的理出,然后将长的倒在槽头,肠衣的节头合在一起,以两手拉着肠衣在量码尺上比量尺寸。量好的肠衣配成把。配把要求:要求每把长91.5 m,节头不超过18节,每节不短于1.37 m。

9. 盐腌

每把肠衣用精盐(又称肠盐)1 kg。腌时将肠衣的结拆散,然后均匀上盐,再重新打好把结,置于筛盘中,放置2～3 d,沥去水分。

10. 扎把

将肠衣从筛内取出,一根根理开,去其经衣,然后扎成大把。

11. 装桶包装

扎成把的肠衣,装在木制的"腰鼓形"的木桶内,桶内用塑料袋再衬白布袋,将肠衣在白布袋里由桶底逐层整齐地排列,每一层压实,撒上一层精盐。每桶150把,装足后注入清洁热盐卤24°Bé。最后加盖密封,并注明肠衣种类、口径、把数、长度、生产日期等。

12. 贮藏

肠衣装在木桶内,木桶应横放贮藏,每周滚动1次,使桶内卤水活动,防止肠衣变质。贮藏的仓库需清洁卫生、通风。温度要求在0～10℃,相对湿度85%～90%。还要经常检查和防止漏卤等。

【作业】

提交实验报告,要求实验报告反映本次实验的目的、所用原材料、药品试剂和仪器设备、操作步骤、注意问题以及结果分析等。

【相关知识】

肠衣的种类及特性

1. 天然肠衣

天然肠衣是用山羊、绵羊、猪、牛的肠子加工制成的。这种肠衣透烟性、透气性、弹性都很好,可食用,可烟熏、干燥和蒸煮,烟熏后能出现良好的色泽。哈尔滨大红肠、广东腊肠、早餐肠、热狗、法兰克福肠等都是用此种肠衣进行灌制的。天然肠衣的缺陷是规格不统一、机械适应性差,由于肠衣本身就是微生物生长的良好环境,故易被污染。

2. 胶原肠衣

该肠衣一般是用牛的胶原蛋白制成。这种肠衣透烟性、透气性、机械强度都较好,规格统一、品种多样,可以食用,可烟熏和蒸煮,烟熏时上色均匀,且适合机械化生产和打卡。这种肠衣在使用前应在温水中浸泡约10 min,使其复水后再进行灌装。灌装时应填充结实,可使用任何形式的烟熏和蒸煮过程,在干燥和烟熏后,最大蒸煮温度应控制在80℃以下,蒸煮后可用喷淋或水浴冷却。这种肠衣可用来制作维也纳香肠、早餐肠、热狗肠及其他各种蒸煮肠。

3. 纤维素肠衣

素肠衣是用纤维素黏胶直接吹成的肠衣。透气透水,可烟熏,机械强度好,适合于高速自动化生产。此种肠衣不可食,它在使用前不需要进行处理,可直接灌装。主要用于制作热狗肠、法兰克福肠等小直径肠类。

4. 纤维肠衣

它是用纤维素黏胶再加一层纸张加工而成的产物。机械强度较高,可以打卡;对烟具有通透性,对脂肪无渗透;不可食用,但可烟熏,可印刷;在干燥过程中自身可以收缩。这种肠衣在使用之前应先浸泡(印刷的浸泡时间应长一些),应填充结实(填充时可以扎孔排气),烟熏前应先使肠衣表面完全干燥,否则烟熏颜色会不均匀,熟制后可以喷淋或水浴冷却。这种肠衣适用于加工各式冷切香肠、各种干式或半干式香肠、烟熏香肠及熟香肠和通脊火腿等。

5. 纤维涂层肠衣

它是用纤维素黏胶加一层纸张压制,并在肠衣内面涂上一层聚偏二氯乙烯而成。此种肠衣阻隔性好,在贮存过程中可防止产品水分流失,加强了对微生物的防护;收缩率高,外观饱满美观,可以印刷;但不能烟熏、不可食用。使用前应先用温水浸泡,灌装时应填充结实(不能扎孔),可以蒸煮达到所需的中心温度,然后用冷水喷淋或水浴冷却。适用于各类蒸煮肠。使用此种肠衣的产品,不需要进行二次包装。

6. 塑料肠衣

它包括聚偏二氯乙烯肠衣、尼龙肠衣(聚酰胺肠衣)、聚合物肠衣(如聚酯)等。

①聚偏二氯乙烯肠衣。这类肠衣是用氯乙烯和偏二氯乙烯的共聚物薄膜制成的筒状或片状肠衣。这类肠衣可高效阻断水分和氧气,可耐121℃湿热,耐寒、耐酸、碱、油脂性也很显著,无吸水性,具有优美的光泽。此肠衣适合于高频热封灌装生产的火腿、香肠(如火腿肠、鱼肉肠等)。生产这种肠衣的厂家以日本的吴羽化学、旭化成,美国的陶氏为代表。这种肠衣也大量用于高温灭菌制品的常温保藏。

②聚酰胺肠衣。也称尼龙肠衣,是用尼龙6加工而成的单层或多层肠衣。单层产品具有透气、透水性,一般用于可烟熏类和剥皮切片肉制品。多层肠衣具有不透水、不透气,可以印刷;不被酸、油、脂等腐蚀;不利于真菌和细菌生长,在蒸煮过程中还可以收缩;具有较强的机械强度和弹性;可耐高温杀菌等特性。使用前应先用30℃水浸泡,灌装时要填充结实(不可扎孔),蒸煮后可用喷淋或水浴冷却。适用于制作各种熟制的香肠、黑香肠、肝香肠、头肉肠、快速切片肠、鱼香肠等。

③聚酯肠衣。这种肠衣不透气、不透水;可以印刷;具有很高的机械强度;不被酸、碱、油脂、有机溶剂所侵蚀;易剥离。分为收缩性和非收缩性两种。收缩性的肠衣,热加工后能很好地和内容物黏和在一起,可用于非烟熏、蒸煮香肠类、禽肉卷、蒸煮火腿、切片肉类、新鲜野味、鱼等的包装及深冻食品的包装等。此外,还有专门用于包装烤制肉制品的聚酯膜,如用于烤鸡的包装膜。当然,这种薄膜也可用于微波食品、半成品的包装等。聚酯肠衣使用前不需要水浸,灌装时要灌结实,但不能扎孔;灌装后,为了保证肠衣收缩,应把肠放入95℃以上的热水中保持几秒钟。熟制时温度为80~85℃,熟制后应喷淋或水浴冷却。非收缩性的肠衣主要用于包装生鲜肉类和生香肠等不需加热的肉品。

【必备知识】

第一节 调味料

调味料是指为了改善食品的风味,能赋予食品的特殊味感(咸、甜、酸、苦、鲜、麻、辣等),使食品鲜美可口、增进食欲而添加入食品中的天然或人工合成的物质。

一、咸味料

(一)食盐

食盐的主要成分是氯化钠。精制食盐中氯化钠含量在 97% 以上,味咸、呈白色结晶体,无可见的外来杂质,无苦味、涩味及其他异味。在肉品加工中食盐具有调味、防腐保鲜、提高保水性和黏着性等作用。

食盐的使用量应根据消费者的习惯和肉制品的品种要求适当掌握,通常生制品食盐用量为 4% 左右,熟制品的食盐用量为 2%~3%。

(二)酱油

酱油分为有色酱油和无色酱油。肉制品中常用酿造酱油。酱油主要含有蛋白质、氨基酸等。酱油应具有正常的色泽、气味和滋味,不浑浊、无沉淀、无霉花、浮膜,浓度不应低于22°Bé,食盐含量不超过 18%。

酱油的作用主要是增鲜增色,使制品呈美观的酱红色,是酱卤制品的主要调味料,在香肠等制品中还有促进成熟发酵的良好作用。

(三)黄酱

黄酱又称面酱、麦酱等,是用大豆、面粉、食盐等为原料,经发酵造成的调味品。味咸香,色黄褐,为有光泽的泥糊状,其中氯化钠含量 12% 以上,氨基酸态氮含量 0.6% 以上,还有糖类、脂肪、酶、维生素 B_1、维生素 B_2 和钙、磷、铁等矿物质。在肉品加工中不仅是常用的咸味调料,而且还有良好的提香生鲜,除腥清异的效果。黄酱性寒,又可药用,有除热解烦、清除蛇毒等功能,对热烫火伤,手指肿疼、蛇虫蜂毒等,都有一定的疗效。黄酱广泛用于肉制品和烹饪加工中,使用标准不受限制,以调味效果而定。

二、甜味料

(一)蔗糖

肉制品加工通常采用白糖,某些红烧制品也可采用纯净的红糖,白糖和红糖都是蔗糖。肉制品中添加少量的蔗糖可以改善产品的滋味,缓冲咸味,并能促进胶原蛋白的膨胀和松弛,使肉质松软、色调良好。蔗糖添加量在 0.5%~1.5%。

(二)饴糖

饴糖由麦芽糖(50%)、葡萄糖(20%)、糊精(30%)组成,味甜爽口,有吸湿性和黏性,在肉品加工中常为烧烤、酱卤和油炸制品的增味剂和甜味助剂。

(三)蜂蜜

蜂蜜又称蜂糖,呈白色或不同程度的黄褐色,透明、半透明的浓稠液状物。含葡萄糖

42%、果糖35%、蔗糖20%、蛋白质0.3%、淀粉1.8%、苹果酸0.1%以及脂肪、蜡、色素、酶、芳香物质、无机盐和多种维生素等。其甜味纯正,不仅是肉制品加工中常用的甜味料,而且具有润肺滑肠、杀菌收敛等药用价值。蜂蜜营养价值很高,又易吸收利用,所以在食品中可以不受限制地添加使用。

(四)葡萄糖

葡萄糖为白色晶体或粉末,常作为蔗糖的代用品,甜度略低于蔗糖。在肉品加工中,葡萄糖除作为甜味料使用外,还可形成乳酸,有助于胶原蛋白的膨胀和疏松,从而使制品柔软。另外,葡萄糖的保色作用较好,而蔗糖的保色作用不太稳定。不加糖的制品,切碎后会迅速变褐色。肉品加工葡萄糖的使用量为0.3%～0.5%。在发酵肉制品中葡萄糖一般作为微生物的主要碳源。

(五)d-山梨糖醇

d-山梨糖醇的分子式$C_6H_{14}O_6$,又称花椒醇、清凉茶醇,呈白色针状结晶或粉末,溶于水、乙醇、酸中,不溶于其他一般溶剂,水溶液pH为6～7。有吸湿性,有愉快的甜味,有寒舌感,甜度为砂糖的60%,常作为砂糖的代用品。在肉制品加工,不仅用做甜味料,还能提高渗透性,使制品纹理细腻,肉质细嫩,增加保水性,提高出品率。

三、酸味料

(一)食醋

食醋是以粮食为原料经醋酸菌发酵酿制而成。具有正常酿造食醋的色泽、气味和滋味,不涩,无其他不良气味和异味,不浑浊、无悬浮物及沉淀物、无霉花、浮膜,含醋酸3.5%以上。食醋为中式糖醋类风味产品的重要调味料,如与糖按一定比例配合,可形成宜人的甜酸味。因醋酸具有挥发性,受热易挥发,故适宜在产品即将出锅时添加,否则,将部分挥发而影响酸味。醋酸还可与乙醇生成具有香味的乙酸乙酯,故在糖醋制品中添加适量的酒,可使制品具有浓醇甜酸、气味扑鼻的特点。

(二)酸味剂

常用的酸味剂有柠檬酸、乳酸、酒石酸、苹果酸、醋酸等,这些酸均能参加体内正常代谢,在一般使用剂量下对人体无害,但应注意其纯度。

四、鲜味料

(一)谷氨酸钠

谷氨酸钠即味精,系含有一个分子结晶的L-谷氨酸钠盐。本品为无色至白色棱柱状结晶或粉末状,具有独特的鲜味,味觉极限值为0.03%,略有甜味或咸味。在肉制品加工中,一般使用量为0.25%～0.5%。

(二)肌苷酸钠

肌苷酸钠是白色或无色的结晶或结晶粉末,性质比谷氨酸钠稳定,与L-谷氨酸钠合用对鲜味有相乘效应。肌苷酸钠有特殊强烈的鲜味,其鲜味比谷氨酸钠强10～20倍。一般均与谷氨酸钠、鸟苷酸钠等合用,配制混合味精,以提高增鲜效果。

(三)鸟苷酸钠

鸟苷酸钠具有呈味性是近年来才发现的,它同肌苷酸等被称作核酸系调味料,其呈味性质与肌苷酸钠相似,与谷氨酸钠有协同作用。使用时,一般与肌苷酸钠和谷氨酸钠混合使用。

五、调味肉类香精

调味肉类香精包括猪、牛、鸡、羊肉、火腿等各种肉味香精,系采用纯天然的肉类为原料,经过蛋白酶适当降解成小肽和氨基酸,加还原糖在适当的温度条件下发生美拉德反应,生成风味物质,经超临界萃取和微胶囊包埋或乳化调和等技术生产的粉状、水状、油状系列调味香精。如猪肉香精、牛肉香精等。可自己添加或混合到肉类原料中,使用方便,是目前肉类工业常用的增香剂,尤其适用于高温肉制品和风味不足的西式低温肉制品。

六、料酒

中式肉制品中常用的料酒有黄酒和白酒,其主要成分是乙醇和少量的脂类。它可以除膻味、腥味和异味,并有一定的杀菌作用,赋予制品特有的醇香味,使制品回味甘美,增加风味特色。黄酒色黄澄清,味醇正常,含酒精12°以上。白酒应无色透明,具有特有的酒香气味。在生产腊肠、酱卤等肉制品时料酒是必不可少的调味料。

第二节 香辛料

香辛料是某些植物的果实、花、皮、蕾、味、茎、根,它们具有辛辣和芳香性风味成分。其作用是赋予产品特有的风味,抑制或矫正不良气味,增进食欲,促进消化。

一、香辛料种类

香辛料依其具有辛辣或芳香气味的程度可分为辛辣性香辛料(如葱、姜、蒜、辣椒、洋葱、胡椒等)、芳香性香辛料(如大茴香、小茴香、花椒、桂皮、白芷、丁香、豆蔻、砂仁、陈皮、甘草、山柰、月桂叶等)和复合性香辛料(如咖喱粉、五香粉等)3类。

二、常见香辛料及使用

1. 葱

各种葱的主要化学成分为硫醚类化合物,如烯丙基二硫化物,具有强烈的葱辣味和刺激味。作香辛料使用,可压腥去膻,广泛用于酱制、红烧等肉制品。

2. 蒜

蒜含有强烈的辛辣味,其主要化学成分是蒜素,即挥发性的二烯丙基硫化物。具有调味、压腥、去膻的作用,常用于灌肠制品,切碎或绞成蒜泥加入。

3. 姜

姜味辛辣。其辣味及芳香成分主要是姜油酮、姜烯酚和姜辣素以及柠檬醛、姜醇等。具有去腥调味的作用,常用于酱制、红烧制品,也可将其榨成姜汁或制成姜粉等,加入灌肠制品中以增加风味。

4. 胡椒

胡椒有黑胡椒和白胡椒两种。未成熟果实干后果皮皱缩的是黑胡椒,成熟后去皮晒干的称为白胡椒。两者成分相差不大,但挥发性成分在外皮部较多。黑胡椒的辛香味较强,而白胡椒色泽较好。在干果实中含挥发性胡椒油 1.2%~1.5%,其主要成分是小茴香萜、苦艾萜等,辣味成分为胡椒碱和异胡椒碱。

胡椒是制作咖喱粉、辣酱油、番茄沙司不可缺少的香辛料,也是荤菜肴、腌、卤制品不可缺少的香辛料,对西式肉制品来说,也是占主要地位的香辛料,用量一般为 0.3%左右。

5. 花椒

花椒又称秦椒、川椒,系芸香料灌木或小乔木植物花椒树的果实。花椒果皮含辛辣挥发油及花椒油香烃等,主要成分为柠檬烯、香茅醇、萜烯、丁香酚等,辣味主要是花椒素。在肉品加工中整粒多供腌制肉品及酱卤汁用;粉末多用于调味和配制五香粉。使用量一般为 0.2%~0.3%,能赋予制品适宜的香麻味。

6. 大茴香

大茴香俗称大料、八角,系木兰科的常绿乔木植物的果实,干燥后裂成 8~9 瓣,故称八角。八角果实含精油 2.5%~5%,其中以茴香脑为主(80%~85%),即对丙烯基茴香醛、蒎烯茴香酸等。有去腥防腐作用,是肉品加工广泛使用的香辛料。

7. 小茴香

小茴香俗称茴香、席茴,系伞形科多年草本植物茴香的种子,含精油 3%~4%,主要成分为茴香脑和茴香醇,占 50%~60%,茴香酮 1.0%~1.2%,并可挥发出特异的茴香气,有增香调味、防腐防膻的作用。

8. 桂皮

桂皮又称肉桂,系樟科植物肉桂的树皮及茎部表皮经干燥而成。桂皮含精油 1%~2.5%,主要成分为桂醛,占 80%~95%。另有甲基丁香粉、桂醇等。桂皮常用于调味和矫味。在烧烤、酱卤制品中加入,能增加肉品的复合香气味。

9. 白芷

白芷系伞形多年生草本植物的根块,含白芷素、白芷醚等香精化合物,有特殊的香气,味辛。可用整粒或粉末,具有去腥作用,是酱卤制品中常用的香料。

10. 丁香

丁香为桃金娘科常绿乔木的干燥花蕾及果实。花蕾叫公丁香,果实叫母丁香,以完整、朵大油性足、颜色深红、气味浓郁、入水下沉者为佳品。丁香富含挥发香精油,精油成分为丁香酚占 75%~95%和丁香素等挥发性物质,具有特殊的浓烈香气,兼有桂皮香味。对提高制品风味具有显著的效果,但丁香对亚硝酸盐有消色作用,在使用时应加以注意。

11. 山萘

山萘又称山辣、砂姜、三萘。系姜科山萘属多年生木本植物的根状茎,切片晒制而成干片。山萘含有龙脑、樟脑油酯、肉桂乙酯等成分,具有较强烈的香气味。山萘有去腥提香,抑菌防腐和调味的作用,亦是卤汁、五香粉的主要原料之一。

12. 砂仁

砂仁系姜科多年生草本植物的干燥果实,一般除去黑果皮(不去果皮的叫苏砂),砂仁含香精油 3%~4%,主要成分是龙脑、右旋樟脑、乙酸龙脑酯、苏梓醇等。具有除臭去腥,提味增香的作用。

13. 肉豆蔻

肉豆蔻亦称豆蔻、肉蔻、玉果。属肉豆蔻科高大乔木肉豆树的成熟干燥种仁。肉豆蔻含精油 5%～15%，其主要成分为萜烯占 80%，肉豆蔻醚、丁香粉等。不仅有增香去腥的调味功能，亦有一定的抗氧化作用，肉制品中使用很普遍。

14. 甘草

甘草系豆科多年生草本植物的根。外皮红棕色内部黄色，味道很甜，所以叫甜甘草。含 6%～14%甘草甜素、甘草苷、甘露醇及葡萄糖、蔗糖、淀粉等。常用于酱卤制品。

15. 陈皮

陈皮为芸香料常绿小乔木植物橘树的干燥果皮。含有挥发油，主要成分为柠檬烯、橙皮苷、川陈皮素等。肉制品加工中常用作卤汁、五香粉等调香料，可增加制品复合香味。

16. 草果

草果系姜科多年生草本植物的果实，含有精油、苯酮等，味辛辣。可用整粒或粉末作为烹饪香料，主要用于酱卤制品，特别是烧炖牛、羊肉放入少许，可去膻压腥味。

17. 月桂叶

月桂叶系樟科常绿乔木月桂树的叶子，含精油 1%～3%，主要成分为桉叶素，占 40%～50%，此外，还有丁香粉、丁香油酚酯等。常用于西式产品及在罐头中以改善肉的气味或生产中作矫味剂。此外，在汤、鱼等菜肴中也常被使用。

18. 麝香草

麝香草系紫花科麝香草的干燥树叶制成。精油成分有麝香草脑、香芹酚、沉香醇、龙脑等。烧炖肉放入少许，可去除生肉腥臭，并有提高产品保存性的作用。

19. 芫荽

芫荽又名胡荽，俗称香菜，系伞形科一年生或二年生草本植物，用其干燥的成熟果实。芳香成分主要有沉香醇、蒎烯等，其中沉香醇占 60%～70%，有特殊香味，芫荽是肉制品特别是猪肉香肠和灌肠中常用的香辛料。

20. 鼠尾草

鼠尾草系唇形科一年生草本植物。鼠尾草含挥发油 1.3%～2.5%，主要成分为侧柏酮、鼠尾草烯。在西式肉制品中常用其干燥的叶子或粉末。鼠尾草与月桂叶一起使用可去除羊肉的膻味。

21. 咖喱粉

咖喱粉呈鲜艳黄色，味香辣，是肉品加工和中西菜肴重要的调味品。其有效成分多为挥发性物质，在使用时为了减少挥发损失，宜在制品临出锅前加入。咖喱粉常用胡椒粉、姜黄粉、茴香粉等混合配制。

22. 五香粉

五香粉是以花椒、八角、小茴香、桂皮、丁香等香辛料为主要原料配制而成的复合香料。因使用方便，深受消费者的欢迎。各地使用配方略有差异。

第三节 添加剂

为了增强或改善食品的感官形状，延长保存时间，满足食品加工工艺过程的需要或某种特殊营养需要，常在食品中加入天然的或人工合成的无机或有机化合物，这种添加的无机或有机化合物统称为添加剂。

一、发色剂

1. 硝酸盐

硝酸钾(硝石)(KNO_3)及硝酸钠($NaNO_3$)为无色的结晶或白色的结晶性粉末,无臭稍有咸味,易溶于水。将硝酸盐添加到肉中后,硝酸盐被肉中细菌或还原物质所还原生成亚硝酸,最终生成 NO,后者与肌红蛋白生成稳定的亚硝基肌红蛋白络合物,使肉呈鲜红色。

2. 亚硝酸钠

亚硝酸钠($NaNO_2$)为白色或淡黄色的结晶性粉末,吸湿性强,长期保存必须密封在不透气容器中。亚硝酸盐的作用比硝酸盐大 10 倍。欲使猪肉发红,在盐水中含有 0.06% 亚硝酸钠就已足够;为使牛肉、羊肉发色,盐水中需含有 0.1% 的亚硝酸钠。因为这些肉中含有较多的肌红蛋白和血红蛋白,需要结合较多的亚硝酸盐。但是仅用亚硝酸盐的肉制品,在贮藏期间褪色快,对生产过程长或需要长期存放的制品,最好使用硝酸盐腌制。现在许多国家广泛采用混合盐料。用于生产各种灌肠时混合盐料的组成:食盐 98%,硝酸盐 0.83%,亚硝酸盐 0.17%。

亚硝酸盐毒性强,用量要严格控制。2011 年,我国颁布的《食品添加剂使用标准》中对硝酸钠和亚硝酸钠的使用量规定如下。

使用范围:肉类罐头,肉制品。

最大使用量:硝酸钠 0.05%,亚硝酸钠 0.015%。

最大残留量(亚硝酸钠计):肉类罐头不得超过 0.005%;肉制品不得超过 0.003%。

亚硝酸盐对细菌有抑制效果,其中对肉毒梭状杆菌的抑制效果受到重视。研究亚硝酸盐量、食盐及 pH 的关系及可能抑制的范围的模拟试验表明,假定通常的肉制品的食盐含量为 2%,pH 为 5.8~6.0,则亚硝酸钠需要 0.002 5%~0.030%。

二、发色助剂

肉制品中常用的发色助剂有抗坏血酸和异抗坏血酸及其钠盐、烟酰胺、葡萄糖、葡萄糖酸内酯等。其助色机理与硝酸盐或亚硝酸盐的发色过程紧密相连。

1. 抗坏血酸、抗坏血酸盐

抗坏血酸即维生素 C,具有很强的还原作用,但对热和重金属极不稳定,因此一般使用稳定性较高的钠盐。肉制品中最大使用量为 0.1%,一般为 0.025%~0.05%。在腌制或斩拌时添加,也可以把原料肉浸渍在该物质的 0.02%~0.1% 水溶液中。腌制剂中加谷氨酸会增加抗坏血酸的稳定性。

2. 异抗坏血酸、异抗坏血酸盐

异抗坏血酸是抗坏血酸的异构体,其性质和作用与抗坏血酸相似。

3. 烟酰胺

烟酰胺也能形成稳定的烟酰胺肌红蛋白,使肉呈红色,且烟酰胺对 pH 的变化不敏感。据研究,同时使用维生素 C 和烟酰胺助色效果好,且成品的颜色对光的稳定性要好得多。

4. δ-葡萄糖酸内酯

δ-葡萄糖酸内酯能缓慢水解生成葡萄糖酸,造成火腿腌制时的酸性还原环境,促进硝酸盐向亚硝酸转化,有利于 NO - Mb 和 NO - Hb 的生成。

三、着色剂

着色剂亦称食用色素,系指为使食品具有鲜艳而美丽的色泽,改善感官性状以增进食欲而加入的物质。食用色素按其来源和性质分为食用天然色素和食用合成色素两大类。

我国国家标准《食品添加剂使用卫生标准》(GB 2760—2011)规定允许使用的食用色素主要有红曲米、焦糖、姜黄、辣椒红素和甜菜红等。

(一)红曲米和红曲色素

红曲色素具有对 pH 稳定,耐光、耐热、耐化学性强,不受金属离子影响,对蛋白质着色性好以及色泽稳定,安全无害(LD$_{50}$:6.96×10^{-3})等优点。红曲色素常用作酱卤、香肠等肉类制品、腐乳、饮料、糖果、糕点、配制酒等的着色剂。我国国家标准规定,红曲米使用量不受限制。

(二)甜菜红

甜菜红亦称甜菜根红是食用红甜菜(紫菜头)的根制取的一种天然红色素,由红色的甜菜花青素和黄色的甜菜黄素所组成。甜菜红为红色至红紫色液体、块或粉末或糊状物。水溶液呈红色至红紫色,pH 3.0～7.0 比较稳定,pH 4.0～5.0 稳定性最大。染着性好,但耐热性差,降解速度随温度上升而增加。光和氧也可促进降解。抗坏血酸有一定的保护作用,稳定性随食品水分活性(A_w)的降低而增加。

我国国家标准规定,甜菜红主要用于罐头、果味水、果味粉、果子露、汽水、糖果、配制酒等,其使用量按正常生产需要而定。

(三)辣椒红素

辣椒红素主要成分为辣椒素、辣椒红素和辣椒玉红素。为具有特殊气味和辣味的深红色黏性油状液体。溶于大多数非挥发性油,几乎不溶于水。耐酸性好,耐光性稍差。辣椒红素使用量按正常生产需要而定,不受限制。

(四)焦糖色

焦糖色亦称酱色、焦糖或糖色,为红褐色至黑褐色的液体、块状、粉末状或粒状物质。具有焦糖香味和愉快苦味。按制法不同,焦糖可分为不加铵盐(非氨法制造)和加铵盐(如亚硫酸铵)生产的两类。加铵盐生产的焦糖色泽较好,加工方便,成品率也较高,但有一定毒性。

焦糖色在肉制品加工中常用于酱卤、红烧等肉制品的着色和调味,其使用量按正常生产需要而定。

(五)姜黄素

姜黄色素是从姜黄根茎中提取的一种黄色色素,主要成分为姜黄素,为姜黄的 3%～6%,是植物界很稀少的具有二酮的色素,为二酮类化合物。

姜黄素为橙黄色结晶粉末,味稍苦。不溶于水,溶于乙醇、丙二醇,易溶于冰醋酸和碱溶液,在碱性时呈红褐色,在中性、酸性时呈黄色。对还原剂的稳定性较强,着色性强(不是对蛋白质),一经着色后就不易褪色,但对光、热、铁离子敏感,耐光性、耐热性、耐铁离子性较差。

姜黄素主要用于肠类制品、罐头、酱卤制品等产品的着色,其使用量按正常生产需要而定。

另外,在熟肉制品、罐头等食品生产中还常用萝卜红、高粱红、红花黄等食用天然色素作着色剂。我国国家标准《食品添加剂使用卫生标准》(GB 2760—2011)规定,萝卜红按正常生产需要使用;高粱红最大使用量为 0.04%;红花黄为 0.02%。

四、防腐剂

防腐剂是具有杀死微生物或抑制其生长繁殖作用的一类物质,在肉品加工中常用的有以下几种。

(一)苯甲酸

苯甲酸又名安息香酸,苯甲酸钠亦称安息酸钠,是苯甲酸的钠盐。苯甲酸及其苯甲酸钠在酸性环境中对多种微生物有明显抑菌作用,但对产酸菌作用较弱。其抑菌作用受 pH 的影响。pH 5.0 以下,其防腐抑菌能力随 pH 降低而增加,最适 pH 为 2.5~4.0。pH 5.0 以上时对很多霉菌和酵母没有什么效果。我国国家标准《食品添加剂使用卫生标准 GB 2760—2011》规定,苯甲酸与苯甲酸钠作为防腐剂,其最大使用量为 $(0.5~1.0)×10^{-3}$。苯甲酸和苯甲酸钠同时使用时,以苯甲酸计,不得超过最大使用量。

(二)山梨酸

山梨酸系白色结晶粉末或针状结晶,几乎无色无味,较难溶于水,易溶于一般有机溶剂。耐光、耐热性好,适宜在 pH 5.0~6.0 以下范围内使用。对霉菌、酵母和好气性细菌均有抑制其生长的作用。肉制品加工中使用的标准添加量为 2 g/kg。

(三)山梨酸钾

山梨酸钾系山梨酸的钾盐,易溶于水和乙醇。它能与微生物酶系统中的硫基结合,破坏许多重要酶系,达到抑制微生物增殖和防腐的目的,其防腐效果随 pH 的升高而降低,适宜在 pH 5.0~6.0 以下范围使用。使用标准添加量为 2.76 g/kg。

(四)山梨酸钠

山梨酸钠性质与山梨酸钾类同,但难溶于乙醇。其稳定性比山梨酸钾差,放置时能被氧化而由白黄色变浓褐色。其效力与山梨酸钾相同,使用量为 2.39 g/kg 以下。

五、抗氧化剂

(一)二丁基羟基甲苯 (BHT)

化学名称为 2,6-二叔丁基-4-甲基苯酚,简称 BHT。本品为白色结晶或结晶粉末,无味,无臭,能溶于多种溶剂,不溶于水及甘油。对热相当稳定,与金属离子反应不会着色。

添加剂使用卫生标准规定,BHT 最大使用量为 0.2 g/kg。使用时,可将 BHT 与盐和其他辅料拌匀,一起掺入原料内进行腌制,也可以先溶解于油脂中,喷洒或涂抹肉品表面,或按比例加入。

(二)没食子酸丙酯(PG)

没食子酸丙酯简称 PG,又名酸丙酯,为白色或浅黄色晶状粉末,无臭、微苦。易溶于乙醇、丙醇、乙醚,难溶于脂肪与水,对热稳定。没食子酸丙酯对脂肪、奶油气化作用较 BHA(丁基羟基茴香醚)或 BHT 强,三者混合使用时最佳;加增效剂柠檬酸则抗氧化作用更强。但与金属离子作用着色。

我国《食品添加剂使用卫生标准》(GB 2670—2011)规定,没食子酸丙酯的使用范围同 BHA 或 BHT,其最大使用量 0.01%。丁基羟基茴香醚(BHA)与二丁基羟基甲苯(BHT)混合使用时,总量不得超过 0.02%,没食子酸丙酯不得超过 0.005%。

(三)维生素 E

维生素 E 又名生育酚,是目前国际上唯一大量生产的天然抗氧化剂。

本品为黄色至褐色几乎无臭的澄清黏稠液体,溶于乙醇而几乎不溶于水。可和丙酮、乙醚、氯仿、植物油任意混合,对热稳定。

维生素 E 的抗氧作用比丁基羟基茴香醚(BHA)、二丁基羟基甲苯(BHT)的抗氧化力弱,但毒性低,也是食品营养强化剂。主要适于做婴儿食品、保健食品、乳制品与肉制品的抗氧化剂和食品营养强化剂。在肉制品、水产品、冷冻食品及方便食品中,其用量一般为食品油脂含量的 0.01%～0.2%。

(四)丁基羟基茴香醚(BHA)

丁基羟基茴香醚又名特丁基-4-羟基茴香醚、丁基大茴香醚,简称 BHA。为白色或微黄色的蜡状固体或白色结晶粉末,带有特异的酚类臭气和刺激味,对热稳定。不溶于水,溶于丙二醇、丙酮、乙醇与花生油、棉籽油、猪油。

丁基羟基茴香醚有较强的抗氧化作用,还有相当强的抗菌力,用 1.5×10^{-4} 的 BHA 可抑制金黄色葡萄球菌,用 2.8×10^{-4} 可阻碍黄曲霉素的生成。使用方便,但成本较高。它是目前国际上广泛应用的抗氧化剂之一。最大使用量(以脂肪计)为 0.01%。

六、品质改良剂

(一)磷酸盐

目前,肉制品中使用的品质改良剂多为磷酸盐类,主要有焦磷酸钠,其目的主要是提高肉的保水性能,使肉制品的嫩度和黏性增加,既可改善风味,也可提高成品率,肉制品中允许使用的磷酸盐有焦磷酸盐钠、三聚磷酸钠和六偏磷酸钠。

1. 焦磷酸钠

此物质系无色或白色结晶性粉末,溶于水,不溶于乙醇,能与金属离子络合。本品对制品的稳定性起很大作用,并具有增加弹性、改善风味和抗氧化作用。常用于灌肠和西式火腿等肉制品中,单独使用量不超过 0.5 g/kg,多与三聚磷酸钠混合使用。

2. 三聚磷酸钠

此物质系无色或白色玻璃状块或片,或白色粉末,有潮解性,水溶液呈碱性(pH 为 9.7),对脂肪有很强的乳化性。另外,还有防止变色、变质、分散作用,增加黏着力的作用也很强。其最大用量应控制在 2 g/kg 以内。

3. 六偏磷酸钠

此物质系无色粉末或白色纤维状结晶或玻璃块状,潮解性强。对金属离子螯合力、缓冲作用、分散作用均很强。本品能促进蛋白质凝固,常用其他磷酸盐混合成复合磷酸盐使用,也可单独使用。最大使用量为 1 g/kg。

磷酸盐溶解性较差,因此在配制腌制液时要先将磷酸盐溶解后再加入其他腌制料。各种磷酸盐混合使用比单独使用好,混合的比例不同,效果也不一样。在肉制品加工中,使用量一一般为肉重 0.1%～0.4%。其参考混合比见表 2-22。

表 2-22 　几种复合磷酸盐混合比 %

类别	一	二	三	四	五
焦磷酸钠		2	48	48	40
三聚磷酸钠	28	26	22	25	40
六偏磷酸钠	72	72	30	27	20

(二)大豆分离蛋白

粉末状大豆分离蛋白有良好的保水性。当浓度为 12% 时,加热的温度超过 60℃,黏度就急剧上升,加热到 80～90℃ 时静置、冷却,就会形成光滑的沙状胶质。这种特性,使大豆分离蛋白加入肉组织时,能改善肉的质地。此外,大豆蛋白还有很好的乳化性。

(三)卡拉胶

卡拉胶主要成分为易形成多糖凝胶的半乳糖、脱水半乳糖,多以 Ca^{2+}、Na^+、NH_4^+ 等盐的形式存在。可保持自身重量 10～20 倍的水分。在肉馅中添加 0.6% 时,即可使肉馅保水率从 80% 提高到 88% 以上。

卡拉胶是天然胶质中唯一具有蛋白质反应性的胶质。它能与蛋白质形成均一的凝胶。由于卡拉胶能与蛋白质结合,形成巨大的网络结构,可保持制品中的大量水分,减少肉汁的流失,并且具有良好的弹性、韧性。卡拉胶还具有很好的乳化效果,稳定脂肪,表现出很低的离油值,从而提高制品的出品率。另外,卡拉胶能防止盐溶性蛋白及肌动蛋白的损失,抑制鲜味成分的溶出。

(四)酪蛋白

酪蛋白能与肉中的蛋白质结合形成凝胶,从而提高肉的保水性。在肉馅中添加 2% 时,可提高保水率 10%;添加 4% 时,可提高 16%。如与卵蛋白、血浆等并用效果更好。酪蛋白在形成稳定的凝胶时,可吸收自身重 5～10 倍的水分。用于肉制品时,可增加制品的黏着性和保水性,改进产品质量,提高出品率。

(五)淀粉

淀粉的种类很多,按淀粉来源可分为玉米淀粉、甘薯淀粉、马铃薯淀粉、木薯淀粉、绿豆淀粉、豌豆淀粉、蕨芋淀粉、蚕豆淀粉及大麦、山药、燕麦淀粉等。通常情况下,制作灌肠时使用马铃薯淀粉,加工肉糜罐头时用玉米淀粉,制作肉丸等肉糜制品时用小麦淀粉。肉糜制品的淀粉用量视品种不同,可在 5%～50%,淀粉在肉制品中的作用主要是提高肉制品的黏接性;增加肉制品的稳定性;淀粉具有吸油性和乳化性,它可束缚脂肪在制作中的流动,缓解脂肪给制品带来的不良影响,改善肉制品的外观和口感,并具有较好的保水性,使肉制品出品率大大提高。

(六)变性淀粉

它们是由天然淀粉经过化学或酶处理等而使期物理性质发生改变,以适应特定需要而制成的淀粉。变性淀粉一般为白色或近白色无臭粉末。变性淀粉不仅能耐热、耐酸碱,还有良好的机械性能,是肉类工业良好的增稠剂和赋形剂。其用量一般为原料的 3%～20%。

【扩展知识】

企业质量手册——原材料提供部分

一、采购管理制度

1. 目的和适用范围

为了保证本企业产品的质量,采购人员采购的一切物品必须符合产品标准规定的要求,进行有效的控制。本程序适用于本企业生产过程中所需的原辅材料、包装物等采购范围。

2. 职责

2.1 采购部负责原辅材料的采购。

2.2 品控部负责原辅材料的检验和验证。

3. 工作内容

3.1 根据生产部生产计编制《采购计划》,供应商必须在《合格供方名录》中选择,新增供应商应首先对其调查并评价,符合条件方可列入《合格供方名录》,调查评价的内容登录于《供方调查表》。

3.2 采购的原辅材料必须符合标准要求。

a. 畜禽肉等应经兽医卫生检验检疫,并有合格证明。猪肉必须选用生猪定点屠宰企业的产品。进口原料肉必须提供出入境检验检疫部门的合格证明材料。原辅材料及包装材料应符合相应国家标准或行业标准规定。不得使用非经屠宰死亡的畜禽肉及非食用性原料。

b. 如使用的原辅材料为实施生产许可证管理的产品,必须选用获得生产许可证企业生产的产品。

c. 经检验合格的予以接收,发现不合格情况按《不合格品管理》处理。

3.3 原辅材料的采购如直接由厂方大量供货的,应及时索取质量检验合格证;如小批量、零散采购的可由接收人员凭感官验收。

3.4 原料采购要求。

a. 检疫证明:向供货方索要原料携带的检疫证明,验证内容是否正确,无误后将其附带在检验/试验报告单上,无检疫合格证的原料不准接收。

b. 新鲜度检验。

3.5 辅料采购要求。

a. 相应的卫生指标。

b. 相应的感官指标。

辅料采购应符合国家标准,并按要求进行验证,及时向供货方索取检验报告或产品检验合格证。

3.6 对采购材料检验合格后,办理入库手续,并做好记录,按品种分别堆放整齐,做好标识。

3.7 加速资金周转,坚持"先进先出、快进快出"的原则,并要有采购记录,不造成积压浪费。

3.8 要熟悉所采购物资的性能、技术指标,货比三家,保证采购物资的质量。

二、采购质量验证规程

1. 材料要求

a. 不得使用非食用性原辅材料生产食品。

b. 使用获得生产许可证企业的产品进行生产。

c. 所购原辅材料、包装材料要有检验报告或质量合格证明,并且检验或验证的手续,记录齐全,采购实施生产许可证的产品作为原料时,要查验其生产许可证。

d. 消毒液应采用杀菌、无色、无味、无毒、无害,高稳定性、长效性的食品消毒液,核对其检验报告、合格证明、执行标准。

e. 食品标签标识要符合要求。

2. 辅料验收标准

a. 白糖、香精、食盐等必须选用生产许可证、获证企业生产的产品,要有随货同行的同批次产品的出厂检验报告或质检部门监督抽检验报告复印件、生产许可证复印件,出厂合格证、执行标准,并上网查询生产许可证的真实性。

b. 包装箱、食品袋在定制前应到技术监督部门进行食品标准签备案,验收时对印刷质量进行查验、核对,同时核对其检验报告合格证明、执行标准。

3. 原料要求

3.1　生鲜猪肉验收作业指导书。

4. 原辅料验收程序

a. 原料进厂后,通知品控部,根据验收规程验收,对来料进行抽样检验,检验合格后方可入库。

b. 入库时一定要详细检查产品合格证,检验报告单,生产许可证等质量证明,符合要求方可入库。

c. 所采用的包装物必须是有质量保证的企业所造,进厂包装物一律按合同要求对其材料图案,文字、进行严格审查,发现有质量问题的坚决拒收,合格的由库管员验收入库存放,并标识清楚,办理入库手续。

d. 对验收不合格品,仓库不予入库,不允许投入生产使用,不合格产品按《不合格的管理》执行。

e. 不具备检验条件的产品,以索取的质量证明作为进货验收依据。

f. 按规定要求对包装物品材料、图案、文字进行检查,包装物必须无毒无害,合格标准要求,有合格证或检验报告。

g. 应对材料的验收详细明确的记录于《进料检验记录》。

三、原辅料、成品仓库管理制度

(1)仓库内温度、湿度应达到原辅料及成品的存放要求。

(2)仓库应有良好的防潮、防火、防鼠、防虫、防尘等设施,地面平滑无裂缝,卫生清洁,物品摆放整齐。

(3)物品应离地、离墙存放,成品库中的产品应有"已检、待检、不合格"等标识。

(4)按先进先出的原则出入库,避免发生过期变质的现象。

（5）仓库内不得存放有毒、有害及易燃、易爆等物品。

（6）仓库管理人员应认真记录物品出入库情况。

【项目小结】

调味料是指为了改善食品风味、赋予食品特殊味感、使食品鲜美可口、增进食欲而添加入食品的天然或人工合成的物质，有甜、咸、鲜喂料等。香辛料是指具有芳香味和辣味的辅料的总称。在肉制品中添加可以起到增进风味、抑制异味、防腐杀菌、增进食欲等作用。在肉制品加工中，香辛料的种类很多，按照来源不同可分为天然香辛料、配置制香辛料和抽提香辛料三大类。添加剂是指为了增强或改善食品的感官性状，延长保存时间，满足食品加工工艺过程的需要或某种特殊营养需要，常在食品中加入的天然或人工合成的有机或无机化合物。

【项目思考】

1. 简述调味料的种类及其作用。

2. 肉制品加工常用的香辛料有哪些？

3. 试述发色剂及发色助剂的种类及成色原理。

4. 简述着色剂的种类及其作用。

5. 简述防腐剂的种类及其作用。

6. 常用的抗氧化剂有哪些？

7. 试述肉制品加工中常用磷酸盐的种类及特性。

模块三　肉制品生产与质量控制

项目一　酱卤肉制品生产与控制

【知识目标】

1. 了解酱卤制品加工的种类及特点。

2. 掌握典型酱卤制品的生产工艺、工艺参数及生产技术。

3. 掌握酱卤制品的质量控制措施。

【技能目标】

1. 能应用所学知识和技能，制订生产计划并形成生产方案，并生产出和合格各类酱卤肉制品。

2. 能够使用酱卤肉制品生产的相关设备并能够对其进行维护和维修。

3. 能够对于生产过程进行质量控制并能够进行有关成本预算。

【项目导入】

酱卤制品是我国传统的一类肉制品，其主要特点是成品都是熟的，可以直接食用，产品酥润，有的带有卤汁，不易包装和贮藏，适于就地生产，就地供应。近些年来，由于包装技术的发展，已开始出现精包装产品。酱卤制品几乎在全国各地均有生产，但由于各地的消费习惯和加工过程中所用配料、操作技术不同，形成了许多地方特色风味的产品。有的已成为社会名产或特产，如苏州酱汁肉、北京月盛斋酱牛肉、南京盐水鸭、德州扒鸡、安徽符离集烧鸡等，不胜枚举。

任务　酱牛肉的制作

月盛斋酱牛肉也称五香酱牛肉，产品特点是外表深棕色，牛肉色泽纯正、闻之酱香扑鼻，食之醇香爽口，肥而不腻，瘦而不柴，不膻不腥，食之嫩而爽口，咸淡适宜，香浓味纯，入口留香、回味佳美。

【要点】

1. 酱牛肉的工艺流程。

2. 酱卤汁的配制。

3. 仪器设备的使用与维护。

【相关器材】

解冻架、水槽、操作台、蒸煮锅、包装机。

【工作过程】

1. 工艺流程

原料接收→解冻→原料预处理→腌制→卤制→冷却包装→二次灭菌→贴标装箱→检验入库。

2. 工艺要点与质量控制

(1)原料接收。选用来自非疫区、健康无病,"三证"齐全并经兽医卫检人员检验合格的牛腱子肉,要求新鲜、无骨、完整、无病变、无小块淤血及污物。原料接收时品控员要进行解冻实验进行判定,不合格品不得入库。

(2)原料解冻。若为冻牛肉,在环境温度为(18±2)℃的解冻间内,将冻牛肉去除包装后放在解冻槽内用自来水浸泡解冻,根据季节不同在6~12 h调整解冻时间。冬季解冻时间为8~12 h;夏季解冻水最高温度不得超过25℃,解冻时间为6~8 h。解冻后牛肉的中心温度控制在2~4℃。

(3)预处理。解冻后的牛肉进行修整,去掉筋膜、软骨、血块等,再用清水清洗干净,然后沥干备用。

(4)腌制。腌制液配制方法是先将葱、姜洗净,葱切段、姜切片和八角一起装入料包入锅水煮至沸腾,然后倒入腌制缸或桶中,按配方规定量加食盐和三聚磷酸盐搅溶冷却至常温,待用。

在沥干水分的牛肉上用带针的木板(特制)均匀打孔,使料液在腌制或煮制时均匀渗透,并能缩短腌制时间。处理好的牛肉入缸进行浸渍腌制,上面加盖,让牛肉全部浸没在液面以下。常温(20℃左右)条件下腌制4 h,0~4℃条件下腌制5 h。腌制配方见表3-1。

表3-1　腌制液的配方　　　　　　　　　　　　　　　　　　kg

配料	重量	配料	重量
水	100	桂皮	0.7
食盐	14	白胡椒	0.1
三聚	0.5	生姜	2
八角	1	葱	1

(5)卤制。按配方准确称取各种配料入锅搅溶煮沸,再将腌制好的牛肉下锅并提升两次,继续升温加热至小沸,而后转为小火焖煮,其温度及时间分别为95℃、50 min。在加热过程中,要将肉料上下提升两次。第一次煮制时按照"煮液一般配方",第二次煮制时先将稠卤按配方称量煮沸调好,再将已煮好的牛肉分批定量入稠卤锅浸煮3 min左右,出锅放入清洁不锈钢盘送冷却间冷却10~15 min即可包装,按规定的包装要求进行称量(表3-2)。

(6)冷却包装。产品出炉后在晾制间自然冷却15 min,包装要及时,防止晾制时间过长产品重量损失。包装时抽真空,真空封口要求封口平直、整齐、无皱褶。包装人员注意个人卫生以及工器具的消毒,保持包装现场的清洁卫生。

表 3-2   卤制配比   kg

原材料	一般卤制	稠卤配方	原材料	一般卤制	稠卤配方
牛肉	100		香料水	3	
水	100		料酒	1	2
味精	0.4	0.8	酱油	1.5	3
白糖	2.5	3	蚝油		1.5
调味粉	0.15	0.7	老卤		30

(7) 二次杀菌。包装后要及时进行二次杀菌,85℃杀菌 15 min,然后入循环自来水中冷却 30 min,至产品中心温度 15℃以下。

(8)贴标装箱。冷却后产品转入贴标间进行贴标、装箱。贴标要规范,贴紧、贴实。日期打印规范、清晰,标签和箱体上无双日期现象出现。

(9)检验入库。按照产品标准要求进行检验,检验合格后入库冷藏,做好入库记录及标识,成品库温度要求保持在 0～4℃。

【考核要点】

1. 盐水火腿生产的工艺流程。

2. 酱卤汁的配制。

3. 仪器设备的使用与维护。

【必备知识】

在水中加食盐或酱油等调味料以及香辛料,经煮制而成的一类熟肉类制品称作酱卤制品。

酱卤制品是我国传统的一类肉制品,其主要特点是成品都是熟的,可以直接食用,产品酥润,有的带有卤汁,不易包装和贮藏,适于就地生产,就地供应。近些年来,由于包装技术的发展,已开始出现精包装产品。酱卤制品几乎在全国各地均有生产,但由于各地的消费习惯和加工过程中所用配料、操作技术不同,形成了许多地方特色风味的产品。有的已成为社会名产或特产,如苏州酱汁肉、北京月盛斋酱牛肉、南京盐水鸭、德州扒鸡、安徽符离集烧鸡等,不胜枚举。

酱卤制品突出调味与香辛料以及肉的本身香气,食之肥而不腻,瘦而不塞牙。酱卤制品随地区不同,在风味上有甜、咸之别。北方式的酱卤制品咸味重,如符离集烧鸡;南方制品则味甜、咸味轻,如苏州酱汁肉。由于季节不同,制品风味也不同,夏天口重,冬天口轻。

酱卤制品中,酱与卤两种制品特点有所差异,两者所用原料及原料处理过程相同,但在煮制方法和调味材料上有所不同,所以产品特点、色泽、味道也不相同。在煮制方法上,卤制品通常将各种辅料煮成清汤后将肉块下锅以旺火煮制;酱制品则和各辅料一起下锅,大火烧开,文火收汤,最终便汤形成肉汁。在调料使用上,卤制品主要使用盐水,所用香辛料和调味料数量不多,故产品色泽较淡,突出原料的原有色、香、味;而酱制品所用香辛料和调味料的数量较多,故酱香味浓。

一、酱卤制品的定义、特点和分类

1. 酱卤制品的定义和特点

酱卤制品时将原料肉加入调味料和辛香料,以水为加热介质煮制而成的熟肉制品,是中国典型的传统熟肉制品。酱卤制品都是熟肉制品,产品酥软,风味浓郁,不适宜贮藏。根据地区和风土人情的特点,形成了独特的地方特色传统卤制品。由于酱卤制品的独特风味,现做即食,深受消费者欢迎。

近几年,随着对酱卤制品的传统加工技术的研究以及先进工艺设备的应用,一些酱卤制品的传统工艺得以改进,如用新工艺加工的酱牛肉、烧鸡等产品深受消费者欢迎。特别是随着包装与加工技术的发展,酱卤制品小包装方便食品应运而生,目前已基本上解决了酱卤制品防腐保鲜的问题,酱卤制品系统方便肉制品进入商品市场,走进千家万户。

2. 酱卤制品的分类

由于各地消费习惯和加工过程中所用的配料、操作技术不同,形成了许多具有地方特色的肉制品。酱卤制品包括白煮肉类、酱卤肉类、糟肉类。白煮肉类可视为酱卤制品肉类未进行酱制或卤制的一个特例;糟肉类则是用酒糟或陈年香糟代替酱制或卤制的一类产品。

另外,酱卤制品根据加入调料的种类数量不同,还可以分为很多种,通常有五香或红烧制品、蜜汁制品、糖醋制品、糟制品、卤制品、白烧制品等。

(1)白煮肉类。白煮肉类是将原料肉经(或未经)腌制后,在水(盐水)中煮制而成的熟肉类制品。其主要特点是最大限度地保持了原料固有的色泽和风味,一般在食用时才调味。其代表品种有白斩鸡、盐水鸭、白切肉、白切猪肚等。

(2)酱卤肉类。酱卤肉是将肉在水中加食盐或酱油等调味料和辛香料一起煮制而成的熟肉制品。有的酱卤肉类的原料在加工时,先用清水预煮,一般预煮 15～25 min,然后用酱汁活卤汁煮至成熟,某些产品在酱制或卤制后,需再经烟熏等工序。酱卤肉类的主要特点是色泽鲜艳、味美、肉嫩,具有独特的风味。产品的色泽和风味主要取决于调味料和辛香料。其代表品种有道口烧鸡、德州扒鸡、苏州酱汁肉、糖醋排骨等。

(3)糟肉类。糟肉类是将原料经白煮后,再用"香糟"糟制的冷食熟肉类制品。其主要特点是保持了原料肉固有的色泽和曲酒香气。糟肉类有糟肉、糟鸡及糟鹅等。

(4)五香或红烧制品。它是酱制品中最广泛的一大类,这类产品的特点是在加工中用较多量的酱油,所以有的叫红烧;另外,在产品中加入八角、桂皮、丁香、花椒、小茴香 5 种香辛料(或更多香辛料),故又叫五香制品。如烧鸡、酱牛肉等。

(5)蜜汁制品。在红烧的基础上使用红曲米作着色剂,产品为樱桃红色,颜色鲜艳,且在辅料中加入多量的糖分或添加适量的蜂蜜,产品色浓味甜。如苏州酱汁肉、蜜汁小排骨等。

(6)糖醋制品。在加工中添加糖醋的量较多,使产品具有酸甜的滋味。如糖醋排骨、糖醋里脊等。

二、肉的酱卤技术与质量控制

调味与煮制是加工酱卤制品的关键因素。调味是应用科学的配方,选用优质的配料,形成产品独特的风味和色泽的过程。通过调味,能生产出适合不同消费者口味的产品。我国地域辽阔、人口众多,各地人民有着不同的消费和膳食习惯,酱卤制品随着地区不同,在口味上有很大不同。有南甜、北咸、东辣、西酸之别;同时北方地区酱卤制品用调味料、香辛料多,咸味重;南方地区酱卤制品相对香辛料用量少,咸味轻,且风味及各类较多。另外,随季节不同,一般来说,产品要求春酸、夏苦、秋辣、冬咸。调味时,要依据不同的要求和目的,选择适当的调料和配合方法,生产风格各异的制品,以满足人们不同的消费和膳食习惯。

1. 调味

(1)调味的定义和意义。调味是加工酱卤制品的一个重要过程。调味是要根据地区消费习惯、品种的不同,加入不同种类和数量的调味料,加工成具有特定风味的产品。根据调味料的特性和作用效果,使用优质调味料和原料肉一起加热煮,奠定产品的咸味、鲜味和香气,同时增进产品的色泽和外观。在调味料使用上,卤制品主要使用盐水,所用调味料和香辛料数量偏低,故产品色泽较淡,突出原料的原有色、香、味;而酱制品则偏高,故酱香味浓,调料味重。调味是在煮制过程中完成的,调味时要注意控制水量、盐浓度和调料用量,要有利于酱卤制品颜色和风味的形成。

通过调味还可以去除和矫正原料肉中的某些不良气味,起调香、助味和增色作用,以改善制品的色香味形,同时通过调味能生产出不同品种花色的制品。

(2)调味的分类。根据加入调味料的时间大致可分为基础调味、定性调味、辅助调味。

①基本调味。在加工原料整理之后,经过加盐、酱油或其他配料腌制,奠定产品的咸味。

②定性调味。在原料下锅后进行加热煮制或红烧时,随同加入主要配料如酱油、盐、酒、香料等决定产品的口味。

③辅助调味。加热煮制之后或即将出锅时加入糖、味精等以增进产品的色泽、鲜味。

2. 煮制

(1)煮制的概念。煮制是对原料肉用水、蒸气、油炸等加热方式进行加工的过程,可以改变肉的感官性状,提高肉的风味和嫩度,达到熟制的目的。

(2)煮制的作用。煮制是对产品的色、香、味、形及成品化学性质都有显著的影响。煮制使肉黏着、凝固,具有固定制品形态的作用,使制品可以切成片状;煮制时原料肉与配料的相互作用,改善了产品的色、香、味。同时煮制也可杀死微生物和寄生虫,提高制品的贮藏稳定性和保鲜效果。煮制时间的长短要根据原料肉的形状、性质及产品规格要求来确定,一般体积大、质地老的原料,加热煮制时间较长,反之较短,煮制必须达到产品的规格要求。

(3)煮制的方法。煮制直接影响产品的口感和外形,必须严格控制温度和加热时间。酱卤制品中,酱与卤两种方法各有所不同,所以产品特点、色泽、味道也不同。在煮制方法上,卤制品通常将各种辅料煮成清汤后将肉块下锅以旺火煮制;酱制品则和各种辅料一起下锅,大火烧开,文火收汤,最终使汤形成肉汁。

在煮制过程中,会有部分营养成分随汤汁而流失。因此,煮制过程中汤汁的多寡和利用与产品质量有一定关系。煮制时加入的汤可根据数量多少分为宽汤和紧汤两种煮制方法。宽汤煮制是将汤加至和肉的平面基本相平或淹没肉体,宽汤煮制方法适用于块大、肉厚的产品,如卤肉等;紧汤煮制时加入的汤应低于肉的平面 $1/3 \sim 1/2$,紧汤煮制方法适用于色深、味浓产品,如蜜汁肉、酱汁肉等。许多名优产品都有其独特的操作方法,但一般方法有下面两种。

①清煮。又叫白煮、白锅。其方法是将整理后的原料肉投入沸水中,不加任何调味料进行烧煮,同时撇除血沫、浮油、杂物等,然后把肉捞出,除去肉汤中杂质。在肉汤中不加任何调味料,只是清水煮制。清煮作为一种辅助性的煮制工序,其目的是消除原料肉中的某些不良气味。清煮后的肉汤称白汤,通常作为红烧时的汤汁基础再使用,但清煮下水(如肚肠、肝等)的白汤除外。

②红烧。又称红锅、酱制,是制品加工的关键工序,起决定性作用。其方法是将清煮后的

肉料放入加有各种调味料的汤汁中进行烧煮,不仅使制品加热至熟,而且产生自身独特的风味。红烧的时间应随产品和肉质不同而异,一般为数小时。红烧后剩余汤汁叫红汤或老汤,应妥善保存,待以后继续使用。存放时应装入袋改的容器中,减少污染。长期不用时要定期烧沸或冷冻保藏,以防变质。红汤由于不断使用,其成分与性能已经发生变化,使用过程要根据其变化情况酌情调整配料,以稳定产品质量。

(4)火候。在煮制过程中,根据火焰的大小强弱和锅内汤汁情况,可分为旺火、中火和微火三种。旺火(又称大火、急火、武火)火焰高强而稳定,锅内汤汁剧烈沸腾;中火(又称温火、文火)火焰低弱而摇晃,一般锅中间部位汤汁沸腾,但不强烈;微火(又称小火)火焰很弱而摇摆不定,勉强保持火焰不灭,锅内汤汁微沸或缓缓冒泡。

酱卤制品煮制过程中除个别品种外,一般早期使用旺火,中、后期使用中火和微火。旺火烧煮时间通常比较短,其作用是将汤汁烧沸,使原料肉初步煮熟。中火和微火烧煮时间一般比较长,其作用可使肉在煮熟的基础上变得酥润可口,同时使配料渗入内部,达到内外品味一致的目的。

有的产品在加入砂糖后,往往再用旺火,其目的在于使砂糖深化。卤制内脏时,由于口味要求和原料鲜嫩的特点,在加热过程中,自始至终要用文火煮制。

目前,许多厂家早已使用夹层釜生产,利用蒸汽加热,加热程度可通过液面沸腾的状况或由温度指示来决定,以生产出优质的肉制品。

(5)煮制时肉的变化。在煮制的过程中,不同的温度下肉的理化性质和状态会发生以下变化过程。

20～30℃时,肉的硬度、保水性等几乎没有变化。

30～40℃时,保水性缓慢下降,35℃开始凝固,硬度增加。

40～50℃时,保水性急剧下降,硬度也随温度上升急剧增加,等电点向碱性方向移动,羧基减少。

50～55℃时,保水性和硬度、pH 等暂时停止变化。

55～80℃时,保水性又开始下降,硬度增加,酸性开始减少,并随着温度的上升各有不同程度的加深。但变化的过程不像 40～50℃那样急剧。肉加热至 60～70℃时热变化基本结束。

80℃以上开始生成硫化氢,影响肉的风味。在加热过程中,肉的 pH 离蛋白质的等电点越远,保水性越大。

①重量减轻。肉在加热时产生一系列的物理、化学变化,其中最明显的变化是失去水分、重量减轻。一般情况下,中等肥度的猪、牛、羊肉原料在 100℃水中沸腾 30 min 重量可减少的情况见表 3-3。

表 3-3　肉类煮时重量的减少　　　　　　　　　　　　　　　　　　　%

名称	水分	蛋白质	脂肪	其他	总量
猪肉	21.3	0.9	2.1	0.3	24.6
牛肉	32.2	1.8	0.6	0.5	35.1
羊肉	26.9	0.6	6.3	0.4	34.2

为了减少肉类在煮制时的水分损失,提高出口率,可以采用在加热前预煮的方法。先将原料投入沸水中短时间预煮可以使产品表面的蛋白质很快凝固,形成保护层,减少营养成分和水分的损失,提高成品率。采用高温油炸的方法,也可以有效减少水分损失。

②蛋白质的变化。不同种类蛋白质因其结构性质不同,变化存在着差异。

肌原纤维蛋白和肌溶蛋白对热不稳定,在加热早期温度达到40～50℃时,首先是肌溶蛋白的变性凝固,成为不可溶性蛋白;其次是蛋白质失去分子中大量水分,收缩变硬。这主要是由于肌原纤维蛋白(其中关键是肌球蛋白)当受热变性时蛋白质分子聚合、凝固收缩,不能形成良好的空间网络结构,不能将大量水分封闭在其分子形成的网络结构中,使肉的体积缩小、硬度增加,嫩度下降。

根据加热对肌肉蛋白质的酸碱性集团的影响的研究结果表明,20～70℃的加热过程中碱性基团的数量几乎没有什么变化,但酸性基团大约减少2/3,酸性基团的减少同样表现为不同阶段有所不同,从40℃开始急速减少,50～55℃停止,55～60℃又继续减少,一直减少到70℃,当80℃以上时开始形成H_2S。所以,加热时由于酸性基团的减少,使肉的pH上升。随着加热温度升高和时间延长,部分蛋白质会发生水解,在一定程度上使肉质变软,同时还会降解产生一些呈味物质,使肉的风味改善。

为了提高肉的保水性,减轻由于蛋白质受热变性失水引起的肉质变硬,由此制品在加工工艺过程中,采用低温腌制、滚揉按摩等技术措施,使凝胶状态的肌原纤维蛋白变为溶胶状态,并形成良好的空间结构,一经加热就形成封闭式立体网络结构,从而减少了肉汁流失,使制品的嫩度、风味、出口率都得到提高。

③结缔组织的变化。结缔组织中的蛋白质主要是胶原蛋白和弹性蛋白,一般加热条件下弹性蛋白的变化不明显,主要是胶原蛋白的变化。在70℃以下的温度加热时,结缔组织蛋白质主要发生的变化是收缩变性,使肌肉硬度增加,肉汁流失。这种收缩主要取决于胶原蛋白的稳定性,胶原蛋白成熟复杂交联越多,对热的越稳定变性收缩时产生的张力越大;肌肉收缩的程度越大,硬度增加越明显,肉汁流失越多。随着温度的升高和加热时间的延长,变性后的胶原蛋白又会降解为明胶,明胶吸水后膨胀成胶冻状,从而使肉的硬度下降,嫩度提高。100℃条件下,同样大小、不同部位的胶原在不同煮制时间转变成明胶的量见表3-4。所以,合适的煮制温度和时间,可使肉的嫩度和风味改善。

表3-4   100℃时,不同部位的胶原在不同时间的转化明胶量   %

部位	煮制时间		
	20 min	40 min	60 min
腰部肌肉	12.9	26.3	48.3
背部肌肉	10.4	23.9	43.5
后腿肌肉	9.0	15.6	29.5
前臂肌肉	5.3	16.7	22.7
半腱肌	4.3	9.9	13.8
胸肌	3.3	8.3	12.1

④脂肪组织的变化。肉在煮制过程中,由于脂肪细胞周围的结缔组织纤维受热收缩和细胞内脂肪受热膨胀,脂肪细胞膜受到了外部的收缩压力和内部膨胀力的作用,就会引起部分脂肪细胞破裂,脂肪溢出。不饱和脂肪酸越多,脂肪熔点越低,脂肪越容易流出。随着脂肪的流出和与脂肪相关的挥发性物质的溢出给肉汤增补了香气。

加热煮制时,如果肉量过多或剧烈沸腾时脂肪容易氧化,易使肉汤呈现浑浊状态,生成二羟基酸类,而使肉汤带有不良气味。

⑤风味和浸出物的变化。生肉基本上没什么风味,但在加热之后,不同种类的动物肉会产生很强烈的特有风味,主要是由于加热导致肉中的水溶性成分和脂肪的变化形成的。在煮制过程中,肉的风味变化在一定程度上因加热的温度和时间不同而异。一般情况下,常压煮制,在 3 h 之内随加热时间延长而风味增加。但加热时间长,温度高,会使硫化氢生成增多,脂肪氧化产物增加,这些产物使肉制品产生不良风味。

在加热过程中,由于蛋白质变性和脱水的结果,使汁液从肉中分离出来,汁液中浸出物溶于水,易分解,并赋予煮熟肉特殊风味。肌肉组织中的浸出物主要有含氮浸出物和非含氮浸出物两大类。含氮浸出物中有游离的氨基酸、二肽、胍的衍生物、嘌呤碱等,是影响肉风味的主要物质。非含氮浸出物主要有糖原、葡萄糖、乳酸等。

肉在煮制过程中可溶性物质的分离受很多因素的影响,如动物肉的种类、性别、年龄及动物的肥瘦等。肉的冷加工方法也会对可溶性物质的分离产生影响。此外,不同部位肉的浸出物也不同。

⑥颜色的变化。肉在煮制过程中,颜色变化主要是由于肌红蛋白和血红蛋白受热后发生氧化、变性引起的。如果没有经过发色,肉被加热至 60℃ 以下仍能保持原有的红色;若加热到 60~70℃ 时,肉即变为较浅的淡红色;当温度上升至 70℃ 以上时,随着温度的提高肉由淡红色逐渐变为灰褐色;最后肌红蛋白和血红蛋白完全变性、氧化,形成不溶于水的物质。

肉若经过腌制发色,在煮制时仍会保持鲜红的颜色,因为发色是产生的一氧化氮肌红蛋白和一氧化氮血红蛋白对热稳定,从而使肉色稳定,色泽鲜艳。但它们对可见光不稳定,要注意避光。

3. 料袋制法和使用

酱卤制品制作过程中大都采用料袋。料袋是用两层纱布制成的长方形布袋,可根据锅的大小、原料多少缝制大小不同的料袋。将各种香料装入料袋,用粗线绳将料袋口扎紧。最好在原料未入锅之前,将锅中的酱汤打捞干净,将料袋投入锅中煮沸,使料在汤中串开后,再投入原料酱卤。

料袋中香料可使用 2~3 次,然后以新换旧,逐步淘汰,既可根据品种实际味道减少辅料,也可降低了成本。

【相关知识】

一、白煮肉类

1. 南京盐水鸭

(1)产品特点。盐水鸭是南京有名的特产,久负盛名。此鸭皮白柔嫩、肥而不腻、香鲜味美,具有香、酥、嫩的特点。每年中秋前后的盐水鸭色味最佳,由于鸭在桂花盛开季节制作的,故美名桂花鸭。南京盐水鸭加工制作不受季节的限制,一年四季都可加工。

（2）工艺流程。

宰杀→干腌→抠卤→复卤→煮制→成品。

（3）工艺要点。

①原料鸭的选择。盐水鸭的制作以秋季制作的最为有名。盐水鸭都是选用经过稻场催肥的当年仔鸭制作，饲养期一般在 1 个月左右。这种仔鸭长得膘肥肉壮，制作的盐水鸭更为肥美、鲜嫩。

②宰杀。选用当年生肥鸭，宰杀放血拔毛后，切去两节翅膀和脚爪，在右翅下开口取出内脏，用清水把鸭体洗净。

③整理。将宰杀后的鸭放入清水中浸泡 2 h 左右，以利于浸出肉中残留的血液，使皮肤洁白，提高产品质量。浸泡时注意鸭体腔内灌满水，并浸没在水面下，浸泡后将鸭取出，用手指插入肛门再拔出，以便排出体腔内水分，再把鸭挂起沥水约 1 h。取晾干的鸭放在案子上，用力向下压，将肋骨和三叉骨压脱位，将胸部压扁。这时鸭呈扁而长的形状，外观显得肥大而美观，并能在腌制时节省空间。

④干腌。干腌要用炒盐。将食盐与茴香按 100∶6 的比例在锅中炒制，炒干并出现大茴香之香味时即成炒盐。炒盐要保存好，防止回潮。

将炒制好的盐按 6%～6.5% 盐量腌制，其中的 3/4 从右翅开口处放入腹腔，然后把鸭体反复翻转，使盐均匀布满整个腔体；1/4 用于鸭体表腌制，重点擦抹在大腿、胸部、颈部开口处，擦盐后叠入缸中，叠放时使鸭腹向上背向下，头向缸中心，尾向周围，逐层盘叠。气温高低决定干腌的时间，一般为 2 h 左右。

⑤抠卤。干腌后的鸭子，鸭体中有血水渗出，此时提起鸭子，用手指插入鸭子的肛门，使血卤水排出。随后把鸭叠入另一缸中，待 2 h 后再一次抠卤，接着再进行复卤。

⑥复卤。复卤的盐卤有新卤和老卤之分。新卤就是用抠卤血水加清水和盐配制而成。每 100 kg 水加食盐 25～30 kg，葱 75 g，生姜 50 g，大茴香 15 g，入锅煮沸后冷却至室温即成新卤。100 kg 盐卤可每次复卤约 35 只鸭，每复卤 1 次要加适量食盐，食盐浓度始终保持饱和状态。盐卤用 5～6 次必须煮沸 1 次，撇出浮沫、杂物等，同时加盐水或水调整浓度，加入香辛料。新卤使用过程中经煮沸 2～3 次为老卤，老卤越老越好。

复卤时，用手将鸭右腋下切口撑开，使卤液灌满体腔，然后抓住双腿提起，头向下尾向上，使卤液灌入食管通道。再次把鸭浸入卤液中并使之灌满体腔，最后，上面用竹算压住使鸭体浸没在液面以下，不得浮出水面。复卤 2～4 h 即可出缸挂起。

⑦烘坯。盐后的鸭体沥干盐卤，逐只挂于架子上，推至烘房内，以除去水汽，其温度为 40～50℃，时间约 20 min，烘干后，鸭体表色未变时即可取出散热。注意烘炉内要通风，温度决不宜高，否则将影响盐水鸭品质。

⑧上通。用直径 2 cm、长 10 cm 左右的中空竹管插入肛门，俗称"插通"或"上通"。再从开口处填入腹腔料，姜 2～3 片、八角 2 粒、葱 1 根，然后用开水浇淋鸭体表，使鸭子肌肉收缩，外皮绷紧，外形饱满。

⑨煮制。南京盐水鸭腌制期很短，几乎都是现做现卖，现买现吃。在煮制过程中，火候对盐水鸭的鲜嫩口味可以说相当重要，这是制作盐水鸭好坏的关键。一般制作要经过两次"抽丝"。方法是向锅内清水中加入适量的姜、葱、大茴，待烧开后停火，再将"上通"后放入锅中，因为肛门有管子，右翅下有开口，开水很快注入鸭腔。这时鸭腔内外的水温不平衡，应该马上提

起左腿倒出汤水,再放入锅中。但这时鸭腔内的水温还是低于锅中水温,再加入总水量1/6的冷水进锅中,使鸭体内外水温趋于平衡。然后盖好锅盖,再烧水加热,焖15～20 min等到水面出现一丝一丝皱纹,即沸未沸(约90℃)、可以"抽丝"时住火。停火后第二次提腿倒汤,加入少量冷水,再焖10～15 min。然后再烧火加热进行第二次"抽丝",水温始终维持在85℃左右。这时,才能打开锅盖看熟,如大腿和胸部两旁肌肉手感绵软,并油膨起来,说明鸭子已经煮熟。煮熟后的盐水鸭,必须等到冷却后切食。这时脂肪凝结,不易流失,香味扑鼻,鲜嫩异常。

(4)食用方法。煮熟后的鸭子冷却后切块,取煮鸭的汤水适量,加入少量的食盐和味精,调制成最适口味,浇于鸭肉上即可食用。切块时必须晾凉后再切。

2. 镇江肴肉

(1)产品特点。镇江肴肉是江苏省镇江市著名的传统食品,历史悠久,全国闻名。肴肉肉红皮白,光滑晶莹,卤冻透明,犹如水晶,故有水晶肴蹄之称,具有香、酥、鲜、嫩四大特点。瘦肉香酥,肥肉不腻,切片形成,结构细密,食时佐以姜汁和镇江香醋,更是别有风味。

(2)产品配方。(猪蹄100只)明矾30 g,绍酒250 g,姜片250 g,大料125 g,葱段250 g,粗盐13.50 kg,硝酸钠30 g,花椒125 g。

(3)工艺流程。

原料选择→ 整理→煮制→压蹄→包装→保藏。

(4)工艺要点。

①原料选择。选料时一般选薄皮猪,活重在70 kg左右,以在冬季肥育的猪为宜。肴肉用猪的前后蹄加工而成,以前蹄膀为最好。

②原料整理。取猪的前后腿,逐只用刀剖(不能偏),除去肩胛骨、大小腿骨(后蹄要抽去蹄筋),去爪,刮净残毛,洗涤干净,然后置于案板上,皮朝下,用铁钎在蹄膀的瘦肉上戳小洞若干,用少许盐均匀揉擦表皮,务求每处都要擦到。层层叠放在缸中,皮面朝下,将30 g硝酸钠溶解于5 kg水中成硝水溶液,在蹄髈叠放时洒在每层肉面上,同时每层也要均匀撒上食盐。在冬季腌制需要6～7 d,甚至达10 d之久,每只蹄膀用盐量月90 g;春秋季腌制3～4 d,每只蹄膀用盐量约为110 g;夏季只要腌制6～8 h,每只蹄膀约需盐125 g。腌制要求是深部肌肉色泽变红为止。

出缸后,用15～20℃的清洁冷水浸泡23 h(冬季浸泡3 h,夏季浸泡2 h),适当减轻咸味除去涩味,同时去除污迹。

③煮制。取花椒及八角各125 g,鲜姜、葱各250 g,分别装在两只纱布袋内,扎紧袋口,作为香料袋。在大锅内放入清水50 kg,加粗盐4 kg,明矾15 g,用旺火烧沸,撇去浮沫酱猪蹄放入锅内(蹄皮朝上,逐层相叠,最上一层蹄皮朝下),烧沸后在撇浮沫,将葱姜袋和香料袋放入,加入绍酒,盖上竹箅子,上放清洁重物压住蹄肉。用旺火烧开,撇去表层的浮沫,改用小火煮,温度保持在95℃左右,时间为90 min,将蹄膀上下翻换,重新放入锅内再煮3～4 h(冬季4 h,夏季3 h),用竹筷试一试,如果肉已煮烂,竹筷很容易刺入,这就恰到好处。捞出香料袋,肉汤留下继续使用。

④压蹄。取出长宽都为40 cm、边高4.3 cm的平盘50个,每个盘内放猪蹄膀2只,皮朝下,每5只盘叠在一起,上面再盖空盘一只。20 min后,将盘逐个移至锅边,把盘内的油卤倒入锅内。用旺火把汤卤煮沸,撇去浮油,放入明矾15 g,清水2.5 kg,再煮沸,撇去浮油,将汤卤舀入蹄盘使汤汁淹没肉面,放置入阴凉处冷却凝冻(天热时凉透后可放入冰箱凝冻),即成晶莹

透明的琥珀状水晶肴肉。煮蹄的余卤即为老卤,可留作下次继续使用。

(5)食用方法。食用时,按肴蹄不同部位,切成各种肴蹄块,猪前蹄爪上的部分老爪肉(肌腱)切成片形,状如眼镜,叫眼镜肴,食之筋纤柔软,味美鲜香;前蹄爪旁边的肉,切下来弯曲如玉带,叫玉带钩肴,其肉极嫩;前蹄爪上的走爪肉(肌腱),叫三角棱肴,肥瘦兼有,清香柔嫩;后蹄上部一块连同一根细骨的净瘦肉,名为添灯棒肴,香酥肉嫩,为喜食瘦肉者所欢迎,佐以姜丝、香醋,味道更好。

二、酱卤肉类

1. 北京酱猪肉

(1)产品特点。北京酱猪肉的特点是热制冷吃,以色美、肉香、味醇、肥而不腻、瘦而不柴见长。

(2)工艺流程。

原料整理→预煮→清汤→码锅→酱制→出锅。

(3)工艺要点。

①原料的选择与整理。酱制猪肉,合理选择原料十分重要,选用卫生检验合格、现行国家等级标准 2 级内肉较为合适,皮嫩膘薄,膘肥厚不超过 2 cm,以肘子、五花肉等部位为佳。如果是膘肥或不经选择的原料,加工出来的酱肉质量就不会有保证。

酱制原料的整理加工时做好酱肉的重要一环,一般分为洗涤、分档、刀工等几道工序。首先用喷灯把猪皮上带的毛烧干净,然后用小刀刮净皮上焦糊的地方。去掉肉上的排骨、杂骨、碎骨、淋巴结、淤血、杂污、板油及多余的肌肉、奶脯。最好选择五花肉,切成长 17 cm、宽 14 cm,厚度不超过 6~8 cm 的肉块,要求达到大小均匀。然后将准备好的原料肉放入有流动自来水的容器内,浸泡 4 h 左右,泡去一些血腥味,捞出并用硬刷子洗刷干净,以备入锅酱制。

②预煮。预煮是酱前预制的常用方法,目的是排除血污和异味。所谓预煮就是将准备好的原料肉投入沸水锅中加热,煮至半熟或刚熟的操作。原料肉经过这样的处理后,再入酱锅酱制,其成品表面光洁,味道醇香,质量好,易保存。

操作时,把准备好的料袋、盐和水同时放入铁锅内,烧火、熬煮。水量一次要加足,不要中途加凉水,以免使原料受热不均匀而影响原料肉的水煮质量。一般控制在刚好淹没原料肉为好,控制好火力大小,以保持微沸,以及保持原料肉鲜香和滋润度。要根据需要,视原料肉老嫩,适时、有区别地从汤面沸腾处捞出原料肉(要一次性地把原料肉同时放入锅内,不要边煮边捞边下料,影响原料的鲜香味和色泽)。再把原料肉放入开水内煮 40 min 左右,不盖锅盖,随时撇出浮沫。然后捞出放入容器内,用凉水洗净原料肉上的血沫和油脂。同时把原料肉分成肥瘦、软硬两种,以待码锅。

③清汤。待原料肉捞出后,再把锅内的汤过一次箩,去尽锅底和汤中的肉渣,并把汤面浮油用铁勺撇净。如果发现汤要沸腾,适当加入一些凉水,不使其沸腾,直到把杂质、浮沫撇干净,观察汤呈微青的透明状即可。

④码锅。原料锅要刷洗干净,不得有杂质、油污,并放入 1.5~2 kg 的净水,以防干锅。用一个约 40 cm 直径的圆铁箅垫在锅底,然后再用 20 cm×6 cm 的竹板(猪下巴骨、扇骨也可以)整齐码垫在铁箅上。注意一定在码紧、码实,防止开锅时沸腾的汤把原料肉冲散,并把热水冲干净的原料袋放在锅中心附近,注意码锅时不要使肉渣掉入锅底。把清好的汤放入码好的原

料肉的锅内,并漫过肉面,不要中途加凉水,以免使原料肉受热不均匀。

⑤酱制。配料(以 50 kg 猪肉下料):花椒 100 g,大葱 500 g,大料 100 g,鲜姜 250 g,桂皮 150 g,大盐 2.5~3 kg,小茴香 50 g,白砂糖 100 g。

可根据具体情况适当放一点香叶、砂仁、豆蔻、丁香等。然后将各种辛香料放入宽松的纱布袋内,扎紧袋口,不宜装得太满,以免香料遇水胀破纱袋,影响酱汁质量。大葱和鲜姜另装一个料袋,因这种料一般只能使用 1 次。

糖色的加工:用一口小铁锅,置火上加热。放少许油,使其在铁锅内分布均匀。再加入白砂糖,用铁勺不断推炒,将糖炒化炒至泛大水泡后,又逐渐变为小泡。此时,糖和油逐渐分离,糖汁开始变色,由白变黄,由黄变褐,待汤色变成浅黑色的时候,马上倒入适量的热水熬制一下,即为"糖色"。糖色的口感应是苦中略带一点甜,不可甜中带一点苦。

酱制:码锅后,盖上锅盖,用旺火煮 2~3 h,然后打开锅盖,适量放糖色,达到枣红色,以补救煮制中的不足。等到汤逐渐变浓时,改用中火焖煮 1 h,用手触摸肉块是否熟软,尤其是肉皮。观察捞出的肉汤是否黏稠,汤面是否保留在原料肉的 1/3,达到以上标准,即为半成品。

⑥出锅。达到半成品时应及时把中火改为小火,小火不能停,汤汁要起小泡,否则酱汁出油。出锅时将酱肉块整齐地码放在盘内,皮朝上。然后把锅内的竹板、铁箅、铁筒取出,使用微火,不停地搅拌汤汁,始终要保持汤汁内有小泡沫,直到黏稠状。如果颜色浅,在搅拌当中可继续放一些糖色使成品达到栗色,赶快把酱汁从铁锅中倒出,放入洁净的容器中,继续铁勺搅拌,使酱汁的温度达到 50~60℃,用炊帚尖部点刷在酱肉上,晾凉即为成品。

如果熬制把握不大,又没老汤,可用猪爪、猪皮和酱肉同时酱制,并码放在原料肉的下层,可解决酱汁质量不好或酱汁不足的缺陷。

(4)酱肉质量。长方形块状,栗子色,五香酱味,食之皮不发硬,瘦肉不塞牙,肥肉不腻口,味美清香,出品率 65%。冬季生产的产品,货架期为 48 h,夏季生产的成品放置冷藏柜内,货架期为 24 h。

2. 苏州酱汁肉

(1)产品特点。苏州酱汁肉又名五香酱肉,是江苏省苏州市著名产品,苏州酱汁肉的生产始于清代,历史悠久,享有盛名。产品鲜美醇香,肥而不腻,入口化渣,肥瘦肉红白分明,皮呈金黄色,适于常年生产。

(2)产品配方。(猪肉 100 kg)绍兴酒 4~5 kg,白糖 5 kg,盐 3~3.5 kg,红曲米 1.2 kg,桂皮 0.2 kg,茴香 0.2 kg,葱(打成把)2 kg,生姜 0.2 kg。

(3)工艺流程。

原料选择与整理→煮制→酱制→冷却包装。

(4)工艺要点。

①原料选择与整理。选用江南太湖流域的地方品种猪,俗称湖猪,这种猪毛稀、皮薄、小头细脚,肉质细嫩,每头猪的重量以出白肉 35 kg 为宜,取其整块肋条(中断)为酱汁肉的原料。

将带皮的整块肋条肉用刀将毛、污垢刮除干净,减去奶头,切下奶脯,斩下大排骨的脊椎骨,斩时不要直接斩到肥膘上,斩至留有瘦肉 3 cm 左右处,以便剔除脊椎骨。形成带有大排骨的整方肋条肉,然后开条(俗称抽条子),肉条宽 4 cm,长度不限。条子开好后,斩成 4 cm² 的方块,尽量做到每千克肉约 20 块,排骨部分每千克 14 块左右。肉块切好后,把五花肉、排骨分开,装入竹筐中。肥瘦分开放。

②煮制。锅内放满水,用旺火烧沸。先将肥肉的一小半倒入沸水内汆1 h左右,六七成熟时捞出;另外一大半倒入锅中汆半小时左右捞出。将五花肉一般倒入沸水内汆20 min左右捞出;另外一半汆10 min左右捞出。把汆原料的白糖加盐3 kg(略有咸味即可),待汤快烧沸时,撇去浮沫,舀入另一锅,留下10 kg左右在原来锅内。

③酱制。制备红曲米水:红曲米磨成粉,盛入纱布袋内,放入钵内,倒入沸水,加盖,待沸水冷却不烫手时,用手轻搓轻捏,使色素加速溶解,直至袋内红米粉成渣,水发稠为止,即成红米水待用。

取竹筐3只,叠在一起,把葱、姜、桂皮和装在布袋里的茴香放于竹筐内(桂皮、茴香可用2次),再将猪头肉3块(猪脸2块,下巴肉1块)放入竹筐内,置竹筐于锅的中间,然后以竹筐为中心,在其四周摆满竹筐(一般锅子约6只),其目的是以竹筐为垫底,防止成品粘贴锅底。将汆10 min左右的五花肉均匀地倒入锅内,然后倒入汆20 min左右的五花肉,再倒汆半个小时左右的肥肉,最后倒入汆1 h左右的肥肉,不必摊平,自成为宝塔形。下料时因为旺火在烧,汤易发干,故可边下料,边烧汤,以不少干为原则,待原料全部倒入后,舀入白汤,汤需一直放到宝塔形坡底与锅边接触能看到为止。加盖用旺火烧开后,加酒4~5 kg,加盖烧开后,将红曲米汁用小勺均匀地浇在原料上面,务使所有原料都浇着红曲米汁为止,再加盖蒸煮,看肉色是否是深樱桃红色,如果不是,酌量增烧,直至适当位置。加盖烧1.5 h左右以后就需注意掌握火候,如火过旺,则汤烧干而肉未烂;如火过小,则汤不干,肉泡在汤里,时间一长,就会使肉泡糊变碎。烧到汤已收干发稠,肉已开始酥烂时可准备出锅,出锅前将白糖(用糖量的1/5)均匀地撒在肉上,再加盖待糖溶化后,就出锅为成品。出锅时用尖筷夹起来,一块块平摊在盘上晾凉。

酱汁的调制:酱汁肉的质量关键在于酱汁上。上品的酱汁色泽鲜艳,品味甜中带咸,以甜为主,具有黏稠、细腻、无颗粒等特点。酱汁的制法:将余下的白糖加入成品出锅后的肉汤锅中,用小火煎熬,并用铲刀不断地在锅内翻动,以防止发焦起锅巴,待调拌至酱汁呈胶状,能黏贴勺子表面为止,用笊篱过滤,舀出倒在钵上或小缸等容器中,用盖盖严,防止昆虫及污物落入。出售时就在酱汁肉上浇上酱汁,如果天气凉,酱汁冻结,需加热融化后再用。

猪的其他部分原料亦可以仿照酱汁肉的加工方法加工。例如,酱汁猪头肉、沙仁腿肘、酱汁猪尾、酱汁猪舌、酱汁猪爪等,而且习惯上一般都是同回锅生产的。

3. 北京月盛斋酱牛肉

(1)产品特点。月盛斋酱牛肉也称五香酱牛肉,产品特点是外表深棕色,牛肉色泽纯正、闻之酱香扑鼻,食之醇香爽口,肥而不腻,瘦而不柴,不膻不腥,食之嫩而爽口,咸淡适宜,香浓味纯,入口留香、回味佳美。

(2)产品配方(以50 kg肉计)。食盐1.5 kg,面酱5 kg,花椒50 g,小茴香50 g,肉桂50 g,砂仁10 g,丁香10 g,大蒜0.5 kg,葱0.5 kg,鲜姜0.5 kg。

(3)工艺流程。

原料选择与整理→配料→预煮→调酱→酱制→出锅。

(4)工艺要点。

①原料选择与整理。酱牛肉应该选择不肥不瘦新鲜的优质牛肉,肉质不宜过嫩,否则煮后容易松散,不能保持形状。将原料肉冷水浸泡,清除淤血,洗干净后进行剔骨,按部位分切成1 kg左右的肉块。然后把肉块倒入清水中洗涤干净,同时要把肉块上面覆盖的薄膜去除干净。

②预煮。将选好的原料肉按不同部位、嫩度放入锅中大火煮1 h,目的是去除腥膻味,可在

水中加入几块胡萝卜。煮好后把肉捞出,再放在清水中洗涤干净,洗至无血水为止。

③调酱。用一定量的水和黄酱拌和,把酱渣捞出,煮沸 1 h,并将浮在汤面的酱沫撇净,盛入容器内备用。

④酱制。将预煮好的原料肉按不同部位分别放在锅内。通常将结缔组织较多、肉质坚韧的部位放在底部,娇嫩的,结缔组织较少的放在上层,然后倒入调好的汤液进行酱制。要求水与肉块平齐,待煮沸之后再进入各种调味料。锅底和四周应预先垫以竹竿,使肉块不贴锅壁,避免烧焦。用旺火煮制 4 h 左右后为使肉块均匀煮烂,每隔 1 h 左右倒锅 1 次,再加入适量老汤和食盐。务使每块肉均匀浸入汤中,再用小火煮制约 1 h,使各种调味料均匀地渗入肉中。等到浮油上升、汤汁减少时,将火力减小,最后封火煨焖。煨焖的火候掌握在汤汁沸动,使不能冲开上浮油层的程度。全部煮制时间为 8～9 h。煮好后取出淋上浮油,使肉色光亮润滑。

⑤出锅。出锅时注意保持完整,用特制的铁铲将肉逐一托出,并将锅内余汤洒在肉上,即为成品。

⑥成品规格。出品率在 60% 左右,成品酱黄色,内外色泽一致,五香味浓,味道鲜美。

4. 酱鹅

(1)产品特点。酱鹅是仿照酱鸭加工技术生产的一种制品,加工精细,成品表面呈琥珀色,香味宜人,甜中带咸,色泽酱红,鲜嫩味美。

(2)配料标准(按 50 只鹅计算)。酱油 2.5 kg,盐 3～4 kg,白糖 2 kg,桂皮 150 g,八角 150 g,陈皮 40 g,丁香 15 g,砂仁 10 g,红曲米 350 g,葱 1.5 kg,姜 160 g,绍兴酒 2.5 kg,腊肉 500 g,硝酸钠 10 g。

(3)工艺流程。

原料鹅选择→屠宰加工→腌制→煮制→调卤涂汁。

(4)工艺要求。

①原料鹅选择。选用重量在 2 kg 以上的鹅为最好。

②屠宰加工。

a. 宰杀放血。宰前将鹅放在圈内停食 10～12 h,供水,然后逐个吊在宰台上,鹅头向下,两鹅脚向上交叉套入脚钩内,反剪双翅使其固定。操作人员用刀切颈放血,即切断三管(气管、血管、食管)把血放净,摘除三管,刀口处不能有污血。

b. 烫毛、拔毛。宰杀后,趁鹅体温未散前,立即放入烫毛池或锅内浸烫,水温保持在 65～68℃,水要充足,以拔掉背毛为准,浸烫时要不断地翻动,使鹅体受热均匀,特别是头、脚要浸烫充分。拔毛时要先拔掉大翅毛,要用手掌推去背毛,回手抓去尾毛,然后翻转鹅体拔去胸腹部毛,最后拔去颈、头部毛。

c. 去绒毛、净膛。鹅体烫拔毛后。残留有若干细毛毛茬。除绒方法:一是将鹅体浮在水面(20～25℃),用拔毛钳子(一头是钳,一头是刀片)从头颈部开始逆向倒钳毛,将绒毛和毛管钳净;二是松香拔毛,松香拔毛是严格按照配方规定执行,操作得当,要避免松香流入鹅鼻腔、口腔,除毛后仔细将松香处理干净。然后切开腹壁,将内脏(包括肺脏)全部取出,只存净鹅。

③腌制。每只鹅体表和体腔内擦上食盐,用盐量约为鹅的 3%。食盐中加入 1% $NaNO_3$,与食盐混匀后使用。擦盐后叠入缸中腌制,根据季节不同灵活掌握时间,夏季腌 8 h 左右,置于阴凉处防止腐败;冬季腌 36 h 左右,放在室内防止冻结。腌好后取出滴尽血水,清水漂洗干净,沥干水分。

④煮制。先把老汤入锅烧沸,无老汤用清水。把辛香料和红曲米分别用纱布袋包好放入锅内,同时加食盐、酱油、糖、绍兴酒和硝,腊肉 500 g 也随即放入水中。取腌好的鹅,在每只鹅体腔内放入丁香 12 粒、砂仁少许、葱段 20 g 绍兴酒 10～20 mL,随后将鹅放入费汤中,上面用箅子压住,使鹅浸没在液面之下。用旺火烧沸,撇除浮沫,再加入锅中绍兴酒 1.5 kg,改为微火烧煮,约经 1.5 h,当鹅两翅关节处皮煮制开裂(开小花)时即可出锅。

⑤调卤涂汁。卤汁的配制:用 10 kg 煮鹅肉的老卤,加入锅中烧沸,撇出浮沫。然后加入白糖 8 kg,绍兴酒 0.3 kg、生姜 80 g、红曲米(研碎成细末)0.6 kg,用旺火烧沸改为微火慢熬,不断用锅铲在锅内翻搅,防止锅底焦糊。熬煮时间因老卤的浓淡不同而异,待卤汁发黏变稠时即可。稠度以涂满鹅体后挂起来不滴卤汁为佳。以上制出的卤汁量可供约 160 只鹅使用。

将煮好的鹅取出放在盘中冷却 20 min,然后再整只鹅体表面均匀涂抹一层调好的卤汁即为成品。食用时,另取卤汁加热后均匀淋浇切成块的鹅肉上,即可食用。

三、卤肉类

烧鸡是酱卤肉类中重要的一大类熟禽制品,该产品历史悠久,分布广,全国各地均有生产,因生产具有色艳、味美、柔嫩等特点,深受消费者欢迎。主要传统产品有河南道口烧鸡、山东德州扒鸡、上海卤肝等。

1. 道口烧鸡

道口烧鸡产于河南省滑县道口镇,历史悠久,风味独特,是我国著名的地方特产食品。

(1)产品特点。呈浅红色,微带嫩黄,鸡体形如元宝,肉丝粉白,有韧劲、咸淡适中、五香浓郁、可口不腻。其熟烂程度尤为惊人,用手一抖,骨肉自行分离,凉热食均可。

(2)产品配方(按 100 只鸡为原料计)。肉桂 90 g,砂仁 15 g,良姜 90 g,丁香 5 g,白芷 90 g,肉豆蔻 15 g,草果 30 g,硝酸钠 10～15 g,陈皮 30 g,食盐 2～3 kg。

(3)工艺流程。

原料鸡的选择→屠宰加工→造型→上色与油炸→配料煮制。

(4)操作要点。

①原料鸡的选择。选择无病健康活鸡,体重约 1.5 kg,鸡龄 1 年左右,鸡龄太长则肉质粗老,太短则肉风味欠佳。一般不用肉用鸡作原料。

②屠宰加工。

a. 宰前准备。鸡在宰杀前需停食 15 h 左右,同时给予充足的饮水,以利于消化道内容物排出,便于操作,减少污染,提高肉的品质。

b. 刺杀放血。在头颈交界处下面切断三管放血,道口不宜太大,注意不要将颈骨切断,淋血 5 min 左右,放血要充分。

c. 浸烫煺毛。先准备好热水,然后把放血后的鸡放入水中,使鸡淹没于热水中,水温保持在 62℃左右。随时用木棒上下翻动鸡体,以利浸烫均匀,约经 1 min,用手向上提翅部长毛,一提便脱说明浸烫良好。立即把鸡捞出,迅速煺毛,切勿继续浸泡在热水中,否则浸烫太过皮脆易烂。煺毛时,顺毛流方向拔、推、捋相结合,迅速将毛煺净。同时要除去角质喙和脚爪角质层。整个操作过程要小心,不要弄烂皮肤,以免造成次品。最后把鸡浸泡在清水中,拔去残毛,洗净后准备开膛。

d. 开膛取内脏。把煺毛光鸡置于案子上,先将颈部左侧皮肤剪开约 1 cm 小口,小心分离出嗉囊,同时拉出气管、喉管,然后用剪刀围绕肛门周围剪开腹壁,形成一环形切口,分离出肛门,暴露出腹腔内脏器官。左手稳住鸡体,右手食指和中指伸入腹腔,缓缓地拉出肝脏、肠、鸡肫、腺胃、母鸡的输卵管等内脏器官。清水冲洗干净,再放入清水中浸泡 1 h 左右,取出沥干水分。

③造型。烧鸡造型的好坏关系到顾客购买的兴趣,故烧鸡历来重视造型的继承和发展。道口烧鸡的造型似三角形(或元宝形),美观别致。

先将两后肢从跗关节处割除脚爪,然后背向下、腹向上,头向外、尾向里放在案子上。用剪刀从开膛切口前缘向两大腿内侧呈弧形扩开腹壁(也可在屠宰加工开膛时,采用从肛门前边向两大腿内侧弧形切开腹壁的方法,去内脏后切除肛门),并在腹壁后缘中间切一小孔,长约 0.5 cm。用解剖刀从开膛处切口介入体腔,分别置于脊柱两侧根部,刀刃向着肋骨,用力压刀背,切断肋骨,注意切勿用力太大切透皮肤。再把鸡体翻转侧卧,用手掌按压胸部,压倒肋骨,将胸部压扁。把两翅肘关节角内皮肤切开,以便翅部伸长。取长约 15 cm、直径约 1.8 cm 的竹棍一段,两端削成双叉形,一端双叉卡住腰部脊骨,另一端将胸脯撑开,将两后肢断端穿入腹壁后缘的小孔。把两翅在颈后交叉,使头颈向脊背折抑,翅尖绕至颈腹侧放血刀口处,将两翅从刀口向口腔穿出。造型后,外形似三角形,美观别致,鸡体表面用清水洗净,晾干水分。

④打糖。把饴糖或蜂蜜与水按 3∶7 混合,加热溶解后,均匀涂擦于造型后的鸡外表。打糖均匀与否直接影响油炸上色的效果,如打糖不匀,造成油炸上色不匀,影响美观,打糖后要将鸡挂起晾干表面水分。

⑤油炸。炸鸡用油要选用植物油或鸡油。油量以能淹没鸡体为度,先将油加热至 170～180℃,将打糖后晾干水分的鸡放入油中炸制,其目的主要是使表面糖发生焦化,产生焦糖色素,而使体表上色。约经半分钟,等鸡体表面呈柿黄色时,立即捞出。由于油炸时色泽变化迅速,操作时要快速敏捷。炸制时要防止油温波动太大,影响油炸上色效果。炸鸡后放置时间不宜长,特别是夏季应尽快煮制,以防变质。

⑥配料煮制。不同品种的烧鸡风味各有差异,关键在于配料的不同。配料的选择和使用是烧鸡加工中的重要工序,关系到烧鸡口味的调和和质量的优劣以及营养的互补。

煮制时,要依白条鸡的重量按比例称取配料。辛香料需用纱布包好放在锅下面。把油炸后的鸡逐层排放在锅内,大鸡和老鸡放在锅下层,小鸡和肉鸡放在上层。上面用竹箅压住,再把食盐、糖、酱油加入锅中。然后加老汤使鸡淹没入液面之下,先用旺火烧开,把硝酸钠用少量汤溶解后撒入锅中。改为微火烧煮,锅内汤液能徐徐起泡即可,切不可大沸,煮制鸡肉酥软熟透为止。从锅内汤液沸腾开始计时,煮制时间,一年左右鸡约 1.5 h,两年左右的鸡约 3 h。煮好出锅即为成品。煮制时若无老汤可用清水,注意配料适当增加。

⑦保藏。将卤制好的鸡静置冷却,既可鲜销,也可真空包装,冷藏保存。

2. 德州扒鸡

(1)产品特点。扒鸡表面光亮,色泽红润,皮肉红白分明,肉质肥嫩,松软而不酥烂,脯肉形若银丝,热时手提鸡骨抖一下骨肉随即分离,香气扑鼻,味道鲜美,是山东德州的传统风味。

(2)配料标准。(按每锅 200 只鸡,重量约 150 kg 计算)大茴香 100 g,桂皮 125 g,肉蔻 50 g,草蔻 50 g,丁香 25 g,白芷 125 g,山柰 75 g,草果 50 g,陈皮 50 g,小茴香 100 g,砂仁 10 g,花椒 100 g,生姜 250 g,食盐 3.5 kg,酱油 4 kg,口蘑 600 g。

（3）工艺流程。

宰杀煺毛→造型→上糖色→油炸→煮制→出锅。

（4）工艺要点。

①宰杀煺毛。选用 1 kg 左右的当地小公鸡或未下蛋的母鸡，颈部宰杀放血，用 70～80℃ 热水冲烫后去净羽毛。剥去脚爪上的老皮，在鸡腹下近肛门处横开 3.3 cm 的刀口，取出内脏、食管，切去肛门，用清水冲洗干净。

②造型。将光鸡放在冷水中浸泡，捞出后在工作台上整形，鸡的左翅自脖子下刀口插入，使翅尖由嘴内侧伸出，别在鸡背上，鸡的右翅也别在鸡背上。再把两大腿骨用刀背轻轻砸断并起交叉，将两爪塞入鸡腹内，形似鸳鸯戏水的造型。造型后晾干水分。

③上糖色。将白糖炒成糖色，加水调好（或用蜂蜜加水调制），在造好型的鸡体上涂抹均匀。

④油炸。锅内放花生油，在中火上烧至八成热时，上色后鸡体放在油锅中，油炸 1～2 min，炸至鸡体呈金黄色、微发光亮即可。

⑤煮制。炸好的鸡体捞出，沥油，放在煮锅内层层摆好，锅内放清水（以没过鸡为度），加药料包（用洁布包扎好）、拍松的生姜、精盐、口蘑、酱油、用算子将鸡压住，防止鸡体在汤内浮动。先用旺火煮沸，小鸡 1 h，老鸡 1.5～2 h 后，改用微火焖煮，保持锅内温度 90～92℃ 微沸状态。煮鸡时间要根据不同季节和鸡的老嫩而定，一般小鸡焖煮 6～8 h，老鸡焖煮 8～10 h，即为熟好。煮鸡的原汤可留作下次煮鸡时继续使用，鸡肉香味更加醇厚。

⑥出锅。出锅时，先加热煮沸，取下石头和铁算子，一手持铁钩钩住鸡脖处，另一只手拿笊篱，借助汤汁的浮力顺势将鸡捞出，力求保持鸡体完整。再用细毛刷清理鸡体，晾一会儿，即为成品。

3. 上海卤猪肝、心、肚、肠

（1）产品特点。

卤猪肝：外形整只，色泽酱红带褐，蘸有卤汁，质地柔软，回味显著。

卤猪心：连片，色泽酱红，外涂稠浓卤汁。

卤猪肚：外形整只，外涂卤汁，耐嚼。

卤猪肠：包括直肠、大肠，都是整条，色泽酱红。

各种卤制品加工卤制法基本相同，只有卤猪肝，由于它质地鲜嫩，因此不经过白煮工序。

（2）配料标准卤猪肝（以猪肝 100 kg 计）。精盐 1.25 kg，酱油 5～7 kg，砂糖 6～8 kg，黄酒 7.5 kg，茴香 0.6 kg，桂皮 0.6 kg，姜 1.25 kg，葱 2.5 kg。

（3）工艺流程。

原料处理→白煮→卤制→成品。

（4）工艺要点。

①原料处理。

猪肝：将猪肝置于清水中，漂去血水，修去油筋，如有水泡，必须剪开，并把白色水泡皮减去。如发现有苦胆，要仔细去除，如有黄色苦胆汁沾染肝叶上，必须全部剪除。猪肝经过整理用清水洗净后，用刀在肝叶上划些不规则斜形的十字方块，已使卤汁透入内部。

猪心：用刀剖开猪心，成为两片，但仍须相连。挖出心内肉块，修去油筋，用清水洗净。

猪肚：放肚于竹箩内，加些精盐明矾屑，用木棒搅拌，或用手搓擦，如数量过多，可使用洗肚机。肚的胃黏液受到摩擦后，不断从竹箩缝隙中流出，然后取出猪肝，放在清水中漂洗，剪去肚上的附油及污物，再用棕刷刷洗后，放入沸水中浸烫 5 min 左右，刮清肚膜（俗称白肚衣），用清水洗净。

猪肠：将肠子翻转，撕去肠上附油及污物，剪去细毛，用清水洗净后，再翻转、放入竹箩内，采用猪肚整理方法，取出黏液，再用清水洗净，盘成圆形，用绳扎牢，以便于烧煮。

猪肚、猪肠腥臭味最重，整理时需特别注意去除腥臭味。

②白煮。猪内脏加工卤制品，由于原料不同，白煮方法也略有区别。猪肝一般不经过白煮，其他品种则需白煮，其中猪肚、猪肠由于腥味重，白煮更为重要。猪肠白煮时，先将水烧沸，倒入原料，再烧沸后，用铲刀翻动原料，撇去锅内浮油及杂物，然后用文火烧，猪肠经过 1 h，猪肚经过 1.5 h 后，方可出锅，放在有空隙的容器中，沥去水分，以待卤制。猪心白煮，在水温到85℃时即可下锅，不要烧沸。

③卤制。按比例将葱、姜（拍碎）、桂皮、茴香分装在 2 个麻布小袋内，扎紧袋口，连同黄酒、酱油、精盐、砂糖（80%）放入锅内，再加上原料重量 50% 的清水，如加老卤，应视老卤咸淡程度，酌量减少配料。用文火烧煮，至烧沸锅内发出香味时，即倒入原料卤制。继续文火烧煮20～30 min，先取出一块，用刀划开，察看是否烧熟，待烧熟后，捞出放入有卤的容器中，或者出锅后数十分钟再浸入卤锅中。注意室内不宜过于风大，因卤猪肝经风吹后，表皮发硬变黑，不香不嫩。取出锅出卤一部分，撇去上面浮油，置于另一小锅，加上砂糖（20%）用文火煎浓，作为产品食用或销售时，涂于产品，以增进色泽和口味。大锅内剩余卤汁，妥为保存，留待继续使用。

四、糟肉类

糟制品是传统名产，我国生产糟肉的历史悠久，早在《齐民要术》一书中就有关于糟肉加工方法的记载。到了近代，逐渐产生了糟蹄膀、糟脚爪、糟猪舌、糟猪肚以及糟鸡、糟鹅的品种，统称糟货。按各自的整理方法进行清洗整理，均与糟肉同时糟制，其制作方法基本相同。上海市每年夏季均有糟肉生产，深受消费者称道，成为上海市特色肉制品。糟制肉的加工环节较多，需要有冰箱设备，是夏季佐酒的佳肴，冷冻保存，随销随切，适宜冷食，风味特殊。由于产品需保持一定的凉度，食用时又需加冻汁，因此携带不便，保存较难，不宜远销。

1. 糟肉

(1)产品特点。色泽红亮，软烂香甜，清凉鲜嫩，爽口沁胃，肥而不腻，糟香味浓郁。

(2)配料标准（以 100 kg 原料肉计）。花椒 1.5～2 kg，陈年香糟 3 kg，上等绍酒 7 kg，高粱酒 500 g，五香粉 30 g，盐 1.7 kg，味精 100 g，上等酱油 500 g。

(3)工艺流程。

原料整理→白煮→配制糟卤→糟制→产品→包装。

(4)工艺要点。

①原料整理。选用新鲜的皮薄而又鲜嫩的方肉、腿肉或夹心（前腿）。方肉照肋骨横斩对半开，再顺肋骨直切成长 15 cm、宽 11 cm 的长方块，成为肉坯。若采用腿肉、夹心，亦切成同样规格。

②白煮。将整理好的肉坯，倒入锅内烧煮。水要放到超过肉坯表面，用旺火烧，待肉汤将要烧开时，撇清浮沫，烧开后减小火力继续烧，直到骨头容易抽出来不粘肉为止。用尖筷和铲

刀出锅。出锅后一面拆骨,一面趁热在热坯的两面敷盐。

③配制糟卤。

a. 陈年香糟:香糟50 kg,用1.5~2 kg花椒加盐拌和后,置入瓮内扣好,用泥封口,待第二年使用,称为陈年香糟。

b. 搅拌香糟:100 kg糟货用陈年香糟3 kg,五香粉30 g,盐500 g,放入容器内,先加少许上等绍酒,用手便挖遍搅拌,并徐徐加入绍酒(共5 kg)和高粱酒200 g,直到酒糟和酒完全拌和,没有结块为止,称糟酒混合物。

c. 制糟露:用白纱布罩于搪瓷桶上,四周用绳扎牢,中间凹下,在纱布上摊上表芯纸(表芯纸是一种具有极细孔洞的纸张,也可以用其他任性的纸来代替)一张,把糟酒混合物倒在纱布上,加盖,使糟酒混合物通过表芯纸和纱布过滤,徐徐将汁滴入桶内,称为糟露。

d. 制糟卤:将白煮的白汤撇去浮油,用纱布过滤入容器内,加盐1.2 kg,味精100 g,上等绍酒2 kg,高粱酒300 g,拌和冷却。若白汤不够或汤太浓,可加凉开水,以掌握30 kg左右的白汤为宜。将拌和配料的白汤倒入糟露内,拌和均匀,即为糟卤。用纱布结扎在盛器盖子上的糟渣,待糟货生产结束时,解下即作为喂猪的上等饲料。

④糟制。将已经凉透的糟肉坯皮朝外,圈砌在盛有糟卤的容器内,盛放糟货的容器须事先在冰箱内,另用一盛冰容器置于糟货中间以加速冷却,直到糟卤凝结成陈时为止。

⑤保存方法。糟肉的保管较为特殊,必须放在冰箱内保存,并且要做到以销定产,当日生产,现切现卖,若有剩余,放入冰箱,第二天洗净糟卤后放在白汤内重新烧开,然后再糟制。回汤糟货原已有咸度,用盐量可酌减,需重新冰冻,否则会失去其特殊风味。

2. 苏州糟制鹅

(1)产品特点。苏州糟制鹅皮白柔嫩,香气扑鼻,鲜美爽口,翅膀及鹅蹼各有特色。

(2)配料标准(按2~2.5 kg太湖鹅100只为原料计)。陈年香糟5 kg,葱3 kg,黄酒6 kg,生姜0.4 kg,炒过的花椒0.05 kg,盐、味精、五香粉各适量,大曲酒0.5 kg。

(3)工艺流程。

原料选择及处理→煮制→起锅→糟浸→成品。

(4)工艺要点。

①原料选择及处理。选择2~2.5 kg的太湖鹅,要求新鲜健康,然后将鹅宰杀、放血、煺毛、去内脏,冲洗干净后的光鹅放入清水中浸泡1 h后取出,沥干水分。

②煮制。将整理后的鹅坯放入锅内,用旺火煮沸,去除浮沫,随即加葱1 kg、生姜100 g、黄酒1 kg,再用中火煮40~50 min后起锅。

③起锅。在每只鹅身上撒些精盐,然后从正中剥开成两片,头、脚、翅斩下,一起放入经过消毒的容器中约1 h,使其冷却。锅内原汤撇去浮油,再加酱油1.5 kg、精盐3 kg、葱2 kg、生姜300 g、花椒50 g于另一容器中,待其冷却。

④糟浸。先配糟汁,用香糟5 kg、黄酒5 kg和味精、五香粉适量,倒入盛有原汤和其他配料的容器内拌和均匀,煮沸即可。

用大糟缸一只,将配好的糟汁倒入缸内,然后酱鹅放入,每放两层加大曲酒,放满后所配的大曲酒刚好用完,并在缸口盖上一只带汁的双层布袋,袋口比缸口大一些,以便将布袋捆扎在缸口。袋内汤汁滤入糟缸内,浸卤鹅体。待糟液滤完,立即将糟盖盖紧,焖4 h即为成品。

五、蜜汁肉类

蜜汁制品是酱卤制品的发展。它是肉类原料在酱制红烧基础上,在辅料中加重了糖的分量,使产品味甜,因而称为蜜汁。适合我国南方消费者(尤其是苏杭一带)的口味。

蜜汁制品的特点,从大多数情况看以原料肉酥烂为特点。为了达到此要求,在生产过程中,对质地坚硬的、不易成熟的和形态大的原料肉,都要先进行蒸、煮等加工工序,才能进行蜜汁调制;而对质地细嫩和形态小的原料肉,则与调制甜汁同时进行,肉烂汁浓即成。

1. 上海蜜汁蹄髈

(1)产品特点。制品呈深樱桃红色,有光泽,柔嫩而烂,甜中带咸。

(2)配料标准(以猪蹄髈 100 kg 计)。白砂糖 3 kg,盐 2 kg,葱 1 kg,姜 2 kg,桂皮 6～8 块,小茴香 200 g,黄酒 2 kg,红曲米少量。

(3)工艺过程。先将猪蹄髈刮洗干净,倒入沸水中余 15 min,捞出洗净血沫、杂质。先将每 50 kg 白汤加盐 2 kg,烧开后备用。锅内先放衬物,加入葱 1 kg、姜 2 kg、桂皮 6～8 块,小茴香 200 g(装入袋内)。再倒入蹄髈,将白汤加至与蹄髈高度持平。旺火烧开后,加黄酒 2 kg,再烧开,将红曲粉汁均匀地倒在肉上,以使肉体呈现樱桃红色为标准。转为中火,烧约 45 min,加入冰糖或白砂糖,加盖再烧 30 min,烧至汤发稠,肉八成熟,骨能抽出不黏肉时出锅。平放盘上(不能叠放),抽出骨头。

2. 蜜汁小排骨

(1)产品特点。上海蜜汁小排骨成品为褐色,光泽发亮,卤汁稠浓,鲜美可口,略带咸味。

(2)配料标准(以原料 100 kg 计)。盐 2 kg,酱油 3 kg,黄酒 2 kg,白砂糖 5 kg,味精 150 g,五香粉 100 g,红米粉 200 g,酱色 0.5～1 kg。

(3)工艺流程。

原料选择与处理→腌制→油炸→蜜制。

(4)工艺过程。

①原料选择、处理。选用去皮的猪炒排(俗称小排骨)斩成小块。

②腌制。将整理好的坯料放入容器内,加适量盐、酱油、黄酒,拌和均匀,腌制约 2 h。

③油炸。锅先烧热,放入油,旺火烧油冒烟,把坯料捞起去辅料,分散抖入锅内,边炸边用笊篱翻动,炸至外面发黄时,捞出沥去油。

④蜜制。将油炸后的坯料倒入锅内,加上白汤(一般使用老汤),加上适量的盐、黄酒,宽汤烧开,约 5 min 即捞出。转入另一锅紧汤烧煮,加入糖、五香粉、红米粉、酱色,用铲刀翻动,烧沸至辅料溶化、卤汁转浓时,加入味精,直至筷子能戳穿时,即为成品。锅内卤汁撇清浮油,倒入成品上(卤呈深酱色,俗称"黑卤",可长期使用,夏天需隔天回炉烧开)。

【扩展知识】

酱卤肉制品作业指导书

酱卤肉制品的定义:以鲜(冻)畜禽肉和可食副产品放在加有食盐、酱油(或不加)、香辛料的水中,经预煮、浸泡、烧煮、酱制(卤制)等工艺加工而成的酱卤系列肉制品。应用猪头、耳、舌、蹄、尾、心、肚等副产品为原料,经过传统加工工艺的改进,应用新型的食品配料,引入现代的包装形式及高温杀菌工艺,大大提高了该类品种的食品卫生安全性及货架期。其作业指导如下。

一、工艺流程

酱卤肉制品工艺流程图：

原料采购→验收→解冻→修整漂洗→预煮→调配辅料→酱卤→冷却→定量→真空包装→高温杀菌→水冷却→保温检验→擦袋贴标、打印日期、装箱入库。

二、配方设定

食盐、原料成品率的 2.2%、糖稀、原料成品率的 2%～2.5%、亚硝酸钠＜30 mg/kg、红曲红色素（100#）0.004%～0.03%，红曲黄色素（100#）0.002%～0.005%，海天草菇老抽 0.6%～1.5%，辛香料包 0.5%～1%，蚝油 0.5%～1%，味精 0.3%，I＋G 0.02%，乙基麦芽酚 0.03%，双倍焦糖色素、（根据品种）0.01%～0.15%，葱 1%，姜 0.5%，蒜 0.4%，骨髓浸膏 M_2 0.3%～0.5%，FRT168 0.2～0.3，料酒 1%，烟熏液根据风味要求 0.03%～0.1%。

三、工艺要求

1. 原材料采购验收

经卫生检疫来自非疫区，供应商提供三证及检疫合格证明或质量检验合格证明，符合食用标准、规格标准符合采购计划或合同要求。

2. 修整

猪头、蹄、耳等解冻后修整去浮毛污物，头蹄劈半加工，口条去舌苔，肚、肠等用 0.5%～1% 的明矾去除黏膜，漂洗干净。

3. 每个品种应分类分时预煮，参考附表

4. 酱卤

采用沸水下锅，再沸后小火恒温浸味，注意翻炒保证温度均衡（表 3-5）。

表 3-5　酱卤时间温度

原料名称	预煮时间温度	酱卤时间温度	浸味时间温度	备注
猪头	95℃左右/8 min	95℃左右/70 min	75℃左右/30 min	
浸味猪蹄	90℃左右/5 min	90℃左右/60 min	75℃左右/30 min	
指劈半猪蹄	90℃左右/5 min	90℃左右/50 min	75℃左右/30 min	
猪耳、尾	90℃左右/8 min	90℃左右/60 min	75℃左右/30 min	
猪肚、大肠	90℃左右/5 min	85℃左右/40 min	75℃左右/30 min	
猪肝	90℃左右/5 min	90℃左右/40 min	75℃左右/20 min	需腌制
猪排、心	90℃左右/5 min	90℃左右/60 min	75℃左右/40 min	
猪块肉	90℃左右/5 min	90℃左右/60 min	75℃左右/40 min	需腌制
鸡爪		85℃左右/30 min	75℃左右/30 min	

5. 出锅冷却

产品出锅装盘冷却至常温（气温高时需加排风）。

6. 定量真空包装

根据产品规格设定净含量、包装袋规格、形状、真空时间、热封时间、具体操作按《小包装间岗位责任制》执行。

7. 高温杀菌

根据产品及规格设定杀菌温度、时间、压力,参考表3-6。具体操作按《杀菌间岗位责任制》执行。

表 3-6　不同产品及规格设定杀菌温度、时间、压力

杀菌品种	罐排空时间	杀菌温度、时间、压力	降温时间	备注
猪头肉 300 g	6 min	121℃/25 min/0.2 MPa	20 min	
猪蹄 300 g	6 min	16℃/25 min/0.22 MPa	20 min	
猪耳 200 g	6 min	121℃/20 min/0.2 MPa	20 min	
猪排 300 g	6 min	121℃/25 min/0.22 MPa	20 min	
猪块肉 250 g	6 min	121℃/25 min/0.2 MPa	20 min	
鸡爪 200 g	6 min	112℃/25 min/0.2 MPa	20 min	
猪蹄膀 1 000 g	6 min	121℃/40 min/0.2 MPa	20 min	

8. 检验包装

按照包装间岗位责任和规范操作。

9. 成品入库

按照成品贮存库规范操作。

四、关键控制点

(1)原料采购验收。供应商提供三证,符合食用标准,规格标准符合采购计划或合同要求。仓库保管或车间根据质检员开具的物料进厂检验单对原材料验质验量入库。

(2)原料出库。根据生产销售计划,定量出货。解冻、修整、清洗、腌制等工序对原料的卫生、温度、时间、操作程序等质量控制有控制措施。

(3)酱卤产品的配料。配料员应根据各品种的原料定量标准投放辅料,以保证产品的风味一致,防止错放、漏放或标准过量。

(4)酱卤操作。实际生产中,每个品种的卤制时间、温度会因原料的品质、块型等原因有所差异,对于酱卤时间短的品种,应对不易出味的辅料如料包、葱、姜、蒜等提前烧沸出味 40 min 以上,不易溶化的辅料应充分搅拌均匀溶化,然后再将原料下锅。酱卤的品种卤制时间温度应分别列出具体的操作规范。

(5)实际生产中,卤水的耗溢可区别处理,溢则煮料包入味时耗去,耗则定量将水补足以保证老汤风味的一致性。

(6)每天生产结束后及次日生产前,将老汤烧沸,撇去浮油、浮沫,滤去沉渣,需清汤时做清汤处理。在高温季节,应保证每天生产后,将老汤烧沸冷却,如不连续生产,应将老汤入恒温库保存并定期烧沸,防止变质。

(7)高温杀菌的杀菌公式的确立应以细菌培养检验为依据。

（8）标签和标志。产品标签应符合 GB 7718 的规定,包装运输标志应符合 GB/T 191 的规定。

（9）包装。使用复合包装材料应符合 GB 9683 和有关标准规定的要求,其他包装材料和容器必须符合相应国家标准和有关规定。

（10）运输。运输产品时应避免日晒、雨淋。不得与有毒、有异味或影响产品质量的物品混装运输。运输工具应保持清洁、干燥、无污染。散装销售产品的运输应符合《散装食品卫生管理规范》。

（11）贮存。高温灭菌预包装产品及罐头工艺生产的产品应在阴凉、干燥、通风处贮存;低温灭菌的产品应在 0~4℃冷藏库内贮存,库房内应有防尘、防蝇、防鼠等设施。不得与有毒、有异味或影响产品质量的物品共存放。产品贮存离墙离地,分类存放。散装销售产品的贮存应符合《散装食品卫生管理规范》。

五、质量执行指标（未及标准按 GB/T 23586—2009 执行）

预包装酱卤肉制品每批出厂检验项目为感官要求、净含量、菌落总数、大肠菌群;罐头工艺生产的酱卤肉制品出厂检验为感官要求、净含量、商业无菌、水分、食盐、蛋白质等项目检验应不少于每 7 天 1 次。

（1）感官检验。外观形态:外形整齐,无异物。色泽:酱制品表面为酱色或褐色,卤制为该品种应有的正常色泽。口感风味:咸淡适中,具有酱卤制品特有的风味。杂质:无肉眼可见的外来杂质。净重:每袋重量允许误差＋1%,固形物含量不低于 90%。

（2）理化指标检验。按 GB/T 23586—2009 有关规定执行。

（3）微生物指标检验。应符合 GB 2726 的规定。罐头工艺生产的酱卤肉制品应符合罐头食品商业无菌的要求。

【项目小结】

酱卤制品时将原料肉加入调味料和辛香料,以水为加热介质煮制而成的熟肉制品,是中国典型的传统熟肉制品。酱卤制品都是熟肉制品,产品酥软,风味浓郁,不适宜贮藏。根据地区和风土人情的特点,形成了独特的地方特色传统卤制品。由于酱卤制品的独特风味,现做即食,深受消费者欢迎。近几年来,随着对酱卤制品的传统加工技术的研究以及先进工艺设备的应用,一些酱卤制品的传统工艺得以改进,如用新工艺加工的酱牛肉、烧鸡等产品深受消费者欢迎。

本项目以酱牛肉为重点,介绍了酱卤肉制品生产的一般工艺及质量要点。并简要介绍了一些各地具有代表性的酱卤制品加工工艺,以此为学习者提供参考。

【项目思考】

1. 试述酱卤制品的种类及其特点。
2. 酱卤制品加工中的关键技术是什么?
3. 调味有哪些方法?
4. 煮制时如何掌握火候?
5. 酱制品和卤制品有何异同?
6. 试述 1~2 种当地消费者喜欢的酱卤制品加工方法。

项目二 干肉制品生产与控制

【知识目标】

1. 了解干肉制品的概念。

2. 理解肉制品干制的基本原理。

3. 掌握干肉制品的加工工艺及相关设备的使用。

4. 掌握干肉制品的质量控制方法。

【技能目标】

1. 能够解释肉制品干制过程中发生的各种物理、化学变化。

2. 学会针对不同的干肉制品选择合适的干制方法。

3. 能处理干肉制品加工过程中所出现的问题。

4. 熟练操作干肉制品加工的各种工具、设备。

5. 能够写出干肉制品加工的生产方案、生产工艺报告。

【项目导入】

肉类经脱水干制后易于贮藏和运输,食用方便,风味独特。这类肉制品不仅在我国是一种深受消费者喜爱的肉制品,而且也是非常适宜出口的一种肉制品。我国干肉制品的加工方法对世界肉制品加工也有很大影响,亚洲其他国家在干肉制品加工中所用配方和加工方法也起源于我国。随着近年来远红外学干燥和微波加热干燥设备的发展,使传统干肉制品的加工方法发生了很大变化。营养学、卫生学的发展对传统干肉制品产生了影响,因此干肉制品的加工工艺和配方也得到了丰富和发展,生产出了更为营养、卫生的新型干肉制品。

任务 牛肉干的加工

【要点】

掌握牛肉干的基本制作方法和工艺。

【工作过程】

(一)实验原料

牛肉 1 000 g、食盐 240 g、酱油 50 g、白糖 200 g、味精 35 g、黄酒 30 g、生姜 10 g、黄酒适量、大茴香 1 颗、五香粉、辣椒粉、咖喱粉适量。

(二)加工工艺

原料修整→浸泡→煮沸→冷却→切片→卤煮→烘烤→包装。

(三)操作要点

(1)原料修整。采用卫生检疫合格的牛肉,修去脂肪肌膜、碎骨等,切成 5 cm 的块。

(2)浸泡。用循环水浸洗牛肉 5 min,以除去血水,减少膻味。

思考:卫生检疫包括哪些方面?

（3）预煮。在锅内加入生姜、茴香、水（以浸没肉块为准），加热煮沸，然后加入肉块保持微沸状态，煮至肉中心无血水为止。此过程需要 5 min。

（4）切坯。将肉凉透后切成 1～1.5 cm 的小块，注意顺着肉纤维的方向切片。

（5）卤煮。将煮肉的汤放入卤锅内，按比例加入、酱油、白糖、五香粉、辣椒粉。加热煮开后，将肉片放入锅内，旺火煮 20 min，文火煮 30 min，煮时不断搅拌。出锅前 10 min 加入盐、味精、黄酒，出锅后放入漏盘内沥净汤汁。此过程需要 1 h。

> 思考：煮制的火候有哪几种？

（6）滚料。将咖喱粉、辣椒粉、五香粉按口味倒入大盆中，再将沥水后的牛肉导入大盆中晃动，使调味料均匀的滚在肉干表面。

（7）烘烤。采用鼓风干燥箱，上下共 6 层，烘烤适宜温度为 85～95℃，时间为 1 h 左右，注意及时排除水蒸气。

（8）包装。先将大小片分开，大片散装出售，小片用真空包装袋包装后销售。注意避免二次污染。

> 思考：干燥过程应如何控制？

（四）肉干的成品标准

感官指标：肉干色泽成棕黄色、褐色和黄褐色、色泽基本均匀、成片、条、颗粒，大小基本均匀，表面可带有细小纤维或香辛料，具有该品种特有的香气和滋味，甜咸适中，无肉眼可见杂质。

理化指标及微生物指标见表 3-7、表 3-8。

表 3-7 理化指标

检测指标	检测量	检测指标	检测量
水分/(g/100 g)	≤20%	脂肪/(g/100 g)	≤10%
氯化物/(g/100 g)	≤5%	总糖/(g/100 g)	≤35%
蛋白质/(g/100 g)	≥30%		

表 3-8 微生物指标

检测指标	检测量
菌落总数/(CFU/g)	10 000 个
大肠菌群/(MPN/100 g)	≤30 个
致病菌（沙门氏菌、金黄色葡萄球菌、志贺氏菌）	不得检出

【相关知识】

预煮的目的是通过煮制使肉块内部的血水进一步排除，并使蛋白质变性肉块变硬定型，以便后续的切坯操作。

【工具与设备】

1. 工具

刀具、案板、不锈钢容器等。

2. 设备

蒸煮设备、烘干机、真空包装机等。

【相关提示】

1. 为保证课堂时间的有效利用,本任务的加工时间与实际生产过程均有所缩短。

2. 烘烤时要注意及时排出水分,勤翻动,以免受热不均而引起局部焦化。

【考核要点】

1. 加工设备的使用。

2. 干燥的原理。

3. 干肉的加工工艺、操作要点。

【思考】

1. 影响肉品干制的因素有哪些?

2. 肉干常用的脱水方法有哪几种?

【必备知识】

一、干肉制品的基础知识

(一)概念

干肉制品是指肉经过脱水干制,使成品中水分含量控制在 20％左右的熟肉制品。肉类食品的脱水干制是一种有效的加工和贮藏手段。新鲜肉类食品不仅含有丰富的营养物质,而且水分含量一般都在 60％以上,如保管贮藏不当极易引起腐败变质。经过脱水干制,其水分含量可降低到 20％以下。各种微生物的生命活动,是以渗透的方式摄取营养物质,必须有一定的水分存在。如蛋白质性食品适于细菌生殖发育最低限度的含水量为 25％～30％,霉菌为15％。因此,肉类食品脱水之后使微生物失去获取营养物质的能力,抑制了微生物的生长,以达到保藏的目的。

干肉制品中含有丰富的营养成分,主要为蛋白质和脂肪,仅就此而言,等于将鲜肉中的蛋白质和脂肪浓缩 3 倍以上。肉中的蛋白质为优质蛋白质,生物有效利用率在 80％以上。含有人体所需的各种必需氨基酸,且氨基酸的组成很接近人体氨基酸组成,脂肪以甘油三酸酯为主。干肉制品中含有丰富的钙、磷等无机成分,除能满足人体的营养需要外,还具有重要的生理作用,其中铁的存在形式主要为血红素铁,生物利用率高,不受食物和其他因素的干扰。干肉制品中维生素含量较低,主要是一些脂溶性维生素。

(二)干肉制品的贮藏原理

食品的干燥是指从食品中除去水分,因此又称其为脱水,但有人认为干燥与脱水不完全相同。就处理方法而言,干燥是用自然日光处理,而人工干燥则为脱水。也有人认为,用热源直接烘烤为干燥,利用间接的热风、蒸汽、减压、冻结等法干燥为脱水。就制品的性质而言,有人认为食用时必须用水复原者为脱水制品,不加水复原者为干燥食品,但主要过程都是脱水。

所谓脱水干制品又称干制品或者称脱水制品。肉类等易腐食品的脱水干制,既是一种古老的贮藏手段,也是一种加工方法。对某种肉类制品来说,是主要的加工过程,而对另一些肉制品则可能是工艺过程中的一个环节。肉类中含水量约达 70％,经过脱水之后,不仅极大地缩小产品的体积,而且使水分含量减少到 6％～10％。

微生物的繁殖和肉的腐败变质不仅与肉的含水量有关,更与肉的水分活性(A_w)有关。各种微生物的繁殖对 A_w 都有一定的要求。凡 A_w 低于最低值时,微生物不能繁殖,A_w 高于最低值时,微生物易繁殖。微生物发育所需最低 A_w:一般细菌、酵母为 $0.88\sim0.90$,霉菌为 0.80,好盐性细菌为 0.75,耐干性霉菌为 0.65,耐浸透性酵母为 0.60。各种微生物的生命活动,是用渗透的方式摄取营养物质,必须要有水分存在,如蛋白质性食品,适于细菌繁殖发育最低限度的含水量为 $25\%\sim30\%$,霉菌为 15% 。因此,肉类脱水之后使微生物失去获取营养物质的能力,达到保藏的目的。

食品的保藏性除与微生物有关外,还与酶的活力、脂肪的氧化等有关。随着 A_w 的降低,食品的稳定性增加。但脂肪的氧化与其他因素不同,在 A_w 为 $0.\sim0.4$ 时反应速度最慢,接近无水状态时,反应速度又增加。一般地讲,脱脂干燥肉的含水量为 15% 时,其 A_w 低于 0.7。因此,干肉制品含水量应低于 20%。

脱水干制肉品较其他贮藏或加工方法,在营养物质含量相同的情况下,其重量低、体积小,便于携带、运输,适于贮藏,适于军用和某些特种工作的需要。

干制品也有一定的缺点。食用时常要复水;需要较长的时间或特殊的条件。如干制的牛蹄筋等,食用时需较长时间的复水,干制过程中某些芳香物质和挥发性成分常随水分的蒸发而散到空气中去,同时在干燥时(非真空的条件)易发生氧化作用,尤其在高温下变化下为严重。我国传统的肉松或肉干等干制品,有的不是直接用鲜肉加工干制的,而是一种调味性的干制品,它几乎完全失去对水分的可逆性,不能恢复鲜肉状态。而近代的肉制品工业生产中,以接近新鲜肉状态直接脱水干燥,既能达到减轻重量、缩小体积、便于携带、食用方便的目的,又能保持肉的组织结构和营养成分不发生变化,添加适量的水分即恢复原料原来的状态。

(三)肉的干制方法及设备

肉类脱水干制方法随着科学技术不断发展也不断地改进和提高,按照加工的方法和方式,目前已有自然干燥、人工干燥、低温冷冻升华干燥等。按照干制时产品所处的压力和加热源可以分为常压干燥、微波干燥和减压干燥。

1. 肉制品干燥方法的分类

(1)根据干燥的方式分类。

①自然干燥。自然干燥法是古老的干燥方法,要求设备简单,费用低,但受自然条件的限制,温度条件很难控制,大规模的生产很少采用,只是在某些产品加工中作为辅助工序采用,如风干香肠的干制等。

②烘炒干制。烘炒干制法亦称传导干制。靠间壁的导热将热量传给与壁接触的物料,由于湿物料与加热的介质(载热体)不是直接接触,又称间接加热干燥。传热干燥的热源可以是水蒸气、热力、热空气等,可以在常温下干燥,亦可在真空下进行。加工肉松都采用这种方式。

③烘房干燥。烘房干燥法亦称对流热风干燥。直接以高温的热空气为热源,借对流传热将热量传给物料,故称为直接加热干燥。热空气既是热载体又是湿载体。一般对流干燥多在常压下进行。因为在真空干燥情况下,由于气相处于低压,热容量很小,不能直接以空气为热源,必须采用其他热源。对流干燥室中的气温调节比较方便,物料不至于过热,但热空气离开干燥室时,带有相当大的热能。因此,对流干燥热能的利用率较低。

④低温升华干燥。在低温下一定真空度的封闭容器中,物料中的水分直接从冰升华为蒸汽,使物料脱水干燥,称为低温升华干燥。较上述两种方法,此法不仅干燥速度快,而且最能保持原来产品的性质,加水后能迅速恢复原来的状态,保持原有成分,很少发生蛋白质变性。但设备较复杂、投资大、费用高。

此外,尚有辐射干燥、介电加热干燥等方法,在肉类干制品加工中很少使用,故此处不做介绍。上述几种干燥方法除冷冻升华干燥之外,其他如自然传导、对流等加热的干燥方式,热能都是从物料表面传至内部,物料表面温度比内部高,而水分是从内部扩散至表面。在干燥过程中物料表面先变成干燥固体的绝热层,使传热和内部水分的汽化及扩散增加了阻力,故干燥的时间较长。而微波加热干燥则相反,湿物料在高频电场中很快被均匀加热。由于水的介电常数比固体物料要大得多,在干燥过程中物料内部的水分总是比表面高。因此,物料内部所吸收的电能或热能比较多,则物料内部的温度比表面高。由于温度梯度与水分扩散的温度梯度是同一方向的。所以,促进了物料内部的水分扩散速度增大,使干燥时间大大缩短,所加工的产品均匀而且清洁。因此,在食品工业中广泛应用。

(2)按照干制时产品所处的压力和热源分类。肉置于干燥空气中,则所含水分自表面蒸发而逐渐干燥,为了加速干燥,则需扩大表面积,因而,常将肉切成片、丁、粒、丝等形状。干燥时空气的温度、湿度等都会影响干燥速度。为了加速干燥,不仅要加强空气循环,而且还需加热。但加热会影响肉制品品质,故又有了减压干燥的方法。肉品的干燥根据其热源不同,可分为自然干燥和加热干燥,而干燥的热源有蒸汽、电热、红外线及微波等;根据干燥时的压力,肉制品的干燥方法包括常压干燥和减压干燥。减压干燥包括真空干燥和冷冻干燥。

①常压干燥。鲜肉在空气中放置时,其表面的水分开始蒸发,造成食品中内外水分密度差,导致内部水分向表面扩散。因此,其干燥速度是由水分在表面蒸发速度和内部扩散的速度决定的。但在升华干燥时,则无水分的内部扩散现象,是由表面逐渐移至内部进行升华干燥。常压干燥过程包括恒速干燥和降速干燥两个阶段,而降速干燥阶段又包括第一降速干燥阶段、第二降速干燥阶段。在恒速干燥阶段,肉块内部水分扩散的速率要大于或等于表面蒸发速度,此时水分的蒸发是在肉块表面进行,蒸发速度是由蒸汽穿过周围空气膜的扩散速率所控制,其干燥速度取决于周围热空气与肉块之间的温度差,而肉块温度可近似认为与热空气湿球温度相同。在恒速干燥阶段将除去肉中绝大部分的游离水。当肉块中水分的扩散速率不能再使表面水分保持饱和状态时,水分扩散速率便成为干燥速度的控制因素。此时,肉块温度上升,表面开始硬化,干燥进入降速干燥阶段。该阶段包括两个阶段:水分移动开始稍感困难阶段为第一降速干燥阶段,以后大部分成为胶状水的移动则进入第二降速干燥阶段。肉品进行常压干燥时,温度对内部水分扩散的影响很大,干燥温度过高,恒速干燥阶段缩短,很快进入降速干燥阶段,但干燥速度反而下降,因为在恒速干燥阶段,水分蒸发速度快,肉块的温度较低,不会超过其湿球温度,加热对肉的品质影响较小,但进入降速干燥阶段。表面蒸发速度大于内部水分扩散速率,致使肉块温度升高,极大地影响肉的品质,且表面形成硬膜,使内部水分扩散困难,降低了干燥速率,导致肉块中内部水分含量过高,使肉制品在贮藏期间腐烂变质,故确定干燥工艺参数时要加以注意。在干燥初期,水分含量高,可适当提高干燥温度,随着水分减少应及时降低干燥温度。现在有人报道,在完成恒速干燥阶段后,采用回潮后再进行干燥的工艺效果良好。

②微波干燥。用蒸汽、电热、红外线烘干肉制品时,耗能大、时间长,易造成外焦内湿现象、利用新型微波能技术则可有效地解决以上问题。微波是电磁波的一个频段。频率范围为300～3 000 MHz。微波发生器产生电磁波,形成带有正负极的电场。食品中有大量的带正负电荷的分子。在微波形成的电场作用下,带负电荷的分子向电场的正极运动,而带正电荷的分子向电场负极运动。由于微波形成的电场变化很大(一般为300～3 000 MHz),且呈波浪形变

化,使分子随着电场的方向变化而产生不同方向的运行。分子间的运动经常产生阻碍、摩擦而产生热量,使肉块得以干燥。而且这种效应在微波一旦接触到肉块时就会在肉块内外同时产生,而无需热传导、辐射、对流,在短时内即可达到干燥的目的,且使肉块内外受热均匀,表面不易焦糊。但微波干燥设备有投资费用较高、干肉制品的特征性风味和色泽不明显等缺点。

③减压干燥。食品置于真空中,随真空度的不同,在适当温度下,其所含水分则蒸发或升华。也就是说,只要对真空度做适当调节,即使是在常温以下的低温,也可进行干燥。理论上水在真空度为 613.18 Pa 以下的真空中,液体的水则成为固体的水,同时自冰直接变成水蒸气而蒸发,即所谓升华。就物理现象而言,采用减压干燥,随着真空度的不同,无论是水的蒸发还是冰的升华,都可以制得干制品。因此,肉品的减压干燥有真空干燥和冻结干燥两种。真空干燥是指肉块在未达结冰温度的真空状态(减压)下加速水分的蒸发而进行干燥。真空干燥时,在干燥初期,与常压干燥时相同,存在着水分的内部扩散和表面蒸发。但在整个干燥过程中,则主要为内部扩散与内部蒸发共同进行干燥。因此,与常压干燥相比较,干燥时间缩短,表面硬化现象减小。真空干燥虽使水分在较低温度下蒸发干燥,但因蒸发而芳香成分的逸失及轻微的热变性在所难免。冻结干燥相似于前述的低温升华干燥,是指将肉块冻结后,在真空状态下,使肉块中的冰升华而进行干燥。这种干燥方法对色、味、香、形几乎无任何不良影响,是现代最理想的干燥方法。我国冻结干燥法在干肉制品加工中的应用刚刚起步,相信会得到迅速发展。冻结干燥是将肉块急速冷冻至 $-40\sim-30$℃,将其置于可保持真空度 $13\sim133$ Pa 的干燥室中,因冰的升华而进行干燥。冰的升华速度,因干燥室的真空度及升华所需要而给予的热量所决定。另外,肉块的大小、薄厚均有影响。冻结干燥法虽需加热,但并不需要高温,只供给升华潜热并缩短其干燥时间即可。冻结干燥后的肉块组织为多孔质,且其含水量少,故能迅速吸水复原,是方便面等速食品的理想辅料。同理贮藏过程中也非常容易吸水,且其多孔质与空气接触面积增大,在贮藏期间易被氧化变质,特别是脂肪含量高时更是如此。

2. 肉制品干燥设备

肉制品的干燥过程是除去水分的过程。任何食品含水量多,容易腐败,含水量少就不易腐败。食品中的水分由结合水和游离水构成,游离水含量的多少直接与贮藏性有关。游离水可以自由进行分子热运动,并具有溶剂的性能。因此,必须减少游离水含量,才能提高食品的贮藏性。减少游离水分,就是要提高食品的含固量,降低食品的水分活性(A_w)。

不同型式的干燥设备,其结构也是各不相同的,这里介绍几种常用的肉类干燥设备。

(1)换气干燥设备。利用直接或间接加热使干燥设备内的空气产生对流来进行干燥作业,由于设备简单、投资少、费用低廉,这类设备往往是与自然干燥结合起来使用,效果比较好。图 3-1 所示为直接火式自然换气干燥室,干燥架用金属制造,上下可放置数层,干燥盘有用不锈铜、铝合金制造,也有用竹木制造,从前面门放入架上,肉制品故放盘内,均匀堆放,干燥室用砖砌,下部炉膛则用耐火砖砌造,炉栅与最下层的盘架应保持足够安全的高度,烟囱底部设置调节器,当关小时,室内空气产生对流,热空气会穿过瓶子通过肉制品表面被加热,水分汽化后成为湿气从干燥室上部排出。但这种设备在干燥过程中上下盘需要换盘处理,使上下盘之间制品干燥,水分基本保持一致。

间接加热干燥设备的干燥室结构基本与直接火式相似,不同之处在于燃烧炉产生的烟道气先使加热器(锅炉或金屑管等)加热,室内空气被间接加热后产生对流,湿气从上部排出,虽然热效率较低,但比较干净卫生。为方便换盘,固定盘架可改为盘架小伞从侧面推入。有的工厂使用蒸汽热源则更为合理。

(2)热风干燥设备。热风干燥设备是一种强制循环送热风的干燥方法,设备形式较多,有强制循环干燥机(图 3-2)、隧道式干燥设备(图 3-3)、多层网带式干燥机等。

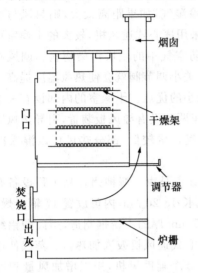

图 3-1 直接火式自然换气干燥室

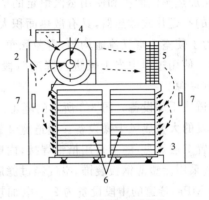

图 3-2 强制循环干燥机

1—空气过滤器;2—调节器;3—干燥室;4—送风机;
5—加热器;6—干燥台车;7—温度计。

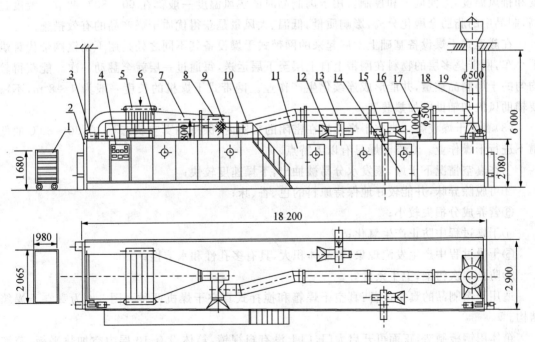

图 3-3 隧道式干燥设备

1—小车;2—吊门;3—减速器;4—仪表箱;5—分汽缸;6—空气加热器;7—进风管;8—主导风机;
9—空气过滤器;10—操作平台;11—烘干箱;12—调节阀;13—辅助风机;14—侧门;
15—电加热器;16—空气过滤器;17—循环风管;18—调节阀;19—排风管。

①强制循环干燥机。强制循环干燥机是肉制品干燥当中广泛使用的设备,干燥室有用砖砌的,而较多的是采用金属结构。骨架用型钢焊接而成,两面用金属薄板,中间有绝热层,也有的内壁采用石棉板,外表面则采用不锈钢薄板或彩色涂塑薄钢板装饰。室内可放置多台干燥车,每层架上放置烘盘,烘盘之间的距离根据物料大小设计,但必须保证上层盘底和下层物料顶面不小于 50 mm 的空隙距离,以便热风流通,排除湿气,如果距离太大,则热风与物料表面热交换面积减少,影响热效率的提高。鼓风机一般采用离心式通风机,较大的干燥室可采用多台并联风机。空气进入鼓风机前应作过滤处理,以防空气中的尘埃污染物料。调风阀用来调节风量,在加热蒸汽面积和使用蒸汽恒定的情况下,关小调节阀就会使热风温度提高。空气加热器常用的有翅片式散热器,具有散热面积大、体积小的优点。干燥室的内部设有一个或多个温度计,为了使室内空气流通均匀,避免死角,在台车两侧设有导风板装置,引导热风吹向料盘物料表面。使用过程中当干燥进入降速阶段时,湿气含量较低,部分热风可以混入冷空气回用,以节省热源。

②隧道式干燥设备。图 3-3 所示的隧道式干燥设备是由上海神州食品工程设备有限公司近年来开发的大型热风干燥设备。隧道宽 2 900 m,长 18 200 m,内可放置 17 辆干燥用台车,每车可放置 7 层烘盘,隧道采用槽钢焊接,内壁用 15 mm 厚的不锈钢制造,用硅酸铝纤维作绝热层,外壁采用涂塑薄钢板装饰,空气经过滤后由离心式通风机鼓入加热器。蒸汽使用压力为 0.3~0.5 MPa,隧道的中段设备为 2 个电加热器和 2 个辅助风机,用以增加风量和提高热风温度。循环风管可使未达到饱和状态的湿气作部分循环使用。隧道两端采用电动式升降门,启闭十分方便。在仪表箱上设有温度显示器和多点式温度自动记录仪,测定热风温度、室内温度和排风温度,方便调节和控制。用于肉制品时的热风温度一般都在 60~80℃ 调节。温度过高,制品中的脂肪会融化分离,影响质量,低温、大风量是获得优质干燥产品的有效措施。

在隧道式干燥设备基础上发展起来的网带式干燥设备其不同之处是用不锈钢网带代替烘干小车,网带是多层的物料在网带上自上层至下层运送,每通过一层就全翻动一次。能获得较均匀的干燥制品质量,并能形成连续化生产作业。网带式干燥机的长度一般为 4~8 m,不需要辅助风机和辅助电加热装置。

(3)真空干燥设备。真空干燥是指在密闭的容器内,保持在真空状态下,在 30~60℃ 的低温下进行干燥作业。真空干燥具有以下特点。

①在真空情况下干燥,蒸发水分易被抽出,下操速度较快;

②可脱除异味,并能较好地保持原料的色、香、味;

③营养成分损失较小;

④干燥过程中防止产生氧化;

⑤干燥过程中产生发泡现象,制品体积大,具有多孔性和水溶性;

⑥防止二次污染,卫生条件好。

适用于肉制品的真空设备:真空干燥箱和搅拌式真空干燥机两种。图 3-4 为真空干燥箱结构。

箱体用钢板制造,正面可开启大门,门上没有窥视镜,箱体设有 10 层中空加热平板,蒸汽通入板内,料盘放置在加热平板上,通过传热使物料升温,水分在真空状态下蒸发,从排气口由真空系统抽出。抽真空装置一般采用水力喷射泵、蒸汽喷射泵、湿式柱塞泵,由于干燥箱的蒸发量不大,故一套真空设备可同时用于几台干燥箱。使用蒸汽压力不大于 0.3 MPa,干燥初期

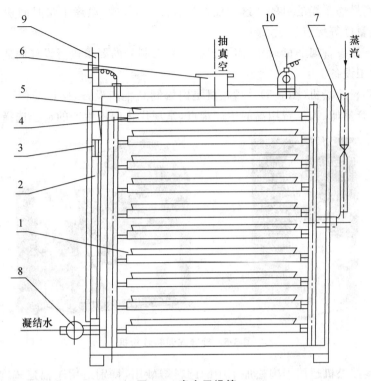

图 3-4　真空干燥箱

1—箱体;2—门;3—窥视镜;4—加热板;5—料盘;6—排气口;

7—蒸汽总管;8—汽水分离器;9—仪表板;10—照明灯。

压力开大,干燥后期压力要小,以防物料引起变化。蒸汽通过汽水分离器排出凝结水,仪表板上没有真空表、压力表、温度计等装置。料盘用不锈钢盘或其他金属材料制造,但盘内表面应涂聚四氟乙烯膜,防止物料黏盘不易脱落。这种设备适用于肉汁浓缩后的干燥,肉胶干燥以及肉片的干燥,对大块肉制品不适用。

搅拌式真空干燥机夹套圆筒中,设有孔心旋转轴,轴上装有两个带式搅拌器,一个在外圈,外径刷 6 紧贴管壁,另一个设在中间位置,螺旋带方向相反,物料从上部进料口投入,投料且应小于圆筒容积的 1/2,搅拌器约为 38 r/min,当搅拌器转动时,物料做来回翻动,当夹套内通入蒸汽后,通过壁面传热物料即被加热,水分蒸发,湿气经顶部过滤器初滤后由真主系统抽出。干燥物料从底部出料口排出。这种干燥设备处理能力每批可达 $100\sim200$ kg。桶体内壁及桶内容物料接触机件均采用不锈钢制造。

应用于肉类加工的搅拌式真空干燥机的产品有:肉粉、肉松、小粒肉干等制品。真空干燥机出于动力消耗大,干燥时间长,设备投资大,生产成本高,目前尚停留在样品试验阶段,肉类制品尚未进行大量生产。

(4)远红外干燥设备。

①设备用途。适用于小块或片状肉类的烘烤干燥。如五香牛肉干、猪肉脯、调味肉制品和香肠、火腿肠的烘烤干燥。

②设备种类。远红外干燥设备常用的有厢式和连续隧道式两种。

③结构与工作原理。利用远红外线辐射器发出的远红外线加热被干燥物料,使其直接转

变为热能而达到烘烤干燥的目的。这种设备具有高效、节能、烘烤干燥时间快、设备占地面积小、制品干燥质量好等优点。

远红外线干燥设备属非标设备,需要根据工艺对制品的要求进行设计制造。

(5)肉松加工设备。

①旋转式调料炒松机(图 3-5)。炒松机是肉松制品生产设备,操作简便耐用,突破传统肉松制作难度高、产量低、人工费用高的生产难点,是现代化肉松生产的最佳选择。

图 3-5　旋转式调料炒松机

旋转式调料炒松机适用于肉松加工中的调料焙炒用,特别适用于福建式肉松(细小肉末)的焙炒。分批式调料炒松机主体为一卧式不锈钢圆筒,前端为敞开投料口,筒内设有数块固定炒板,筒后部底板封死。用法兰与传动铀连接,通过链传动使圆筒做旋转运动,筒的转速借电机带动无级减速器以调速。筒的下部装有电加热装置,用以加热筒体,筒体外有保温固定外壳。由于圆筒处于连续旋转状态,而筒内肉松被加热后由炒板带至上部后,抛落到底部又被加热,湿气从加料口排出,焙炒好的肉松也从投料口取出。机架用型钢制造,底部设有 4 个车轮便于搬动,电气控制箱为封闭式厢体。电机和减速器装在箱内下部,为方便检修与安装,前面设有一个长方门。调料炒松机有小型、中型两种。筒直径在 60 mm 以下为小型设备,筒直径在 600～1 200 mm 的为中型设备,使用较为普遍。

②自动打松机。将调料烘干后的精肉条通过打松机制成蓬松的肉纤维,称为肉松。这种肉松体积很大是我国具有民族特色的肉制品,尤以江苏太仓著名,故又称太仓肉松。常见的打松机有卧式和立式两种,前者为长方形,后者为圆筒形。

二、干肉制品的质量控制

(一)干制对肉性质的影响

肉类及其制品经过干制要发生一系列的变化,组织结构、化学成分等都要发生一定的改变,这些变化直接关系到产品的质量和贮藏条件。由于干制的方法不同,其变化的程度也有所差别。

1. 物理性质的变化

肉类在干制过程中的物理变化,首先是由于水分的蒸发而质量减少,体积缩小。质量的减少应当等于其水分含量的减少,但常常是前者略小于后者。物料容积的减少也应当等于水分减少的容积,但实际上前者总是小于后者。因为物料的组成都有其各自不同的物理性质,一般在水分减少时,组织内形成一定的孔隙,其容积减少自然要小些,特别是现代的真空条件下的脱水,其容积变化不大。其次,在干燥过程中物料的色泽要发生变化,其主要原因是随着水的减少,其他物质的浓度增加了,以及在贮藏过程中发生的某些化学变化引起的改变,一般使物料色泽发暗。最后,随着干燥的进行,由于溶液浓度增加、产品的冰点下降。

2. 物料的化学变化

肉类在干燥过程中所发生的化学变化,随干燥条件和方法不同而异。一般来说,干燥的时间越长,肉质的变化越严重。这是因为干燥的条件下,有利于组织酶和微生物的繁殖,特别在较低温接近自然干燥的条件下,易于使肉质遭受分解和腐败,并易使肉体表而脂肪氧化,而使产品的气味、色泽恶化,尤其在较高温度和氧气存在的条件下贮藏的脱水肉类制品,色泽易变黄,并产生不良的气味。脱水鲜牛肉贮藏 12 个月游离脂肪酸含量的变化见表 3-9。

表 3-9 脱水鲜牛肉贮藏 12 个月脂肪酸变化

含水量/%	脂肪酸(以油酸计)含量/(mg/kg)	
	20℃	37℃
7.5	17	35
5.0	12	24
3.2	6	13

所以,贮藏脱水干制肉类制品,最好是采用防止空气和氧接触的复合薄膜包装,并在低温下贮藏。由于干燥的条件和方法不同,产生化学变化的情况是不同的、肉类的脱水制品大部分都经过煮制后进行脱水干燥,煮制时常常要损失 10% 左右的含氮浸出物和大量的水分,同时破坏了自溶酶的作用,干燥的时间又较短,故对产品质量变化不大。相反,在自然条件下,空气的湿度大,干燥缓慢,有利于酶和细菌的作用,促使肉质的变化。在真空条件下,温度低,干燥迅速,酶和微生物受到抑制,肉质变化轻微。

肉质在干燥过程中生物化学变化是复杂的,其中主要是肌肉蛋白质的凝固变性,对其煮熟干燥制品由于蛋白质受热已发生了热凝固,故干燥温度对蛋白质变性的影响就不必考虑。但对生肉及欲干产品,则加热干燥中发生蛋白质的变化对质量的影响是显著的。肌肉中的蛋白质主要是肌纤维蛋白和肌溶蛋白,凝固的温度通常在 $55\sim62℃$,在常温下干燥时,随干燥时间的延长,可溶性逐渐降低。

3. 组织结构变化

肉类经脱水干燥之后,肉组织结构复水性等发生显著的变化,特别是在热风对流条件下干燥的产品,不仅坚韧难以咀嚼,复水之后也很难恢复原来的新鲜状态。其变化的程度与干燥的方法、肉的 pH 等因素有关。用冷冻升华干燥法加工的产品是最理想的,复水之后组织的特性接近于新鲜状态。产生这些变化的原因不外乎由于脱水产品组织微观结构以及分子结构的纤维空间排列的紧密,纤维个体不易被咀嚼分开,则感到坚韧。

(二)干肉制品的质量控制

干肉制品贮藏期间质量变劣主要表现为霉味和霉斑的问题,已在国内引起了生产者和研究者的重视,并采取了很多措施,取得了一定效果。但干肉制品中酸价的升高和酸败味的产生在国内并未引起人们重视，而仅在出口干肉制品中才加以考虑。

1. 霉味和霉斑的形成及其控制

（1）霉味和霉斑的形成。研究结果表明，干肉制品产生霉味和霉斑的主要原因是水分活性过高、脂肪含量过高或贮藏时间过久。含水量和含盐量决定着水分活性。干肉制品中含水量一般为20%，含盐量为5%～7%，但水分含量过高和含盐量过低是导致霉味和霉斑生产的直接原因。另外，若干肉制品中脂肪含量过高，或者长期高温贮藏都会导致脂肪移至干肉制品表面，进而附着于包装袋上，甚至渗出袋外，使各种有机物附着，造成袋外霉菌生长繁殖，成为引起干肉制品霉变的另一个原因。

（2）霉味和霉斑的防止。据报道，用PET/PE复合膜一般包装，只要牛肉干水分含量控制在17%，含盐量控制在7%，则10个月不会发生霉变；若采用PET/AL/PE复合膜包装，即使含水量达到20%，牛肉干贮藏10个月也无霉变。若进行充氮包装，则14个月无变质。因此，含水量、含盐量、包装材料及方式等都会影响干肉制品的保质期。

2. 脂肪的氧化及其控制

（1）脂肪的氧化。尽管干肉制品是用纯瘦肉加工而成，但其中仍含有一定量的脂肪，另外，为了使干肉制品保持一定的柔软性和油润的外观，在加工过程中需加适量的精炼油脂。来自这两方面的油脂在干肉制品的加工贮藏过程中被氧化。其结果一方面使肉制品的酸价升高，严重时伴有酸败味；另一方面在氧化的过程中产生些对人体有害的物质，如过氧化物及其分解产物作用于细胞膜而影响细胞的功能。据报道，脂类中的过氧化物和氧化胆固醇与肿瘤和动脉粥样硬化发生有关。还有人指出，脂类氧化的二级产物内二醛是形成亚硝胺的催化剂和诱变剂。研究表明，肉品氧化是肉中不饱和脂肪酸的氧化分解所致，究其原因有三种：一是组织酶；二是微生物；三是自动氧化。

（2）脂肪氧化的控制。

国外干肉制品的酸价要求在0.8以下。要控制酸价，必须采取综合措施。

①控制成品A_w。研究表明，脂肪对氧的吸收率与水分活性显著相关。随着水分活性的降低，脂肪氧化的速率降低。当A_w在0.2～0.4时，脂肪氧化的速度最低，接近无水状态时，反应速度又增加，且干制品得率降低，柔软性丧失。干肉制品的水分含量一般控制在8%～16%为宜。

②选用新鲜原料肉，缩短生产周期。脂肪的吸氧量与原料肉停留时间成正比，因此，原料肉进厂后，应进入预冷库并尽快投入生产。降低水分含量以减缓氧化反应。在生产过程中，要避免堆积以防肉块温度升高，否则会加速脂肪的氧化反应。

③选择合理的干燥工艺及设备。干肉制品的干制过程中，若温度过高或时间过长，都会加速脂肪的氧化速度，干肉制品的干燥工艺要根据肉块的大小、厚薄、形态及糖等辅料的添加量确定出恒速干燥阶段和降速干燥阶段所需要的温度和时间，制定出合理的干燥工艺参数，尽可能减少高温烘烤时间。一般地讲，在恒速干燥阶段，可采用较高温度除去表面的自由水分。进入降速干燥阶段后，要适当降低烘烤温度，甚至可采取回潮与烘烤交替的工艺烘干，加快脱水速率，减少高温处理时间。

④添加油脂的类型。干肉制品中添加油脂可使成品柔软油润。但添加的油脂必须是经过精炼的、酸价很低的、饱和脂肪酸较多的油脂。

⑤添加脂类氧化抑制剂。用干肉制品的抗氧化剂种类很多，目前国内比较重视天然抗氧

化剂的研究。总体干肉制品中的抗氧化剂包括防止游离基产生剂(EDTA、儿茶酚等)和游离基反应阻断(生育酚、没食子酸内酯等)剂两种。

三、干肉制品加工

(一)肉松

肉松是指瘦肉经煮制、调味、炒松、干燥并加入食用动植物油炒制而成的肌纤维,疏松成絮状或团球状的干熟肉制品。由于原料、辅料、产地等的不同,我国生产的肉松品种繁多,名称各异。但不外乎太仓式肉松和福建式肉松两大类。

1. 太仓式肉松

太仓式肉松创始于江苏省太仓县,有 100 多年的历史,传统的太仓肉松以猪肉为原料成品呈金黄色,带有光泽,纤维成蓬松的絮状,滋味鲜美。

(1)工艺流程。

原料肉的选择与整理 →配料→煮制→炒压→炒松→擦松→跳松→拣松→包装贮藏。

(2)操作要点。

①原料肉与整理。传统肉松是由猪瘦肉加工而成。现在除猪肉外,牛肉、鸡肉、兔肉等均可用来加工肉松。将原料肉剔除皮、脂肪、膜等结缔组织。结缔组织的剔除一定要彻底。否则加热过程中胶原蛋白水解后,导致成品黏结成团块而不能呈良好的蓬松状。将修整好的原料肉切成 1.0～1.5 kg 的肉块。切块时尽可能避免切断肌纤维,以免成品中短绒过多。

②配料。猪瘦肉 100 kg,精盐 1.67 kg,酱油 7 kg,白糖 11.05 kg,白酒 1 kg,大茴 0.38 kg,生姜 0.28 kg,味精 0.17 kg。

③煮制。将香辛料用纱布包好后和肉一起入锅(夹层锅、电热锅等),加入与肉等量的水加热煮制。煮沸后撇去油沫,这对保证产品质量至关重要。若不撇尽浮油,则肉松不易炒干。成品容易氧化,贮藏性能差而且炒松时易焦锅,成品颜色发黑。藏制的时间和加水量应根据肉质老嫩决定。肉不能煮得过烂,否则成品绒丝短碎。若筷子稍用力夹肉块时,肌肉纤维能分散,肉已煮好。煮肉时间 3～4 h。

④炒压。肉块煮烂后,改用中火,加入酱油、酒,一边炒一边压碎肉块。然后加入白糖、味精,减小火力,收干肉汤,并用小火炒压至肌纤维松散时即可进行炒松。

⑤炒松。肉松中由于糖较多,容易粘底起焦,要注意掌握炒松时的火力,且勤炒勤翻。炒松有人工炒和机炒两种。在实际生产中可人工炒和机炒结合使用。当汤汁全部收干后,用小火炒至肉略干,转入炒松机内继续炒制水分含量小于 20%,颜色由灰棕色变为金黄色,具有特殊香味时即可结束炒松。

⑥擦松。利用滚筒式擦松机擦松,使肌纤维成绒丝状态即可。

⑦跳松。利用机器跳松,使肉松从跳松机上面跳出,而肉粒则从下面落出。使肉松与肉粒分开。

⑧拣松。跳松后的肉松送入包装车间凉松,肉松凉透后便可拣松,即将肉松中焦块、肉块、粉粒等拣出,提高成品质量。

⑨包装贮藏。肉松吸水性很强,不宜散装。短期贮藏可选用复合膜包装,贮藏期 6 个月;长期贮藏多选用马口铁罐,可贮藏 12 个月。

(3)太仓式肉松卫生标准。见表 3-10 和表 3-11。

表 3-10　太仓式、福建式肉松理化指标

项　目	指　标
水分	≤20(太仓式);≤8(福建式)
食品添加剂	按 GB 2760 规定

表 3-11　太仓式、福建式肉松细菌指标

项　目	指　标
细菌总数/(个/g)	≤30 000
大肠杆菌/(个/100 g)	≤40
致病菌(系指肠道致病菌及致病性球菌)	不得检出

2. 福建式肉松

福建式肉松也称油酥肉松,是由瘦肉经煮制、调味,炒松后,再加食用动物油炒制而成的肌纤维成团粒状的肉制品。特点:色泽红润、香气浓郁、质地酥松、入口即化。因成品含油量高而不耐贮藏。

(1)工艺流程。

原料肉选择与整理→配料→煮制→炒松→油酥→包装。

(2)操作要点。

①原料修整。选猪后腿精肉,去皮除骨,除去肥肉及结缔组织,切成 10 cm 长,宽、厚各 3 cm 的肉块。

②配料。猪瘦肉 100 kg,白酱油 10 kg,白糖 10 kg,精炼猪油 25 kg,红糖 50 kg。

③煮制加入与肉等量的水将肉煮烂,撇尽浮油,最后加入白酱油、白糖和红糖混匀。

④炒松。肉块与配料混合后边加热边翻炒,并用铁勺压散肉块。炒至汤干时,分小锅边炒边压使肉中水分压出。肌纤维松散后,再改用小火炒至半成品。

⑤油酥。将半成品用小火继续炒至 80% 的肉纤维成酥脆粉状时,用筛除去小颗粒,再按比例加入融化猪油,用铁铲翻拌使其结成球形颗粒即为成品。成品率一般为 32%～35%。

⑥包装保藏。真空白铁罐装可保存 1 年,普通罐装可保存半年。听装热装后抽真空密封。塑料袋装保藏期 3～6 个月。保藏期过长,易变质。

3. 中国台湾风味肉松

中国台湾风味肉松属福建式肉松,但又自成一格,成品色、香、味、形俱佳,颇受消费者欢迎。

(1)工艺流程。

原料肉的选择与整理→煮制→拌料→拉丝→炒松→油酥→冷却→包装。

(2)操作要点。

①原料选择整理。选择猪瘦肉,剔去皮、骨及粗大的筋键等结缔组织,顺着肌纤维方向切成重约 0.25 kg 的长方形肉块。

②配料。瘦肉 100 kg,谷物粉 15～18 kg,芝麻 6～8 kg,白糖 16～18 kg,精盐 2.5～3 kg,味精 0.3 kg,混合香料 0.15 kg,生姜 1 kg,葱 1 kg。

③煮制。将切好的肉块放入锅中,按 1∶1.5 量加水,再将混合香料、生姜、葱用纱布包扎

好入锅与肉同煮。煮沸后小火慢煮直至肉纤维能自行分离为止,时间3～4 h。

④拌料。待肉煮烂后,汤汁收干时将糖、盐、味精混匀加热溶化拌入肉料中,微火加热边拌和边收汤汁,冷却后将谷物粉均匀拌撒至肉粒中。

⑤拉丝。用专用拉丝机将肉料拉成松散的丝状,拉丝的次数与肉煮制程度有关,一般为3～5次。

⑥炒松。将拉成丝的肉松加入专用机械炒锅中,边炒边手工辅助翻动,炒至色呈浅黄色,水分含量低于10%时,加入脱皮熟芝麻,再用漏勺向锅中喷洒150℃的热油,边洒边快速翻动拌炒5～10 min,至肉纤维成蓬松的团状,色泽呈橘黄或棕红色为止,炒制时间1～2 h,视加料量的多少而定。

⑦冷却、包装。出锅的肉松放入成品冷却间冷却。冷却间要求有排湿系统及良好的卫生状况,以减少二次污染。冷却后,立即包装,以防肉松吸潮、回软,影响产品质量,缩短保质期。用复合透明袋或铝箔包装。

(3)成品质量指标。中国台湾风味肉松感官指标、理化指标及微生物指标见表3-12、表3-13、表3-14。

表3-12　中国台湾风味肉松感官指标

项目	指标
色泽	橘红色和棕红色
气味	具有该产品固有的香味、无异味
滋味	具有该产品固有的滋味、无异味
形态	酥松柔软,短丝部分颗粒

表3-13　中国台湾肉松理化指标

项目	指标
水分/%	≤8
蛋白质/%	≥24
脂肪/%	≤25
铅/(mg/kg)	≤0.5
砷/(mg/kg)	≤0.5

表3-14　中国台湾肉松微生物指标

项目	指标
细菌总数/(个/g)	≤30 000
大肠杆菌/(个/100 g)	≤40
致病菌(系指肠道致病菌及致病性球菌)	不得检出

(二)肉干

肉干是指瘦肉经预煮、切丁(条、片)、调味、浸煮、干燥等工艺制成的干、熟肉制品。由于原辅料、加工工艺、形状、产地等的不同,肉干的种类很多,但按加工工艺有两种:传统工艺和改进工艺。

1. 肉干的传统加工工艺

(1)工艺流程。

原料预处理→初煮→切坯→复煮→收汁→脱水→冷却→包装。

(2)操作要点。

①原料预处理。肉干加工一般多用牛肉,但现在也用猪、羊、马等肉,无论选择什么肉,都要求新鲜,一般选用后腿瘦肉为佳,将原料肉剔去皮、骨、筋腱、脂肪及肌膜后,顺着肌纤维切成1 kg左右的肉块,用清水浸泡1 h左右除去血水污物,沥干后备用。

②初煮。将清洗沥干的肉块放在沸水中煮制,煮制时以水盖过肉面为原则。一般初煮时不加任何辅料,但有时为了除异味,可加 1%～2% 的鲜姜,初煮时水温保持在 90℃以上,并及时撇去汤面污物,初煮时间随肉的嫩度及肉块大小而异,以切面呈粉红色、无血水为宜。通常初煮 1 h 左右,肉块捞出后,汤汁过滤待用。

③配料按味道分,主要有以下 4 种。

a. 五香肉干。以江苏靖江牛肉干为例,每 100 kg 牛肉所用辅料:食盐 2.00 kg,白糖 8.25 kg,酱油 2.0 kg,味精 0.18 kg,生姜 0.3 kg,白酒 0.625 kg,五香粉 0.2 kg。

b. 咖喱肉干。以上海产咖喱牛肉干为列,每 100 kg 牛肉所用辅料:精盐 3.0 kg,酱油 3.1 kg,白糖 12.0 kg,白酒 2.0 kg,咖喱粉 0.5 kg,味精 0.5 kg,葱 1 kg,姜 1 kg。

c. 麻辣牛肉干。以四川生产的麻辣猪肉干为例,每 100 kg 鲜肉所用辅料:精盐 3.5 kg,酱油 4.0 kg,老姜 0.5 kg,混合香料 0.2 kg,白糖 2.0 kg,酒 0.5 kg,胡椒粉 0.2 kg,味精 0.1 kg,海椒粉 1.5 kg,花椒粉 0.8 kg,菜油 5.0 kg。

d. 果汁肉干。以江苏靖江生产的果汁牛肉干为例,每 100 kg 鲜肉所用辅料:食盐 2.5 kg,酱油 0.37 kg,白糖 10 kg,姜 0.25 kg,大茴香 0.19 kg,果汁露 0.2 kg,味精 0.3 kg,鸡蛋 10 枚,辣酱 0.38 kg,葡萄糖 1.00 kg。

④切坯。经初煮后的肉块冷却后,按不同规格要求切成块、片、条、丁,但不管是何种形状,都力求大小均匀一致。常见的规格有:1 cm×1 cm×0.8 cm 的肉丁或者 2 cm×2 cm×0.3 cm 的肉片。

⑤复煮。复煮是将切好的肉坯放在调味汤中煮制,取肉坯重 20%～40% 的过滤初煮汤,将配方中不溶解的辅料装纱布袋入锅煮沸后,加入其他辅料及肉坯。用大火煮制 30 min 后,随着剩余汤料的减少,应减小火力以防焦锅,用小火煨 1～2 h,待卤汁收干即可起锅。

⑥脱水。肉干常规的脱水方法有 3 种。

a. 烘烤法。将收汁后的肉坯铺在竹筛或铁丝网上,放置于烘房或远红外烘箱烘烤。烘烤温度前期可控制在 60～70℃,后期可控制在 50℃左右,一般需要 5～6 h,即可使含水量下降到 20% 以下。在烘烤过程中要注意定时翻动。

b. 炒干法。收汁结束后,肉坯在原锅中文火加温,并不停搅翻,炒至肉块表面微微出现蓬松茸毛时,即可出锅,冷却后即为成品。

c. 油炸法。先将肉切条后,用 2/3 的辅料(其中白酒、白糖、味精后放)与肉条拌匀,腌渍 10～20 min 后,投入 135～150℃ 的菜油锅中油炸,油炸时要控制好肉坯量与油温之间的关系,如油温高,火力大,应多投入肉坯,反之则少投入肉坯,宜选用恒温油炸锅,成品质量易控制,炸到肉块呈微黄色后,捞出并滤净油,再将酒、白糖、味精和剩余的 1/3 辅料混入拌匀即可。

在实际生产中,亦可先烘干再上油衣,例如,四川丰都生产的麻辣牛肉干,在烘干后用菜油或麻油炸酥起锅。

⑦冷却、包装。冷却以在清洁室内摊晾自然冷却较为常用。必要时可用机械排风,但不宜在冷库中冷却,否则易吸水返潮。包装以复合膜为好,尽量选用阻气、阻湿性能好的材料。

(3)肉干成品标准。

①感官标准。烘干的肉干色泽酱褐泛黄,略带绒毛;炒干的肉干色泽淡黄,略带绒毛,油炸的肉干色泽红亮油润,外酥内韧,肉香浓郁。

②肉干的理化指标见表 3-15,肉干的微生物指标见表 3-16。

<table>
<tr><td colspan="2">表 3-15　肉干的理化指标</td></tr>
</table>

项　目	指　标
水分/%	≤20
盐/%	4.0～5.0
蔗糖/%	<20
亚硝酸盐(以亚硝酸钠表示×10^{-6} mg/kg)	<0.2

表 3-16　肉干的微生物指标

项　目	指　标
细菌总数/(个/g)	≤10 000
大肠杆菌/(个/100 g)	≤20
致病菌(系指肠道致病菌及致病性球菌)	不得检出

2. 肉干生产新工艺

随着肉类加工业的发展和生活水平的提高,消费者要求干肉制品向着组织较软、色淡、低甜方向发展。德国莱斯特博士等在调查中式干肉制品的配方、加工工艺和质量的基础上,对传统中式肉干的加工方法提出了改进,并把这种改进工艺生产的肉干称之为莎脯(sha-fu)。这种新产品既保持了传统肉干的特色,如无须冷冻保藏时细菌学稳定、质轻、方便和富于地方风味,但感官品质如色泽、结构和风味又不完全与传统肉干相同(表 3-17)。

表 3-17　莎脯与传统肉干的感官、理化及微生物学指标

指标	品质	莎脯	传统肉干
感官	色泽	浅褐色	深褐色或黄褐色
	结构	很软	很硬
	风味	稍甜	甜
	形状	条状	片、丁、条状
理化	水分/%	<30	≤20
	A_w	<0.79	<0.70
	pH	5.6～6.1	5.8～6.1
	盐/%	4.0～4.6	4.0～5.0
	蔗糖/%	9.0～10.0	20～30
	残留亚硝酸根和硝酸根(以亚硝酸钠表示×10^{-6} mg/kg)	<0.15	<0.20
微生物	细菌总数/(个/g)	≤10 000	≤10 000
	大肠杆菌/(个/100 g)	<10	<20
	致病菌(系指肠道致病菌及致病性球菌)	不得检出	不得检出

(1)工艺流程。

原料肉修整→切块→腌制→熟化→切条→脱水→包装。

(2)配方。

原料肉 100 kg 所需辅料:食盐 3 kg,蔗糖 2 kg,酱油 2 kg,黄酒 1.5 kg,味精 0.2 kg,坏血酸钠 0.05 kg,亚硝酸钠 0.01 kg,五香浸出液 9.0 kg,姜汁 1.00 kg。

(3)操作要点。莎脯的原料与传统肉干一样,可选用牛肉、羊肉、猪肉或其他肉。瘦肉最好用腰肌或后腿肉的热剔骨肉,冷却肉也可以。剔除脂肪和结缔组织,再切成 4 cm 的肉块,每块约 200 g。然后按配方要求加入辅料,在 4~8℃下腌制 48~56 h,腌制结束后,在 100℃蒸汽下加热 40~60 min 至中心温度 80~85℃,再冷却到室温并切成厚 3 mm 的肉条。然后将其置于 85~95℃下脱水直至肉表面呈褐色,含水量低于 30%,成品的 A_w 低于 0.79(通常为 0.74~0.76),最后真空包装,成品无需冷藏。

(三)肉脯

肉脯是指瘦肉经切片(或绞碎)、调味、摊筛、烘干、烤制等工艺制成的干、熟薄片型的肉制品。成品特点:干爽薄脆,红润透明,瘦不塞牙,入口化渣。与肉干加工方法不同的是肉脯不经水煮,直接烘干而制成。同肉干一样,随着原料、辅料、产地等的不同,肉脯的名称及品种不尽相同,但就其加工工艺,主要有传统的肉脯和新型的肉糜脯两大类。

1. 肉脯的传统加工工艺

(1)工艺流程。

原料选择整理→冷冻→切片→腌制→摊筛→烘烤、烧烤→压平→切片→成型→包装。

(2)操作要点。

①原料选择和整理。传统肉脯一般是由猪、牛肉加工而成,选用新鲜的牛、猪后腿肉,去掉脂肪、结缔组织,顺肌纤维切成 1 kg 大小肉块。要求肉块外形规则,边缘整齐,无碎肉、淤血。

②冷冻。将修割整齐的肉块装入模内移入速冻冷库中速冻。至肉块深层温度达 −4~−2℃出库。

③切片。将冻结后的肉块放入切片机中切片或手工切片。切片时须顺肌肉纤维方向,以保证成品不易破碎。切片厚度一般控制在 1~2 mm。国外肉脯有向超薄型发展的趋势,一般在 0.2 mm 左右。超薄肉脯透明度、柔软性、贮藏性都很好,但加工技术难度较大,对原料肉及加工设备要求较高。

④拌料腌制。将辅料混匀后,与切好的肉片拌匀,在不超过 10℃的冷库中腌制 2 h 左右。腌制的目的:一是入味;二是使肉中盐溶性蛋白溶出,有助于摊筛时使肉片之间粘连。肉脯配料各地不尽相同,以下是两种常见肉脯辅料配方。

a. 上海猪肉脯。原料肉 100 kg,食盐 2.5 kg,硝酸钠 0.05 kg,白糖 15 kg,高粱酒 2.5 kg,味精 0.30 kg,白酱油 1.0 kg,小苏打 0.01 kg。

b. 天津牛肉脯。牛肉片 100 kg,酱油 4 kg,山梨酸钾 0.02 kg,食盐 2 kg,味精 2 kg,五香粉 0.30 kg,白砂糖 12 kg,维生素 C 0.02 kg。

⑤摊筛。在竹筛上涂刷食用植物油,将腌制好的肉片平铺在竹筛上,肉片之间彼此靠溶出的蛋白粘连成片。烘烤。烘烤的主要目的是促进发色和脱水熟化。将摊放肉片的竹筛上架晾干水分后,进入远红外烘箱中或烘房中脱水熟化。其烘烤温度控制在 55~70℃,前期烘烤温度可稍高。肉片厚度为 2~3 mm 时,烘烤时间 2~3 h。

⑥烧烤。烧烤是将成品放在高温下进一步熟化并使质地柔软,产生良好的烧烤味和油润的外观。烧烤时可把半成品放在远红外空心烘炉的转动铁丝网上,用 200~220℃烧烤 1~2 min,至表面油润,色泽深红为止。

⑦压平、成型。烧烤结束后趁热用压平机压平,按规格要求切成一定的长方形。

⑧包装。冷却后及时包装。塑料袋或复合袋须真空包装,马口铁听装加盖后锡焊封口。

2. 肉糜脯

肉糜脯是由健康的畜禽瘦肉经斩拌、腌制、抹片、烘烤成熟的干薄型肉制品。与传统肉脯生产相比,其原料来源更为广泛,可充分利用小块肉和碎肉,且克服了传统工艺生产中存在的切片,手工推筛困难,实现了肉脯的机械化生产,因此在生产实践中广为推广使用。

(1)工艺流程。

原料肉处理→斩拌→腌制→抹片→烘烤→烧烤→压平成型→包装。

(2)工艺要点。

①原料肉处理。选用健康畜禽的各部位肌肉,经剔骨、去除肥膘和粗大的结缔组织,切成小块。

②配料。各地配方不一,兹举一例,瘦肉 100 kg,白糖 10~12 kg,鱼露 8 kg,鸡蛋 3 kg,白胡椒粉 0.2 kg,味精 0.2 kg,白酒 1 kg,维生素 C 0.05 kg。

③斩拌。将经预处理的原料肉和辅料入斩拌机斩成肉糜。斩拌是影响肉糜脯品质的关键工艺。肉糜斩得越细,腌制剂的渗透越快,越充分,盐溶性蛋白质也越容易充分延伸,成为高黏度的网状结构,网络各种成分而使成品具有韧性和弹性,在斩拌过程中,需加入适量的冷开水,一方面可增加肉糜的黏着性和调节肉馅的硬度;另一方面可降低肉糜的温度,防止肉糜因高温而发生变质。

④腌制 10℃以下腌制 1~2 h 为宜,如果在腌制料中添加适量的复合磷酸盐有助于改善肉脯的质地和口感。

⑤抹片。竹筛的表面涂油后,将腌制好的肉糜均匀涂抹于竹筛上,厚度 1.5~2 mm,要求均匀一致。

⑥烘烤和烧烤同传统工艺。

⑦压平、切块、包装。经压平机压平后,按成品规格要求切片、包装。

(3)质量标准。目前,国家尚无各种肉脯的质量卫生标准。出口猪肉脯 ZBX 检验规程中规定:呈片状,长方形,长 12 cm,宽 8 cm,厚 0.15 cm 左右,厚薄均匀,呈棕红色,有光泽。其卫生指标见表 3-18、表 3-19。

表 3-18 肉糜脯的理化指标

项　　目	指标
水分/%	≤14
脂肪/%	≤11
蔗糖/%	<20
亚硝酸盐(以 $NaNO_2$ 计,mg/kg)	30

表 3-19 肉糜脯的细菌指标

项　　目	指标
细菌总数/(个/g)	≤10 000
大肠杆菌/(个/100 g)	≤40
致病菌(系指肠道致病菌及致病性球菌)	不得检出

【项目小结】

本项目综合介绍了肉品干制的基本原理；影响肉品干制的因素和主要的干制方法，并着重对肉干、肉松、肉脯的加工工艺做了具体介绍。

【项目思考】

1. 试述干制的方法及原理。

2. 肉干、肉松和肉脯在加工工艺上有何显著不同？

3. 肉松、肉脯、肉干三种干肉制品的异同主要表现在哪几方面？

项目三　油炸肉制品生产与控制

【知识目标】

1. 熟悉油炸制品的加工原理、种类和特点。

2. 熟悉油炸肉制品的加工工艺。

【技能目标】

1. 掌握油炸肉制品的加工工艺流程、参数及技术操作要点。

2. 能够合理运用所学知识对工艺生产中的重要工序环节进行质量控制。

【项目导入】

油炸作为食品熟制和干制的一种加工工艺由来已久，是最古老的烹调方法之一。油炸可以杀灭食品中的细菌，延长食品保存期，改善食品风味，增强食品营养成分的消化性。油炸肉制品是指经过加工调味或挂糊后的肉（包括生原料、成品、熟制品）或只经干制的生原料，以食用油为加热介质，经过高温炸制或浇淋而制成的熟肉类制品。油炸肉制品具有香、嫩、酥、松、脆，色泽金黄等特点。油炸肉制品具有较长的保存期，细菌在肉制品中繁殖的程度，主要由油炸食品内部的最终水分决定，即取决于油炸的温度、时间和物料的大小、厚度等，由此决定了产品的保存性。

任务　香甜鸡米花制作

【要点】

1. 了解油炸的主要原理。

2. 掌握油炸制品的一般工艺流程和操作要点。

3. 测定面粉（全脂奶粉）中水分的工作过程。

【工作过程】

一、实验目的

通过香甜鸡米花的制作，掌握油炸食品的脱水原理。

二、原辅料

新鲜鸡大胸(肉经兽医卫检合格)、食盐、味精、白砂糖、耐特鸡肉香精等为市售;香辛料、小麦粉为市售,复合磷酸盐为分析级,浆粉和裹粉采用市售。

三、基本配方

鸡胸肉 1 kg,冰水 0.2 kg,食盐 16 g,白砂糖 6 g,复合磷酸盐 2 g,味精 3 g,I+G[5′肌苷酸钠(IMP),5′鸟核酸钠(GMP)各 50%]0.3 g,白胡椒 1.6 g,蒜粉 0.5 g,鸡肉香精 7 g。其他风味可在这个风味的基础上做一下调整:香辣风味加辣椒粉 10 g,孜然味加孜然粉 15 g,咖喱味加入咖喱粉 0.5 g。

四、工艺流程

鸡大胸肉(冻品)→解冻→切丁→切条→(加入香辛料、冰水)滚揉→腌渍→上浆→油炸。

五、具体步骤

(1)解冻。将合格的鸡大胸肉,拆去外包装纸箱及内包装塑料袋,放在解冻室不锈钢案板上自然解冻至肉中心温度-2℃即可。

(2)切条。将胸肉沿肌纤维方向切割成条状,每条重量在 7~9 g。

(3)腌渍。将鸡大胸、香辛料和冰水放在一起,腌制 20 min。在 0~4℃的冷藏间静止放置 12 h。

(4)上浆。将切好的鸡肉块放在上浆机的传送带上,给鸡肉块均匀的上浆。浆液采用专用的浆液,配比为粉,在打浆机中,打浆时间 3 min,浆液黏度均匀。

(5)上屑。采用市售专用的裹粉,在不锈钢盘中,先放入适量的裹屑,再胸肉条淋去部分腌渍液放入裹粉中,用手对上浆后的鸡肉条均匀地上屑后轻轻按压,裹屑均匀,最后放入塑料网筐中,轻轻抖动,抖去表面的附屑。

(6)油炸。首先对油炸机进行预热到 185℃,使裹好的鸡肉块依次通过油层,采用起酥油或棕榈油,油炸时间 25 s。

【相关知识】

经常吃油炸食品容易致癌,由于油炸食品经高温处理容易产生亚硝酸盐类物质而且油炸食品不易消化,比较油腻,容易引起胃病。油炸食品热高,含有较高的油和氧化物质,经常进食易导致肥胖,是导致高脂血症和冠心病的危险食品。油脂中的维生素 A、维生素 E 等营养在高温下受到破坏,大大降低了油脂的营养价值,在油炸过程中,就产生大量的致癌物质。已经有研究表明,常吃油炸食物的人,其部分癌症的发病率远远高于不吃或极少进食油炸食物的人群。

【相关提示】

1. 油炸设备有哪些新技术?

2. 油炸温度、时间应如何掌握?

【考核要点】

1. 油炸肉制品的操作要点。

2. 油炸肉制品的营养及危害。

【思考】

1. 油炸温度、时间应如何掌握？与哪些因素有关？

2. 如何减少油炸过程中的致癌物质？

【必备知识】

一、油炸基础知识

油炸是利用油脂在较高的温度下对肉食品进行热加工的过程。油炸制品在高温作用下可以快速致熟，最大限度地保持营养成分，赋予特有的油香味和金黄色泽，经高温杀菌可短时期贮存。油炸工艺早期多应用在菜肴烹调方面，近年来则广泛应用在食品工业生产方面，列为肉制品加工的方法之一。

（一）炸制原理

1. 油炸的作用

油炸食物时，油可以提供快速而均匀的传导热，首先使制品表面脱水而硬化，出现壳膜层，表面焦糖化及蛋白质和其他物质分解，产生具有油炸香味的挥发性物质。由于表层硬化固定，使内部形成一个小的"密封舱"，同时，在高温下物料迅速受热，内部水蒸气蒸发受阻，而在"密封舱"内形成蒸汽环流。在"密封舱"一定压力作用下，水蒸气穿透作用增强，穿透组织细胞，通过热传导和蒸汽加压，结果使制品在短时间内熟化。在油炸的最初阶段，由于水分蒸发强烈，食品表层和深层温度不超过100℃，此时蛋白质变性凝结，部分水分被排出使食品体积缩小。而后，制品表面形成干燥膜，水分蒸发受阻，经热传导使食品深层温度上升并保持在105℃左右。另外，由于内部含有较多水分，部分胶原蛋白水解，使制品变为外焦里嫩。

2. 炸制用油

炸制用油要求熔点高，过氧化物值低的新鲜植物油，如使用不饱和脂肪酸含量较低的花生油、棕榈油、亚油酸含量低的葵花籽油，在油炸时可以得到较高的稳定性。未氢化的大豆油炸出的产品带有腥味，如果稍微氢化，去掉一些亚麻酸，则更易为消费者所接受。氢化的油脂可以长期反复地使用。我国目前炸制用油主要是豆油、菜籽油和葵花籽油。

（二）油炸方法

根据制品要求和质感、风味的不同，油炸方法分为清炸、干炸、软炸、酥炸、脆炸、卷包炸和纸包炸等几种炸法。

1. 清炸

取质嫩的动物原料，经过加工，切成适合菜肴要求的块状，用精盐、葱、姜、水、料酒等煨底口。用急火高热油炸3次，称为清炸。如清炸鱼块、清炸猪肝，成品外脆里嫩，清爽利落。

2. 干炸

取动物肌肉，经过加工改刀切成段、块等形状，用调料入味加水、淀粉、鸡蛋、挂硬糊或上浆，于190～220℃的热油锅内炸熟即为干炸，如干炸里脊。特点是干爽、味咸麻香、外脆里嫩、色泽红黄。

3. 软炸

选用质嫩的猪里脊、鲜鱼肉、鲜虾等经细加工切成片、条，馅料上浆入味蘸干粉面，拖蛋白糊,放入 90～120℃的热油锅内炸熟装盘。把蛋清打成泡状后加淀粉、面粉调匀经温油炸制,菜肴色白、细腻松软,故称软炸。如软炸鱼条,特点是成品表面松软、质地细嫩、清淡、味咸麻香、色白微黄美观。

4. 酥炸

将动物性的原料,经刀技处理后,入味、蘸面粉、拖全蛋糊、蘸面包渣,放入 150℃的热油内,炸至表面呈深黄色起酥,成品外松内软熟或细嫩,即为酥炸。如酥炸鱼排,香酥仔鸡。酥炸技术要严格掌握火候和油的温度。

5. 松炸

松炸是将原料去骨加工成片或块形,经入味蘸面粉挂上全蛋糊后,放入 150～160℃,即五六成熟的油内,慢炸成熟的一种烹调方法,因菜肴表面金黄松酥,故称松炸。其特点是制品膨松饱满、里嫩、味咸不腻。

6. 卷包炸

卷包炸是把质嫩的动物性原料切成大片,入味后卷入各种调好口味的馅,包卷起来,根据要求有的拖上蛋粉糊,有的不拖糊,放入 150℃,即五成热油内炸制的一种烹调方法。成品特点是外酥脆,里鲜嫩,色泽金黄,滋味咸鲜。应注意的是,成品凡需改刀者装盘要整齐,凡需拖糊者必须卷紧封住口,以免炸时散开。

7. 脆炸

将整鸡、整鸭煺毛后,除去内脏洗净,再用沸水烧烫,使表面胶原蛋白遇热缩合绷紧,然后在表皮上挂一层含少许怡糖的淀粉水,经过晾坯后,放入 200～210℃高热油锅内炸制,待主料呈红黄色时,将锅端离火口,直至主料在油内浸熟捞出,待油温升高到 210℃时,投入主料炸表层,使鸡、鸭皮脆,肉嫩,故名脆炸。

8. 纸包炸

将质地细嫩的猪里脊、鸡鸭脯、鲜虾、飞龙等高档原料切成薄片、丝或细泥子,喂底口上足浆,用糯米纸或玻璃纸等包成长方形,投入 80～100℃的温油,炸熟捞出,故名纸包炸。特点是形状美观,包内含鲜汁,质嫩不腻。

(三)油炸肉制品的工艺分析与质量控制

不同油炸制品,工艺有所不同。有些是先经炸制,再经煮制,如上海走油肉、走油猪头肉等;有些是经过调味后,直接炸制成型,如炸猪排、炸肉丸子、肯德基等;有些是经过煮制后,再炸制,如郑州的红烧猪大肠、北京百魁烧羊肉等,称为红烧类油炸制品。

1. 调味

清炸类油炸制品,一般先用各种调味料混匀后,将肉腌制和浸味。另外,还常在调味料中加入淀粉或将鸡蛋糊在肉类表面挂糊,使油炸时表面形成一层酥脆的壳膜。红烧类油炸制品,一般是先将主料煮制,然后油炸。此类产品比清炸类制品需更多的酱油。

2. 炸制

油炸时,制品表面因脱水而硬化,出现壳膜层。油炸使表面的蛋白质和其他物质发生热解,产生具有油炸香味的挥发性物质。这个过程开始于 150℃,并随温度的升高而加强。当温度超过 135℃时,开始形成具有不良焦糊味的物质。超过 150～160℃时,该过程会加强到使食品质量急剧变坏的程度。当温度达到 180℃时,则可能导致制品表面层的炭化。

在油炸的最初阶段,由于水分蒸发强烈,食品表层或深处的温度都不超过 100℃。此表面形成干膜后,水分的蒸发受到阻碍,加上油脂温度的升高和热传导,食品深层的温度上升,并保持在 102~105℃。由于深层含有大量的水分,使内部胶原蛋白发生水解。炸肉时,结缔组织的胶原可被水解 10%~20%。

油温和制品体积对成品质量有一定影响。高温炸制虽可缩短加工时间,但温度过高而肉块体积过大时,则会使产品外熟里生。低温炸制时,时间延长,产品则变得松软,表面不能形成硬膜,同时胶原的水解程度会有所增加。这样的炸制品如果再继续加工(如罐头的灭菌)就会变得过分软烂和松散。所以,大部分油炸制品的最适宜温度控制在 150~160℃。

在油炸过程中,肉类不断向高温油脂中释放水分,产生的水蒸气将油的挥发性氧化产物从体系中排放出去。被释放的水同时还起到搅拌油脂的作用,促使油脂水解。但油脂表面形成的水蒸气可减少油脂与氧的接触,因而对油脂起保护作用。油炸时肉类本身或肉类与油脂相互作用,均可产生挥发性物质,形成油炸制品的香味成分。肉类在高温油炸过程中,会对油脂产生一定的吸收。另外,肉类原料本身的内源脂类也不断进入到油脂中,这两种油脂混合后的氧化稳定性与原来未经油炸的油脂不同。

3. 油炸过程中化学变化对油脂和油炸食品的影响

油脂在油炸过程中的化学变化,对油脂和油炸食品的影响是多方面的。

(1)油脂品质变劣,营养价值降低。油脂在加热过程中水解,产生甘油和脂肪酸。如果脂肪酸是低级脂肪酸,如丁酸(CH_4)、羊脂酸(C_6),这些酸有特殊的刺激性臭味。而油脂热氧化反应的产物如醛、酮、醇、烃等也有特殊的气味,使油脂品质变劣,失去原有的气味。另外,油脂中所含的必需脂肪酸如亚油酸、亚麻油酸和脂溶性的维生素 A、维生素 E 在高温下也会分解,受到不同程度的破坏。

(2)产生有毒物质。油脂经过长时间极度加热(200~280℃)产生的聚合物,如环聚化合物、己二烯环状化合物等都有较大的毒性。试验证明,用分离出的己二烯环状化合物,按 5%、10%比例添加到饲料中,大白鼠有脂肪肝和肝肿大的现象出现;20%比例添加到饲料中喂养大白鼠 3~4 d 便死亡。热变质的毒性物质,不仅对身体各组织、内脏器官和代谢酶系有破坏,而且对动脉硬化有促发作用,对癌症有诱发作用。

(3)油脂老化(油脂的疲劳现象)。新鲜油脂在加热时,能在油炸物周围产生既大又圆的气泡,并能很快消失。一旦煎炸物捞出,就不再起泡。而老化油脂产生的气泡既细小又不易消失。这种小泡持续的时间较久,又称为持续性起泡现象。这是因为热变油脂中含有氧化聚合物,导致油脂黏度增加,从而增加了气泡的稳定性。

(4)影响煎炸食品的品质。新鲜油脂煎炸,食品色泽金黄、香气扑鼻、酥脆可口;用变质油脂炸制食品,则色泽深暗,并使食品带有苦涩性,且食品贮藏性降低,尤其是富含蛋白质的肉类食品更为明显。

4. 油脂的合理使用

合理地使用油脂旨在防止或减缓油脂的热变性,保持油脂的营养价值,减少毒物的产生,利于人体健康和加工出色、香、味、形俱佳的食品。因此,必须注意以下几点。

(1)油温。油炸过程中,油温的选择应利于保存营养物质,符合工艺要求。切不可为缩短加工时间,减少耗油量而使用过高油温。

(2)油量及物料投放量。注意适当地添加新油,一般应保持油脂每小时有 10%左右的新油补充,同时有适量的旧油被循环出去。

(3)保持油锅内清洁。及时清除渣滓可减缓油脂热变质的速度。

(4)油炸设备。为减缓油脂氧化反应、聚合反应等不良反应的发生,应尽可能使用不锈钢油锅,避免使用铁、铜等设备。

5. 油炸肉制品贮藏中的酸败

油炸肉制品在贮藏期间,因氧气、日光、微生物、酶等的作用,会发生酸败,产生不愉快的气味,苦涩味,甚至产生有毒物质。

(1)酸败的种类。按引起酸败的原因和酸败机制,油脂酸败可分为以下两种类型:

①水解型酸败含低级脂肪酸较多的油脂,其残渣中有解醋酶或污染微生物所产生的。

解醋酶。在酶的作用下,油脂水解生成游离的低级脂肪酸,如丁酸、己酸、辛酸等具有特殊的汗臭味和苦涩味。

②氧化型酸败(油脂自动氧化)油脂中不饱和脂肪酸暴露在空气中,容易发生自动氧化。氧化产物进一步分解成低级脂肪酸、醛和酮,产生恶臭味。油脂的自动氧化酸败是造成油炸肉制品酸败的主要原因。

油脂自动氧化的速度随大气中氧的分压增加而增大,氧分压达到一定值后,自动氧化速度便保持不变。

水分活度特高或特低时,酸败速度较快。试验证明,如果水分活度控制在 $0.3\sim0.4$,油炸制品氧化酸败最小。冷冻的油炸制品,因水分以冰晶形式析出,使脂质失去水膜的保护,故油脂仍然会发生酸败。

(2)水解型酸败的控制。水解型酸败,多数是由污染的微生物如灰绿青霉等产生的酶引起的。因此,要求油炸所用的油脂要经过精制,降低杂质;此外,油炸制品要包装干净,避免污染,且要低温存放。

(3)氧化型酸败的控制。光和射线、氧、水分、催化剂、温度等都是导致油脂自动氧化酸败的因素。从紫外线到红外线之间的所有光辐射都能促进自动氧化的发生,其中以紫外线最强。

水分活度特高或特低时,酸败速度较快。试验证明,如果水分活度控制在 $0.3\sim0.4$,油炸制品氧化酸败最小。冷冻的油炸制品,因水分以冰晶形式析出,使脂质失去水膜的保护,故油脂仍然会发生酸败。

油脂自动氧化速度随温度升高而加快。温度不仅影响自动氧化速度,而且也影响反应的机理。在常温下,氧化大多发生在与双键相邻的亚甲基上,生成氢过氧化物。但当温度超过50℃时,氧化发生在不饱和脂肪酸的双键上,生成的氧化初级产物多是环状过氧化物。重金属离子是油脂氧化酸败的重要催化剂,能缩短诱导期和提高反应速度。

添加抗氧化剂能延缓或减慢油脂自动氧化的速度。几种抗氧化剂混合使用时,比单用一种更为有效;加入一些螯合剂如柠檬酸、磷酸等,将金属离子螯合固定,又可大大提高抗氧化剂的作用。

二、油炸肉制品的加工方法

(一)炸禽

1. 工艺流程

原料→解冻→预处理→造型→腌制→油炸→冷却→包装→贮藏。

2. 操作要点

(1)原料解冻。选用保存期不超过 4 个月的冷冻鸡、鸭、鹅、火鸡等的全净膛和半净膛胴体,冻禽在 8～10℃下 20～40 h 解冻至肌肉深处温度不低于 1℃,或者活禽宰杀、净膛。

(2)预处理。燎毛,开膛,清除残留羽,冲洗,从肘关节处去翅(雏鸡可不去)。

(3)造型。可根据产品要求造型。

(4)腌制。将成型胴体(半胴体、1/4 部分)放入穿孔吊桶,置于腌制容器,加入 6％食盐溶液,淹没胴体表面,在 2～4℃下腌制 12～16 h,取出静置淌卤 50 min。

(5)油炸。油炸温度控制在 150～200℃,在炸制结束时胴体胸肌和股肌深处温度不低于 78℃,穿刺炸熟热胴体的股肌和胸肌,会流出透明无色或浅黄色肉汁;穿刺未炸熟胴体,则流出蔷薇色肉汁。

(6)冷却。炸禽对细菌性腐败比较稳定,因而允许在冷却室(0～6℃)下将炸禽冷却到肌肉深处温度不高于 8℃。

(7)包装和贮藏。炸禽允许用聚乙烯或纤维质薄膜包装。如果存放时间较长,应采用遮光包装材料,抽真空或充氮包装。贮藏温度应低于 4℃,一般应立即销售。炸禽可在不高于 8℃温度下保存 48 h。

(二)炸乳鸽

炸乳鸽是广东的著名特产,成品为整只乳鸽。炸乳鸽营养丰富,是宴会上的名贵佳肴。

1. 工艺流程

原料选择与整理→浸烫→挂蜜汁→淋油→成品。

2. 原料辅料

乳鸽 10 只(约 6 kg),食盐 0.5 kg,清水 5 kg,淀粉 50 g,蜜糖适量。

3. 加工工艺

(1)原料选择与整理。选用 2 月龄内,体重 550～650 g 重的乳鸽。将乳鸽宰杀后去净毛,开腹取出内脏,洗净体内外并沥干水分。

(2)浸烫。取食盐和清水放入锅内煮沸,将鸽坯放入微开的盐水锅内浸烫至熟。捞出挂起,用布抹干乳鸽表皮和体内的水分。

(3)挂蜜汁。用 500 g 水将淀粉和蜜糖调匀后,均匀涂在鸽体上,然后用铁钩挂起晾干。

(4)淋油。晾干后用旺油返复淋乳鸽全身至鸽皮色泽呈金黄色为止,然后沥油晾凉即为成品。

4. 质量标准

成品皮色金黄,肉质松脆香酥,味鲜美,鸽体完整,皮不破不裂。

(三)油淋鸡

油淋鸡为湖南特产,有 100 多年的历史。是由挂炉烤鸭演变而来,根据挂炉烤鸭的原理,以旺油浇淋鸡体加热制熟,故而得名。

1. 工艺流程

原料的选择与整理→支撑、烫皮→打糖→烘干→油淋→成品。

2. 原料辅料

母仔鸡 10 只(10～12 kg),饴糖、植物油适量。

3. 加工工艺

(1)原料的选择与整理。选用当年的肥嫩母仔鸡,体重在 1～1.2 kg 为宜。宰杀去毛,从右腋下开口取内脏,从肘关节处切除翅尖,从跗关节处切除脚爪,洗净后晾干水。

(2)支撑、烫皮。取一根长约 6 cm 秸秆或竹片,从翼下开口处插入胸腔,将胸背撑起。投入沸水锅内,使鸡皮缩平,取出后,把鸡身抹干。

(3)打糖。用 1∶2 的饴糖水,擦于鸡体表面,涂擦要均匀一致。

(4)烘干。将打糖后的鸡体用铁钩挂稳,然后用长约 5 cm 的竹签分别将两翅撑开,用一根秸秆塞进肛门。送入烘房或烘箱悬挂烘烤,温度控制在 65℃左右,待鸡烘到表皮起皱纹时取出。

(5)油淋。将植物油加热至 190℃左右,左手持挂鸡铁钩将鸡提起,右手拿大勺,把鸡置于油锅上方,用勺舀油,反复淋烫鸡体,先淋烫胸部和后腿,再淋烫背部和头颈部,肉厚处多淋烫几勺油,淋烫 8～10 min,等鸡皮金黄油亮时可出锅。离锅后取下撑翅竹签和肛门内秸秆,若从肛门流出清水,表明鸡肉已熟透,即为成品。若流出浑浊水,表明尚未熟透,仍需继续淋烫,直至达到成品要求为止。

食用油淋鸡时,需调配佐料蘸着食。

4. 质量标准

成品表面金黄,鸡体完整,腿皮不缩,有皱纹,无花斑,皮脆肉嫩,香酥鲜美。

(四)炸猪排

炸猪排选料严格,辅料考究,全国各地均有制作,是带有西式口味的肉制品。

1. 工艺流程

原料选择与整理→腌制→上糊→油炸→成品。

2. 原料辅料

猪排骨 50 kg,食盐 750 g,黄酒 1.5 kg,白酱油 1～1.5 kg,白糖 250～500 g,味精 65 g,鸡蛋 1.5 kg,面包粉 10 kg,植物油适量。

3. 加工工艺

(1)原料选择与整理。选用猪脊背大排骨,修去血污杂质,洗涤后按骨头的界线,一根骨一块剁成 8～10 cm 的小长条状。

(2)腌制。将除鸡蛋、面粉外的其他辅料放入容器内混合,把排骨倒入翻拌均匀,腌制30～60 min。

(3)上糊。用 2.5 kg 清水把鸡蛋和面包粉搅成糊状,将腌制过的排骨逐块地放入糊浆中裹布均匀。

(4)油炸。把油加热至180～200℃,然后一块一块地将裹有糊浆的排骨投入油锅内炸制,炸制过程要经常用铁勺翻动,使排骨受热均匀,炸 10～12 min,炸至黄褐色发脆时捞起,即为成品。

4. 质量标准

炸排骨外表呈黄褐色,内部呈浅褐色,块型大小均匀,挂糊厚薄均匀,外酥里嫩,不干硬,块与块不粘连,炸熟透,味美香甜,咸淡适口。

(五)纸包鸡

纸包鸡是用纸(糯米纸)包住腌渍好的鸡肉,用花生油烹炸而成。由于能保持原汁,味道鲜嫩,是酒席上的佳品。

1. 工艺流程

原料选择→宰杀与整理→腌制→包纸→烹炸→成品。

2. 原料辅料

鸡肉 500 g,火腿肉 50 g,食盐 12 g,白酒 5 g,酱油 10 g,味精 3 g,香菇 25 g,小麻油、葱、姜及花生油等适量。

3. 加工工艺

(1)原料选择。选用肉鸡或当年健康、肥嫩的小母鸡作为原料。

(2)宰杀与整理。将活鸡宰杀,放净血,热水烫毛后煺净毛,取出所有内脏,把鸡体内外冲洗干净,晾挂沥干水分。然后去掉骨头,取鸡的胸肉或腿肉,切成小片,每片约重 15 g。

(3)腌制火腿肉和香菇切成丝状,将切好的鸡肉片和火腿、香菇放入盆中,加入其他辅料并拌匀,腌渍 10～15 min。

(4)包纸。取 8～10 cm 见方的糯米纸或玻璃纸铺在案板上,放入腌渍好的鸡肉一块和适量的调料,将纸包成长方形。

(5)烹炸。把包好的鸡块投入 150～170℃的花生油锅里炸 5 min 左右,当纸包浮起略呈黄色便捞起,稍凉即为成品。折开纸包即可食用(糯米纸可食,不用拆包)。

4. 质量标准

成品外表呈金黄色,外皮酥脆,肉质鲜嫩,咸淡适宜,美味可口。

(六)炸猪肉皮

油炸猪肉皮可作为各种菜肴的原料,是深受消费者喜爱的一种肉制品。食用时,将油炸猪肉皮浸泡在水中,令其吸足水分并发软,然后根据需要切成条或丁或块,加入各种菜肴中,别有风味。

1. 工艺流程

扦皮→晒皮→浸油→油炸→成品。

2. 原料辅料

猪肉皮 10 kg,猪油适量。

3. 加工工艺

(1)扦皮。将猪皮摊于贴板上,皮朝上,用刀刮去皮上余毛、杂质等,再翻转肉皮,用左手拉住皮的底端,右手用片刀由后向前推铲,把皮下的油膘全部铲除,使皮面光滑平整,无凹凸不平现象,最后修整皮的边缘。肉皮面积以每块不小于 15 cm 为宜。

(2)晒皮。经过扦皮后的猪肉皮,用刀在皮端戳一个小孔,穿上麻绳,分挂在竹竿或木架上,放在太阳下暴晒,晒到半干时,猪皮会卷缩,此时应用手予以拉平,日晒时间为 2～5 d。晒至透明状并发亮即成为干肉皮,存放在通风干燥的地方,可防止发霉。干肉皮可随干随炸,随炸随售。

(3)浸油。将食用猪油加热至 85℃左右,用中火保持油温,把肉皮放入油锅内,并浸过油面,稍加大火力,提高油温,并用铁铲翻动肉皮,待肉皮发出小泡时捞出,漏干余油,散尽余热。

(4)油炸。将油温保持在 180～220℃,操作时以左手执锅铲,右手执长炳铁钳,把干肉皮放入油锅内炸制,很快即发泡发胀,面积扩大,肉皮的四周向里卷缩,双手配合应随时用锅铲和铁钳把肉皮摊平,不使其卷缩,待油炸 2～3 min 后,肉皮全身胀透,其面积扩大至 3～6 倍时,即起锅置于容器上,滴干余油后即为成品。

4.质量标准

成品要求平整,色泽白或淡黄,质地松脆,不焦不黑,清洁干燥。

【项目小结】

本项目要熟悉油炸制品的加工原理、种类和特点。熟悉油炸肉制品的加工工艺及操作要点。能够在加工中减少致癌物质的产生,能够解决生产中出现的质量问题。能够合理运用所学知识对工艺生产中的重要工序环节进行控制。

【项目思考】

1.试述油炸的方法及原理。

2.简述油炸肉制品的加工工艺及操作要点。

3.如何控制油炸过程中所产生的致癌物质?

项目四　腌腊肉制品生产与控制

【知识目标】

1.了解腌腊肉制品加工的种类及特点。

2.掌握典型腌腊肉制品的生产工艺、工艺参数及生产技术。

3.掌握腌腊肉制品的质量控制措施。

【技能目标】

1.能应用所学知识技能,制订生产计划并形成生产方案,并生产出合格各类腌腊肉制品。

2.能够使用腌腊肉制品生产的相关设备并能够对其进行维护和维修。

3.能够对于生产过程进行质量控制并能够进行有关成本预算。

【项目导入】

腌腊肉制品是人们喜爱的传统制品,原是为调节常年食肉需要而采用的一种简单的贮藏方法,在古代多为民间家庭制作。所谓"腌腊"原本是指畜禽肉类通过加盐(或盐卤)和香料进行腌制,又经过了一个寒冬腊月,使其在较低的温度下,自然风干成熟,形成独特风味,由于多在腊月开工,因此通称为腌腊制品。目前,腌腊制品已失去其"腊月"的时间含义,且也不都采用干腌法。随着社会的不断发展,腌腊制品的制作方法从单纯的家庭食用,逐步演变成为满足市场需要为目的的商品生产。腌腊制品以其悠久的历史和独特的风味而成为中国传统肉制品的典型代表。由于不同地区自然条件和生活习惯不同,各地劳动人民在长期的生产实践中,逐步形成了具有各种地方特色和不同风味的制作工艺和花色品种。

任务　腊肠的制作

腊肠俗称香肠,是指以肉类为原料,经切、绞成丁,配以辅料,灌入动物肠衣后经发酵、成熟干制而成的肉制品,是我国肉类制品中品种最多的一大类产品。这类产品不允许添加淀粉、血粉、色素及非动物性蛋白质,食用前需要熟加工。因在加工工艺中有较长时间的日晒和晾挂或烘制过程,在适当的温度和湿度下,受微生物酶的作用,使肌肉组织中的蛋白质发生分解,使其产生独特的风味。腊肠是一种半干生肉制品,含水量在20%左右,常温下可以贮藏1~3个月,冷藏时,可以保存更长时间。

新鲜腊肠呈枣红色,瘦肉为玫瑰红色至枣红色,肥肉呈乳白至白色,红白分明;甜咸适宜,柔嫩爽口;种类多,食用方便,深受消费者喜爱,在国外也享有盛誉,在香港已成流行食品;快餐店做热狗、面食,烧腊店均用腊肠,每年已超亿吨。我国较著名的腊肠有广东腊肠、川式腊肠、武汉香肠、天津小腊肠、哈尔滨风干肠等,广东腊肠是其代表。广东腊肠是以猪肉为原料,经切碎或绞碎成丁,用食盐、硝酸盐、白糖、曲酒、酱油等辅料腌制后,充填入天然肠衣中,经晾晒、风干或烘烤等工艺而制成的一类生干肠制品。各种腊肠除了用料略有不同外,制法大致相同。

【要点】

1. 腊肠的工艺流程及质量控制要点。

2. 腌制液的配制。

3. 仪器设备的使用与维护。

【相关器材】

绞肉机、切丁机、拌料机、灌肠机、烘房等。

【工作过程】

1. 工艺流程

原料肉的选择→切粒→拌馅与腌制→灌制→晾晒→烘烤→成品。

2. 工艺要点与质量控制

(1)原料肉选择。材料质量好坏直接影响产品品质的优劣。因此,原材料的选择显得尤其关键。由于市场肉食供应及活猪出口需求扩大,广东省生猪生产的供应不足,加工用肉大都采用四川、湖南等省的冷冻猪边、精肉和肥膘肉。应确保猪肉来自非疫区,且经兽医检验,符合国家规定标准。同时,生产企业亦应制定相关的质量指标如水分、挥发性盐基氮等,对其作相应的控制,确保生产的安全及产品质量。然后进行定点屠宰分割,这是生产优质广式腊肠不可忽视的条件。肥脊膘应以肉质结实、膘头厚、无黏膜、无淤血为标准。猪肉灌水和冻肉超时入冷库以及过时解冻均对肉质产生较大的影响。

(2)辅料的选择。腊肠的加工离不开糖、酒、盐、酱油、硝酸钠作配料,它不但经过溶解腌制,以使产品达到色、香、味的要求,而且对产品起着发色、调味、防腐、增加食品感官性状及提高产品质量的作用,因而辅料质量的好坏直接影响到产品的优劣。

糖:在腊味生产中,糖可中和调味,软化肉质,起发色及防止亚硝酸盐分解的作用。因此,要求其晶粒均匀,干燥松散,颜色洁白,无带色糖料、糖块,无异物,水溶液味甜,纯正。

酒:不但可排除肉腥味,而且可增加产品的香味,有杀菌着色、保质的作用。要求透明清澈,无沉淀杂质,气味芳香纯正。酒精度以54°为宜,像汾酒、玫瑰露酒,均可使产品产生一种特殊的醇香。

食盐:既是防腐剂,又是调味料,可以抑制细菌生长。在腊味肉的腌制中起着渗透作用,使肌肉中的水分排出,肌肉收缩,肉质变得紧密,便于保存。

酱油:以其制造方法不同可分为两种,即酿造酱油及配制酱油。由于酿造利用霉菌的作用使大豆及面粉分解而成,有特殊的滋味及豉香味。因此,在广大腊肠生产中建议采用酿造酱油。同时对酱油的微生物、氨态氮等指标均应进行监测。

　　硝酸钠:硝酸盐在细菌的作用下还原成亚硝酸盐,亚硝酸盐具有良好的呈色和发色作用,能抑制腊制品腐败菌的生长,同时能产生特殊的腌制风味,防止脂肪氧化酸败。鉴于亚硝酸盐的安全性问题,生产企业应严格控制硝酸盐的添加量,并严格检测其亚硝酸盐的残留量。

　　肠衣:广式腊肠使用的肠衣,大多采用盐肠衣或干肠衣。盐肠衣富有韧性,产品爽口,口感好。干肠衣是经过腌制、加工、烘干或晒干而成,肠衣薄,身质脆,但品种很多,如蛋白肠衣、单套肠衣、吹晒肠衣等。这要根据供应的地区来选择。由于肠衣涉及广式腊肠的色泽、口感、滋味、外形等问题,同时还牵涉生产成本,所以对肠衣的要求亦很重要。

　　(3)配料。几种腊肠的配方见表 3-20。

kg

表 3-20　腊肠配方

成分	广式腊肠	武汉香肠	哈尔滨香肠	川式腊肠
瘦肉	70	70	75	80
肥肉	30	30	25	20
精盐	2.2	3	2.5	3.0
糖	7.6	4	1.5	1.0
白酒(50°)	2.5	—	0.5	—
汾酒	—	2.5	—	—
曲酒	—	—	—	1.0
白酱油	5	—	—	3.0
酱油	—	—	1.5	—
硝酸钠	0.05	—	—	0.05
硝酸钾	—	0.05	—	—
亚硝酸钠	—	—	0.1	—
味精	—	0.3	—	0.2
生姜粉	—	0.3	—	—
白胡椒粉	—	0.2	—	—
苏砂	—	—	0.018	—
大茴香	—	—	0.01	0.015
小茴香	—	—	0.01	—
花椒	—	—	—	0.1
豆蔻	—	—	0.017	—
桂皮粉	—	—	0.018	0.045
白芷	—	—	0.018	—
丁香	—	—	0.01	—
山萘	—	—	—	0.015
甘草	—	—	—	0.03
荜拔	—	—	—	0.045

　　(4)原料选择与修整。以猪肉为主,最好选用具有较强结着力的不经排酸鲜冻成熟的肉。

瘦肉最好是含肌肉较多、肉质好的腿臀肉。肥肉最好是背部硬膘,这类脂肪熔点高、充实,同前后腿肌肉配料后制成香肠经得起烘烤,不易走油。原料肉应去筋腱、骨头和皮,分割好的肉尽量做到肥肉中不见瘦肉,瘦肉中不见肥肉。瘦肉以 0.4~1.0 cm 的筛板绞碎,肥肉切成 0.6~1.0 cm 大小的肉丁。肥肉丁用 60~80℃ 的热水冲洗浸烫约 10 s,并不断搅动,再用清凉水淘洗,以除去浮油及杂质,沥干水分待用,肥瘦肉要分别存放。

(5)拌馅与腌制。根据配方标准,把肉和辅料混合均匀。可在搅拌时逐渐加入 20% 左右的温水,以调节黏度和硬度,使肉馅更润滑、致密。放置 2~4 h 后,瘦肉变成内外一致的鲜红色,用手触摸有坚实感,不绵软,即完成腌制。此时加入白酒拌匀,即可灌制。

(6)灌制。一般选用猪小肠或羊小肠衣。肠衣质地要求色泽洁白、厚薄均匀、不带花纹、无砂眼等。用干肠衣或盐渍肠衣,在清水中浸泡柔软,洗去盐分后备用。灌肠可采用机械或手动灌制,要求灌馅松紧适宜,防止过紧或过松。

(7)排气。用排气针在湿肠刺孔,排出内部空气。

(8)结扎。每隔 10~20 cm 用细线结扎一道。具体长度依品种规格不同而异。

(9)漂洗。将湿肠用清水漂洗,将香肠外衣上的残留物冲洗干净。一般先用 60~70℃ 水漂洗,然后再在冷水中摆动几次。漂洗晾晒后依次将湿肠分别挂在竹竿上,以便晾晒、烘烤。

(10)晾晒和烘烤。将挂在竹竿上的香肠放在日光下暴晒 2~3 d(如阴雨天可在烘房内烘烤,以免水汽浸入变质),2~4 h 转竿一次,肠与肠之间距离 3~5 cm。晚上送入烘烤房内烘烤,温度保持在 42~59℃。温度不宜过高,温度高脂肪易熔化,而且瘦肉也会烤熟,造成香肠色泽变暗、成品率低;温度过低则难以干燥,易引起发酵变质。一般经过 3 昼夜的烘晒后,再晾挂到通风良好的场所风干 10~15 d 即为成品。

(11)成品与保藏。优质的腊肠色泽光润、瘦肉粒呈自然红色或枣红色;脂肪雪白、条纹均匀、不含杂质;手感干爽、肠衣紧贴、结构紧凑、弯曲有弹性;切面肉质光滑无空洞、无杂质、肥瘦分明、手质感好,腊肠切面香气浓郁,肉香味突出。劣质的腊肠色泽暗淡无光,肠衣内粒分布不均匀,切面肉质有空洞,肉身松软、无弹性,且带黏液,有明显酸味或其他异味。

【相关提示】

腊肠的保鲜期长短主要取决于干湿度、微生物繁殖、脂肪氧化酸败、贮藏条件等。国标中规定腊肠含水分≤25%。在真空包装技术未能充分应用,冷藏设施不配套时,实际生产中腊肠含水分很低,为 8%~15%,现在一般为 14%~16%,水分活性(A_w)为 0.59~0.71,不同质量等级的腊肠水分活性无显著差异。腊肠含水率低、A_w 低、糖和盐较高,有效地抑制了细菌、霉菌的繁殖。实践表明,腊肠的微生物学是安全的。不过,当腊肠暴露在气温较高、相对湿度较高的环境时,表面吸潮易长霉。酸败是影响腊肠贮藏、销售的最主要问题,在较高气温和裸露在空气中时,很容易发生氧化酸败。目前,市场上采用的防止和抑制腊肠脂肪氧化酸败的方法主要有真空包装保鲜、气调包装保鲜法、脱氧剂保鲜法、添加抗氧化剂保鲜法等。

【考核要点】

1. 腊肠生产的工艺流程。

2. 腌制液的配制。

3. 仪器设备的使用与维护。

【必备知识】

一、腌腊制品的特点及种类

1. 腌腊制品的特点

腌腊制品是以鲜、冻肉味主要原料,经过选料修整,配以各种调味品,经腌制、酱制、晾晒和烘焙、保藏成熟加工而形成的一类肉制品,不能直接入口,需经烹饪熟制之后才能食用。腌腊肉制品具有肉质细致紧密,色泽红白分明,滋味咸鲜可口,风味独特,便于携带和贮藏等特点,至今尤为广大群众所喜爱。目前,腌腊早已不单是保藏防腐的一种方法,而成了肉制品加工的一种独特工艺。

2. 腌腊制品的分类

腌腊肉制品的品种繁多,可将其分为中式腌腊肉制品和西式腌腊肉制品两个大类。

(1)中式腌腊肉制品。

①咸肉类。咸肉又称腌肉,是指原料肉经腌制加工而成的生肉制品,食用前需加热熟化。此类制品具有独特的腌制风味,味稍咸,瘦肉呈红色或玫瑰红色。市场上常见的有咸猪肉、咸牛肉、咸羊肉、咸鸡、咸水鸭等。

②腊肉类。腊肉类是原料肉经预处理(修整或切丁),用食盐、硝酸盐类、糖和一些调味料腌制后,再经过晾晒、烘烤(烟熏)等工艺处理而成的生肉制品,食用前需加热熟化。此类制品具有腊香,味美可口,成品呈金黄色或棕红色。市场上常见的主要有以下几类:

a. 中国腊肉。包括腊肉、板鸭、腊猪头等。

b. 腊肠类。它是指以肉类为主要原料,经切块、成丁,配以辅料,灌入动物肠衣再晾晒或烘焙而成的肉制品。腊肠在我国俗称香肠,包括广式腊肠、川式腊肠、哈尔滨香肠等。

c. 中式火腿。它是用猪的前、后腿肉经腌制、洗晒、整形、发酵等加工而成的腌腊制品,因产地、加工方法和调料的不同分3种:南腿(以金华火腿为代表)、北腿(以如皋火腿为代表)、云腿(以云南宣威火腿为代表),南腿、北腿的划分以长江为界。中式火腿皮薄柔嫩、爪细、肉质红白鲜艳,具有独特的腌制风味,虽肥瘦兼具,但食之不腻,易于保藏。

(2)西式腌腊肉制品。主要有培根和西式火腿类。

①培根。培根是英文 Bacon 的音译,即烟熏咸猪肉,因为大多是猪的肋条肉制成,所以也叫烟熏肋肉。是将猪的肋条肉整形、盐渍、再经熏干而成的西式肉制品。培根为半成品,相当于我国的咸肉,但有烟熏味,咸味较咸肉轻,有皮无骨,培根外皮油润呈金黄色,皮质坚硬,瘦肉呈深棕色,切开后肉色鲜艳,是西餐菜肴的原料,食用时需再加工。可分为大培根(也称丹麦式培根)、奶培根、排培根、肩肉培根、胴肉培根、肘肉培根和牛肉培根等。

②西式火腿。西式火腿一般由猪肉加工而成,与我国传统火腿的形状、加工工艺、风味等方面有很大不同,习惯上称其为西式火腿。其产品色泽鲜艳、肉质细嫩、口味鲜美、出品率高,适于大规模机械化生产,产品标准化程度高。根据其形式和工艺分为以下几种:

腌腊肉制品是人们喜爱的肉制品,目前肉制品已经实行食品质量安全市场准入管理制度,流通领域有包装的产品标签上均需带有"QS"标志。质量好的腌腊肉制品肉色鲜艳,肌肉呈鲜红色或暗红色,脂肪透明或呈乳白色,肉身干爽结实,富有弹性,指压后无明显凹痕,具有其故有的香味;变质的腌腊肉制品肉色灰暗无光泽,脂肪呈黄色,表面有霉斑。腌腊肉制品含有充足的盐分,而盐中的磷会使骨头变脆,磷与钙是组成人体骨骼的主要成分,两者缺一不可。所以,在食用腌制肉制品的同时,建议多补充含钙丰富的食物,以达到骨质中磷与钙的平衡。食用腌制肉制品后,应该多喝些绿茶、水,或多吃点新鲜蔬菜,以帮助人的消化、吸收。

二、腌制的作用与原理

尽管腌制肉制品种类很多,但其加工原理基本相同。其加工的主要工艺为腌制。其加工的主要工艺为腌制、脱水和成熟。肉的腌制是肉品贮藏的一种传统手段,也是肉品生产中常用的加工方法。通常用食盐或以食盐为主并添加糖、硝酸钠、亚硝酸钠及磷酸盐、抗坏血酸、异抗坏血酸、柠檬酸等,在提高肉的保水性及成品率的同时,还可抑制微生物繁殖,改善肉类色泽和风味,使腌肉更加具有特色。

1. 腌制过程中的防腐作用

(1)食盐的防腐作用。腌制的主要用料是食盐,食盐虽然不能灭菌,但一定浓度的盐溶液能抑制多种微生物的繁殖,对腌腊制品有防腐作用。

食盐的防腐作用主要表现在以下几点:

①脱水作用。食盐溶液有较高的渗透压,能引起微生物细胞质膜分离,导致微生物细胞的脱水、变形。

②影响细菌的酶活性。食盐与膜蛋白质的肽键结合,导致细菌酶活力下降或丧失。

③毒性作用。Cl^- 和 Na^+ 均对微生物有毒害作用。Na^+ 的迁移率小,能破坏微生物通过细胞壁的正常代谢。

④离子水化作用。食盐溶于水后即发生解离,减少了游离水分,破坏水的代谢,导致微生物难以生长。

⑤缺氧的影响。食盐的防腐作用还在与氧气不容易溶于食盐溶液中,溶液中缺氧,可以防止好氧菌的繁殖。

以上这些因素都影响到微生物在盐水中的活动,但是食盐溶液仅仅能抑制微生物的活动,而不能杀死微生物,不能消除微生物污染对肉的危害,不能制止引起肉腐败的某些微生物的繁殖。

(2)硝酸盐和亚硝酸盐的防腐作用。硝酸盐和亚硝酸盐可以抑制肉毒梭状芽孢杆菌的生长,也可以抑制许多其他类型腐败菌的生长。这种作用在硝酸盐浓度为 0.1% 和亚硝酸盐浓度为 0.1% 左右时最为明显。肉毒梭状芽孢杆菌能产生肉毒梭菌霉素,这种毒素具有很强的致死性,对热稳定,大部分肉制品进行热加工的温度仍不能杀灭它,而硝酸盐能抑制这种毒素的生长,防止食物中毒事故的发生。

硝酸盐和亚硝酸盐的防腐作用受 pH 的影响很大,腌肉的 pH 越低,食盐含量越高,硝酸盐和亚硝酸盐对肉毒梭菌的抑制作用就越大。在 pH 为 6 时,对细菌有明显的抑制作用;当 pH 为 6.5 时,抑菌能力有所降低;在 pH 为 7 时,则不起作用。

(3)微生物发酵的防腐作用。在肉品研制过程中,由于微生物代谢活动降低了 pH 和水分活度,部分抑制了腐败菌和病原菌的生长。在腌制过程中,能发挥防腐功能的微生物发酵主要是乳酸发酵、轻度的酒精发酵和微弱的醋酸发酵。

(4)调味香辛料的防腐作用。许多调味香辛料具有抑菌或杀菌作用,如生姜、花椒、胡椒等都具有一定的抑菌效力。

2. 腌制的呈色作用

(1)硝酸盐和亚硝酸盐的发色作用。肉类的红色是有肌红蛋白及血红蛋白所呈现的一种感官性状。肌红蛋白是表现肉颜色的主要成分。新鲜肉呈现还原性肌红蛋白的颜色为紫红色。还原性肌红蛋白性质不稳定,易被氧化。还原性肌红蛋白分子中二价铁离子上的结合水可被分子状态的氧置换,形成氧合肌红蛋白(高铁肌红蛋白),呈褐色,如再进一步氧化,则成氧化卟啉,呈黄色或绿色。但氧化肌红蛋白在还原剂的作用下,也可以被还原成原型肌红蛋白。

肌红蛋白和血红蛋白都是血红素与珠蛋白的结合物,珠蛋白对血红素有保护作用,故鲜肉能保持一段时间鲜红色不变。但珠蛋白受热易变性,变性后的珠蛋白失去抗氧化能力,血色素很快被氧化褪色呈灰色。为了使肉制品保持鲜艳的颜色,在加工过程中,往往添加硝酸盐或亚硝酸盐进行还原和稳色。

硝酸盐在肉中脱氮菌(或还原物质)的作用下,被还原成亚硝酸盐,亚硝酸盐在一定的酸性条件下被分解成亚硝酸,亚硝酸很不稳定,容易分解产生亚硝基,亚硝基很快与肌红蛋白反应生成鲜艳红色的亚硝基肌红蛋白。亚硝基肌红蛋白遇热后颜色稳定不褪色。换言之,就是在肌红蛋白被氧化成高铁肌红蛋白之前先行稳色。

$$NaNO_3 \xrightarrow{\text{脱氮菌还原}(+2H)} NaNO_2 + H_2O$$
$$NaNO_2 + CH_3CH(OH)COOH \longrightarrow HNO_2 + CH_3CH(OH)COONa$$
$$3HNO_2 \xrightarrow{\text{不稳定分解}} H^+ + NO_3^- + 2NO + H_2O$$
$$NO + \text{肌红蛋白(血红蛋白)} \longrightarrow NO\text{肌红蛋白(血红蛋白)}$$

亚硝酸盐能使肉发色迅速,但呈色作用不稳定,适用于生产过程短而不需要长期贮藏的肉制品,对那些生产周期长和需长期保藏的制品,最好使用硝酸盐。现生产中广泛采用混合盐料。

(2)抗坏血酸及其钠盐的助色作用。肉制品中常用抗坏血酸、异抗坏血酸及其钠盐、烟酰胺等作发色助剂,其助色机理与亚硝酸盐的发色过程紧密相连。由上述反应式可知,NO的量越多,则呈红色的物质越多,肉色越红。从第三个反应式可知,亚硝酸经自身氧化反应,只有一部分转化成NO,而另一部分则转化成了硝酸,硝酸具有很强的氧化性,使红色素中的还原型铁离子(Fe^{2+})被氧化成氧化型铁离子(Fe^{3+}),而使肉的色泽变褐。并且生成的NO可以被空气中的氧氧化成NO_2,进而与水生成硝酸和亚硝酸,反应结果不仅减少了NO,而且又生成了氧化性很强的硝酸。

$$2NO + O_2 \longrightarrow 2NO_2$$
$$2NO_2 + H_2O \longrightarrow HNO_3 + HNO_2$$

发色助剂具有较强的还原性,其助色作用是促进NO的生成,防止NO及亚铁离子的氧化。它能促使亚硝酸盐还原成一氧化氮,并创造厌氧条件,加速亚硝基肌红蛋白的形成,完成助色作用。烟酰胺也能形成烟酰胺肌红蛋白,使肉呈红色,同时使用抗坏血酸和烟酰胺助色效果更好。

抗坏血酸的使用量一般为$0.02\% \sim 0.05\%$,最大使用量为0.1%。

腌腊制品因其含水量低,呈色物质浓度较高。因此,比其他肉制品色泽更鲜亮。肥肉经成熟后,常呈白色或无色透明,更使腌腊肉制品色泽红白分明。

3. 腌制的呈味作用

肉经腌制后形成了特殊的腌制风味。在通常条件下,出现特有的腌制香味需腌制$10 \sim 14\,d$,腌制$21\,d$香味明显,$40 \sim 50\,d$达到最大程度。香味和滋味是评定腌制品质量的重要指标,对腌制风味形成的过程和风味物质的性质目前尚没有一致结论。一般认为,这种风味是在组织酶、微生物产生的酶的作用下,由蛋白质、浸出物和脂肪变化成的络合物形成的。在腌制过程中发现有羰基化合物的积聚。随着这些物质含量的增加,风味也有所改善。因此,腌肉中少量羰基化合物使其气味部分地有别于非腌肉。

腌肉在腌制过程中加入的亚硝酸盐也参与其风味的形成,亚硝酸盐的存在导致风味的不同是由于它干扰了不饱和脂肪酸的氧化,可能使血红素催化剂失活。加亚硝酸盐腌制的火腿,羰基化合物的含量是不加的2倍。影响风味形成的因素还有盐水浓度,低浓度的盐水腌制的猪肉制品其风味比高浓度腌制的好。

三、腌制的方法

腌制方法随着肉制品种类及消费者口味的不同,而大致归纳为干腌法、湿腌法、注射腌制法及混合腌制法4种方法。无论采用哪种方法,都要求腌制剂均匀渗透到肉品内部,腌制过程才能结束。肉品腌制后既可以提高它的耐藏性,同时又可以改善肉品的色泽、质地、风味。

1. 干腌法

干腌法是利用食盐或盐-硝混合盐,均匀地涂擦在肉块的表面上,而后逐层堆放在腌制容器里,各层之间再均匀地撒上盐,压实,通过肉中的水分将其溶解、渗透而进行腌制的方法,整个腌制期间没有加水,故称干腌法。在食盐的渗透压和吸湿性的作用下,肉的内部渗出部分水分、可溶性蛋白质、矿物质等,形成了盐溶液,使盐分向肉内渗透至浓度平衡为止。在腌制过程中,需要定期将上、下层肉品翻转,以保证腌制均匀,整个过程也称"翻缸"。翻缸的同时,还要加盐复腌,复腌的次数视产品的种类而定,一般2~4次。我国传统的金华火腿、咸肉、风干肉等都采用这种方法。腌制后制品的重量减少,并损失一定量的营养物质(15%~20%)。损失的重量取决于脱水的程度、肉块的大小等。原料肉越瘦、温度越高损失重量越大。

干腌法的优点是操作简单,制品较干爽,蛋白质损失少,易于贮藏,风味较好。缺点是咸度不均匀,腌制时间较长,色泽较差,制品的重量和养分减少,盐不能重复利用。

2. 湿腌法

湿腌法即盐水腌制法。就是将盐及其他配料配成一定浓度的盐水卤,然后将肉浸泡在盐水中,通过扩散和水分转移,让腌制剂渗入肉品内部,以获得比较均匀的分布,直至它的浓度最后和盐液浓度相同的腌制方法。显然,腌制品内的盐分取决于腌制的盐液浓度。盐水的浓度是根据产品的种类、肉的肥度、温度、产品保藏的条件和腌制时间而定。

湿腌的优点是渗透速度快,腌肉时肉质柔软,腌制后的肉盐分均匀,腌渍液再制后可重复使用。缺点是其制品的色泽和风味不及干腌制品,腌制时间比较长,蛋白质流失较大,含水量高,不易保藏。

3. 注射腌制法

注射腌制法是为了加速腌制液渗入肉的内部,先将盐水注射到肉品内部,再放入盐水中腌制。注射法分动脉注射腌制法和肌肉注射腌制法两种。

(1)动脉注射腌制法。此法是用泵将盐水或腌制液经动脉系统压送入分割肉或腿肉内的腌制方法。但一般分割胴体并不考虑原来的动脉系统的完整性,故此法只能腌制前后腿。

注射时将注射用的单一针头插入前后腿上的股动脉的切口内,然后将盐水或腌制液用注射泵压入腿各部位上,使其质量增加8%~10%,有的增加20%左右。腌制液除水外,还有食盐、糖和硝酸钠或亚硝酸钠(后两者可同时采用)。为了提高肉的保水性和产量,还可增用磷酸盐。若腌制后不久即烟熏,硝酸盐可以改用亚硝酸盐,以使其迅速发色。

此法的优点是腌制液能迅速渗透肉的深处,腌制速度快,并且不破坏组织的完整性,得率较高。缺点是只能用于腌制血管系统没有损伤、放血良好的前后腿,胴体分割时还要注意保证动脉的完整性,产品容易腐败变质,必须进行冷藏。

(2)肌肉注射腌制法。此法有单针头和多针头注射法两种。肌肉注射用的针头大多为多孔的。单针头注射法适合于分割肉,一般每块肉注射 3～4 针,每针注射量为 80 g 左右,以增重 10%左右为准;多针头注射法最适合于形状整齐的去骨肉,肋条肉最合适。腌制过程中采用揉搓的方法,加速腌制液进入肌肉组织。

肌肉注射法可以降低操作时间,提高生产效率,降低生产成本,但其成品质量不及干腌制品,风味较差,煮熟后肌肉收缩程度大。

4. 混合腌制法

混合腌制是采用干腌法和湿腌法相结合的方法,或注射盐水后,再将盐涂擦在肉品表面,而后放在容器内腌制的方法。

混合腌法可以增加制品贮藏时的稳定性,防止产品过多脱水,营养成分流失少,成品色泽好,咸度适中,但操作较复杂。

四、腌制过程的质量控制

1. 食盐的纯度

食盐中除氯化钠外,还有镁盐和钙盐等杂质,在腌制过程中,它们会影响食盐向肉块内渗的速度。因此,为了保证食盐能够迅速渗入肉内,应尽可能选用纯度较高的食盐,以有效防止肉制品腐败。食盐中不应有微量铜、铬存在,它们的存在有利于腌腊制品中脂肪的氧化腐败。食盐中硫酸镁和硫酸钠过多还会使腌制品具有苦味。

2. 食盐的使用量

盐水中盐分浓度常根据相对密度表即波美表确定。但是腌肉时用的是混合盐,其中含有糖分、硝酸钠、亚硝酸钠、抗坏血酸等,对波美度读数有影响。盐水中加糖后所提高的波美度值相当于同样加盐量的一半。硝酸盐、亚硝酸盐、抗坏血酸等虽然对波美度读数也有影响,由于含量还不足以对计算盐水浓度产生明显的影响,可以不计。

腌制时食盐用量需根据腌制目的、环境条件、腌制品种类和消费者口味而有所不用。腌制时温度高,用量宜大些;温度低,用量可适当降低。为了达到完全防腐的目的,要求食品内盐分的浓度至少在 7%以上。因此,所用盐水浓度至少在 25%以上。但是一般来说,盐分过高就难以食用。从消费者能接受的腌制品咸度来看,其盐分以 2%～3%为宜,现在腌制品一般趋向于低盐水浓度腌制。

3. 硝酸盐和亚硝酸盐的使用量

肉制品的色泽与发色剂的使用量相关,用量不足时发色效果不理想,为了保证肉色理想,亚硝酸钠最低用量为 0.05 g/kg,为了确保使用安全,我国国家标准规定:亚硝酸钠最大使用量为 0.15 g/kg,而硝酸盐使用量相对亚硝酸盐大一些,腌肉时硝酸钠最大使用量为 0.5 g/kg。在安全范围内使用发色剂的量和原料肉的种类、加工工艺条件及气温情况等因素有关。一般气温越高,呈色作用越快,发色剂添加量可适当减少。

4. 腌制添加剂

加烟酸和烟酰胺可形成比较稳定的红色,但这些物质无防腐作用,还不能代替亚硝酸钠。蔗糖和葡萄糖也可影响肉色强度和稳定性。另外,香辛料中的丁香对亚硝酸盐有消色作用。

5. 温度

虽然高温下腌制速度较快,但就肉类来说,它们在高温条件下极易腐败变质。为防止在食盐渗入肉内之前就出现腐败变质现象,腌制应在低温环境条件下(10℃以下)进行。有冷藏库时肉类宜在2~4℃条件下进行腌制。

6. 其他因素

肉的 pH 会影响发色效果,因亚硝酸钠只有在酸性介质中才能还原成 NO,所以当 pH 呈中性时肉色就淡。在肉品加工中为了提高肉制品的保水性,常加入碱性磷酸盐,加入后会引起 pH 升高,影响呈色效果。如肉的 pH 过低,亚硝酸盐消耗增大,如亚硝酸盐使用过量,易引起肉色变绿,发色的最适 pH 范围一般为 5.6~6.0。

另外,肉类腌制时,保持缺氧环境有利于避免褪色。当肉类无还原物质存在时,暴露于空气中的肉表面的色素就会氧化,并出现褪色现象。

综上所述,在腌制时,必须根据腌制时间长短,选择合适的发色剂,掌握适当的用量,在适宜的 pH 条件下严格操作。并且要注意采用避光、低温、添加抗氧化剂,真空包装或充氮包装,添加去氧剂脱氧等方法,以保持腌肉的质量。

在肉品加工中,腌制是非常重要的加工环节,通过腌制,可使肉类改善风味、色泽并能提高耐贮性。腌制同时也可拮抗肉毒梭状芽孢杆菌,以防止腌肉可能造成的病原菌传播。腌制在腌腊制品的加工中是一个关键技术,直接关系着成品的色香味形等感官品质。

【相关知识】

一、中式火腿

中式火腿是选用带皮、带骨、带爪的鲜猪肉后腿作为原料,经修割、腌制、洗晒(或晾挂风干)、发酵、整修等工序加工而成的,具有独特风味的生肉制品。中式火腿皮薄肉嫩、爪细、肉质红白鲜艳、肌肉呈玫瑰红色,具有独特的腌制风味,虽肥瘦兼具,但食而不腻,易于保藏。

中式火腿是我国著名的传统腌制制品,品种繁多,但没有统一的划类,概括起来大致可按以下几个方面来划分。

①因产地不同而分为 3 种:南腿,以金华火腿为正宗;北腿,以苏北如皋火腿为正宗;云腿,以云南宣威火腿为正宗。南腿、北腿的划分以长江为界。除三大著名火腿外,还有始产于浙江东阳县上蒋村而得名的蒋腿,产于云南鹤庆县的鹤庆圆腿等。

②按加工方法和所用辅料不同,有竹叶熏腿、熏腿、糖腿、甜酱腿、川味火腿等。

③按加工原料不同分,有用猪前腿为原料加工的风腿,用狗后腿加工的戌腿、用猪尾加工的小火腿。

④按投料腌制时间分,有腌制于初冬的早冬腿,腌制于隆冬的正冬腿,腌制于立春以后的早春腿,腌制于春分以后的晚春腿等。

⑤以火腿修割加工成成品后的外形分,有竹叶形的竹叶腿,琵琶形的琵琶腿,圆形的圆腿等。

下面介绍几种著名火腿。

1. 金华火腿

金华火腿产于浙江省金华地区,最早在金华、东阳、义务、兰溪、浦江、永康、武义、汤溪等地加工,这8个县属当时金华府管辖,故而得名。金华火腿相传起源于宋代,距今已有800余年的历史,由于火腿名贵,当时大都作为官礼,因此有"贡腿"之称。早在清朝光绪年间,本品已畅销日本、东南亚和欧美等地,1915年在巴拿马国际商品博览会上荣获一等优胜大奖,1985年又荣获中华人民共和国金质奖。金华火腿皮色黄亮,肉色似火,素以造型美观,做工精细,肉质细嫩,味淡清香而著称于世。金华火腿的品种很多,分类标准不一,按腌制季节可分为以下几类。

早冬腿:在农历冬至以前(11~12月)腌制,这种火腿味道差,贮藏期短。

正冬腿:在农历冬至到立春期间(1~2月)腌制,由于此时温度有利于晾晒,这种火腿皮面光滑,颜色棕黄,贮藏时间长,味道最佳。

早春腿:立春以后(2~3月)腌制。

晚春腿:在农历春分以后(3月以后)腌制。

(1)工艺流程。

原料选择→鲜腿修整→腌制(上盐6~7次)→洗晒→整形→发酵→修整→保藏。

(2)操作要点。

①原料的选择与切割。火腿主要原料是鲜猪后腿,配料是食盐、硝。原料是决定成品质量的重要因素,应选择脚细、皮薄、肌肉多、脂肪少、肉质细嫩的鲜猪腿,最好是饲养一年以上的成年猪后腿。金华地区所产的两头乌猪,具备上述的特点,是原料的首选。其皮薄骨细,腿心股骨部饱满,精多肥少,膘厚适中,腿坯重5.5~6.0 kg为好。

选择经兽医卫生检验合格的金华猪,屠宰后,前腿沿第二颈椎节处将前颈肉切除,在第6条肋骨处将后端切下,将胸骨连同肋骨末端的软骨切下,形状为方形,俗称方腿;后腿是先在最后一节腰椎骨节处切开,然后沿大腿内斜向下切。切下的鲜猪腿不能立即腌制,必须吊挂在6~10℃通风处冷却12~18 h后方可进行整理加工。冷却后的肌肉进入成熟阶段,肉的pH下降,有利于食盐的渗透。

②修整。金华火腿对外形要求严格。刚验收的鲜腿粗糙,必须初步整形后再进入腌制工序。主要是除去前、后腿上的残毛和脚蹄间的细毛,挤出血管内残留的淤血,削平耻骨,斩去脊骨,割去浮油和油膜,将腿修成"琵琶"形。修整时要注意不要损伤肌肉面,仅露出肌肉表面为限。鲜猪腿修整不仅使火腿具有完美的外形,而且对腌制火腿的质量及加速食盐的渗透都有一定作用。

③腌制。腌制是加工火腿最重要的工艺环节。根据不同气温,恰当地控制时间、加盐数量、翻倒次数是加工火腿的技术关键。金华火腿采用干腌堆叠法用盐-硝混合盐腌制。在正常气温条件下,金华火腿在腌制过程中共上盐并翻到七次。上盐主要是前三次,其余四次是根据火腿大小、气温差异和不同部位而控制盐量。总用盐量占腿重的9%~10%。腌制时间30~40 d(根据腿坯重量而定)。腌制火腿的最适宜温度应是3~8℃。气温升高时,用盐量增加,但腌制期缩短。

a. 第一次上盐。第一次用盐量占总用盐量的15%~20%,将鲜腿露出的全部肉面上均匀地撒上一薄层盐。敷完盐后,肉面朝上层层堆叠起来,每层之间垫以竹条,10~14层,腌制约1 d。目的是使肉中的水分和淤血排出。上盐后若气温超过20℃以上,表面食盐在12 h左右就溶化时,必须立即补充擦盐。这次用盐要少而均匀,因为这时腿肉含水分较多,盐撒多了,难停留,会被水分冲流而落盐,起不到深入渗透的作用。

b. 第二次上盐。在第一次上盐 24 h 后进行,用盐量约占总用盐量的 50%~60%,重点在腰荐骨、耻骨关节、大腿上部三个部位多撒盐。第二次上盐后肌肉变化比较严重,颜色呈暗红色,肌肉由于脱水收缩变得紧实,中间厚处肌肉凹下,四周脂肪凸起而丰满,腌制约 3 d。

c. 第三次上盐。根据火腿大小及三签处余盐情况控制用盐量。火腿较大、脂肪层较厚、三签处余盐少者适当增加盐量,一般在 15% 左右。腌制约 7 d。每次上盐后应重新倒堆,上、下层之间互相调换。

d. 第四次上盐。第三次上盐堆叠 4~5 d 后,进行第四次上盐。用盐量少,一般占总用盐量的 5% 左右。经上下翻堆后调整腿质、温度,并检查三签处上盐溶化程度。此时可以检查腌制的效果,用手按压肉面,有充实坚硬的感觉,说明已经腌透;如不够再补盐,并抹去腿皮上黏附的盐,以防腿的皮色不光亮。此时堆叠层数可适当增高,以加大压力,促进盐的渗透。

e. 第五、第六次上盐。主要检查盐分是否全部渗透,分别间隔 7 d 左右。当第五、第六次上盐时,上盐部位更明显地收拢在三签头部位,露出更大的肉面。此时火腿大部分已腌透,只是脊椎骨下部肌肉处还要敷盐少许。火腿肌肉颜色由暗红色变成鲜艳的红色,小腿部变得坚硬呈橘黄色。经六次上盐后,重量小的可以进入洗腿工序,大腿坯可进行第七次上盐。在翻倒几次后,经 30~35 d 即可结束腌制。

腌制火腿应注意以下几个问题:鲜腿腌制应根据先后顺序堆叠,并标明日期、只数,便于倒堆上盐时不发生错乱、遗漏;腌制擦盐时要有力而均匀,腿皮上切忌用盐,以防火腿制成后皮上无光彩;堆叠时应轻拿轻放,堆叠整齐,以防脱盐;上盐次数与倒堆时间要根据温度变化情况灵活掌握;4 kg 以下的小火腿应当单独腌制堆叠,避免与大、中火腿混堆,以便控制盐量,保证质量。

④洗晒和整形。腌好的火腿要经过浸泡、洗刷、挂晒、印商标、整形等过程。

a. 洗晒。洗腿是将腌好的火腿面上残留的黏附物及污垢、盐渣等清洗掉,共需浸泡和洗刷两次。第一次浸泡水温在 5℃ 左右,浸泡时间 12 h,浸泡后进行洗涮,先脚爪,依次为皮面、肉面,将盐污和油垢刷净,使肌肉表面露出红色。其目的是减少肉表面过多的盐分和污物,使火腿的含盐量适宜。肉面的肌纤维由于洗刷而呈绒毛状,可防止晾晒时水分蒸发和内部盐分向外部的扩散,避免火腿表面出现盐霜。第二次浸泡水温 5~10℃,时间 4 h 左右。如果火腿浸泡后肌肉颜色发暗,说明火腿含盐量小,应缩短浸泡时间;如肌肉面颜色发白而且坚实,说明火腿含盐量较高,应酌情延长浸泡时间。如用流水浸泡,则应适当缩短时间。

洗涮后的火腿要进行吊挂晾晒,吊挂时应相互错开,使肉面朝向阳光,待皮面无水而微干后可打印商标,再晾晒 3~4 h 即可整形。

b. 整形。整形是在晾晒过程中将火腿逐渐校成一定形状,使火腿外形美观。要求将腿骨校直,腿爪弯曲,皮面压平,腿心丰满,腿头与脚对直。整形之后继续晾晒,并不断修割整形,直到形状基本固定、美观为止,并经过挂晒使皮晒成红亮出油,内外坚实。气温在 10℃ 左右时,晾晒 3~4 d。在平均气温 10~15℃ 条件下,晾晒 80 h 后减重 26% 是最好的晾晒程度。

⑤发酵。经过腌制、洗晒和整形等工序后的火腿,在外形、颜色、气味、坚实度等方面尚没有达到应有的要求,特别是没有产生火腿特有的芳香味,与一般咸肉相似。因此,必须经过发酵过程,使水分继续蒸发,同时也使肌肉中蛋白质、脂肪等发酵分解,产生特殊的风味物质,使肉色、肉味、香气更好,形成火腿独特的颜色和芳香气味。将晾晒好的火腿分层吊挂在宽敞通

风的库房发酵 3~4 个月,两腿之间应间隔 5~7 cm,以免相互碰撞。到肉面上逐渐长出绿、白、黑、黄色霉菌时,即完成发酵。如毛霉生长较少,则表示时间不够。发酵时间与温度有很大关系,一般温度越高则所需时间越短。发酵过程中,这些霉菌分泌的酶,使腿中蛋白质、脂肪发生发酵分解作用,从而使火腿逐渐产生香味和鲜味。发酵季节常在 3~8 月,发酵期应注意调节温度、湿度,保证通风。

⑥修整。发酵完成后,皮面呈橘黄色或较淡的肉红色,腿部肌肉干燥而收缩,腿骨外露。为使腿形美观,要进一步将火腿表面修割整齐。此时修整包括:修平耻骨、修整股关骨、修平坐骨、修腿皮,修整后要求达到腿正直,两旁对称均匀,腿身呈竹叶形的要求。

⑦保藏。一般整形后的火腿,按轻重、干燥程度分批落架,分别按大、中、小火腿堆叠在一起,要求腿肉向上,腿皮向下,每堆不超过 15 层,要根据气温不同,定期倒堆。翻堆时将火腿滴下的油涂抹在腿上,使火腿保持油润和光泽,即成新腿。火腿在贮藏期间,发酵成熟过程并未完全结束,如堆叠过夏的火腿就称为陈腿,风味更佳。此时火腿重量约为鲜腿重的 70%。

火腿可以较长期地贮藏,方法可以是悬挂或堆叠,悬挂法易于通风和检查,但占用仓库较多,同时还会因干缩而增大损耗。堆叠法是将火腿交错堆叠成垛。堆叠用的腿床应距地面 35 cm 左右,约隔 10 d 翻倒 1 次。翻倒时要用油脂涂擦火腿肉面,这不仅可保持肉面油润有光泽,同时也可以防止火腿的过分干缩。近年有用动物胶、甘油、安息香酸钠和水加热熔化而成的发光剂涂抹,不但可以防干耗、防腐,还可增加光泽。无论哪种方法都要保持通风干燥,防虫蛀。贮藏期最好不要超过 1 年,如果时间过长火腿不仅色泽变成暗红色,而且脂肪也变得发黄,气味不好。

贮藏时要注意防火、防鼠。以往贮藏基本利用天然条件,近年来的现代化生产正在加强冷藏设备,使用真空软包装材料和保鲜剂及微波技术等措施,延长火腿的货架寿命。目前,火腿用真空包装,于20℃可保存 3~6 个月。

(3)产品质量。火腿的颜色可以鉴别加工季节,冬腿皮呈黄色,肉面酱红色、骨髓呈红色,脂肪黏性小;春腿呈淡黄色,骨髓呈黄色,脂肪黏性大。气味是鉴别火腿品质的主要指标,火腿的气味和咸味可用插签法鉴别。火腿的质量主要从色泽、气味、咸度、组织状态、重量、外形等方面来衡量。金华火腿质量规格标准见表 3-21。

表 3-21 金华火腿质量标准

等级	香味	肉质	重量/(kg/只)	外形
特级	三签香	瘦肉多,肥肉少,腿心饱满	2.5~5.0	竹叶形,皮薄,脚直,皮面平整,色黄亮,无毛,无红疤,无损伤,无虫蛀,无鼠咬,油头少,无裂纹,刀工光洁,样式美观,皮面印章清楚
一级	二签香,一签好	瘦肉较少,腿心饱满	2.0 以上	出口腿无伤疤,内销腿无大红疤,其他要求同特级
二级	一签香,二签好	腿心稍偏薄,腿头部分稍咸	2.0 以上	竹叶形,爪弯,脚直,稍粗,无虫蛀鼠咬,刀工细致,无毛,皮面印章清楚
三级	三签中一签有异味(但无臭味)	腿质较咸	2.0 以上	无鼠咬伤,刀工略粗,印章清楚

2. 其他火腿

(1)如皋火腿(北腿)。产于江苏省如皋县,近似金华火腿,风味较咸。如皋火腿形如琵琶状,皮色金黄,每只重2.5～3.5 kg。在干燥条件下,可存3年以上,以1.5年左右时口味最美。配料是100 kg腿坯用盐17.5 kg,每100 kg盐中加硝1 kg。腌制时分4次用盐,第一次约3 kg,第二次7 kg,第三次6 kg,第四次1.5 kg,采用干腌法制成。

(2)宣威火腿(云腿)。产于云南省的宣威地区,成熟后颜色鲜艳,味咸带甜。其配料是每100 kg腿坯用盐7 kg,不加任何发酵剂。分3次上盐,翻3次。第一次约2.5 kg,第二次3.5 kg,第三次1.0 kg。干腌法制成,用盐是云南的甲灶盐和磨黑盐。腿坯经腌制成熟后(15～20 d)不洗晒,即挂起发酵。端午节后即为成品。

宣威火腿整个加工周期约6个月,火腿发酵成熟后,食用时才有火腿应有的香味和滋味。此时肌肉呈玫瑰红色,色香味俱佳,这时的火腿被称为新腿。每年雨季,火腿都要生绿霉,是微生物和化学分解作用的继续,使火腿质量不断提高,因此以二三年老腿的滋味更好。

宣威火腿形如琵琶状,断面肉色鲜艳,红白分明,肥肉稍带红色。油而不腻,咸中带甜,久藏的瘦肉还可生食。每只重5～6 kg。

二、腊肉

腊肉是我国古老的腌腊肉制品之一,是以鲜肉为原料,经腌制、烘烤而成的肉制品。我国生产腊肉有着悠久的历史,品种繁多,风味各异。选用鲜肉的不同部位都可以制成各种不同品种的腊肉,即使同一品种也因产地不同,其风味、形状等各具特点。以产地可分为广式腊肉(广东)、川味腊肉(四川)和三湘腊肉(湖南)等。广式腊肉的特点是选料严格、色泽美观、香味浓郁、甘甜爽口;四川腊肉其特点是皮肉红黄,肥膘透明或乳白,腊香浓郁、咸度适中;湖南腊肉皮呈酱紫色,肉质透明,肥肉淡黄,瘦肉棕红,味香浓郁,食而不腻。腊肉的品种不同,但生产过程大同小异,原理基本相同。

1. 广东腊肉

广东腊肉亦称广式腊肉。广东腊肉刀工整齐,不带碎骨,无烟熏味及霉斑,每条重150 g左右,长33～35 cm,宽3～4 cm,无骨带皮。色泽金黄、香味浓郁、味鲜甜美、肉质细嫩、肥瘦适中、干爽性脆。

(1)工艺流程。

原料选择→配料→腌制→烘烤或熏制→包装→成品。

(2)操作要点。

①原料选择。选择新鲜优质符合卫生标准,无伤疤、肥膘在1.5 cm以上、肥瘦层次分明的去骨五花肉。一般肥瘦比为5∶5或4∶6。修刮净皮上的残毛及污垢,将腰部肉剔去肋骨、椎骨和软骨,修整边缘,按规格切成长38～42 cm,宽2～5 cm,厚1.3～1.8 cm,每条重200～250 g的薄肉条,并在肉的上端用尖刀穿一小孔,系15 cm长的麻绳,以便于悬挂。

②配料。每100 kg去骨肋条肉,所加腌料如表3-22所示。

③腌制。将辅料倒入拌料器,使固体腌料和液体调料充分混合拌匀,用10%清水溶解配料,待完全溶化后,再把切成条状的肋条肉放在65～75℃的热水中清洗,以去掉脏污和提高肉温,加快配料向肉中渗入的速度。将清洗沥干后的腊肉坯与配料一起放入拌料器中,使已经完全溶化的腌液与腊肉坯均匀混合,使每根肉条均与腌液接触。腌制室温度保持在0～10℃,腌

制时每隔 1～2 h 要上下翻动 1 次,使腊肉能均匀地腌透。腌制时间视腌制方法、肉条大小、腌制温度不同而有所差别,一般在 4～7 h,夏天可适当缩短,冬天可适当延长,以腌透为准。

表 3-22　腊肉腌料配方

配料	重量	配料	重量
白糖	4 kg	白酒(50°)	2.5 kg
盐	3 kg	生抽酱油	3 kg
硝酸钠	50 g	猪油	1.5 kg

④烘烤或熏制。腊肉因肥膘肉较多,烘烤温度不宜过高,烘烤室温度一般控制在 45～55℃,烘烤时间根据肉条的大小而定,通常为 48～72 h,根据皮、肉颜色可判断终点,此时皮干,瘦肉呈玫瑰红色,肥肉透明或呈乳白色。烘烤温度不能过高,以免烤焦或肥肉出油,瘦肉色泽发黑;也不能太低,以免水分蒸发不足,使腊肉变酸。

熏烤常用木炭、锯木粉、糠壳和板栗壳等作为烟熏燃料,在不完全燃烧条件下进行熏制,使肉制品具有独特的香味。

烘烤后的腊肉,送入干燥通风的晾挂室中晾挂冷却,等肉温降到室温即可,如果遇雨天应关闭门窗,以免受潮。

⑤包装。冷却后的肉条即为腊肉的成品,成品率为 70% 左右。优质成品应是肉质光洁、肥肉金黄、瘦肉红亮、皮坚硬呈棕红色,咸度适中,气味芳香。传统腊肉用防潮蜡纸包装,现多用抽真空包装。

(3)质量标准。广式腊肉的质量标准见表 3-23 和表 3-24。

表 3-23　广式腊肉感官指标

项目	一级鲜度	二级鲜度
色泽	色泽鲜明,肌肉呈现红色,脂肪透明或呈乳白色	色泽稍暗,肌肉呈暗红色或咖啡色,脂肪呈乳白色,表面可以有霉点,但抹擦后无痕迹
组织形态	肉身干爽、结实	肉身稍软
气味	具有广东腊肉固有的风味	风味略减,脂肪有轻度酸败味

表 3-24　广式腊肉理化指标

项目	指标	项目	指标
水分/%	≤25	酸价(脂肪以 KOH 计)/(mg/g)	≤4
食盐(以 NaCl 计)/%	≤10	亚硝酸盐(以 $NaNO_2$ 计)/(mg/kg)	≤70

2. 腊牛肉

(1)原料肉的选择和整理。选择符合卫生标准的鲜牛肉,以后腿肉为佳。将牛瘦肉剔除脂肪油膜、肌腱,按肉纹切成长条形,一般为宽 1～5 cm,厚 2～3 cm,长 45 cm 左右。如制牛干巴(云南、贵州、四川和重庆等地的著名特产)则修成扇形,如制四川的丝条牛肉条则需修细如箸。

(2)配料。每 100 kg 鲜瘦肉辅料如表 3-25 所示。

表 3-25　腊牛肉辅料配方　　　　　　　　　　　　　kg

成分	四川（川味）	广州（广味）	长沙（湘味）	昆明（牛干巴）
食盐	6.00	2.80	3.12	7.5
白糖	1.00	3.45	1.40	—
白酒	0.50	1.40	—	1.5～2.0
硝酸钠	0.05	0.03	0.04	—
其他	花椒 0.30	生抽 5	五香粉 0.1	

（3）腌制。将辅料拌匀与肉坯混合均匀，入缸腌制。广味肉块小，腌 4～5 h；湘式肉块稍大，约腌 18 h，8 h 后翻 1 次缸；川味肉块大，约腌 5～7 d，中间翻 1 次缸；牛干巴肉块更大，要用石块压紧，每经 3 d 取出擦 1 次盐，上下翻 1 次，压紧。共擦盐翻缸 5～8 次，腌 15～24 d。

（4）晾晒、烘烤。腌透后的肉坯淘洗干净，穿绳结扣，沥干盐水，暴晒或烘烤脱水。在 40～50℃下约烘 30 h，冷透后即为成品，出品率 45%～50%。

三、板鸭

板鸭又称"贡鸭"，是咸鸭的一种。板鸭制作始于明末清初，距今已有 300 多年的历史，因其风味鲜美而久负盛名，成为我国著名特产，历来为人们所喜爱。板鸭是健康鸭经屠宰、去毛、去内脏和腌制加工而成的一种禽肉的腌腊制品。我国板鸭驰名中外，其中南京板鸭、南安板鸭和重庆白市驿板鸭三大板鸭最负盛名。下面以南京板鸭为例，说明其特点及加工工艺。

1. 板鸭的种类和特点

南京板鸭也称白油板鸭。分为腊板鸭和春板鸭两种。腊板鸭指从小雪到立春，即农历 10 月底到 12 月底加工的板鸭，这种板鸭腌得透，肉质细嫩，可以保存 3 个月的时间。春板鸭指从立春到清明，即农历 1 月底至 2 月底加工的板鸭一般可保存 1 个月左右。目前，加工板鸭的季节性逐渐消失，根据市场需求许多生产企业可常年生产板鸭。

南京板鸭的特点是外形方正，宽阔，体肥皮白，肉红，肉质细嫩、紧密，味香，回味甜。

2. 南京板鸭加工工艺

（1）工艺流程。

原料的选择→宰杀、清洗、浸烫煺毛→内脏整理→腌制→排坯晾挂→成品。

（2）操作要点。

① 原料选择。腌制南京板鸭要选健康、体长、身宽、胸腿肉发达、两腋下有核桃肉、体重在 1.5 kg 以上的当年生活鸭为原料。宰杀前要用稻谷饲养 15～20 d 催肥，使膘肥、肉嫩、皮肤洁白。这种鸭脂肪熔点高，在温度高的情况下也不容易滴油、产生哈喇味。经过稻谷催肥的鸭，叫"白油"板鸭，是板鸭的上品。如果以米糠或玉米为饲料，则板鸭皮肤呈淡黄色，肉质虽嫩但较松散，制成板鸭后，易收缩且易滴油变味。如果以鱼虾为饲料，肉质虽好，但有腥味，影响风味。

②宰杀、清洗、浸烫煺毛。对育肥好的鸭子宰前 12～24 h 停止喂食，只给饮水。活鸭宰杀可采取颈部宰杀或口腔宰杀两种。用电击昏（60～70 V）后宰杀利于放血。浸烫煺毛必须在宰杀后 5 min 内进行。浸烫水温 65～68℃为宜。烫好立即煺毛。煺毛后在冰水缸内泡洗 3 次：第一次约浸泡 10 min，第二次约 20 min，第三次约 1 h。浸洗的目的是洗去皮上残留的污垢，使

皮肤洁白,这时残余的小毛在水中游动,便于拔出,从刀口浸出一部分残留的血液,以及降低鸭体温度,达到"四挺"(即头与颈要挺、胸要挺、左右大腿要挺)的要求,使外形美观。

③内脏整理。

a. 摘取内脏。取内脏前须去翅去脚。在翅和腿的中间关节处把两翅和两腿切除。然后再在右翅下开一长约 4 cm 的直形口子,取出全部内脏并进行检验,合格者方能加工板鸭。

b. 整理。清膛后将鸭体浸入冷水中浸泡 3 h 左右,以浸除体内余血,使鸭体肌肉洁白。而后把浸过的鸭取出悬挂沥去水分,当沥下来的水点少且透明无色时即可。然后将鸭子背向上,腹朝下,头向里,尾朝外放在案板上,用两只手掌放在鸭的胸骨部使劲向下压,将胸部前面的三叉骨压扁,使鸭体呈扁长方形。经过这样处理后的光鸭,体内外全部漂亮干净,既不影响肉的鲜美品质,又不易腐败变质,与板鸭能长期保存有很大关系。

④腌制。

a. 擦盐干腌。将颗粒较大的粗盐放入锅内,按每 100 kg 盐,配 300 g 八角的比例,在热锅上炒至没有水蒸气为止,碾细。擦盐要遍及体内外,一般 2 kg 的光鸭用食盐 125 g 左右。先将90 g 盐(3/4 左右)从右翅下开口处装入腔内,将鸭放在桌上,反复翻动,使盐均匀布满腔体,其余的盐用于体外。其中两条大腿,胸部两旁肌肉,颈部刀口、肛门和口腔内都要用盐擦透。在大腿上擦盐时,要将腿肌由上向下推,使肌肉受压,与盐容易接触,然后叠放在缸中。

b. 抠卤。经过 12 h 的腌制,肌肉内部渗出的血水存留在体内,为使鸭体内的血卤迅速排出,右手提起鸭子的右翅,用左手食指或中指插入肛门内,把腹内血卤放出来,称为抠卤。

c. 复卤。经过抠卤除去血卤的鸭子要进行复卤,也就是用卤水再腌制一次。复卤的方法是将卤水从翼下开口处倒入,将腔内灌满。然后将鸭依次浸入卤缸中,浸入数量不宜太多。以防腌不透。可装 200 kg 卤的缸,复卤 70 只鸭左右。复卤时间的长短应当根据复卤季节、鸭子大小以及消费者的口味来确定。卤是用盐水和调料配制而成,因使用次数多少和时间长短的不同而有新卤和老卤之分。

d. 新卤的配制。用去内脏时浸泡鸭体的血水加盐配制。用量为每 100 kg 水加炒盐35 kg,放入锅内煮沸,使其溶解而成饱和盐溶液。撇去血污与泥污,用纱布滤去杂质,再加配料,每 200 kg 卤水放生姜片 150～200 g,茴香 50 g,八角 50 g,葱 150～200 g,冷却后即成新卤。

e. 老卤。新卤腌制的板鸭,其质量不及老卤的质量好,因为腌制后,部分营养物质渗进卤水中,每煮沸一次,卤中营养成分就浓厚一次,故卤越老,营养成分越浓厚。每批鸭子在卤中相互渗透,吸收,促使板鸭味道鲜美。卤水每腌一批(4～5 次),就必须烧煮一次,卤中盐的浓度以保持 22～25°Bé 为宜,不足的应即补充。腌板鸭的盐卤以保持澄清为原则,撇去浮面血污,否则卤水会变质发臭。

⑤滴卤叠坯。鸭体在卤缸中经过规定时间腌制后即要出缸。将鸭体从缸中取出,用前面抠卤的方法,将鸭体腔内的卤水倒入卤缸中。用手将鸭体压扁,然后依次叠入缸中,称为叠坯。一般叠坯时间为 2～4 d,接着进行排坯。

⑥排坯晾挂。叠坯后,将鸭体由缸中提出,挂在木架上,用清水洗净,用手把颈部排开,胸部排平,双腿理开,肛门处排成球形,再用清水冲去表面杂质,然后挂在太阳晒不到的通风处晾干称其为排坯。鸭子晾干后要再复排一次。排坯的目的在于使鸭体外形美观,同时使鸭子内部通气。排坯后进行整形,并加盖印章,挂在仓库里保管。

晾挂指将经排坯、盖印的鸭子晾在仓库内。仓库四周要通风,不受日晒雨淋。架子中间安装木档,木档之间距离保持 50 cm,木档两边钉钉,两钉距离 15 cm。将盖印后的鸭子挂在钉上,每只钉可挂鸭坯 2 只,在鸭坯中间加上木棍 1 根(约有中指粗细),从腰部隔开,吊挂时必须选择长短一致的鸭子挂在一起。这样经过 2～3 周后即为成品。

(3)产品贮藏。板鸭在库房中的放置方法有两种:晾挂和盘叠。贮藏时要注意控制库房的温度和湿度,温度过高会使板鸭滴油产生哈喇味,湿度过大容易使板鸭回潮,出现发黏、生霉现象。销售时可采用真空分割小包装或熟化包装,以便于携带、食用。

(4)成品质量。南京板鸭的化学成分:水分 30.2%;蛋白质 12%;脂肪 45.2%;灰分 6.4%;盐(以 NaCl 计)5.8%。成品要求表皮光白,肉红,有香味,全身无毛,无皱纹,人字骨扁平,两腿直立,腿肌发硬,胸骨凸起,禽体呈扁圆形。

四、咸肉

咸肉是以鲜猪肉或冻猪肉为原料,用食盐和其他调料腌制不加烘烤脱水工序而成的生肉制品。食用时需加热。咸肉的特点是用盐量多,它既是一种简单的贮藏保鲜方法,又是一种传统的大众化肉制品,在我国各地都有生产,其品种繁多,式样各异。著名的咸肉如浙江咸肉(也叫家乡南肉)、江苏如皋咸肉(又称北肉)、四川咸肉、上海咸肉等。咸肉可分为带骨和不带骨两大类。根据其规格和部位又可分为"连片"、"段头"、"小块咸肉"、"咸腿"。

连片是指整个半片猪胴体,无头尾,带皮带骨带脚爪。腌成后每片重在 13 kg 以上。

段头是指不带后腿及猪头的猪肉体,带皮带骨带前爪。腌成后重量在 9 kg 以上。

小块咸肉是指带皮带骨,每块重 2.5 kg 左右的长条腌制品。

咸腿也称香腿,是猪的后腿,带皮带骨带爪,腌成后重量不低于 2.5 kg。

1. 咸肉的一般加工工艺

(1)工艺流程。

原料选择→开刀门→腌制→成品。

(2)操作要点。

①原料选择。若为新鲜猪肉,必须摊开凉透;若是冻猪肉,必须经解冻微软后再行分割处理。然后对猪胴体进行修整,先削去血脖部位的碎肉、污血,再割除血管、淋巴、碎油及横膈膜等。

②开刀门。为了加速腌制,可在肉上割出刀口,俗称开刀门。刀口的大小、深浅和多少取决于腌制时的气温和肌肉的厚薄。一般气温在 10～15℃时应开刀门,刀口可大而深,以加速食盐的渗透,缩短腌制时间;气温在 10℃以下时,少开或不开刀门。

③腌制。在 3～4℃条件下腌制。温度高,腌制过程快,但易发生腐败。用盐量为每100 kg原料肉加食盐 14～20 kg,硝酸钠用量为 50 g 左右。腌制时先用少量盐擦匀,待排出血水后再擦上大量食盐,堆垛腌制。腌制过程中每隔 4～5 d,上下互相调换一次,同时补撒食盐,经过 25～30 d 即可腌成。成品率 90%。

2. 浙江咸肉的加工

(1)原料选择。选择新鲜整片猪肉或截去后腿的前、中躯做原料。

(2)修正。斩下后腿用作加工咸腿或火腿的原料。剩余部分剔去第一队肋骨,挖去脊髓,割去碎油脂,去净污血肉、碎肉和剥离的膜。

(3)开刀门。从肉面用刀划开一定深度的若干刀口。肉体厚,气温在 20℃以上时,刀口深而密;15℃以下刀口浅而小;10℃以下少开或不开刀口。

(4)腌制。100 kg 鲜肉用细粒盐 15～18 kg,分三次上盐。

a. 第一次上盐(出水盐)。将盐均匀地擦抹于肉表面。

b. 第二次上盐。于第一次上盐的次日进行。沥去盐液,再均匀地上新盐。刀口处塞进适量盐,肉厚部位适当多撒盐。

c. 第三次上盐。于第二次上盐后 4～5 d 进行。肉厚的前躯要多撒盐,颈椎、刀门、排骨上必须有盐,肉片四周也要抹上盐。每次上盐后,将肉面向上,层层压紧整齐地堆叠。

第二次上盐后 7 d 左右为半成品,特称嫩咸肉。以后根据气温,经常检查翻堆和再补充盐。从第一次上盐到腌至 25 d 即为成品。出品率约为 90%。

浙江咸肉皮薄、肉嫩,颜色嫣红,肥肉光洁,色美味鲜,气味醇香,能久藏。如皋、上海咸肉亦是选用大片猪肉,加工方法大同小异。

3. 成品的规格、贮藏和检验指标

咸肉的规格首先是外观、色泽和气味应符合质量要求。外观要求完整清洁,刀工整齐,肌肉紧实,表面无杂物、无霉菌、无黏液。

色泽要求肉红、膘白,如肉色发暗、脂肪发红,即为腐败变质现象。

咸肉的检验指标见表 3-26 和表 3-27。

表 3-26　咸肉感官指标

项目	一级鲜度	二级鲜度
外观	外表干燥清洁	外表稍湿润,发黏,有时有霉点
色泽	有光泽,肌肉呈红色或暗红色,脂肪切面白色或微红色	光泽较差,肌肉呈咖啡色或暗红色,脂肪微带黄色
组织形态	肉质紧密而坚实,切面平整	肉质稍软,切面尚平整
气味	具有鲜肉固有的风味	脂肪有轻度酸败味,骨周围组织稍具酸味

表 3-27　咸肉理化指标

项目	一级鲜度	二级鲜度
挥发性盐基氮/(mg/100 g)	≤20	≤45
亚硝酸盐(以 $NaNO_2$ 计)/(mg/kg)	≤70	≤70

咸肉的贮藏方法有堆垛法和浸卤法。堆垛法是在咸肉水分干燥后,堆放在－5℃的冷库中,可贮藏 6 个月,损耗量为 2%～3%。浸卤法是将咸肉浸放在 24～25°Bé 的盐水中。这种方法可以延长保藏期,使肉色保持红润,没有重量损失。

五、培根

培根是西式肉制品三大主要品种(火腿、灌肠、培根)之一,其风味除带有适口的咸味之外,还具有浓郁的烟熏香味。培根外皮油润呈金黄色,皮质坚硬,瘦肉呈深棕色,质地干硬,切开后肉色鲜艳。

培根主要有大培根(也称丹麦式培根)、排培根和奶培根 3 种,制作工艺相似。

1. 工艺流程

选料→初步整形→腌制→浸泡→清洗→剔骨、修刮、再整形→烟熏。

2. 操作要点

(1)选料。选择经兽医卫生检验合格的中等肥度猪,经屠宰后吊挂预冷。前端从第3肋骨,后端到腰荐骨之间斩断,割除奶脯为大培根坯料。前端从第5肋骨,后端到最后荐椎处斩断,去掉奶脯,再沿距背脊13～14 cm处分斩为两部分,上为排培根坯料,下为奶培根坯料。

膘厚标准:最厚处大培根以3.3～4.0 cm为宜,排培根以2.5～3.0 cm为宜,奶培根以2.5 cm为宜。

(2)初步整形。修整坯料,使四边基本成直线,整齐划一,并修去腰肌和横膈膜。原料肉重量:大培根为8～11 kg,排培根2.5～4.5 kg,奶培根2.5～5 kg。

(3)腌制。腌制室温保持在0～4℃。

①干腌。将食盐(加1‰NaNO₃)撒在肉坯表面,用手揉搓,使均匀周到。每块肉坯用盐约100 g,大培根加倍,然后摊在不透水浅盘内,腌制24 h。

②湿腌。用密度1.125～1.135 g/cm³(16～17°Bé)(其中每100 kg液中含NaNO₃ 70 g)的食盐液浸泡干腌后的肉坯,盐液用量约为肉重量的1/3。浸泡时间与肉块厚薄和温度有关,一般为2周左右。在湿腌期需翻缸3～4次。其目的是改变肉块受压部位,并松动肉组织,以加快盐类的渗透、扩散和发色,使腌液咸度均匀。

(4)浸泡、清洗。将腌制好的肉坯用25℃左右清水浸泡30～60 min。其目的是使肉坯温度升高,肉质变软,表面油污溶解,便于清洗和修刮;熏干后表面无"盐花",提高产品的美观性;软化后便于剔骨和整形。

(5)剔骨、修刮、再整形。培根的剔骨要求很高,只允许用刀尖划破骨表的骨膜,然后用手轻轻板出。刀尖不得刺破肌肉,否则生水侵入而不耐保藏。修刮是刮尽残毛和皮上的油腻。因腌制、堆压使肉坯形状改变,故需再次整形,使四边呈直线。至此,便可穿绳、吊挂、沥水,6～8 h后即可进行烟熏。

(6)烟熏。烟熏室温一般保持在60～70℃,约经8 h左右。出品率约83%。如果贮存,宜用白蜡纸或薄尼龙袋包装。不包装,吊挂或平摊,一般可保存1～2个月,夏天1周。

【扩展知识】

腌腊肉制品卫生标准

1. 范围

本标准规定了腌腊肉制品的定义、指标要求、食品添加剂、生产加工过程的卫生要求、标识、包装、运输、贮存和检验方法。

本标准适用于以鲜(冻)畜禽肉为主要原料,加入辅料,经腌制、脱水或其他加工方式制成(未经熟制)的种类肉制品。

2. 规范性引用文件

下列文件中的条款通过本标准的引用而成为本标准的条款。凡是注日期的引用文件,随后所有的修改单(不包括勘误的内容)或修订版均不适用于本标准,然而,鼓励根据本标准达成协议的各方研究是否可使用这些文件的最新版本。凡是不注日期的引用文件,其最新版本适用于本标准。

GB 191　包装储运图示标志

GB 2760　食品添加剂使用卫生标准

GB/T 5009.3　食品中水分的测定

GB/T 5009.11　食品中总砷及无机砷的测定

GB/T 5009.12　食品中铅的测定

GB/T 5009.15　食品中镉的测定

GB/T 5009.17　食品中总汞及有机汞的测定

GB/T 5009.27　食品中苯并(a)芘的测定

GB/T 5009.33　食品中硝酸盐与亚硝酸盐的测定

GB/T 5009.37　食用植物油卫生标准的分析方法

GB/T 5009.44　肉与肉制品卫生标准的分析方法

GB/T 5009.45　水产品卫生标准的分析方法

GB/T 5009.179　火腿中三甲胺氮的测定

GB 12694　肉类加工厂卫生规范

3. 定义

本标准采用下列定义：

3.1　腊肉：指以鲜(冻)畜禽肉为原料,加入辅料,经腌制、晾晒、烘干或烟熏加工制成的咸肉或腊肉制品。

3.2　火腿：以鲜猪肉后腿为原料,经腌制、洗晒或风干、发酵或不发酵加工而成的具有火腿特有风味的生肉制品。

3.3　灌肠：以鲜(冻)畜(禽)肉为主要原料,经腌制,灌肠、烟熏或不烟熏、晾晒、烘烤等加工而成的香肠、腊肠、香肚等肉制品。

3.4　非烟熏板鸭：以鲜(冻)光鸭为原料,经盐腌、晾晒、制成的鸭制品。

3.5　烟熏板鸭：以鲜(冻)光鸭为原料,经盐腌、晾晒、烘烤制成的鸭制品。

3.6　咸肉：以鲜(冻)畜(禽)肉为主要原料,经盐腌制成的肉制品。

4. 指标要求

4.1　原料要求

4.1.1　原料：应符合相应的国家标准和有关规定。

4.1.2　辅料：应符合相应国家标准或有关规定。

4.2　感官指标

感官指标符合表 3-28 的规定。

表 3-28　感官指标

项　目	要　　求
外观	外表光洁、无黏液、无霉点。灌肠制品的肠衣干燥且紧贴肉
色泽	具有该肉制品应有的光泽,切面的肌肉呈红色或暗红色,脂肪呈白色
组织状态	组织致密,有弹性,无汁液流出,无异物
滋味和气味	具有该产品固有的滋味和气味,无异味,无酸败味

4.3 理化指标

理化指标应符合表 3-29 规定。

表 3-29　理化指标

项　　　目	指　　标
水分/(g/100 g)	
灌肠制品、腊肉	≤25.0
非烟熏板鸭	≤48.0
烟熏板鸭	≤35.0
过氧化值(以脂肪计)/(g/100 g)	
火腿	≤0.25
腊肉、咸肉、灌肠制品	≤0.50
非烟熏、烟熏板鸭	≤2.50
酸价(以脂肪计)/(mg/g)	
灌肠制品、腊肉、咸肉非烟熏,烟熏板	≤4.0
非烟熏、烟熏板鸭	≤1.6
三甲胺氮/(mg/100 g)	
火腿	≤2.5
苯并(a)芘[a]/(μg/kg)	≤5
铅(Pb)/(mg/kg)	≤0.2
无机砷/(mg/kg)	≤0.05
镉(Cd)/(mg/kg)	≤0.1
总汞(以 Hg 计)/(mg/kg)	≤0.05
亚硝酸盐残留量	按 GB 2760 的规定执行

[a] 仅适用于经烟熏的腌腊肉制品。

5. 食品添加剂

5.1　食品添加剂质量应符合相应的标准和有关规定。

5.2　食品添加剂的品种和使用量应符合 GB 2760 的规定。

6. 食品生产加工过程的卫生要求

腌腊肉制品生产加工过程的卫生要求应符合 GB 12694 的规定。

7. 包装

包装容器与材料应符合相应的卫生标准和有关规定。

8. 标识

8.1　定型包装的标识要求应符合有关规定。

9. 贮存及运输

9.1　贮存

产品应贮存在干燥、通风良好的场所。不得与有毒、有害、有异味、易挥发、易腐蚀的物品同处贮存。

9.2　运输

运输产品时应避免日晒,雨淋。不得与有毒、有害、有异味或影响产品质量的物品混装运输。

10. 检验方法

10.1　感官要求

按 GB/T 5009.44 规定的方法检验。

10.2　理化指标

10.2.1　水分：按 GB/T 5009.3 规定的方法测定。

10.2.2　过氧化值：样品处理按 GB/T 5009.44 规定的方法操作，按 GB/T 5009.37 规定的方法测定。

10.2.3　酸价：按 GB/T 5009.44 中 14.3 规定的方法测定。

10.2.4　三甲胺氮：按 GB/T 5009.202 中规定的方法测定。

10.2.5　苯并(a)芘：按 GB/T 5009.27 规定的方法测定。

10.2.6　铅：按 GB/T 5009.12 规定的方法测定。

10.2.7　无机砷：按 GB/T 5009.11 规定的方法测定。

10.2.8　镉：按 GB/T 5009.15 规定的方法测定。

10.2.9　总汞：按 GB/T 5009.17 规定的方法测定。

10.2.10　亚硝酸盐：按 GB/T 5009.33 规定的方法测定.

【项目小结】

腌腊肉制品以其悠久的历史和独特的风味而成为中国传统肉制品的典型代表。腌腊肉制品虽然具有悠久的加工历史，但传统方法周期长，质量很难保证，因此利用现代肉制品加工技术生产出与传统法风味一致的产品是今后的方向。目前，腌腊肉制品已失去其原有的含义，且也不都采用干腌法。随着社会的不断发展，腌腊肉制品的制作方法从单纯的家庭食用，逐步演变成为满足市场需要为目的的商品生产。

本项目以腊肠为重点，介绍了腌腊肉制品生产的一般工艺及质量要点。并简要介绍了一些具有典型性的腌腊制品加工工艺，以此为学习者提供参考。

【项目思考】

1. 试述腌腊制品的种类及其特点。

2. 肉类腌制的方法有哪些？

3. 简述影响腌腊肉制品质量的因素及其控制途径。

4. 腌腊制品加工中的关键技术是什么？

5. 试述咸肉、培根和腊肉的相同点和不同点。

6. 试述板鸭的加工工艺及操作要点。

7. 简述中式火腿的加工工艺及发展趋势。

项目五　肉丸制品生产与控制

【知识目标】

1. 了解肉丸制品的种类与特点。

2. 熟悉肉丸制品的生产过程。

3.掌握肉丸制品的质量控制要点和加工设备。

【技能目标】

1.能应用所学知识和技能,制订生产计划并形成生产方案,进行各类肉丸制品的生产加工。

2.能够使用肉丸生产的相关设备并能够对其进行维护和维修。

3.能够对于生产过程进行质量控制并能够进行有关成本预算。

【项目导入】

肉丸是一种有着悠久历史的传统食品,在 20 世纪 80 年代中后期,我国食品生产企业借鉴先进的加工设备和技术工艺,使肉丸的制作工艺不断得到继承和推广,形成了一套完整的肉丸生产操作程序。近年来,肉丸制品的加工在我国取得很大进展,这主要归功于丸子成型机的大量推广和使用,相对过去手工和小作坊式的生产方式,肉丸品质的均一性及其质量有了很大的提高。

任务 鸡肉丸的制作

【要点】

1.鸡肉丸制作的工艺流程及工艺要点。

2.肉丸的成型。

3.肉丸机、速冻机的使用与维护。

【相关器材】

一、配方

鸡肉、猪肉、洋葱、大豆蛋白、鸡蛋、食盐、片冰、良姜粉、磷酸盐、味精、白胡椒粉、大蒜粉。

二、设备

刀具、案板、盆、绞肉机、蒸煮锅、电子天平、肉丸机等。

【工作过程】

1.工艺流程

原料肉选择→原辅材料处理→配料及调味→混合斩拌→肉丸成型→水煮→预冷→包装→冻结→冷藏→成品检验。

2.工艺要点与质量控制

(1)原料肉选择。选择来自非疫区的经兽医卫检合格的新鲜(冻)去骨鸡肉和猪分割肉作为原料。由于鸡肉的含脂率太低,为提高产品口感、嫩度和弹性,添加适量的含脂率较高的猪肉是必要的。解冻后的鸡肉需进一步修净鸡皮、去净碎骨、软骨等,猪肉也需进一步剔除软骨、筋膜、淤血、淋巴结、浮毛等。

(2)原辅材料的处理。将品质优良的新鲜洋葱洗净、淋干水分,切成米粒大小;大豆分离蛋白用斩拌机加片冰搅拌均匀,制成乳化蛋白;鸡蛋用之前应清洗消毒,打在清洁容器里,冷却后温度控制在 7℃以下方可使用;解冻后的鸡肉和猪肉,切成条块状,用绞肉机在低温下绞制成 4 mm 肉粒。处理后的原辅材料随即加工使用,避免长时间存放。

(3)配料及调味。鸡肉 65 kg、猪肉 35 kg、洋葱 20 kg、大豆蛋白 1.5 kg、鸡蛋 4 kg,食盐 1.2 kg、大蒜粉 1.0~1.5 kg、良姜粉 0.2 kg、磷酸盐 0.15 kg、味精 0.1 kg、白胡椒粉 0.15 kg、片冰 10 kg。也可根据当地消费者喜好,添加相应的一些配料,如香菇、莲藕、马蹄、青菜等,呈现不同的风味。

(4)混合斩拌。把准确称量的原料肉的肉末倒在搅拌机里先添加食盐和片冰充分斩拌均匀,再添加磷酸盐、鸡蛋、大豆蛋白和洋葱等辅料继续斩拌混合,如果添加淀粉,最后添加淀粉和少量片冰并斩拌均匀,以使肉浆的微孔增加,形成网状结构,整团肉浆能够掀起。整个斩拌过程的肉浆温度要控制在 10℃ 以下。

(5)肉丸的成型。使用成型机完成肉丸的成型,肉丸的大小可用模具来调节。

(6)水煮。肉丸成型后落入一个热水容器中,待肉丸浮起,捞出放入能够加热的不锈钢池中煮制,为保证煮熟并达到杀菌效果,热水水温控制在 85℃ 左右,使产品的中心温度达到 70℃,并维持 1 min 以上,煮制时间不宜过短,否则会导致产品夹生,杀菌不彻底;煮制时间也不宜过长,否则会导致产品出油和开裂,而影响产品风味和口感。

(7)冷却。预水煮后的肉丸进入预冷间预冷,预冷间空气需用清洁的空气机强制冷却,预冷温度 0~4℃,要勤翻动,做到肉丸预冷均匀。当肉丸中心温度达到 6℃ 以下时,进行速冻。注意,如果生产量小的话,也可以不进行预冷,直接采用速冻机进行速冻。

(8)冻结。预冷后的产品入速冻机冻结,速冻机温度为 -35℃ 甚至更低,使产品温度迅速降至 -18℃ 以下,出速冻机后迅速进行包装,包装肉丸按工艺规程和客户的订单进行计量,薄膜小袋包装。重量误差应在允许范围内。包装好的肉丸装入纸箱内,封口牢固,标签清晰,然后送入贮藏库。

(9)成品检验。按国家或企业标准,进行产品重量、形状、色泽、味道等感官指标和微生物指标检验,经检验合格,方可出厂。

(10)成品的运输。采用封闭冷藏运输车,厢内干燥,清洁卫生,消毒彻底,没有异味。尤其是厢内的温度保持在 -15℃ 以下,以防止肉丸升温,表面解冻,影响产品质量。

【相关提示】

1. 鸡肉丸成品应色泽淡白,具有鸡肉特有的鲜味,可口,鸡味浓郁,口感爽口,脆嫩,肉软而不硬实,清香、松脆、鲜嫩而不腻,保留肉类原始的风味。

2. 鸡肉丸成品应断面密实,无大气孔,但有许多细小而均匀的气孔;弹性好,用中指轻压肉丸,明显凹陷而不破裂,放手则恢复原状,在桌上 30~35 cm 处落下,肉丸会弹跳两次而不破。

【考核要点】

1. 肉丸生产的工艺流程。

2. 肉丸加工中的质量控制要点。

3. 肉丸机、速冻机的使用方法。

【必备知识】

肉丸按所使用的原料分类,有猪肉丸、鸡肉丸、牛肉丸、羊肉丸、鱼肉丸、虾肉丸等品种。每一个品种根据所添加的辅料不一样和油炸与否,又分化出好多品种。从加工方式来分可分为水煮肉丸、油炸肉丸;从花色品种方面可以分为传统肉丸、夹馅肉丸、螺纹肉丸等。由于我国幅员辽阔,饮食习惯、口味的要求差异较大,所以肉丸的品种呈现出多样化。肉丸产品是消费者比较喜爱的一种大众食品。本项目主要介绍肉丸工业化生产的主要工序,并对影响肉丸质量的几种因素进行说明。

一、肉丸制作的主要工序

1. 原料的制备

各种不同的原料肉都可用于肉丸生产,因而使产品具有各自的特点。不同的原料肉其营养成分(如蛋白质、脂肪、水分和矿物质)的含量也不相同,并且颜色深浅、结缔组织含量及所具有的持水性、黏着性也不同。表3-30列出了用于肉丸制品的27种肉各种成分及性质,此表中的各个数值只代表一个总的平均值,同一种原料肉的每块肉的值可能有很大差异。并且肉中未除去骨、碎骨、软骨和筋膜,但此表可扩大应用于机械脱骨肉和机械脱筋腱肉。了解肉的蛋白质、水分、脂肪、胶原蛋白的含量及颜色和黏着性,有利于加工厂进行加工,特别对大的加工厂进行计算配方有很大的指导作用。

表 3-30   常用于肉丸制品加工的原料肉的成分与性质(带骨、带筋腱和软骨)

原料肉	蛋白质含量/%	水分含量/%	脂肪含量/%	胶原蛋白含量/%	颜色(指标)	黏着性(指标)
公牛肉,全胴体	20	68	11	20	100	100
母牛肉,全胴体	19	70	10	21	95	100
牛小腿肉	19	73	7	66	90	80
牛肩肉	18	61	20	30	85	85
牛肉边角料,90%瘦肉	17	72	10	30	90	85
牛肉边角料,75%瘦肉	15	59	25	38	85	80
牛胸肉	15	34	50	—	—	—
牛后腹肉	13	43	42	—	55	50
牛头肉	17	68	14	73	60	85
牛颊肉	17	68	14	59	10	85
牛肉去脂肪组织	20	59	20	—	30	25
小牛肉下脚料,90%瘦肉	18	70	10	—	70	80
羊肉	19	65	15	—	85	85
禽肉	19	67	12	—	80	90
猪肉边角料,50%瘦肉	10	39	50	34	35	55
猪肉边角料,80%瘦肉	16	63	20	24	57	58
猪前肩肉,95%瘦肉	19	75	5	23	80	95
猪前腿肉边角料,85%瘦肉	17	67	15	24	60	85
猪颊肉	6	22	72	43	20	35

续表 3-30

原料肉	蛋白 含量/%	水分 含量/%	脂肪 含量/%	胶原蛋白 含量/%	颜色 (指标)	黏着性 (指标)
修整猪颊肉	17	67	15	72	65	75
去脂肪猪肉组织	14	50	35	—	15	20
猪心肉	16	69	14	27	85	30
猪肚	10	74	15	—	20	5
牛心肉	15	64	20	27	90	30
牛肚	12	75	12	—	5	10
牛唇肉	15	60	24	—	5	20
牛喉管肉	14	75	11	—	75	80

2. 制馅斩拌

将制备的原料肉通过绞肉机、斩拌机等设备将较大的肉块加工成可用于直接成形的乳化体,这一步骤由于直接关系到最终产品的组织状态,是加工肉丸的重要工序。

(1)绞肉。绞肉在绞肉机中进行。绞肉机是把已切成的肉块绞成碎肉的一种机械,经过绞肉机绞出来的肉可以同其他辅料混合在一起制成各种不同风味的馅料。

(2)斩拌。斩拌在肉制品加工中的作用:斩拌是利用斩拌机快速旋转的刀片对物料进行斩切,使肌肉组织的蛋白质不断释放出来,与脂肪、水等进行充分地乳化,从而形成稳定的弹性胶体。并同时将剁碎的原料肉与添加的各种辅料相混合,使之成为达到工艺要求的物料。

3. 成型

使用丸子成型机进行成型,根据客户需求生产不同大小形状的肉丸,一般为规则或不规则的圆形。成型以后的丸子直接由丸子机掉落至煮锅或油炸机中进行蒸煮或油炸操作。

4. 热处理

有水煮、蒸汽蒸煮、油炸 3 种不同的加热方式,但最为常见的是水煮肉丸。蒸煮加热过程中不宜煮沸,因温度过高,会导致其表面结构粗糙,蛋白质剧烈变性,产生硫化物影响肉丸的风味。控制中心温度 75～80℃,既可达到了消毒杀菌的目的,又保存了肉丸营养成分和嫩度。

水煮肉丸常使用煮锅进行蒸煮,该设备由机体(系不锈钢无盖长方体)、蒸汽加热管、排放阀等组成。具有结构简单、操作方便、工作效率高、费用低等优点。但该设备自动化程度较低,常需要人工进行辅助加工,另外,在制作煮锅时要注意其四壁的保温情况,防止热量丢失严重,造成能源浪费。

5. 冷却

常见的有冷水冷却和冷空气冷却。国内大部分企业采用冷水冷却的方式,该种方式操作简单,冷却迅速,但需要使用大量的流动净水,而且微生物较难控制。常用的设备为冷却水槽,常使用不锈钢进行焊接制造,原理较为简单,工厂可自行焊接。

6. 速冻

使用单体速冻机进行速冻,温度一般设定在 −40～−35℃,然后进行包装入库。

二、影响肉丸质量的因素

1. 配料影响

（1）原料肉不同造成的影响。肉品种类、饲养方式、饲养时间以及所使用饲料的不同，造成原料肉其蛋白质和水的比例、瘦肉和脂肪的比例、肉的持水性、色素的相对含量等都不相同。如果要制造出风味均一的产品，就要保证所使用原料的均一性，这是肉制品保持其味道的关键。

原料肉可以按其作为黏合剂的黏着能力进行分类，肉的黏合性是指肉所具有的乳化脂肪和水的能力，也指其具有使瘦肉粒黏合在一起的能力。具有黏合性的肉又可以分为高黏合性、中等黏合性和低黏合性。一般认为，牛肉中的骨骼肌的黏合性最好，例如，牛小腿肉，去骨牛肩肉肉等。具有中等黏合能力的肉包括头肉、颊肉和猪瘦肉边角料。具有低黏合性的肉包括含脂肪多的肉、非骨骼肌肉和一般的猪肉边角料、舌肉边角料、牛胸肉、横膈膜肌等。很少或几乎没有黏合性的肉叫填充肉，这些肉包括牛胃、猪胃、唇、皮肤及部分去脂的猪肉和牛肉组织，这些肉具有营养价值，但在肉丸制品生产中应限制使用。

（2）食盐用量对肉丸质量的影响。食盐在肉丸制作过程中主要起到调味和抽提盐溶性蛋白质的作用，随着食盐量的增加，抽提出的盐溶性蛋白质越多，制得的肉丸的弹性和硬度越高，但滋味等由于变咸而下降。食盐用量在 3% 时，肉丸的综合质量较好。

食盐的两种最重要的作用是促进产品风味和肌肉蛋白的持水性。肌动蛋白和肌球蛋白可溶于盐溶液中，促进其对水和脂肪的结合能力，这就减少了脂肪在加热过程中结合成团或移到产品表面形成脂肪层的现象。

（3）淀粉用量对肉丸质量的影响。制作肉丸时加入淀粉可增强制品的弹性，但用量需要适中，过少达不到要求，过多则会使制品发硬。淀粉一般用量以 10%～20% 为宜，此时制得的肉丸的综合质量较好。

（4）磷酸盐用量对肉丸质量的影响。磷酸盐在鱼丸生产过程中的作用主要是增强盐溶性蛋白质的溶解能力，并提高制品的持水性，增加用量会显著改善肉丸的质量。不过磷酸盐必须和食盐同时使用才有上述效果，考虑到使用安全，用量以 0.2%～0.4% 为好。

（5）加水量、油脂量对肉丸质量的影响。在配方中，水常常被人们忽略，然而这确是一种相当重要的非肉成分。如果制品只含有肉本身所固有的水分，生产出的产品将非常干燥，口味也很差。在斩拌或绞碎过程中，水常常以冰的形式加入，以防肉馅温度上升过高，确保肉馅的稳定性。制品生产中水分的功能可使产品多汁并可促进盐溶性蛋白溶解，因而能结合更多的脂肪。但制品中水分过多，则会造成蛋白凝结性下降，造成产品易碎，因此不同的产品的水分和油脂含量需要根据产品特性及地域消费特点进行充分试验和设计。

为预测终产品的组成，了解各种原料肉的水分-蛋白质比例（moisture-protein ration，M：P）是很重要的。有规定指出，终产品的水分含量不应超过 4 乘以蛋白质含量再加 10（即水含量≤4×蛋白质含量+10）。如果原料肉中的水分-蛋白质比例低（如牛肉），在原料搅碎过程中可以加较多量的水，而如果水分-蛋白质比例高（如牛心肉），则加的水量就少。表 3-31 为一些肉的水分-蛋白质比例（M：P 值），应注意这些值是平均值，每种肉实际的 M：P 值和肉及肉中脂肪含量因素有关。

表 3-31　肉的水分和蛋白质含量及 M：P 值

样品	水分含量/%	蛋白质含量/%	M：P
一般猪肉边角料	29.0	7.0	4.1
猪颊肉	71.7	19.6	3.7
猪头肉	63.1	16.4	3.8
肩肉	72.0	20.0	3.6
公牛肉	73.6	21.2	3.4
牛胃	72.8	15.2	4.7
牛肉边角料	71.1	19.8	3.5
牛后腹肉	59.2	15.4	3.8
牛胸肉	70.6	19.2	3.7
牛心肉	79.0	16.0	4.9

2.温度影响

为保证生产制品的品质,全程的温度控制不可避免。温度主要影响制品中的微生物繁殖和产品的凝结性。在每道工序中控制室温在一定的温度范围以内,以及尽可能快的操作是防范微生物的大量繁殖的好方法。加热煮制在肉丸生产过程中的主要作用是使蛋白质变性凝固,加热温度在 65℃ 以下时,由于有蛋白酶的存在,降解了部分蛋白质,使得凝胶结构变软,制得的肉丸制品弹性不足。但加热温度也不能太高,否则会由于蛋白质热分解及变性过度,同样使得肉丸质量下降。加热时间则是以能使肉丸充分熟化而又不至于加热过度来确定的。大部分肉丸的加热中心温度以 75～80℃ 为宜。

【相关知识】

肉丸生产设备简介

一、绞肉机

目前,国内外有多种型号的绞肉机。有的是多孔眼圆盘状板刀,板刀的孔眼又有锥形和直孔,孔眼直径根据工艺要求确定。有的绞刀则是“十”字形,其刀刃宽而刀背窄,厚度也较圆盘状刀厚 3～5 倍,不管圆盘式或“十”字形的绞肉机,其内部都有一个螺旋推进装置(亦称绞龙),原料从进料口投入后通过螺旋推进,送至刀刃而进行绞肉,绞刀的外面则是多孔漏板,漏板孔径可调整。绞肉时必须注意以下几点。

①绞肉机螺旋体的推进装置容易将操作人员的手卷进挤伤,所以最好采用连续自动送料或者将进料口做的大一些、高一些,并设置防护装置;

②绞肉机的进料口漏斗应经常保持满料,切不可使绞肉机空转,否则可能损坏板刀;

③进入绞肉机的肉料应注意拣净小碎骨及软骨、硬筋,以防板刀眼被堵塞;

④绞出的肉不要堆积在板刀的出口处,否则会增加料漏斗自行卸料的阻力;

⑤绞肉机使用时不要超载,绞冻肉或其他硬肉时要先用粗孔眼的板刀绞,再用细孔眼板刀,这样可减少设备的损坏。

二、斩拌机

斩拌所用机械为斩拌机,斩拌机(图 3-1)一般都设有几个不同的速度,效率很高。这种机器内部还装有液压控制喷射器,能使搅拌的原料顺利地从搅拌罐中排出。机器的切割部分,形状像一个大铁盘,盘上安装有固定并可高速旋转的刀轴,刀轴上附有一排刀,随着盘的转动刀也转动从而把肉块切碎。有的在机器上附加了抽真空的设备,这是为了适应生产灌肠必须排出原料中所含有的空气而设。采用这种机器可以充分保证肉糜的混合与乳化质量。节省生产时间,占地面积小,生产效率高,清洁卫生。同时还可以通过 6 个不同的速度调节生产。斩拌过程中温度要控制在 15℃以下,否则,温度过高,会影响肉馅的乳化效果,降低制品的保水性、口感等,使产品质量变差。

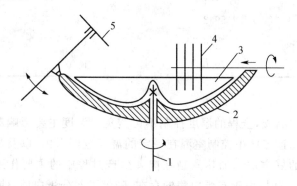

图 3-1　斩拌机

1—轴;2—壳体;3—斩肉盘;4—斩切刀;5—出料器。

三、丸子成型机

现在国内有多家工厂在生产自动肉丸机,其原理是以机器模拟人手挤肉丸的动作而来。大致描述如下:在机架上固定有一套筒,在套筒上固定有进料仓,用于贮存原料肉馅,在套筒内设置有一螺旋推进杆,使原料肉馅在螺旋的压力下向下运动,在套筒的下部连接刀具,将从料仓挤压下来的馅料切成大小相等的份。

四、速冻机

速冻装置为连续式螺旋单体速冻机,该装置在食品工厂较为常见,其原理为在一近似密闭保温装置下,将产品放置在不锈钢轨道上(需冻结)通过装置的一侧,沿螺旋式通道从装置的另一侧出来(已冻结)。该轨道围绕在一组或几组制冷排管的四周,通过风机的吹动,使装置内的空气同制冷排管进行热交换,使速冻机内达到−40～−35℃的低温,最终使产品在低温下进行快速冻结。

【扩展知识】

速冻肉丸作业指导书

1. 目的

规范速冻肉丸系列产品原辅料、包装材料和生产的各项工艺要求、关键参数及操作标准,确保产品质量安全。

2. 适用范围

适用于速冻肉丸在速冻肉制品车间的生产加工。

3. 职责

3.1 技术部负责编制《速冻肉丸作业指导书》。

3.2 速冻肉丸加工车间严格按照工艺要求及作业指导书要求生产加工。

3.3 质检部严格按照质量安全标准要求进行监督、监控和纠偏。

4. 工艺内容

工艺流程：

原、辅料选料▲(检验合格，原料肉表面温度 0～4℃，中心温度 −3～−1℃)→修整→刨肉、绞肉→配料▲→斩拌制馅→拌馅→成型(成型水温 60℃，时间 3 min)→定型(定型水温 75℃，时间 5 min)→冷却(冷却至 20℃)→速冻(−40℃，30 min)▲→内包装▲→装箱→检验→入库▲(−18℃)。

("▲"表示关键工序)

4.1 原料接收(关键工序)

供生产速冻肉丸的所有原料按照《原料验收标准》进行感官验收，辅料按照《辅料验收标准》进行感官验收，同时经理化、微生物检测合格后方能投入使用。

4.2 解冻

4.2.1 冻肉自然解冻

严格按照卫生要求，保持解冻间的环境卫生，及时清理和消毒。原料肉除去外包装纸箱或编织袋后整齐放在解冻架上，解冻间温度控制在 16～20℃，要求室内通风良好，解冻后原料中心温度控制在 −3～−1℃(解冻间要求装置风机，解冻时间 18～24 h，此时表软里硬，能够掰开，中间有可见冰晶)，解冻好的原料肉及时进入下道工序。

要求挑拣后的原料肉无碎骨、异物、淤血肉、淋巴组织等。挑拣后的杂质要求用带盖的容器盛放，及时倒入垃圾桶。落地原料肉要求用 50×10^{-6} 二氧化氯溶液消毒、清洗后才可以使用，挑拣后原料肉的中心温度控制在 −2～2℃，并及时进入下道工序，不能及时绞制的原料肉送入 0～4℃的冷库中暂存，时间不得超过 12 h。绞肉前原料肉温度不得高于 0～4℃。

正常情况下采用自然解冻工艺。在急用且不影响产品质量的情况下可以采用自来水解冻，温度要求同上述工艺。

4.2.2 冻肉蒸汽解冻

冬季或环境温度达不到要求时，可采用蒸汽解冻，环境温度控制在 16～20℃，要求及时开、关蒸汽，确保符合温度要求。

备注：采用冷鲜肉时直接挑拣，鲜肉要求预冷至中心温度达到 −2～2℃，具体要求参照《原料验收标准》。挑拣后原料温度要求≤4℃，不能及时使用的暂存 0～4℃库中，时间不得超过 4 h。

4.3 修整

要求仔细剔除原料肉中的碎骨，残留器官及杂物，修整工具使用前后应清洁消毒。

4.4 刨肉、绞肉

4.4.1 目的

为了使工序的操作符合质量安全要求，规范刨肉绞肉环节的操作行为，为下一道斩拌工序提供质量合格、卫生、放心的半成品。

4.4.2　工序岗位职责

4.4.2.1　负责保管和认真执行各产品配肉表,配肉表属机密文件。

4.4.2.2　负责每天检查、点检本岗位所使用的刨肉机、绞肉机、台秤、周转箱和其他工具设备的数量及完好性,上、下班前必须对本工序的卫生进行彻底清洗消毒。

4.4.2.3　承担着本岗位的安全工作,控制着一切使用本岗位机械的使用工作和安全指导工作。

4.4.2.4　负责每天保养本岗位的所有机械和工具。

4.4.2.5　负责根据生产计划、工艺、温度要求适时办理原料出库手续,并承担着原料使用过程中质量、卫生和安全的保护工作。

4.4.2.6　负责始终为下一道工序(斩拌)提供合格的原料肉。

4.4.2.7　负责原料肉外观检查,出现质量问题时,要及时通知质检人员和技术人员处理。

4.4.3　安全规定

4.4.3.1　当两个人以上同时在本岗位工作时,必须有专人控制开关(包括清洗设备时)。

4.4.3.2　在启动刨肉机后必须集中精力,严禁东张西望、互相攀谈、做工作以外的事情,以免影响注意力。

4.4.3.3　清洗刨肉机时,绝对要停止机器转动,用塑料袋把电机盖严,然后再清洗。用温水抹布擦洗的方式来做,最后用清水缓慢冲净。清扫地面时,用扫帚先把地面上的垃圾扫干净,再用清水冲洗。

4.4.3.4　要时刻注意原料肉的温度安全,杜绝出现产品质量安全问题。

4.4.3.5　本岗位操作人员只要上岗,就必须要确保自己精力充沛,确保最大可能地降低事故率。

4.4.4　操作步骤及注意要点

4.4.4.1　每次在使用刨肉机和绞肉机之前,都要进行检查(电线是否牢靠和安全、该加油的地方是否都已加油)和清洗工作。

4.4.4.2　检查所用原料肉是否达到了温度要求(0～4℃不渗出明水,但用手可掰弯),在拆卸肉块用刀时,要注意安全,也要注意异物混入原料肉中。

4.4.4.3　检查地面是否干净、是否滑,以免地滑造成身体前倾出现意外事故。

4.4.4.4　在操作台上摆放好待加工肉后,确定无异常情况时,开启电机进入工作状态。

4.4.4.5　根据生产的进度和机器的使用速度,刨绞肉时要保持匀速进行,不能忽多忽少,以免造成生产断节及温度升高,一次刨绞肉不超过两锅。

4.4.4.6　肉刨绞完后,根据下一道工序的要求,准时、准确按配肉表的比例标准开始过称,配肉工放到指定的位置(注意在使用任何磅秤时,每天要至少3次标称。并且使用完磅秤后,要用油布进行擦洗;电子磅擦净后及时充电,确保磅秤的正常使用和精确度)。

4.4.4.7　工作结束后,开始彻底清扫本岗位的卫生,要遵循从上到下、从里到外、从高到低的原则清洗卫生,并注意机械保养和安全。

4.4.4.8　最后点检所使用工具的完整性及剩余原料的存放问题。

4.4.4.9　一切完毕后,门窗、电灯等关闭离开工作现场。

4.5　配料(关键工序)

要求严格按照产品配方配料,食品添加剂的添加量严格按照 GB 2760 食品添加剂卫生标准规定的允许最大添加量下线控制,不得高出标准要求范围。

4.6 斩拌

4.6.1 目的

4.6.1.1 为了使本岗位的操作工提高质量意识、安全、成本、服务、标准、执行意识,最终养成良好的工作习惯和良性循环的工作作风,并最终控制其制馅质量,以保证半成品的质量。

4.6.1.2 对本岗位操作人员起到一个技术指导的作用。

4.6.1.3 本岗位属关键性岗位。

4.6.2 工作职责

4.6.2.1 斩拌工序是刨、绞肉机、剥葱、洗姜、副手等的下道工序,并且是整个产品生产中制馅的重要环节,这个环节质量的高低直接影响了最终产品的质量,因此在所有半成品、原材料或辅料进入斩拌机之前,都要经过严格自检和互检。

4.6.2.2 负责根据当天的生产质量要求、生产量及生产进度,保质保量完成任务。

4.6.2.3 生产开始前 5 min,副手必须把准备工作完成到位(根据要求称好的原料肉、淀粉、鸡蛋、葱、姜、盐、调味料等辅料,准备两个锅)。

4.6.2.4 在工作期间,斩拌机副手的一切工作都要遵从于斩拌机操作人员。

4.6.2.5 每天检查(发现异常情况时及时通知修配员)斩拌机的正常运行状况,并负责斩拌机的维护和保养。

4.6.2.6 负责检验斩拌刀的锋利度,使用次数达到 300 锅时,要对斩拌刀小磨(所谓的小磨:就是轻磨、微磨,用油石轻轻蹭蹭刀刃)一次;在小磨 3～4 次时,需大磨(所谓大磨:就是彻底磨一次,重新修整刀刃)一次,磨刀由车间主任负责操作。

4.6.2.7 负责协助每天出料人员出料和余料入库。

4.6.2.8 主操作工负责将确定的技术工艺讲解给副手,以使副手更好地配合,提高效率。

4.6.2.9 下班后,负责对自己的工作现场实施彻底卫生清扫活动。

4.7 搅拌拌馅

本工序对斩拌后的肉馅用拌馅机进行搅拌,搅拌过程要注意均匀度,检查肉馅是否细腻,是否达到成型前的劲度和韧性。

4.8 肉丸成型

4.8.1 目的

4.8.1.1 为了使本岗位的操作工提高质量、安全、卫生意识,并规范各种肉丸成型的操作行为,确保生产出合格的产品,特制定本工序作业标准。

4.8.1.2 肉丸成型作业标准对本岗位工作人员起到一个技术指导的作用。

4.8.2 工作职责

4.8.2.1 负责根据各种肉丸的大小要求和成型要求,来做好工作前的准备工作(包括调试肉丸机)。

4.8.2.2 负责使用中的肉丸机的保养工作和清洗工作。

4.8.2.3 承担着本岗位的安全工作,控制着一切使用本岗位机械的使用工作和安全指导、使用指导工作。

4.8.2.4 负责每天保养、保存本岗位的机械及其他工具。

4.8.2.5　负责根据生产计划、产量要求,控制肉丸机的使用数量,并控制肉丸(包括狮子头)的成型大小和圆度。

4.8.2.6　解决不了成型质量时,立即停止生产,即时通知生产保障科协助进一步调整,直到解决问题。

4.8.3　操作步骤及注意要点

4.8.3.1　每天上班前对本岗位的卫生彻底清扫、清洗一遍。

4.8.3.2　根据生产的时间安排,在馅出来前 5 min 应把成型水温设定到工艺要求温度,准备好其他工器具,以待生产。

4.8.3.3　注意使用前对肉丸机外露的每个活动关节加适量的食用油,此后每使用 2 h 就必须加 1 次油,以保障肉丸机的使用质量和寿命。

4.8.3.4　准备好馅料后,用清水冲洗干净漏斗,开动机械把水放净后停止,并使刀口处于闭合状态。

4.8.3.5　用勺子把适量肉馅放入漏斗内,刀口下放置一个容器,然后开动机械,观察制出的丸子大小是否合适,达到标准后把容器取走,开始批量生产(狮子头也是一样,准备两个容器替换)。

4.8.3.6　仔细观察制出标准丸子漏斗内肉馅量的多少,配合丸子机,不断加入适量肉馅,以保证生产出的丸子大小均匀(正常工作当中,时刻注意肉丸的成型质量,并不断用勺子接出一部分刚制出的丸子观察其成型质量)。

4.8.3.7　当发现肉丸成型出现质量问题时,立即停止机械,并调整机械。如处理不了时,及时通知班长进一步处理。

4.8.3.8　制丸子之前成型缸水温应用蒸汽预加热到(60 ± 2)℃,制丸子期间要时刻注意水位是否满足距离要求,水位低过要求时,从成型机的另一头注入适量凉水。

4.8.3.9　在正常制丸子时,要注意蒸汽不许开得过大,保持肉丸机下的水像泉水一样缓缓地往上冒即可,在(60 ± 2)℃条件下丸子成型时间 3 min。

4.8.4　使用后的清洗及保养工作

4.8.4.1　生产结束停机后,把漏斗、绞轴上的余馅清下来,把绞轴和漏斗用清水冲洗干净。

4.8.4.2　清洗刀片时,转动机械,加入清水,直至清洗干净为止,卸下刀片再次清洗后安装。

4.8.4.3　未清洗掉的污渍,用湿布擦拭。

4.8.4.4　清洗机子时要注意:水流不能急,必须是缓缓流淌的水冲,防护好电机、电路;清洗完毕后按标准加油,合闭刀口,漏斗内放入清水,注意把缝隙内的污渍清洗干净,以避免变质污染。

4.8.4.5　清洗、保养完机械后,要认真检查肉丸机本身的安全隐患,出现问题时及时通知动力部。

4.9　肉丸定型

4.9.1　目的

4.9.1.1　为了使本岗位的操作工提高质量意识、安全、卫生意识,并规范各种肉丸加热定型的操作行为,保证各种肉丸的定型质量,确保肉丸的脆度和韧性,又不至于肉丸营养成分流失。

4.9.1.2 本作业标准对本岗位工作人员起到一个技术指导的作用。

4.9.2 工作职责

4.9.2.1 负责保质保量完成定型的质量。

4.9.2.2 负责配合肉丸机的操作和时刻检查肉丸的定型质量。

4.9.2.3 注意随时补充定型槽热水,水温保持恒温状态。

4.9.2.4 负责掌握肉丸机使用的速度(根据煮丸的质量和数量)。

4.9.2.5 负责控制定型质量不合格的各种肉丸,不流向下道工序。

4.9.2.6 负责配合质检员对肉丸定型质量的各项检验工作。

4.9.2.7 负责本车间的使用蒸汽和司炉工的沟通工作。

4.9.3 操作步骤及注意要点

4.9.3.1 根据生产的计划和进度,提前30 min通知司炉工生产需用蒸汽情况,以便使司炉工做好充分的准备工作。

4.9.3.2 工作前,对本岗位所使用的工器具进行彻底的清洗。

4.9.3.3 肉丸定型前成型槽水温预加热到60~62℃,保持平衡。

4.9.3.4 水达到设定温度后,水位不得低于槽边20 cm,但也不得高于15 cm以上。

4.9.3.5 当肉丸机开始工作时,要特别注意肉丸的成型质量,只要发现不合格时,立即用勺子盛出放到周转筐内,以免不合格产品继续成熟而影响整体产品质量。

4.9.3.6 肉丸定型时蒸汽开的比成型槽里的汽稍大,但冒出的水花不得高过2 cm。在70~72℃条件下定型5 min即可捞出进入下一道工序。

4.9.3.7 根据肉丸成型的速度和定型的质量要按量均匀加热肉丸,不要忽少忽多。每次定型肉丸的量要确保肉丸能充分地和水亲和。

4.9.3.8 在定型过程中,要不停的搅动丸子,以免定型不均匀,搅动时要贴着槽壁顺着一个方向翻动,让丸子打滚均匀受热,特别要注意四个角落。

4.9.3.9 工作结束后,及时通知司炉工停气。

4.10 冷却

4.10.1 目的

4.10.1.1 为了使本岗位的操作工提高质量、安全、卫生意识,并规范各种肉丸冷却的操作过程,确保肉丸冷却环节的工作质量。

4.10.1.2 本作业标准对本岗位工作人员起到一个技术指导的作用。

4.10.2 工作职责

4.10.2.1 负责保质保量完成冷却任务。

4.10.2.2 负责冷却中及冷却后产品的质量安全防护工作。

4.10.2.3 负责协助检验员对产品的各项检验工作。

4.10.2.4 负责对上一道环节流放来不合格产品的剔除工作。

4.10.2.5 不同类别的产品要明确状态标识分别摆放,以免混掺,造成不必要的挑捡麻烦和工时损失。

4.10.3 操作步骤及注意要点

4.10.3.1 上班前用清水对本工序所使用的所有工具设备,清洗干净。

4.10.3.2　根据生产的进度,肉丸机开始工作时,冷却池里开始放凉水,以待冷却丸子用。

4.10.3.3　冷却时要注意:剔捡不合格的产品,修理如"双胞胎"现象的肉丸;检查冷却后的凉丸子是否浮于水面,当出现肉丸沉底时通知质检员、技术人员分析原因。

4.10.3.4　当肉丸在冷却区冷却时,要不断地翻动肉丸,以保证冷却均匀,当肉丸温度冷却至自来水温时即可捞出,捞时注意一次不要捞得过多,以免掉落。

4.10.3.5　冷却完毕的肉丸按品种、种类和规格存放在肉丸成品暂存区,做好标记。

4.10.3.6　每班结束工作后,清扫卫生时用100℃热水清洗冷却池,去除油污,以免不用时细菌繁殖污染。

4.11　速冻(关键工序)

4.11.1　目的

4.11.1.1　为了使本岗位的操作工提高质量、安全、卫生意识,并规范速冻工序操作过程,确保肉丸速冻环节的工序质量。

4.11.1.2　本作业标准对本岗位工作人员起到一个技术指导的作用。

4.11.2　工作职责

4.11.2.1　负责保质保量完成速冻任务。

4.11.2.2　负责速冻中及速冻后产品的质量安全防护工作。

4.11.2.3　负责对上一道环节流放来不合格产品的剔除工作。

4.11.2.4　不同类别的产品要明确状态标识分别摆放,以免混掺,造成不必要的挑捡麻烦和工时损失。

4.11.3　每天工作前的检查和工作准备

4.11.3.1　查看冷冻机组转动是否正常。

4.11.3.2　肉丸进入速冻隧道前检查速冻库温度是否控制在−40℃以下。

4.11.3.3　注意速冻隧道内结霜情况,随时除霜。

4.11.4　操作步骤及注意要点

利用专用速冻库进行速冻,打开风机,温度控制在最低(−40℃以下),速冻时间控制在30 min 内完成,最长不要超过 35 min,否则查找制冷系统是否有故障,产品速冻后中心温度达到−18℃以下。

4.11.5　速冻库清洁及保养工作

4.11.5.1　保持速冻库内外清洁干净,随时除霜。

4.11.5.2　保证速冻库持续供电。

4.11.5.3　要认真检查制冷机组本身的安全隐患,出现问题时及时通知动力部门。

4.12　包装(关键工序)

4.12.1　目的

4.12.1.1　为了使本岗位的操作工提高质量、安全、卫生意识,并规范各种肉丸冷却的操作过程,确保包装、装箱环节的工序质量。

4.12.1.2　本作业标准对本岗位工作人员起到一个技术指导的作用。

4.12.2　工作职责

4.12.2.1　负责保质保量完成包装、装箱任务。

4.12.2.2　负责包装、装箱的再拉起防护工作。

4.12.2.3 负责协助检验员对产品的各项检验工作。

4.12.2.4 不同类别的产品要明确状态标识分别摆放。

4.12.3 每天工作前的检查和工作准备

4.12.3.1 工作前查看当班领用的包装袋、箱和标识是否与包装产品类别、规格一致。

4.12.3.2 工作前查看包装机、车间顶棚、墙面、地面是否清洁,车间不得存放与包装产品无关的杂物。

4.12.4 操作步骤及注意要点

4.12.4.1 包装车间温度控制在 20℃以下。包装采用专用聚乙烯复合膜袋包装,包装时一定分清各种规格的包装材料,不得混用。装箱时要摆放整齐,不得有挤压现象,封箱后加贴产品合格证,并在入库时标识清楚。

4.12.4.2 包装机热封工艺(参考参数):加热时间 3.5 s;加热温度高档。

4.12.4.3 装袋后的肉丸颜色一致,排列整齐,不得有黏结现象,包装好的肉丸日期清晰、完整、正确,封口平整无皱褶。

4.12.4.4 包装控制关键点。

4.12.4.5 有缺陷的丸子应剔除干净后再进行包装。

4.12.4.6 包装后的产品外观必须整齐,无肉眼可见杂质。对于不同规格、类别、口味的产品必须标注清楚,防止混装在一袋或一箱内。

4.12.4.7 产品入库后按不同类别、规格、口味分别码放整齐。

4.12.4.8 包装袋上的日期与纸箱上的日期必须一致,袋子日期打印由当班主任及班长亲自验证。纸箱用多少打印多少,不准一次打印一天所用箱子,箱子上的日期及规格不准涂改。

4.12.4.9 装箱产品整袋重量不能低于净含量(除去包装物的重量),产品整箱包装重量不能低于总净含量(除去所有包装物的重量),每箱成品封箱前均须计量称重。注意事项如下:

a. 装箱数量要准确。

b. 装箱时,使产品边缘尽可能舒展,不要弯折、挤压摆放。要轻拿轻放。

c. 装箱时,检查是否有不合格产品。

d. 产品经检验合格后及时装箱,纸箱上标注日期与包装袋上日期一致,整箱净含量不得低于箱体标注净含量。

e. 纸箱封口处严密无间隙,平整,纸箱要干净卫生。

f. 包装后的产品及时入−18℃的冷冻库中贮存。产品从速冻包装后到进入冷库停留时间≤30 min,防止冻结链断裂。

4.12.5 包装车间、机械清洁及保养

4.12.5.1 包装车间每班生产结束后要及时清洁地面并保持干净。

4.12.5.2 封口机、喷码机班后要彻底清理、保养,保持正常工作状态。

4.12.5.3 生产完毕后,工作中用过的工作案板、周转箱、工具及时消毒洗刷,周转箱、工具放到规定位置摆放整齐并关灯、断电。

4.12.6 检验

包装后的产品按照产品执行标准抽样进行产品出厂前的检验。

4.12.7　入库(关键工序)

包装后的产品及时放入低于-18℃的冷冻库中贮存。产品从速冻包装后到进入冷库停留时间≤30 min,保证冷冻链不断裂。

项目六　熏烤肉制品生产与控制

【知识目标】

1. 理解烟熏的目的、熏烟成分及其作用、烟熏食品质量安全的控制方法。

2. 熟识熏烤设备的构造及其使用方法。

3. 掌握熏烤的加工方法。

4. 掌握熏烤肉制品的加工工艺和操作要点。

【技能目标】

1. 能够解释烟熏、烤制肉制品的方法及相关概念。

2. 能够写出常见熏烤肉制品的加工工艺流程。

3. 能够处理烟熏、烧烤肉制品生产过程中的一般质量问题。

4. 能正确使用烟熏、烧烤设备。

【项目导入】

熏烤制品是指以熏烤为主要加工工艺的一类肉制品。在肉制品加工生产中,很多产品都要经过烟熏这一工艺过程,特别是西式肉制品如灌肠、火腿、培根等均需经过烟熏。肉品经过烟熏,不仅获得特有的烟熏味,而且保存期延长,但是随着冷冻保藏技术的发展,烟熏防腐已降为次要的位置,烟熏技术已成为生产具有特种烟熏风味制品的一种加工方法。

任务　沟帮子熏鸡

【要点】

1. 了解熏鸡的一般工艺流程。

2. 掌握熏鸡过程的操作要点及质量控制方法。

3. 掌握烟熏炉的使用方法。

【工作过程】

(一)产品简介

沟帮子熏鸡是辽宁省著名的风味特产之一,已有近百年的历史,制品呈枣红色,香味浓郁,肉质细嫩,具有熏鸡独特的香气味。

(二)生产过程

(1)工艺流程。

选料→宰杀→排酸→整形→卤制→干燥→熏烤→配料→煮制→无菌包装→微波杀菌→成品。

（2）操作要点。

①原料选择与整理。选用健康一年生公鸡（母鸡膛油较多，不宜采用）。从鸡的喉头底部切断颈动脉血管放血，刀口以 $1\sim1.5$ cm 为宜。然后浸烫煺毛，煺毛后用酒精灯烧去鸡体上的小毛、绒毛，腹下开膛，取出内脏，用清水浸泡 $1\sim2$ h，待鸡体发白后取出，在鸡下胸脯尖处割一小圆洞，将两腿交叉插入洞内，用刀将胸骨及两侧软骨折断，头夹在左翅下，两翅交叉插入口腔，使之成为两头尖的造型。鸡体煮熟后，脯肉丰满突起，形体美观。

②配料。（按嫩公鸡 10 只，约 7.5 kg 计）食盐 250 g，香油 25 g，白糖 50 g，味精 5 g，陈皮 3.8 g，桂皮 3.8 g，胡椒粉 1.3 g，五香粉 1.3 g，砂仁 1.3 g，豆蔻 1.3 g，山柰 1.3 g，丁香 3.8 g，白芷 3.8 g，肉桂 3.8 g，草果 2.5 g。

③煮制。先将陈汤煮沸，取适量陈汤浸泡配料约 1 h，然后将鸡入锅（如用新汤上述配料除加盐外加成倍量的水），加水以淹没鸡体为度。煮时火候适中，以防火大致皮裂开。应先用中火煮 1 h 再加入盐，嫩鸡煮 1.5 h，老鸡约 2 h 即可出锅。出锅时应用特制搭钩轻取轻放，保持体形完整。

④熏烤。出锅趁热在鸡体上刷一层芝麻油和白糖，随即送入烟熏室或锅中进行熏烟约熏 1 h 待鸡体呈红黄色即可。熏好之后再在鸡体上刷一层芝麻油，目的在于保证熏鸡有光泽，防止成品干燥，增加产品香气和保藏性。

⑤无菌包装。包装间采用臭氧、紫外线消毒，真空袋包装。

⑥微波杀菌。采用隧道式连续微波杀菌，杀菌时间 $1\sim2$ min，中心温度控制在 $75\sim85$℃，杀菌后冷却至常温，即为成品。

【相关知识】

熏制时，烟熏条件对产品有很大影响，由于受烟熏条件的影响，制品品质有多不同，要生产优质的产品，就要充分考虑各种因素和生产条件。影响烟熏制品质量的因素主要有温度、湿度、供氧量。

【考核要点】

1．烟熏设备的使用。

2．烟熏程度的控制。

【思考】

1．如何控制烟熏室的温度？

2．湿度和供氧量对烟熏效果的影响有哪些？

【必备知识】

一、烟熏肉制品基础知识

熏制品是指以烟熏为主要加工工艺的一类肉制品。在肉制品加工生产中，很多产品都要经过烟熏这一工艺过程，特别是西式肉制品如灌肠、火腿、培根等均需经过烟熏。肉品经过烟熏，不仅获得特有的烟熏味，而且保存期延长，但是随着冷冻保藏技术的发展，烟熏防腐已降为次要的位置，烟熏技术已成为生产具有特种烟熏风味制品的一种加工方法。

熏制是利用熏料的不完全燃烧所产生的烟熏热使肉制品增添特有的熏烟风味和提高产品质量的一种加工方法。

(一)烟熏的目的

烟熏的目的主要是赋予制品特殊的烟熏风味,增进香味;使制品外观产生特有的烟熏色,对加硝肉制品促进发色作用;脱水干燥,杀菌消毒,防止腐败变质,使肉制品耐贮藏;烟气成分渗入肉内部防止脂肪氧化。

1. 呈味作用

烟气中的许多有机化合物附着在制品上,赋予制品特有的烟熏香味,如有机酸(蚁酸和醋酸)、醛、醇、醋、酚类等,特别是酚类中的愈创木酚和4-甲基愈创木酚是最重要的风味物质。将木材干馏时得到的木榴油进行精制处理后得到一种木醋液,用在熏制上也能取得良好的风味。

2. 发色作用

熏烟成分中的拨基化合物,它可以和肉蛋白质或其他含氮物中的游离氨基发生美拉德反应。熏烟加热促进硝酸盐还原菌增殖及蛋白质的热变性,游离出半胱氨酸,因而促进一氧化氮血素原形成稳定的颜色;另外,还会因受热有脂肪外渗起到润色作用。

3. 杀菌作用

熏烟中的有机酸、醛和酚类杀菌作用较强。有机酸可与肉中的氨、胺等碱性物质中和,由于其本身的酸性而使肉酸性增强,从而抑制腐败菌的生长繁殖。醛类一般具有防腐性,特别是甲醛,不仅具有防腐性,而且还与蛋白质或氨基酸游离氨基结合,使碱性减弱,酸性增强,进而增强防腐作用;酚类物质也具有弱的防腐性。

熏烟的杀菌作用较为明显的是在表层,经熏制后产品表面的微生物可减少1/10。大肠杆菌、变形杆菌、葡萄状球菌对烟最敏感,3 h即死亡。只有霉菌及细菌芽孢对烟的作用较稳定。以波洛尼亚肠为例,将肠从表层到中心部分切成14~16 mm厚度,对各层进行分析,结果酚类在表面附着显著,越接近中心越少;酸类则相反;碳水化合物仅表层浓,从第二层到中心部各层浓度差异不显著(表3-32)粗的肠和大的肉制品如带骨火腿,微生物在表面被抑制,而中心部位可能增殖。特别是未经腌制处理的生肉,如仅烟熏易遭致迅速腐败。可见由烟熏产生的杀菌防腐作用是有限度的。而通过烟熏前的腌制和熏烟中和熏烟后的脱水干燥则赋予熏制品良好的贮藏性能。

表 3-32　波洛尼亚香肠中酚类、碳水化合物及酸类的分布

区分	酚类	碳水化合物	酸类
1(表层)	3.70	1.38	4.47
2	2.04	1.17	5.48
3	1.41	1.23	5.51
4	1.02	1.06	6.58
5	0.78	1.09	
6	0.43	1.22	
7	0.26	1.24	
8	0.12	1.05	

4. 抗氧化作用

烟中许多成分具有抗氧化作用,有人曾用煮制的鱼油试验,通过烟熏与未经烟熏的产品在

夏季高温下放置 12 d 测定它们的过氧化值,结果经烟熏的为 2.5 mg/kg,而非经烟熏的为 5 mg/kg,由此证明熏烟具有抗氧化能力。烟中抗氧化作用最强的物质是酚类,其中以邻苯二酚和邻苯三酚及其衍生物作用尤为显著。

(二)熏烟的成分

现在已在木材熏烟中分离出 200 种以上不同的化合物,但这并不意味着熏烟肉中存在着所有这些化合物。熏烟的成分常因燃烧温度、燃烧室的条件、形成化合物的氧化变化以及其他许多因素的变化而有差异,而且熏烟中有一些成分对肉制品风味、防腐和抗氧化来说无关紧要。熏烟中最常见的化合物为酚类、有机酸类、醇类、羰基化合物、羟类以及一些气体物质。

1. 酚类

从木材熏烟中分离出来并经鉴定的酚类达 20 种之多,其中有愈创木酚(邻甲氧基苯酚),4-甲基愈创木酚,4-乙基愈创木酚、邻位甲酚、间位甲酚、对位甲酚、4-丙基愈创木酚、香兰素(烯丙基愈创木酚),2,5-二甲氧基-4-丙基酚,2,5-二甲氧基-4-乙基酚,2,5-二甲氧基-4-甲基酚。

在肉制品烟熏中,酚类有 3 种作用:

①抗氧化作用;

②对产品的呈色和呈味作用;

③抑菌防腐作用。其中酚类的抗氧化作用对熏烟肉制品最为重要。熏烟中存在的大部分酚类抗氧化物质,是由于其沸点较高,特别是 2,5-二甲氧基酚,2,5-双甲氧基-4-甲基酚,2,5-二甲氧基-4-乙基酚,而低沸点的酚类其抗氧化作用也较弱。

熏制肉品特有的风味主要与存在于气相的酚类有关。如 4-甲基愈创木酚、愈创木酚、2,5-二甲氧基酚等。熏烟风味还和其他物质有关,它是许多化合物综合作用的结果。

酚类具有较强的抑菌能力。因此,酚系数(酚系数是指 100 g 肉制品中含有酚的毫克数)常被用作衡量和酚相比时各种杀菌剂相对有效值的标准方法。高沸点酚类杀菌效果较强。然而,由于熏烟成分渗入制品深度是有限的,因而主要是对制品表面的细菌有抑制作用。

大部分熏烟都集中在烟熏肉的表层内,因而不同深度的总酚浓度常用于估测熏烟渗透深度和浓度。然而由于各种酚所呈现的色泽和风味并不相同,同时总酚量并不能反映各种酚的组成成分,因而用总酚量衡量烟熏风味并不总能同感官评定相一致。

2. 醇类

木材熏烟中醇的种类繁多,其中最常见和最简单的醇是甲醇或称木醇,称其为木醇是由于它为木材分解蒸馏中主要产物之一。熏烟中还含有伯醇、仲醇和叔醇等,但是它们常被氧化成相应的酸类。

木材熏烟中,醇类对色、香、味并不起作用,仅成为挥发性物质的载体。它的杀菌性也较弱。因此,醇类可能是熏烟中最不重要的成分。

3. 有机酸类

熏烟组成中存在有含 1~10 个碳原子的简单有机酸,熏烟蒸汽相内为 1~4 个碳的酸,常见的酸为蚁酸、醋酸、丙酸、丁酸和异丁酸;而 5~10 个碳的长链的有机酸附着在熏烟内的微粒上,有戊酸、异戊酸、己酸、庚酸、辛酸、壬酸和癸酸。

有机酸对熏烟制品的风味影响甚微,但可聚积在制品的表面,而具有微弱的防腐作用。酸有促使烟熏肉表面蛋白质凝固的作用,在生产去肠衣的肠制品时,将有助于肠衣剥除。虽然加热将促使表面蛋白质凝固,但酸对形成良好的外皮也颇有好处。用酸液浸渍或喷雾能迅速达到目的,而用烟熏要取得同样的效果就缓慢得多。

4. 羰基化合物

熏烟中存在有大量的羰基化合物。现已确定的有 20 种以上。同有机酸一样,它们存在于蒸汽蒸馏组分内,也存在于熏烟内的颗粒上。虽然绝大部分羰基化合物为非蒸汽蒸馏性的,但蒸汽蒸馏组分内有着非常典型的烟熏风味,而且还含有所有羰基化合物形成的色泽。因此,对熏烟色泽、风味来说,简单短链化合物最为重要。熏烟的风味和芳香味可能来自某些羰基化合物,但更可能性来自熏烟中浓度特别高的羰基化合物,从而促使烟熏食品具有特有的风味。总之,烟熏的风味和色泽主要是由熏烟的蒸汽蒸馏成分所致。

5. 烃类

从熏烟食品中能分离出许多多环烃类,其中有苯并蒽、二苯并蒽、苯并芘。在这些化合物中至少有苯并芘和二苯并蒽两种化合物是致癌物质,经动物试验已证实能致癌。波罗的海渔民和冰岛居民习惯以烟熏鱼作为日常食品,他们患癌症的比例比其他地区高,这就进一步表明这些化合物有导致人体患癌症的可能性。

6. 气体物质

熏烟中产生的气体物质如 CO_2、CO、O_2、N_2、N_2O 等,其作用还不甚明了,大多数对熏制无关紧要。CO_2 和 CO,可被吸收到鲜肉的表面,产生一氧化碳肌红蛋白,而使产品产生亮红色;氧也可与肌红蛋白形成氧合肌红蛋白或高铁肌红蛋白,但还没有证据证明熏制过程会发生这些反应。

气体成分中的 NO,可在熏制时形成亚硝胺或亚硝酸,碱性条件则有利于亚硝胺的形成。

(三)熏烟的产生

用于熏制肉类制品的烟气,主要是硬木不完全燃烧得到的。烟气是由空气(氮、氧等)和没有完全燃烧的产物——燃气、蒸汽、液体、固体物质的粒子所形成的气溶胶系统,熏制的实质就是产品吸收木材分解产物的过程。因此,木材的分解产物是烟熏作用的关键,烟气中的烟黑和灰尘只能脏污制品,水蒸气成分不起熏制作用,只对脱水蒸发起决定作用。

已知的 200 多种烟气成分并不是熏烟中都存在,受很多因素影响,并且许多成分与烟熏的香气和防腐作用无关。烟的成分和供氧量与燃烧温度有关,与木材种类也有很大关系。一般来说,硬木、竹类风味较佳,而软木、松叶类因树脂含量多,燃烧时产生大量黑烟,使肉制品表面发黑,并有不良气味。在烟熏时一般采用硬木、个别国家也采用玉米芯。

熏烟中包括固体颗粒,液体小滴和气相,颗粒大小一般在 $50 \sim 800\ \mu m$,气相大约占体的 10%。熏烟包括高分子和低分子化合物,从化学组成可知这些成分或多或少是水溶性的,这时生产液态烟熏制剂具有重要的意义,因水溶性的物质大都是有用的熏烟成分,而水不溶性物质包括固体颗粒(煤灰)、多环烃和焦油等,这些成分中有些具有致癌性。熏烟成分可受温度和静电处理的影响。在烟气进入熏室内之前通过冷却烟气,可将高沸点成分,如焦油、多环烃等减少到一定范围。将烟气通过静电处理,可以分离出熏烟中的固体颗粒。

木材在高温燃烧时产生烟气的过程可分为两步:第一步是木材的高温分解;第二步是高温分解产物的变化,形成环状或多环状化合物,发生聚合反应、缩合反应以及形成产物的进一步热分解。

在缺氧条件下,木材半纤维素热分解温度在 $200 \sim 260\ ℃$;纤维素在 $260 \sim 310\ ℃$;木质素在

310~500℃;缺氧条件下的热分解作用会产生不同的气相物质、液相物质和一些煤灰,表 3-33 为木材干馏时所形成的各种产物的含量。大约有 35%木炭、12%~17%对熏烟有用的水溶性化合物,另外还产生 10%的焦油、多环烃及其他有害物质。

表 3-33　不同木材干馏的产物　　　　　　　　　　　　%

产物	云杉木	松木	桦木	山毛榉
木炭	37.8	37.8	31.8	35.0
CO_2,CO	13.9	14.1	13.3	15.1
CH_4,C_2H_4	0.8	0.8	0.7	0.7
水	22.3	25.7	27.8	26.6
水溶性有机化合物	12.6	12.1	17.0	14.2
焦油	11.8	8.1	7.9	8.1

木材和木屑热分解时表面和中心存在着温度梯度,外表面正在氧化时内部却正在进行着氧化前的脱水,在脱水过程中外表面温度稍高于 100℃,脱水或蒸馏过程中外逸的化合物有 CO_2 和 CO 以及醋酸等挥发性短链有机酸。当木屑中心水分接近零时,温度就迅速上升到 300~400℃。发生热分解并出现熏烟。实际上大多数木材在 200~260℃已有熏烟发生,温度达到 260~310℃则产生焦木液和一些焦油。温度再上升到 310℃以上时则木质素裂解产生酚和它的衍生物。

正常熏烟情况下常见的温度范围在 100~400℃。熏烟时燃烧和氧化同时进行。供氧量增加时,酸和酚的量增加。供氧量超过完全氧化时需氧的 8 倍左右,形成量就达到了最高值,如温度较低,酸的形成量就较大,如燃烧温度增加到 400℃以上,酸和酚的比值就下降。因此,以 400℃温度为界限,高于或低于它时所产生熏烟成分就有显著的区别。

燃烧温度在 340~400℃以及氧化温度在 200~250℃所产生的熏烟质量最高。在实际操作条件下若要将燃烧和氧化过程完全分开,难以办到,因烟熏为放热过程,但是设计一种能良好控制熏烟发生的烟熏设备是可能的。欧洲已创制了木屑流化床,能较好地控制燃烧温度和速率。

虽然 400℃燃烧温度最适宜形成最高量的酚,然而它也同时有利于苯并芘及其他烃的。实际燃烧温度以控制在 343℃左右为宜。

(四)熏烟的方法

1. 按制品的加工过程分类

(1)熟熏。烟熏的已是热制的产品称为熟熏。如酱卤类等的熏制都是熟熏。一般熏制温度高、时间短。

(2)生熏。产品熏制前只经过原料的整理、腌制等过程,没有经过热加工,称为生熏,这类产品有西式火腿、培根、灌肠等。一般熏制温度低、时间长。

2. 按熏烟的生成方式分类

(1)直接火烟熏。这是一种原始的烟熏方法,在烟熏室内直接燃烧木材进行熏制,烟熏室下部燃烧木材,上部垂挂产品。这种方法不需要复杂的设备,熏烟的密度和温度均分布不均匀,熏制后的产品质量也不均一。

（2）间接发烟法。用发烟装置（熏烟发生器）将燃烧好的一定温度和湿度的熏烟送入熏烟室与产品接触后进行熏制。熏烟发生器和熏烟室分别是两个独立结构。这种方法不仅可以克服直接火烟熏熏烟的密度和温湿度不均的问题，而且可以通过调节熏材燃烧的温度和湿度以及接触氧气的量来控制烟气的成分，现在使用较广泛。

3. 按熏制过程中温度范围分类

（1）冷熏法。在低温（15～30℃）下，进行较长时间（4～7 d）的熏制，熏前原料需经过较长时间的腌渍，冷熏法宜在冬季进行，夏季由于气温高，温度很难控制，特别当发烟很少的情况下，容易发生酸败现象。冷熏法生产食品水分含量在40%左右，其贮藏期较长，但烟熏风味不如温熏法。冷熏法主要用于干制的香肠，如色拉米香肠、风干香肠等，也可用于带骨火腿及培根的熏制。

（2）温熏法。原料经过适当的腌渍（有时还可加调味料），后用较高的温度（40～80℃，最高90℃）经过一段时间的烟熏。温熏法又分为中温法和高温法。

①中温法。温度为30～50℃，用于熏制脱骨火腿和通脊火腿及培根等，熏制时间通常为1～2 d，熏材通常采用干燥的橡材、樱材、锯木，熏制时应控制温度缓慢上升，用这种温度熏制，重量损失少，产品风味好，但耐贮藏性差。

②高温法。温度为50～85℃，通常在60℃左右，熏制时间4～6 h，是应用较广泛的一种方法，因为熏制的温度较高，制品在短时间内就能形成较好的熏烟色泽，但是熏制的温度必须缓慢上升，不能升温过急，否则产生发色不均匀，一般灌肠产品的烟熏采用这种方法。

（3）焙熏法（熏烤法）。烟熏温度为90～120℃，熏制的时间较短，是一种特殊的熏烤方法，火腿、培根不采用这种方法。由于熏制的温度较高，熏制过程完成熟制，不需要重新加工就可食用，应用这种方法熏烟的肉缺乏贮藏性，应迅速食用。

（4）电熏法。在烟熏室配制电线，电线上吊挂原料后，给电线通1万～2万 V高压直流电或交流电，进行电晕放电，熏烟由于放电而带电荷，可以更深地进入肉内，以提高风味，延长贮藏期。电熏法使制品贮藏期增加，不易生霉；缩短烟熏的时间，只有温熏法的1/2；且制品内部的甲醛含量较高，使用直流电时烟更容易渗透。但用电熏法时在熏烟物体的尖端部分沉积较多，造成烟熏不均匀，再加上成本较高等因素，目前电熏法还不普及。

（5）液熏法。用液态烟熏制剂代替熏烟的方法称为液熏法。目前在国外已广泛使用，液态烟熏制剂一般是从硬木干馏制成并经过特殊净化而含有烟熏成分的溶液。

使用烟熏液和天然熏烟相比有以下优点：

①它不再需用熏烟发生器，可以减少大量的投资费用；

②过程有较好的重复性，因为液态烟熏制剂的成分比较稳定；

③制得的液态烟熏剂中固体相已去净，无致癌的危险。

一般用硬木制液态烟熏剂，软木虽然能用，但需用过滤法除去焦油小滴和多环烃。最后产物主要是由气相组成，并且含有酚、有机酸、醇和羰基化合物。

利用烟熏液的方法主要为两种：

①用烟熏液代替熏烟材料，用加热方法使其挥发，包附在制品上。这种方法仍需要熏烟设备，但其设备容易保持清洁状态。而使用天然熏烟时常会有焦油或其他残渣沉积，以至经常需要清洗。

②通过浸渍或喷洒法，使烟熏液直接加入制品中，省去全部的熏烟工序。采用浸渍法时，

将烟熏液加 3 倍水稀释,将制品在其中浸渍 10～20 h,然后取出干燥,浸渍时间可根据制品的大小、形状而定。如果在浸渍时加入 0.5% 左右的食盐风味更佳,一般来说稀释液中长时间浸渍可以得到风味、色泽、外观均佳的制品,有时在稀释后的烟熏液中加 5% 左右的柠檬酸或醋,便于形成外皮,这主要用于生产去肠衣的肠制品。

用液态烟熏剂取代熏烟后,肉制品仍然要蒸煮加热,同时烟熏溶液喷洒处理后立即蒸煮,还能形成良好的烟熏色泽,因此烟熏制剂处理宜在即将开始蒸煮前进行。

(五)熏烟中有害成分的控制

烟熏法具有杀菌防腐、抗氧化及增进食品色、香、味品质的优点,因而在食品尤其是肉类、鱼类食品中广泛采用。但如果采用的工艺技术不当,烟熏法会使烟气中的有害成分(特别是致癌成分)污染食品,危害人体健康。如熏烟生成的木焦油被视为致癌的危险物质;传统烟熏方法中多环芳香族类化合物易沉积或吸附在腌肉制品表面,其中 3,4-苯并芘及二苯并蒽是两种强致癌物质;此外,熏烟还可以通过直接或间接作用促进亚硝胺形成。因此,必须采取措施减少熏烟中有害成分的产生及对制品的污染,以确保制品的食用安全。

1.控制发烟温度

发烟温度直接影响 3,4-苯并芘的形成,发烟温度低于 400℃ 时有极微量的 3,4-苯并芘产生,当发烟温度处于 400～1 000℃ 时,便形成大量的 3,4-苯并芘,因此控制好发烟温度,使熏材轻度燃烧,对降低致癌物是极为有利的。一般认为,理想的发烟温度为 240～350℃,既能达到烟熏目的,又能降低毒性。

2.湿烟法

用机械的方法把高热的水蒸气和混合物强行通过木屑,使木屑产生烟雾,并将之引进烟熏室,同样能达到烟熏的目的,而又不会产生苯并芘对制品的污染。

3.室外发烟净化法

采用室外发烟,烟气经过滤、冷水淋洗及静电沉淀等处理后,再通入烟熏室熏制食品,这样可以大大降低 3,4-苯并芘的含量。

4.液熏法

前已所述,液态烟熏制剂制备时,一般用过滤等方法已除去了焦油小滴和多环烃。因此,液熏法的使用是目前的发展趋势。

5.隔离保护法

3,4-苯并芘分子比烟气成分中其他物质的分子要大得多,而且它大部分附着在固体微粒上,对食品的污染部位主要集中在产品的表层,所以可采用过滤的方法,阻隔 3,4-苯并芘,而不妨碍烟气有益成分渗入制品中,从而达到烟熏目的。有效的措施是使用肠衣,特别是人造肠衣,如纤维素肠衣,对有害物有良好的阻隔作用。

(六)熏烟设备

烟熏方法虽有多种,但常用的还是温熏法。这里着重介绍温熏法的设备。烟熏室的形式有多种,有大型连续式的、间歇式的,也有小型简易的家庭使用的。但不管什么形式的烟熏室,应尽可能地达到下面几项要求:温度和发烟要能自由调节;在烟熏室内要能均匀扩散;防火、通风;熏材的用量少;建筑费用尽可能少;工作便利,可能的话要能调节湿度。

工业化生产要求能连续地进行烟熏过程,而原来比较简单的烟熏装置其烟熏炉要控制温度、相对湿度和燃烧速度比较困难。现在已设计出既能控制前述三种因素，又能控制熏烟密度的高级的熏烟设备。

1. 简易熏烟室（自然空气循环式）

这一类型的设备是按照自然通风的要求设计的，空气流通量是用开闭调节风门进行控制，于是就能进行自然循环，如图 3-2 所示。

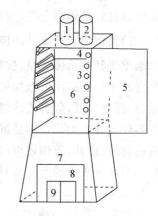

烟熏室的场址要选择湿度低的地方。其中搁架的挂棒可改成轨道和小车，这样操作更加便利。图示是木结构，为防火内衬铁皮。也可全部用砖砌。调节风门很重要，是用来调节温湿度的。室内可直接用木柴燃烧，烘焙结束后，在木柴上加木屑发烟进行烟熏。这种烟熏室操作简便，投资少。但操作人员要有一定技术，否则很难得到均匀一致的产品。

2. 强制通风式烟熏装置

这是美国在 20 世纪 60 年代开发的烟熏设备，熏室内空气用风机循环，产品的加热源是煤气或蒸汽，温度和湿度都可自动控制，但需要调节。这种设备可以缩短加工时间，减少重量损耗。强制通风烟熏室和简易烟熏室相比有如下优点：烟熏室里温度均一，可防止产品出现不均匀；温、湿度可自动调节，便于大量生烟；因热风带有一定温度，不仅使产品中心温度上升很快，而且可以阻止产品水分的蒸发，从而减少损耗；香辛料等不会减少。

图 3-2 简易熏烟室

1—烟筒；2—调节风门；3—搁架；

4—挂棒；5—活门；6—烟熏室；

7—火室；8，9—火室调节门。

由于有这些优点，国外普遍采用这种设备。

3. 隧道式连续烟熏装置

现在连续生产系统中已设计有专供生产肠制品用的连续烟熏房，这种系统通常每小时能生产 1.5～5 t。产品的热处理、烟熏加热、热水处理、预冷却和快速冷却均在通道内连续不断地进行。原料从一侧进，产品从另一侧出来。这种设备的优点是效率极高，为便于观察控制，通道内装设闭路电视，全过程均可自动控制调节，不过初期的投资费用大，而且高产量也限制了其用途，不适于批量小、品种多的生产。

4. 熏烟发生器

强制通风式烟熏室的熏烟由传统方法提供，显然是不科学的。现通常采用熏烟发生器，其发烟方式有 3 种。

①木材木屑直接用燃烧发烟，发烟温度一般在 500～600℃，有时达 700℃，由于高温，焦油较多，存在多环芳香族化合物的问题；

②用过热空气加热木屑发烟温度不超过 400℃，不用担心多环芳香族化合物的问题；

③用热板加热木屑发烟，热板温度控制在 350℃，也不存在多环芳香族化合物。

(七)烟熏对产品质量的影响

熏制过程中，熏烟成分不断向制品内部渗入，而制品中的水分不断向外蒸发同时由于热变性和一些酶的参与，导致了一系列的物理化学变化。

1. 营养成分的变化

营养成分的变化主要是水分的蒸发、蛋白质变性分解和脂肪氧化等，变化的程度与熏制方法有关。

水分的变化。熏制过程中,由于水的蒸发,制品的重量逐渐减小称干耗。影响重量变化的因素主要有温度、湿度、空气流速、内部水分向外面转移的速度等。

温度越高,干耗越大;湿度越高,干耗越小;空气的流速越大,干耗越大;内部水分向表面转移的速度取决于多种因素,如肠的粗细,脂肪的含量等。

2. 熏烟成分向肉中的渗透

烟熏成分向肉中的渗透常以甲醛、羰基化合物、酸类、酚类等作为渗透程度的指标。酚类在灌肠原料中存在,烟熏肠中从表皮到中心的含量逐渐递减,所以常利用酚类的含量表示熏烟的渗透程度。

影响烟气成分吸收的因素有以下几种。

(1)温度。熏烟温度越成、渗透速度越快。但过高的温度会使肠体表面干结,反而不利于烟的吸收及色泽的形成。

(2)时间。时间越长,制品吸收的熏烟成分量就越大。

(3)相对湿度。随着相对湿度增加,烟的吸附速度加快,但对色泽形成不利。

(4)制品表面水分含量。适宜的表面水分含量有益于烟气成分的吸收,增加表面水分含量会增加烟的吸附量,但表面湿度过高会导致过深的颜色。

(5)气流速度。气流速度是影响熏烟吸附量的重要因素。在低流速情况下,气流速度越大越有利于烟的吸收,这是因为流动的气流增加了烟气与制品表面接触的机会。但流速过高难以形成高浓度的烟。因此,选择气流速度要同时考虑烟的密度。通常采用的参数是7.5~15 m/min。

(6)肌肉组织状态。肌肉组织状态主要受脂肪含量影响,脂肪含量高,不易吸收烟气成分。

(7)烟气成分。烟气成分受下列因素影响。

①熏材种类。不同种类的熏材其烟气成分也不相同。表3-34列出了几种木屑产生地熏烟中部分有机成分的含量。

表 3-34　1 kg 各种木屑产生的熏烟中有机成分的含量　　　　　　　　　g

熏烟成分	木材种类				
	青冈栎	樱花木	稻壳	日本扁柏	杉木
甲醛	1.61	1.77	0.96	1.03	0.82
乙醛	0.22	0.12	0.50	0.25	0.36
糠醛	0.50	0.88	0.54	0.24	0.27
丙酮	0.80	0.33	0.97	0.63	0.77
蚁酸	0.05	0.06	0.03	0.03	0.04
醋酸(包括其他挥发酸)	1.29	1.33	1.30	0.60	0.81
焦油成分	4.28	3.31	5.14	2.31	2.93
木炭量(残留物)	170.00	160.00	457.00	160.00	158.90

②燃烧的温度。燃烧的温度影响木质成分的分解。180~300℃半纤维素高温分解,240~400℃纤维素高温分解,在这两个阶段均产生有机酸和中性成分。280~550℃木质素分解,产生酚类和多环烃。

③熏材的湿度。潮湿的木屑燃烧时比干燥木屑产生的甲醛量多。

④燃烧时的供氧量。供氧量增加,酸和酚的量增加,即供氧量完全氧化时为需氧量的 8 倍左右,酸和酚的形成量达最大值。

3. 烟熏制品物理变化

(1)硬度。硬度受水分蒸发量和蛋白质变性影响,因而与温度、湿度、空气流速有关。

(2)颜色变化。烟熏使制品具有明显的茶褐色。这是由于烟熏过程中的美拉德反应,脂肪的熔化以及表面形成皮膜共同作用的结果。烟熏制品的断面常因加工条件不适宜呈现不均匀的发色环,称为熏烟色环如图 3-3 所示。

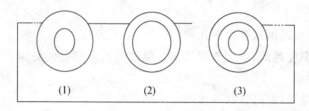

图 3-3　熏烟色环

烟熏色环实质上是腌制过程发色不完全造成的,当腌制温度低,时间段时,硝酸盐亚硝酸盐的转化不充分,该过程会在熏制时继续,但是肉的导热性很低,熏制过程中内部和表面层存在着温度差,如果熏制的温度低,时间短,中心部位没有达到还原菌达到的适宜温度(30~40℃)就会出现图 3-7(1)的情况。若制品某部位受热过于强烈,还原菌被杀死,也会形成不发色区,直接用火烟熏就会出现这种情况。当采用亚硝酸盐作为发色剂时,其发色作用中心部位较外层进行的快,如图 3-7(2)、图 3-7(3)所示。

为了克服烟熏色环的发生,产品放入熏烟室后,生烟要缓慢,以保证足够的发色时间,此外,要注意受热均匀。

二、烤制原理和方法

烧烤制品是指畜、禽胴体或肉经配料腌制(或不腌),再经热气烘烤,或明火直接烧烤,或以盐、泥等固体为加热介质煨烤而成的熟肉类制品。其特点是外表色泽红润鲜艳,表皮脆,肉质细嫩,富有浓郁香味。烧烤制品的品种很多,但以北京烤鸭、常熟烤鸡、东江盐焗鸡、广东烤乳猪、叉烧肉等较为驰名。

(一)烤制的基本原理

烤制又称为烧烤,是利用高温热源对制品进行热加工的过程。它是肉制品热加工的一种方法。烧烤能使肉制品产生诱人的香味,增强表皮的酥脆性,以及美观的色泽。肉类经烧烤之所以产生香味,是由于肉类中的蛋白质、糖、脂肪、盐和金属等物质,在加热过程中,经过降解、氧化、脱水等一系列变化,生成醛类、酮类、醚类、内酯、呋喃、硫化物、低级脂肪酸等化合物,尤其是糖、氨基酸之间的美拉德反应,即糖氨反应,它不仅生成棕色物质,同时伴随着生成多种香味物质,赋予肉制品特殊的香味。蛋白质分解产生谷氨酸,与盐结合生成谷氨酸钠,使肉制品带有鲜味。

此外,在加工过程中,腌制时加入的辅料也有增香作用。如五香粉有醛、酮、醚、酚等成分,葱、蒜含有硫化物。在烤乳猪、烤鸭、烤鹅时,浇淋糖水所用的麦芽糖或其他糖,烧烤时这些糖与皮层蛋白质分解生成的氨基酸,发生美拉德反应,不仅起着美化外观的作用,而且产生香味物质。

烧烤前经浇淋热水和晾皮,使皮层蛋白质凝固、皮层变厚、干燥,烤制时,在热空气作用下,蛋白质变性而酥脆。

烧烤的目的是赋予肉制品特殊的香味和表皮酥脆,提高口感,并有脱水干燥、杀菌消毒、防止腐败变质的作用,使制品有耐藏性;烧烤后使产品色泽红润鲜艳,外观良好。

(二)烧烤的方法

烧烤的方法基本有两种:明炉烧烤法和挂炉烧烤法(暗炉烧烤法)。

1. 明炉烧烤法

明炉烧烤法是用铁制的、无关闭的长方形烤炉。在炉内烧红木炭,然后将原料肉用一条烧烤用的长铁叉叉住,放在烤炉上进行烤制。在烧烤过程中,有专人将原料肉不断转动,使其受热均匀,成熟一致。这种烧烤法的优点是设备简单,比较灵活,火候均匀,成品质量较好,但花费人工多。驰名全国的广东烤乳猪(又名脆皮乳猪),就是采用此种烧烤方法。此外,野外的烧烤肉制品,多属此种烧烤方法。

2. 挂炉烧烤法

挂炉烧烤法也称暗炉烧烤法,即是用一种特制的可以关闭的烧烤炉,如远红外线烤炉、家用电炉、缸炉等,前两种烤炉热源为电,缸炉的热源为木炭,在炉内通电或烧红木炭,然后将原料挂上烤钩、烤叉或放在烤盘上,送入炉内,关闭炉门进行烤制。烧烤温度和烤制时间视原料肉而定,一般烤炉温度为 200～220℃,加工叉烧肉烤制 25～30 min,加工鸭(鹅)烤制 30～40 min,乳猪烤制 50～60 min。

暗炉烧烤法应用较多,它的优点是花费人工少,对环境污染少,一次烧烤的量比较多,但火候不是十分均匀,成品质量比不上明炉烧烤法。

三、烟熏肉制品加工

肉品工业发展到今天,烟熏实际上已不是一个完整的加工方法,在多数情况下烟熏仅是某一制品的一个工艺过程。根据温度不同,烟熏有冷熏、温熏和热熏;熏制时原料的状态有生熏制品和熟熏制品。

(一)生熏制品

生熏制品种类很多,其中主要是火腿、培根,还有猪排、猪舌等。在我国目前主要在南方大城市,由于受外来影响,已形成这类产品。它是以猪的方肉、排骨等为原料,经过腌制、烟熏而成,具有较浓的烟熏味。

由于原料及产品特性不一样,因此烟熏工艺参数也不尽相同。如带骨火腿为冷熏,包括预备干燥需烟熏 3 昼夜左右;带骨培根、去骨培根及通脊培根也需冷熏。首先在 30℃条件下干燥 2～5 h,然后在 30～40℃条件下烟熏 12～24 h。

(二)熟熏制品

国外的熟熏制品一般先用高温熏制,然后进行熟制。例如,去骨火腿在 40～50℃条件下干燥 5 h,再在 60℃烟熏 6～10 h,烟熏后 75℃蒸煮 4～5 h;通脊火腿 30～50℃条件下干燥 2 h,60℃烟熏 2～3 h,75℃蒸煮 2～3 h。

我国传统熏制品的加工,大多是在煮熟之后进行熏制,如熏肘子、熏猪头、熏鸡、熏鸭等。

经过熏制加工以后使产品呈金黄色的外观,表面干燥,形成烟熏气味,增加耐保藏性。

例:哈尔滨熏鸡

(1)工艺流程。

原料鸡选择与整理→紧缩→煮制→熏制→成品。

(2)操作要点。

①原料选择与整理。选好的肥母鸡,经过宰杀、煺毛、摘取内脏,将爪弯曲插入鸡的腹内,头夹在翅膀下,放在冷水中浸泡10 h,取出后沥干水分。

②紧缩。将沥干的鸡放在沸开的老汤中初煮10~15 min,使其表面肌肉蛋白质迅速凝固变性,体形收缩,消除异味,易于吸收配料。

③煮制。将煮熟的鸡重新放入老汤中煮制,温度保持在90℃左右,不宜沸煮,经3~4 h煮熟捞出。

④熏制。将煮熟的鸡单行摆在熏屉内装入熏锅或熏炉中进行熏制。熏烟的调制通常以白糖(红糖、糖稀)与锯末混合,糖与锯末的比例为3∶1,放入熏锅内。干烧锅底使其发烟,约熏制20 min左右即为成品。

四、烧烤制品加工

本节以较为驰名的烤鸭、烧鸡、烤乳猪、叉烧肉等为例,介绍烧烤制品的加工工艺,其卫生标准见表3-35、表3-36、表3-37。

表3-35　烧烤肉制品感官指标

品种	色泽	组织状态	气味
烧烤猪、鸡、鸭类	鸡肉鲜艳有光泽、微红色	肌肉切面压之无血水、皮脆	无异味、无异臭
叉烧肉	肌肉切面微赤红色,脂肪白而有光泽	肌肉切面紧密,脂肪结实	无异味、无异臭

表3-36　烧烤肉苯并芘指标

品　　种	指标
烧烤猪、鸡、鸭类	≤5
叉烧肉、羊肉串	≤5

表3-37　烧烤肉制品细菌指标

项　目	指标	
	出厂	销售
细菌总数/(个/g)	≤500	≤50 000
大肠杆菌/(个/100 g)	≤40	≤100
致病菌(系指肠道致病菌和致病性球菌)	不得检出	不得检出

(一)北京烤鸭

北京烤鸭是我国著名的特产,历史悠久,以优异的品质和独特的风味闻名于国内外。它的特点是色泽红润,皮脂酥脆,肉质细嫩,鲜香味美,肥而不腻。

1. 工艺流程

原料选择、制坯→挂炉烤制→成品。

2. 操作要点

(1)原料选择。选用经过填肥的活重约 2.5 kg 以上的北京填鸭。

(2)制坯。

①宰杀与煺毛。将活鸭倒挂,从喉部宰杀放血,以切断气管、食管、血管为准。浸烫煺毛水温在 62～65℃为宜,因填鸭皮薄,水温过高易于破皮。

②打气与开膛。剥离食管周围的结缔组织,把脖颈伸直,将气嘴从切口处插入皮肤与肌肉之间,向鸭体充气,让气体充满在皮下脂肪与结缔组织之间,使鸭子保持膨大的外形。然后在右翅下开膛(刀口呈月牙形),取出内脏,并用 7 cm 长的秫秸,由刀口送入腔内支撑胸腔,使鸭体造型美观。

③清洗体腔。将初步制成的鸭坯,放入 4～8℃的清水内,使水从翼下刀口处进入内腔,灌满水后,再倒出,如此反复数次,直至洗净为止。

④挂钩与烫坯。用鸭钩在鸭胸脯上端 4～5 cm 的颈椎骨右侧下钩,钩尖从颈椎骨左侧突出,使鸭钩斜穿颈上,将鸭坯稳固挂住。然后用 100℃的沸水烫皮,烫皮的目的:

　　a. 使表皮毛孔紧缩,烤制时减少从毛孔中流失脂肪;

　　b. 使皮层蛋白质凝固,烤制后表皮酥脆;

　　c. 能使充气的皮层的气体尽量膨胀,表皮显出光亮,使之造型更加美观。

⑤浇挂糖色。烫皮后,用麦芽糖水溶液(麦芽糖与水之比为 1∶6)浇淋全身。目的是使烤制后的鸭体呈枣红色,同时增加表皮的酥脆性,适口不腻。

⑥晾皮。将烫皮挂糖色后的鸭坯,置于阴凉通风处晾皮,使鸭坯干燥,烤制后增加表皮的酥脆性,保持胸脯不跑气下陷。

⑦灌汤与打色。制好的鸭坯在入炉之前,先向鸭体腔内灌入沸水 70～100 mL,即"灌汤"。目的是强烈地蒸煮腹体腔内的肌肉、脂肪,促进快熟,即所谓"外烤里蒸",使烤鸭达到外脆里嫩的特色。灌好汤后,再向鸭坯表皮浇淋 2～3 勺糖液,称为"打色"。目的是弥补挂糖色不均匀的部位。

(3)挂炉烤制。

①烤炉温度。烤鸭是否烤好,关键在掌握炉温,也即火候。正常炉温应保持在 220～225℃。炉温过高,会造成鸭体两肩部发黑;过低,会使鸭皮收缩,胸部塌陷。因此,炉温过高或过低都会影响烤鸭的质量和外形。

②烤制时间。烤制时间视鸭体大小和肥度而定。一般体重 1.5～2 kg 的鸭坯,需在炉内烤制 30～50 min。烤制时间过短,鸭坯烤不透;时间过长,火候过大,易造成皮下脂肪流失过多,使皮下形成空洞,皮薄如纸,从而失去了烤鸭脆嫩的独特风味。鸭坯重、肥度大,烤制时间相对长些。

③烤制方法。鸭坯进炉后,挂在炉膛内的前梁上,先烤右侧边,使高温空气较快进入腔内,促进腔膛内汤水汽化,达到里蒸。当鸭坯右侧呈橘黄色时,再转向左侧,直到两侧颜色相同为

止。然后用烤鸭杆挑起鸭坯在火上反复烧烤几次,目的是使腿和下肢之间着色,烤 5～8 min,再左右侧烤,使全身呈现橘黄色,然后送到炉的后梁,鸭背朝向红火,继续烘烤 10～15 min,至全身呈枣红色,皮层里面向外渗出白色油滴为止,即可出炉。

成品的刀工是一项重要手艺。片削鸭肉,第一刀先把前胸脯取下,切成丁香叶大的肉片,随后再取右上脯和左上脯,各 4～5 刀。然后掀开锁骨,用刀尖向着脯中线,靠胸骨右边剁一刀,使骨肉分离,便可以从右侧的上半部顺序往下片削,直到腿肉和尾部。左侧的工序同于右侧。切削的要求是手要灵活,刀要呈斜坡,做到每片大小均匀,皮肉不分离,片片带皮,一般中等烤鸭每只肉片为 100～120 片。

烤鸭最适宜于现做现吃。在冬季室温 10℃时,不用特殊设备,可保存 1 周。如有冷冻设备,可保藏稍久,不致变质。吃前可以回炉进行短时间烤制,仍能保持原有风味。

(二)广东烤乳猪

广东烤乳猪也称脆皮乳猪,是广东省著名的烧烤制品。它的特点是色泽鲜艳、皮脆肉香、入口即化。

1. 工艺流程

原料选择→制坯→烧烤→成品。

2. 操作要点

(1)原料选择。

①主料选用皮薄,体型丰满,活重在 5～6 kg 的乳猪。

②辅料按一头重约 2.5 kg 的光猪计,五香盐 50 g(五香粉 25 g,精盐 25 g 混匀),白糖 200 g,调味酱 100 g,南味豆腐乳 25 g,芝麻酱 50 g,蒜蓉 25 g(去皮捣碎的蒜称蒜蓉),汾酒 40 g,大茴香粉 0.5 g,味精 0.5 g,麦芽糖 50 g,五香粉 0.5 g。

(2)制坯。

①屠宰与整理。乳猪经屠宰、放血、去毛、剖腹取内脏,冲洗干净(切勿让血污染体表)将头和背脊骨从中劈开,取出脑髓和脊髓,斩断第四肋骨,取出第五至第八肋骨和两边肩脚骨。后键肌肉较厚部位,用刀割花,使辅料易于渗透入味和快熟。

②上料。腌制将劈好洗净的猪体放在案台上,将五香盐均匀地擦在猪的胸腹腔内,腌 20～30 min 后,用钩把猪身挂起,使水分流出,取下放在案板上,再将白糖、调味酱、南味豆腐乳、蒜蓉、味精、汾酒,五香粉、大茴香粉等拌匀,涂在猪腔内,腌 20～30 min。

③固定体形。用乳猪铁叉把猪从后腿穿至嘴角,在上叉前要把猪撑好。方法是用两条长度 40～43 cm 和两条 13～17 cm 的木条,长的作直撑,短的作横撑。然后用铁丝将前后腿扎紧,以固定猪体形,使烧烤后猪身平正,均衡对称,外形美观。

④烫皮与浇糖液。上猪叉后用沸水浇淋猪全身,稍干后再浇上麦芽糖溶液,挂在通风处晾干皮后,进行烤制。

(3)烧烤。烤乳猪可用明炉烧烤法,也可用挂炉烧烤法。

①明炉烧烤法。将炉内木炭烧红后,把腌好的猪坯,用长铁叉叉住,放在炉上烧烤。先用慢火烧烤约 10 min,以后逐渐加大火力。烧烤时,要不断转动猪身,使其受热均匀,并不时刺猪皮和扫油,目的是使猪烤制后,表皮酥脆。直烤到猪皮呈现红色为止,一般烧烤 50～60 min 即可。

②挂炉烧烤法。采用一般烤鸭、鹅的炉,先将木炭烧至高温(200～220℃),或通电使炉温

升高,然后把猪坯挂入炉内,关上炉门烧烤 30 min 左右,在猪皮开始转色时取出,针刺,并在猪身出油时,用棕帚将油扫匀,再放入炉内烤制 20～30 min,便可烤熟。

猪坯烧烤成熟猪,成品率为 72%～75%,烤熟的乳猪一般以片皮上席,同时配备专门的蘸料,如白糖粉、海鲜酱等。

烤好的乳猪应放在阴凉通风处。放置的时间不宜过久,否则猪皮会变硬而不松脆。隔天存放的烤乳猪要经过复制,即使这样做,其质量比新出炉的烤乳猪仍差得多。

(三)叉烧肉

1. 广式叉烧肉

广式叉烧肉又称"广东蜜汁叉烧肉",是广东著名的烧烤肉制品之一,也是我国南方人喜食的一种风味食品。该产品具有色泽鲜明,光润香滑的特色。按原料不同有枚叉、上叉、花叉、斗叉等品种。

(1)工艺流程。

原料选择与整理→配料→腌制→烧烤→成品。

(2)操作要点。

①原料选择与整理。选用拆骨去皮猪肉(枚叉用全瘦猪肉,上叉用前后腿肉,花叉用五花肉,斗叉用颈部肉)。将选好的原料肉切成长 40 cm,宽 4 cm,厚 1.5 cm,重 250～300 g 的肉条。

②配料。按原料肉 10 kg 计,生抽酱油 400 g,白糖 750 g,精盐 200 g,50 度酒 200 g,麻油 40 g,麦芽糖 500 g。

③腌制。把切好的肉条放入容器,加酱油、白糖和精盐,与肉条拌匀腌制 40～60 min,每隔 20 min 翻动一次。待肉条充分吸收辅料后,再加入白酒、麻油与肉条拌匀,然后用叉烧铁环(一种特制的烧烤器具)将肉条逐条穿上,每环穿 10 条。

④烧烤。将炉温升至 100℃,然后把用铁环穿好的肉条挂入炉内,关上炉门进行烤制,使炉温逐渐升高到 200℃左右。烧烤过程中,注意调换肉条方向,使其受热均匀。肉条顶部微有焦斑,可覆上湿纸,烧烤 25～30 min 出炉。出炉后,涂以麦芽糖溶液(麦芽糖溶液要浓,成糖胶状),再放入炉内烤 2～3 min,取出即为成品。

广东叉烧肉最好当天加工,当天销售,不宜久存。因为隔天的叉烧肉,往往失去固有的色香味。若有剩余,可放在 0℃左右的冷藏柜内或放在阴凉通风的地方,次日复烤后方能出售。

2. 苏式叉烧肉

苏式叉烧肉是江苏地区流行的一种烤猪肉产品。原料采用猪肋条或夹心腿肉,成品每包约重 125 g,每 6 包为一大包,每块肉均为正方形,味香,鲜美可口。

(1)工艺流程。

原料选择与整理→配料→腌制→烤制→成品。

(2)操作要点。

①原料选择与整理。选用猪肋条或夹心腿肉为原料。拆骨去皮,并将精肉与肥肉膘分别切开,然后切成四方形的薄片,每片 6～7 cm 见方,厚度约 3 cm,精肉和肥膘切成厚度大小完全相等,切好的肉块放入容器内。

②配料。按原料肉 10 kg 计,白糖 14 g,精盐 200 g,白胡椒 14 g。

③腌制。上叉将放在容器内的肉坯与配料糖、盐、白胡椒混合搅拌均匀。用一种特制的钢片有木柄的扁形叉(似宝剑形状)将抹好配料的肉坯逐块穿在叉上准备烧烤。

④烤制。将穿上肉坯的叉放在烤炉上,烤炉的形状呈长方形,炉的宽度较叉的长度短 6～7 cm,使叉能摆在炉边,烤炉内置炭燃烧,温度为 160℃左右,经过烘烤 10 min 后即为成品。

烤时应随时将叉反复转动以免烤焦。成品制成后,将肥膘肉和精肉一层隔一层地合并在一起,用玻璃纸包扎,每包 6 块。成品在 10～20℃的气候条件下,可保存 2～3 d,0℃时可保存 15～20 d。

(四)烤鸡

1. 常熟烤鸡(叫化鸡)

常熟烤鸡又名叫化鸡,是江苏名特产品,已有上百年历史。它以色泽金黄、鸡香馥郁、油润细致、鲜香酥烂、形态完整、适口不腻而驰名全国。

(1)工艺流程。

原料选择→制坯→煨烤→成品。

(2)操作要点。

①原料选择。选用当地鹿苑鸡或三黄鸡,体重 1.75 kg 左右的鸡坯 1 只(新母鸡最适宜)。

②配料。按每只鸡计,虾仁 25 g,鸡 100 g,鲜猪肉(肥瘦各半)150 g,火腿 25 g,水发香菇 250 g,熟猪油 50 g,酱油 150 g,白糖 25 g,料酒、食盐、味精、油、姜、葱、丁香、八角、甜酱、玉果适量,酒瓮瓮头泥(即封酒坛口的黄泥)头 150 个,大荷叶(干品)40 片,纸 10 张,细绳若干米,猪网油或鲜猪皮适量(够裹住鸡体即可)。

③制坯。

a. 原料加工,将鸡坯从翼下切口,取出内脏,然后剔出气管和食道,并洗净沥干,用刀背拍断鸡骨,切勿破皮,再浸入卤汁中,卤汁可只用酱油,亦可由八角、酒、糖、味精、葱段等调味料配制而成,30 min 后取出沥干。

b. 烹制馅料,将炒锅烧热,放入熟猪油,油热后投入葱、姜、八角、玉果等调料略加爆炒,即投放切好的鸡腌、肉丁、火腿、肉片、虾仁等。边炒边加酒、酱油及其他调料,炒至半熟,加味精即出锅。

c. 填料包扎,将炒好的馅料,沥去汤汁,从翼下开口处填入鸡胸腹腔内并把鸡头曲至翼下由刀口处塞入,在两腋下各放丁香一颗,鸡身上洒少许细盐。然后用猪网油或鲜猪肉包裹鸡坯,再用浸泡软的荷叶坯包裹其外,用绳将鸡捆成卵圆形,不使其松散。最后用酒脚、盐水和陈瓮头泥糊平摊在湿布上,将鸡坯置于其中,折起四角,紧箍鸡坯。

④煨烤。将鸡坯放入烤鸡箱内,或直接用炭火煨烤。先用旺火烤 40 min 左右,把泥基本烤干后改用微火。每隔 10～20 min 翻 1 次,共翻 4 次,需烤 4～5 h 即熟,便成成品。食用时除去泥壳,解去细绳,展开荷叶,装盘,浇上香油,再以甜面酱和葱白段佐食。

常熟烤鸡在加工制作时,要注意以下几点:

a. 用的荷叶要干净,用时应将荷叶、细绳用热水浸泡,再用清水洗,剪去荷叶柄,用荷叶正面包鸡身。荷叶是否干净,会影响烤鸡的颜色。

b. 选好包泥。一般选用酒瓮瓮头泥,因为该泥有酒香味。瓮泥捣碎,用盐水搅拌成泥巴。(盐用量一般每只鸡 100 g 左右),用水溶化后和泥搅拌均匀,否则烤制时泥易裂开或脱落,影响质量。

c. 掌握好火候。烤鸡时一定要加炉盖保温,适时翻烤,掌握好火候,既要防止烤焦,又要防止不熟。

2. 南农三特(鲜、香、嫩)烤鸡

南农三特(鲜、香、嫩)烤鸡为强化三特风味,稳定产品特色,在选鸡、配方和工艺操作方面特别严格和讲究,配方使用四道料。

(1)工艺流程。

原料选择与整理→配料与调制→腌制→腔内涂料与填料→浸烫涂皮料→烤制→成品

(2)操作要点。

①原料选择与整理。选用 50 日龄左右、体重 1.5～2 kg 的健康肉用仔鸡。经屠宰、放血、浸烫、脱毛、腹下开膛取出全部内脏等工序,冲洗干净。将全净膛光鸡,先去腿爪,再从放血处的颈部横切断,向下推脱颈皮,切断颈骨,去掉头、颈,并将两翅反转成"8"字形。

②配料与调制。配方使用四道料。

a. 腌制料按每 50 kg 腌制液计,生姜 100 g,葱 150 g,八角 150 g,花椒 100 g,香菇 50 g,精盐 8.5 kg。配制时,先将八角、花椒包入纱布内和香菇、葱、姜放入水中煮制,沸腾后将料水倒入腌缸内,加盐溶解,冷却备用。

b. 腹腔涂料香油 100 g,鲜辣粉 50 g,味精 15 g,拌匀后待用。上述涂料约可涂 25～30 只鸡。

c. 腹腔填料按每只鸡计量,生姜 2～3 片(10 g),葱 2～3 根(15 g),香菇 2 块(10 g)。姜切成片状,葱打成结,香菇预先泡软。

d. 皮料浸烫涂料:水 2.5 kg,白糖 500 g,溶解加热至 100℃待浸烫用,此量够 100～150 只鸡用。香油,刚出炉后的成品烤鸡表皮涂上香油。

③腌制。将整形后的光鸡,逐只放入腌缸中,用压盖将鸡压入液面以下,腌制时间根据鸡的大小、气温高低而定,一般腌制液浓度以 12% 较为理想,腌制时间在 40～60 min,腌好后捞出,挂鸡晾干。

④涂放腔内涂料。把腌好的光鸡放在台上,用带圆头的棒具,挑 5 g 左右的涂料伸入腹腔向四壁涂抹均匀。

⑤填放腹内填料。向每只鸡腹腔内填入生姜 2～3 片,葱 2～3 根,香菇 2 块,然后用钢针绞缝腹下开口,以防腹内汁液外流。

⑥浸烫。涂皮料将填好料缝好口的光鸡逐只放入加热到 100℃ 的皮料液中浸泡,约 30 s,然后取出挂起,晾干待烤。

⑦烤制一般用远红外线电烤炉,先将炉温升至 100℃,将鸡挂入炉内,当炉温升至 180℃时,恒温烤 15～20 min,这时主要是烤熟鸡,然后再将炉温升高至 240℃烤 5～10 min,此时主要是使鸡皮上色、发香。当鸡体全身上色均匀达到成品橘红或枣红色时立即出炉。

出炉后趁热在鸡皮表面擦上一层香油,使皮更加红艳发亮,擦好香油后即为成品烤鸡。在烤制这道工序方面,不同烤制条件对烤鸡品质影响很大。据南京农业大学徐幸莲等研究证实,高温短时间比低温长时间烤制的肉鸡出品率要高 1.26%,且肌肉嫩度更好。

短时间烤制时,鸡体在受热时,溶胶态的蛋白质迅速形成巨大凝胶体将水分与脂肪等封闭在凝胶体网状结构里;而低温长时间烤制的烤鸡,这种作用较小,鸡在炉内停留时间长,失水较多,脂肪溶化滴入炉内量多,因而肉质较老,成品率下降。

【项目小结】

本项目要求学生理解烟熏的目的,熏烟成分及其作用,能够解释烟熏,烤制肉制品的方法及相关概念,烟熏食品质量安全的控制方法。熟识熏烤设备的构造及其使用方法。理解熏烤的加工方法。掌握熏烤肉制品的加工工艺和操作要点。重点掌握熏烤制品的一般工艺流程及操作要点,能够独立使用熏烤制品生产设备,并能够解决在生产过程中出现的质量问题。

【项目思考】

1. 如何解释熏烤制品容易致癌?

2. 肉制品的熏烤过程需要注意哪些方面的操作?

3. 烟熏过程中主要产生哪些化学物质?

项目七　灌肠类制品生产与控制

【知识目标】

1. 熟悉灌肠制品的种类和产品特点。

2. 了解灌肠制品加工的原理。

3. 掌握灌肠制品加工的方法及设备的使用。

【技能目标】

1. 能够解释灌肠制品的加工原理。

2. 能处理不同灌肠产品加工中的质量问题。

3. 能够独立操作灌肠生产设备。

4. 能写出灌肠制品加工的工艺流程和操作要点。

【项目导入】

香肠是世界上产量最高,品种最多的肉制品,目前有几千个品种,其具体名称多与产地有关。例如,德国法兰克福肠,波洛尼亚肠,意大利色拉米肠,中国的哈尔滨红肠,广东的腊肠,北京蛋清肠等,产品各有其特殊的制法和风味。我国各地的肠制品生产,习惯于将中国原有的加工方法生产的产品称为香肠或腊肠,把国外传入的方法生产的产品称为灌肠。

任务　哈尔滨红肠生产与控制

【要点】

1. 准确选择配方、判断原料肉部位和辅料种类。

2. 掌握哈尔滨红肠加工工艺、质量控制。

3. 学会使用、护养绞肉机、灌肠机、打卡机、蒸煮等设备。

【工作过程】

(一)配方

配方1:猪肉25 kg、牛肉13 kg、猪肥膘12 kg、干淀粉3 kg、精盐2.5~3 kg、味精45 g、胡椒粉45 g、大蒜150 g、亚硝酸钠5 g。

配方2:猪瘦肉800 g、肥肉200 g、淀粉40 g、糖15 g、食盐32 g、味精3 g、大蒜20 g、胡椒粉或五香粉2 g、亚硝酸钠0.1 g、料酒5 g、维生素C 0.3 g、嫩肉粉2 g、大豆蛋白25 g、冰水

300 g、鸡蛋 2~3 个(最好用蛋清)。

配方 3：猪瘦肉 800 g、肥肉 300 g、淀粉 30 g、嫩肉粉 5 g、食盐 36 g、味精 3 g、大蒜 20 g、胡椒粉或五香粉 2 g、亚硝酸钠 0.1 g、料酒 5 g、维生素 C 0.3 g、大豆蛋白 20 g、冰水 300 g、明胶 5 g。

配方 4：瘦肉 75 kg、肥肉 25 kg、食盐 2.5 kg、酱油 1.5 kg、白糖 1.5 kg、白酒 0.5 kg、硝石 0.1 kg、砂仁 0.02 kg、大茴香 0.01 kg、豆蔻 0.02 kg、小茴香 0.01 kg、桂皮粉 0.02 kg、白芷 0.02 kg、丁香 0.01 kg。

(二)工艺流程

选择原料肉→修整→低温腌制→配料、制馅→搅拌→灌制或填充→蒸煮→烘烤→成品。

(三)操作要点及质量控制

1. 原料的整理和切割

> 思考：原料肉应选择什么部位？

将新鲜的猪、牛肉剔骨、去皮,修去粗大的结缔组织、淋巴、斑痕、淤血等,尤其牛肉须去掉脂肪,然后顺着肌肉纤维切成 0.5 kg 左右肉块。

2. 低温腌制

> 思考：为什么低温腌制？

将整理好的肌肉块加入肉重 3.5%~4% 的食盐和 0.01% 的亚硝酸盐,搅拌均匀后装入容器内,在室温 10℃ 左右下,腌制 3 d,待肉的切面约有 80% 的面积变成鲜红的色泽,且有坚实弹力的感觉,即为腌制完毕。肥膘肉以同样方式腌制 3~5 d,待脂肪有坚实感,不绵软,色泽均匀一致,即为腌制完毕。

3. 绞肉和斩拌

> 思考：斩拌时,加入原料的顺序是什么？温度应如何控制？

将腌制完的肉和肥膘冷却到 3~5℃ 后,分别送入绞肉机中绞碎,再将绞好的肉馅放入斩拌机中进一步剁碎,同时添加肉重 30%~40% 的水。

4. 拌馅

斩拌好的肉馅放入拌馅机,同时加入以 25%~30% 的水调成的淀粉糊,搅拌均匀后再加入肥肉丁和其他各种配料。拌馅时应以搅拌的肉馅弹力好、持水性强、没有乳状分离为准,一般以 10~20 min,温度不超过 10℃ 为宜。

5. 灌制

> 思考：如何选择肠衣？

灌制过程包括灌馅、捆扎和吊挂,在装馅之前对肠衣需进行检查,并用清水浸泡,灌馅是在灌肠机上进行的,灌好的肠体用纱绳捆扎起来,每 15 cm 左右为一节,并应留有 15% 的收缩率,灌好的肠体要用排针排气,放气后挂在架子上,以便烘烤。

6. 烘烤

烘烤时,肠体距火焰应保持 60 cm 以上,并间隔 5~10 min 将炉内红肠上下翻动一次,以免烘烤不均。烤炉温度通常保持在 65℃ 左右,烘烤时间为 1 h 左右,待肠衣表面干燥光滑,无流油现象,肠衣呈半透明状,肉馅色泽红润时,即可出炉。

7. 煮制

> 思考：如何确定煮制时间？

将清水升温至 90~95℃ 放入红肠,保持水温在 80~90℃,待红肠中心温度达 75℃ 以上时,用手捏肠体感到硬挺,有弹性即为煮熟,出锅。

8. 熏制

熏制是在烟熏一体炉内进行的,熏制时先用木柴热底,上面覆盖一层锯末,木材与锯末之比为 1∶2,将煮过的灌肠送入后,点燃木料,使其缓慢燃烧发烟,切不能用明火烘烤,熏烟室的温度通常在 35～45℃,时间为 5～7 h,待肠体表面光滑而透出内部肉馅色,并且有类似红枣皱纹时移出烟熏室,自然冷却,即成品。

(四)产品技术指标

1. 感官指标

成品呈枣红色,熏烟均匀,无斑点和条状黑斑,肠衣干

> 思考:产品的理化指标和微生物指标有何要求?

燥,呈半弯曲形状,表皮微有皱纹,无裂纹,不流油坚韧而有弹力,无气泡,肠体切面呈粉红色,肪块呈乳白色,味香而鲜美。

2. 理化指标

亚硝酸盐(以 $NaNO_2$ 计)≤30 mg/kg;食品添加剂按 GB2760 规定。

3. 微生物指标

出厂时菌落总数≤20 000 个/g,销售时菌落总数≤50 000 个/g;出厂时大肠菌群≤30 个/100 g,销售时大肠菌群≤30 个/100 g;致病菌(系指肠道致病菌及致病性球菌)在出厂和销售均不得检出。

(五)出品率

肉制品出品率:单位重量的动物性原料(如禽、畜的肉、皮等,不包括淀粉、蛋白粉、香辛料、冰水等辅料),制成的最终成品的重量与原料比值。比如 100 kg 的肉,做出的最终产品的重量是 200 kg,那么出品率就是 200%。

【相关提示】

在肠类制品生产中要注意常见的质量问题,并且要学会质量控制和解决的方法。常见质量问题有以下几点。

1. 外形方面的质量问题

(1)肠体破裂。

a. 肠衣质量问题。如果肠衣本身有不同程度的腐败变质,肠壁就会薄厚不均、松弛、脆弱、抗破坏力差,腌渍法保存的肠衣,收缩力差失去弹性。

b. 肉馅问题。水分较高时,迅速加热,肉馅膨胀而使肠衣涨破。肉馅填充过紧,以及煮制烘烤时温度掌握不当会引起肠衣破裂。

c. 工艺问题。一是肠体粗细不均,蒸煮时粗肠易裂;二是烘烤时火力太大,温度过高,就会听到肠衣破裂的声音;三是烘烤时间太短,没有烘到一定程度,肠衣蛋白质没有完全凝固即开始煮制;四是蒸煮时蒸汽过足,局部温度过高,造成肠裂;五是翻肠时不小心,导致外力破裂。

(2)外表硬皮。烟熏火力大,温度高,或者肠体下距热源太近,严重时起硬壳,造成肠馅分离,撕掉起壳的肠衣以后可见肉馅已被烤成黄色。

(3)发色不均、无光泽。

a. 烟熏时温度不够,或者烟熏质量较差,以及熏好后又吸潮的灌肠都会使肠衣光泽差;

b. 用不新鲜的肉馅灌制的灌肠,肠衣色泽不鲜艳;

c. 如果烟熏时所用木材含水分多或使用软木,常使肠衣发黑。

(4)颜色深浅不一。

a. 烟熏温度高,颜色淡;温度低,颜色深。

b. 肠衣外表干燥时色泽较淡;肠衣外表潮湿时,烟气成分溶于水中,色泽会加深。

c. 如果烟熏时肠身搭在一起,则粘连处色淡。

(5)肠身松软无弹性。

a. 没煮熟。这种肠不仅肠身松软无弹性,在气温高时会产酸、产气、发胖,不能食用。

b. 肌肉中蛋白质凝聚不好。一是当腌制不透时,蛋白质的肌球蛋白没有全部从凝胶状态转化为黏着力强的溶胶状态,影响了蛋白质的吸水力;二是当机械斩拌不充分时,肌球蛋白的释放不完全;三是当盐腌或操作过程中温度较高时,会使蛋白质变性,破坏蛋白质的胶体状态。

(6)外表无皱纹。肠衣外表的皱纹是由于熏制时肠馅水分减小、肠衣干缩而产生的。皱纹的生产与灌肠本身质量及烟熏工艺有关。

a. 肠身松软无弹性的肠,到成品时,外观一般皱纹不好;

b. 肠直径较粗,肠馅水分较大,也会影响皱纹的产生;

c. 木材潮湿,烟气中湿度过大,温度升不高,或者烟熏程度不够,都会导致熏烤后没有皱纹。

2. 切面方面的问题

(1)色泽发黄。

a. 切面色泽发黄,要看是刚切开就黄,还是逐渐变黄的。如果是刚切开时切面呈均匀的蔷薇红,而暴露空气中后,逐渐变黄那是正常现象。这种缓慢的褪色是由粉红色的 NO-肌红蛋白在可见光线及氧的作用下,逐渐氧化成高铁血色原,而使切面褪色发黄。而切开后虽有红色,但淡而不均,很容易发生褪色,一般是亚硝酸盐用量不足造成的。

b. 用了发色剂,但肉馅根本没有变色。一是原料不够新鲜,脂肪已氧化酸败,则会产生过氧化物,呈色效果不好;二是肉馅的 pH 过高,则亚硝酸钠就不能分解产生 NO,也就不会产生红色的 NO-肌红蛋白。

(2)气孔多。切面气孔周围都发黄发灰,这是由于空气中混进了氧气造成的。因此,最好用真空灌肠机,肉馅要以整团形式放入贮馅筒。装馅应该紧实,否则经悬挂、烘烤等过程,肉馅下沉,造成上部发空。

(3)切面不坚实,不湿润。

a. 产生这种现象的肠主要原因是加水不足,制品少汁和质粗,绞肉机的刀面装得过紧、过松,以及刀刃不锋利等引起机械发热而使绞肉受热,都会影响切面品质。

b. 脂肪绞得过碎,热处理时易于熔化,也影响切面。

【工具与设备】

工具:刀具、案板、不锈钢容器等。

设备:绞肉机、斩拌机、搅拌机、灌肠机、蒸煮设备、烟熏炉等。

【考核要点】

1. 加工设备的使用。

2. 质量控制的方法。

3. 工艺流程和操作要点。

思考题

1. 生产过程中为什么要控制肉馅加工的温度?

2. 斩拌过程中对投料的顺序有何要求？

【必备知识】

一、肠类肉制品基础知识

香肠是由拉丁文 *salsus* 得名,指保藏或盐腌的肉类。现泛指以畜禽肉为原料经腌制或未经腌制,切碎成丁或绞碎成颗粒或斩拌乳化成肉糜,加入其他配料均匀混合之后灌入肠衣内,经烘烤、烟熏、蒸煮、冷却或发酵等工序制成的肉制品。

灌肠制品最早的记载,是在公元前 9 世纪约 2 800 年以前,古希腊的荷马史诗《奥得塞》中曾有描述。据考证,在 3 500 年以前,古巴比伦已开始生产和消费肠类制品。到中世纪,各种肠制品风靡欧洲,由于各地地理和气候条件的差异,形成各种品种。在气候温暖的意大利、西班牙南部和法国南部开始生产干制和半干制香肠,而气候比较寒冷的德国、澳大利亚和丹麦等国家,由于保存产品比较容易,开始生产鲜肠类和熟制香肠。以后由于香料的使用,使得肠类制品的品种不断增加。

现代肠类制品的生产和消费,都有了很大发展,主要是人们对方便食品和即食食品的需求增加,许多工厂的肠制品生产已实现了高度机械化和自动化,生产出具有良好组织状态,且持水性、风味、颜色、保存期均优的产品。

西式灌肠的口味特点,是在辅料中使用了具有香辣味的玉果和胡椒,咸味用盐不用酱油,一部分品种还使用大蒜,产品具有明显的蒜味。西式灌肠的另一特点为肉馅大多是猪、牛肉混合制成。灌肠的原料,既可以精选上等肉制成高档产品,也可以利用肉类加工过程中所生产的碎肉制成产品。

我国最早的灌肠品种是小红肠和大红肠,经过消化吸收,我国已逐渐形成了一大批中味西作的灌肠新品种。

(一)肠类肉制品的种类

1. 根据目前我国肠类制品生产工艺

(1)生鲜肠。这类肠由新鲜肉制成,未经煮熟和腌制。生鲜肠因含水分较多,组织柔软,又没有经过熟制工序,故保存期短,不超过 3 d。食前需熟制,我国很少加工。这类产品包括鲜猪肉肠、意大利香肠、Bockwust(德国的一种猪肉及小牛肉制成的趁热食用的小香肠)、口利左香肠(加调料的西班牙猪肉香肠)、德国图林根香肠等。

这类肠除用肉为原料外,还混合其他食品原料,如猪头肉、猪内脏加土豆、淀粉、面包渣等制成的鲜香肠;猪肉、牛肉再加鸡蛋、面粉的混合香肠;牛肉加面包渣或饼干面制成的香肠,在国内这种香肠很少。

(2)生熏肠。用盐和硝酸盐腌制或未经腌制的原料肉切碎,加入调味料后灌入肠衣,经过烟熏而不熟制,保存期不超过 7 d。食用前熟制。

(3)熟熏肠。原料与香辛料、调味料等的选用与生熏肠相同,搅拌充填入肠衣后,再进行熟制、烟熏。此类肠占整个灌肠生产的大部分,我国灌肠生产一般采用这种方法。保存期一般为 7 d,可直接食用。

(4)熟制肠。用腌制或不腌制的肉类,经绞碎或斩拌,加入调味料后,搅拌均匀灌入肠衣,熟制而成。有时稍微烟熏,一般无烟熏味。

(5)干制和半干制香肠。原料需经过腌制,一般干制肠不经烟熏,半干制肠需要烟熏,这类肠也叫发酵肠。干香肠大多采用鲜度高的牛肉、猪肉与少量的脂肪为原料,再添加适量的食盐和发色剂等制成。一般都经过发酵、风干脱水的过程,并保持一定的盐分。在加工过程中重量减轻 25％～40％,因而可以长时间贮藏,如意大利色拉米肠、德式色拉米肠。干制香肠需要很长的干燥时间,时间长短取决于灌肠的直径,一般为 21～90 d。半干香肠加工过程与干香肠相似,但风干脱水过程中分量减轻 3％～15％,其干硬度和湿度介于全干肠与一般香肠之间。这类产品经过发酵,产品的 pH 较低(4.7～5.3),从而使产品的保存性增加,并具有很强的风味。

(6)肉粉肠。原料肉取自边脚料,经腌制、绞碎成丁,加入大量的淀粉和水,充填入肠衣或猪膀胱中,煮熟、烟熏。如北京粉肠。

2.依据香肠加工特性

由于肠类制品品种繁多,至今全世界还没有统一的分类方法,通常根据肠制品的制作情况,有如下分类:

(1)碎肉程度。

①绞肉型、粗切肉块型香肠。这种香肠有明显的肉块,给人以真实感。

②乳化型香肠。这种香肠肉较细,充分发挥了肉的保水力、结合力,对提高出品率非常有利。

(2)煮熟与否。

①未煮熟处理的香肠。这类香肠由于没有经过加热处理,所以保质期较短,对卫生要求非常严格,一般以冷冻状态出售。

②煮熟处理的香肠。经加热处理后,杀死了大部分致病微生物,大大延长了保质期,根据加热温度的不同又可分为:

a.低温蒸煮香肠。蒸煮温度一般为 72～78℃,一般 4 h;超过 80℃,对产品的营养成分破坏不大。但这种香肠在销售过程中不能中断冷藏链。

b.高温加压加热香肠。这种香肠将肉馅装入密封存器(也可为不透气肠衣 PVDC 等)。在 120℃条件下加热 4 min,或进行同等处理的香肠,由于杀灭了肉中的大部分微生物,所以在常温(25℃以下)条件下进行流通。

(3)烟熏与否。

①未经烟熏处理的香肠。此种香肠可用不透气性肠衣灌装密封,也可用透气性肠衣,肠衣选择范围较广。

②烟熏处理香肠。经烟熏处理后,赋予产品特有的烟熏味,并杀灭表面微生物,使表面形成一定色泽,但一定要选择透气性良好的肠衣。

(4)腌制与否。

① 没有腌制处理的香肠。这种香肠不要求有肉红色,只要求其切片呈灰白色,所以加工时不允许加入发色别。由于不经腌制,所以缺乏腌制肉的芳香味,且没有亚硝酸盐的抑菌作用,保质期较短。

②腌制处理的香肠。要求切面呈红色,具有腌制肉特有的芳香味,保质期相对较长。但若加入的亚硝酸盐过量可能对人体造成危害。

(5)发酵与否。

①没有发酵处理的香肠。产品 pH 较高,可通过其他方式延长产品保质期。

②发酵处理的香肠。通过微生物的发酵作用,降低产品 pH,并产生特殊的发酵味,产品

可在常温下流通。

肠类制品的种类繁多,我国各地生产的香肠品种有上百种,目前各国对香肠的分类没有统一的方法。在我国各地的肠类制品生产中,习惯上将中国原有的加工方法生产的产品称为香肠或腊肠,把用国外传入的方法生产的产品称为灌肠。表 3-38 为中式香肠和西式灌肠之间的加工原料、生产工艺和辅料要求等方面的不同之处。

表 3-38 中西式肠类制品的区别

项目	中式香肠	西式灌肠
原料肉	以猪肉为主	除猪肉外还可以用牛肉、马肉、兔肉等
原料肉处理	瘦肉、脂肪均切丁或瘦肉绞碎,脂肪切丁	瘦肉、脂肪均绞碎或瘦肉绞碎、脂肪切丁
辅料	加酱油、不加淀粉	加淀粉、不加酱油
加工方法	长时间晾挂、日晒、熏烤	烘烤、烟熏

(二)肠类制品的特点

1. 中式香肠

广式腊肠是这类产品的代表,是以猪肉为主要原料,经切丁,加入食盐、亚硝酸盐、白酒、酱油等辅料腌制后,填充入可食性肠衣,经过晾晒、风干或烘烤等工艺制成的一类生干制品。使用前需进行熟制加工。中式香肠具有酒香、糖香和腊香,其风味有赖于成熟期间香肠中各种成分的降解、合成产物和特殊的调味料等。腊肠、枣肠、风干肠等是中式香肠的主要产品。

2. 发酵香肠

撒拉米香肠、熏煮香肠是发酵肠类的典型代表,是以牛肉或猪、牛肉混合肉为主要原料,经绞碎或斩拌呈颗粒,加入食盐、亚硝酸盐等辅料腌制,以自然或人工接种发酵剂,充填入可食性肠衣内,再经过烟熏、干燥和长期发酵等工艺制成的一类生肠制品。发酵香肠具有发酵的风味,产品的 pH 为 $4.8 \sim 5.5$,质地紧密,切片性好,弹性适宜,保质期长,深受欧美消费者喜爱。

3. 乳化肠类

乳化肠类是以畜禽肉为主要原料,经切碎、腌制等工艺加工,加入动植物蛋白质等乳化剂,以及亚硝酸盐等辅料,填充如各种肠衣中,经过蒸煮和烟熏等工艺制成的一类熟肠制品。乳化肠类的特点是弹性强、切片性好、质地细致。如哈尔滨红肠、法兰克福香肠等。

4. 肉类粉肠

该产品是以淀粉和肉为主要原料,添加其他辅料,填充入天然肠衣中,经蒸煮和烟熏等工序制成的一类熟肠制品。特点是不为乳化目的而添加非动物性蛋白乳化剂,干淀粉的添加量一般大于肉重的 10%。

(三)肠类制品常用的原、辅材料

1. 原料肉

各种不同的原料肉都可于不同类的香肠生产,原料肉的选择与肠类制品的质量好坏有密切的关系。不同的原料肉中各种营养素成分含量不同,且颜色深浅、结缔组织含量及所具有的持水性、黏着性也不同。加工肠类制品所用的原料肉应是来自健康牲畜,经兽医检验合格的鲜肉。

(1)肉的黏合性影响肉制品的品质。肉的黏合性是指肉所具有的乳化脂肪的能力,也指其具有的使瘦肉粒子黏合在一起的能力。原料肉按其黏合能力可分为以下 3 种。

高黏合性：牛肉骨骼肌（牛小腿肉、去骨牛肩肉）。

中黏合性：头肉、颊肉、猪瘦肉。

低黏合性：含脂肪多的肉、非骨骼肌肉、一般的猪肉边角料、舌肉边角料、牛胸肉、横膈膜肌等。

（2）肉的 pH 影响肉制品的质量。pH 是衡量肉制品质量好坏的个重要标准，对肉制品颜色、嫩度、风味、保水性、货架期都有一定的影响。不同种类的香肠的生产对原料肉的 pH 要求不同。

适合制作法兰克福香肠：pH 为 5.4～6.2。

适合制作快速成熟的干香肠：pH 为 4.8～5.2。

适合制作正常速度成熟的干香肠：pH 为 5.0～5.3。

适合制作缓慢成熟的干香肠：pH 为 5.4～6.3。

适合制作发酵过度干香肠：pH 为＜4.7。

（3）原料肉的种类和胴体部位。动物不同部位的肉均可以用于生产各自类型的香肠，因而使制品具有各自的特点。香肠制品中加入一定比例牛肉，即可以提高制品的营养价值，提高肉馅的黏着性和保水性，又可以使馅的颜色美观，增加弹性。而牛肉则只使用瘦肉，不使用脂肪，香肠中使用的肥膘，使肉馅红白分明，增进口味。而牛脂肪熔点高，不易熔化，加入肉馅中会使香肠质地硬，难以咀嚼，这种情况在香肠制品冷食时最明显。因此，选用瘦牛肉或中等肥膘的牛肉为宜，最好选用肩胛部、颈部和大腿部的肉。

根据具体情况，猪肉、牛肉的品种和等级的选择，以成熟的新鲜猪肉为好，若无鲜肉则冻肉也可使用。

2. 其他添加成分

在肠类制品生产中，除原料肉外添加非肉成分的目的是增加制品的风味、延长贮存期、提高切片性等。线面仅介绍常用的添加剂成分。

（1）食盐。具有防腐、提高风味和提高制品黏合性的作用。在肠类生产中，食盐的防腐作用已不占主要作用，大部分长类制品的盐水浓度为 2%～4%。

（2）水。水分在肠类制品生产中的添加方式往往是在斩拌或绞碎过程中加入碎冰或冰水，其目的除防止肉馅温度上升外，还可使产品多汁并可促进盐溶性蛋白质溶解，增加产品黏合性。另外，加水便于灌装，熏烤后灌肠有一种皱缩的外观。

（3）大豆分离蛋白。大豆蛋白添加到肠类制品中，既可改善制品的营养结构，又能大幅度降低成本。美国规定肉肠中大豆蛋白粉添加量不得超过 3.5%，目前国内尚无限量规定。

3. 肠衣

肠衣是灌制肠类的包装材料，将处理好的肉馅灌装于肠衣中可制作出各式各样的灌肠制品。肠衣可以保护内容物不受污染，减少或控制水分的蒸发而保障制品的特有风味，通过与肉馅的共同膨胀与收缩，使产品具有一定的坚实性和弹性等。要根据产品的品质、规格选择合适的肠衣，就要了解和掌握各种肠衣的性能用途、适用范围、保存条件等，以制作出更理想的产品。

肠衣是灌肠制品的特殊包装物，是灌肠制品中和肉馅直接接触的一次性包装材料。每一种肠衣都有它特有的性能。在选用时，根据产品的要求，必须考虑它的可食性、安全性、透过性、收缩性、黏着性、密封性、开口性、耐老化性、耐油性、耐水性、耐热性和耐寒性等必要的性能和一定的强度。

肠衣主要分为两大类,即天然肠衣和人造肠衣。

(1)天然肠衣。天然肠衣也叫动物肠衣,是由牲畜的消化器官或泌系统的脏器除去黏膜后腌制而成。常用的天然肠衣有牛的大肠、小肠、盲肠、膀胱和食管;猪的大肠、小肠、膀胱;羊的小肠、盲肠、膀胱。天然肠衣具有良好的韧性和坚实度,能够承受加工过程中热处理的压力,并有与内容物同样收缩和膨胀的性能,具有透过水汽和烟熏的能力,而且食用安全,但其缺点是直径不一,薄厚不均,多成弯曲状,且贮藏期较短。另外,由于加工关系,常有某些缺陷,如猪肠衣经盐蚀会部分失去韧性等。

肠衣的分路规格一般是按肠直径来划分,常见的肠衣分路标准见表3-39。

表 3-39　部分盐腌型天然肠衣分路规格标准　　　　　　　　　　　　mm

品种	一路	二路	三路	四路	五路	六路	七路	八路
猪小肠	24~26	26~28	28~30	30~32	32~34	34~36	36~38	38 以上
猪大肠	60 以上	50~60	45~50	—	—	—	—	—
羊小肠	22 以上	20~22	18~20	16~18	14~16	12~14	—	—
牛小肠	45 以上	40~45	35~40	30~35	—	—	—	—
牛大肠	55 以上	45~55	35~45	30~35	—	—	—	—
猪膀胱	350 以上	300~350	250~300	200~250	150~200	—	—	—

表 3-40　部分肠衣的特点及其主要产品

肠衣种类	肠衣特点	主要产品
猪肠衣	透明度好,弹性好,透气性好,烟熏味易渗透	大蒜肠、茶肠、粉肠
羊肠衣	表面光滑,肠衣薄,无异味,可直接食用,口感好	广式腊肠、脆皮肠、维也纳香肠、法兰克福肠
牛肠衣	强度好,耐水煮、火烤、烟熏,冷却后会出现均匀的花纹	俄罗斯香肠、玫瑰肠、犹太肠
猪膀胱	强度好,耐水煮,弹性好,透气性好,烟熏味易渗透	松仁小肚、肉肚、香肚

肠衣是通过刮去黏膜、浆膜和肌肉等油脂杂物以后的半透明坚韧薄膜。因加工方法不同,天然肠衣共分盐渍和干制两种,干制肠衣在使用前应用温水浸泡变软后方可使用;盐渍肠衣则需在清水中反复漂洗,除去黏着在肠衣上的盐分和污物。一些加工肉制品有着独特的或特有的形状,是由于它们使用的天然肠衣所致(表3-41)。

表 3-41　香肠和天然肠衣

香肠种类	天然肠衣	香肠种类	天然肠衣
小波洛尼亚香肠	牛小肠	猪干肠	猪盲肠
色拉米香肠	牛大肠	猪头肉干酪香肠	猪胃
大波洛尼亚香肠	牛盲肠	意大利猪肉香肠	猪盲肠
牛肉色拉米香肠	牛膀胱	碎猪肉午餐肉	猪膀胱
烟熏猪肉香肠	猪小肠		

天然肠衣的储存保管：干燥型肠衣在使用前必须放在干燥且通风的场所，注意防潮和虫蛀，温度最好保存在 20℃以下，相对湿度 50％～60％；盐腌型肠衣应注意卫生通风、低温贮存温度为 0～10℃，相对湿度 85％～90％，并在适当时间变更存放形式，以利于盐卤浸润均匀，一般使用木桶、缸等保存。

（2）人造肠衣。人造肠衣可实现生产规格化，易于充填、加工使用方便。这对熏煮加工成型，保持风味，延长成品保存，减少蒸发干耗等，具有明显的优点。目前，国外使用动物肠衣的比例逐渐减小，如美国灌肠所用的肠衣中，动物肠衣只占 55％。

人造肠衣是用人工的方法以动物皮、塑料、纤维、纸或铝箔等为材料加工成的片状或筒状的薄膜。其特点是规模化、标注化、易于灌装充填，适于工业化生产，花色品种多。人造肠衣包括以下几种。

①纤维素肠衣。纤维素肠衣是用天然纤维如棉绒、木屑、亚麻和其他植物纤维制成。此肠衣的特点是具有很好的韧性和透气性，但不可食用，不能随肉馅收缩。纤维素肠衣在快速热处理时也很稳定，在湿润情况下也能进行熏烤。

②胶原肠衣。胶原肠衣是用家畜的皮、腱等为原料制成的。此肠衣可食用，但是直径较粗的肠衣比较厚，食用就不合适。胶原肠衣不同于纤维素肠衣，在热加工时要注意加热温度，否则胶原会变软。

③塑料肠衣。塑料肠衣通常用作外包装材料，为了保证产品的质量，阻隔外部环境给产品带来的影响，塑料肠衣具有阻隔空气和水透过的性质和较强的耐冲击性。这类肠衣品种规格较多，可以印刷，使用方便，光洁美观，适合于蒸煮类产品。此肠衣不能食用。

④玻璃纸肠衣。玻璃纸肠衣是一种纤维素薄膜，纸质柔软而有伸缩性，由于它的纤维素微晶体呈纵向平行排列，故纵向强度大，横向强度小。使用不当易破裂。实践证明，使用玻璃纸肠衣，其肠衣成本比天然肠衣要低，而且在生产过程中，只要操作得当，几乎不出现破裂现象。

（四）肠类制品的加工要点

1. 选料

供肠类制品用的原料肉，应来自健康牲畜，经兽医检验合格的，质量良好、新鲜的肉。凡热鲜肉、冷却肉或解冻肉都可用来生产。

猪肉用瘦肉作肉糜、肉块或肉丁，而肥膘则切成肥膘丁或肥膘颗粒，按照不同配方标准加入瘦肉中，组成肉馅，而牛肉则使用瘦肉，不用脂肪。因此，肠类制品中加入一定数量的牛肉，可以提高肉馅的黏着力和保水性，使肉馅色泽美观，增加弹性。某些肠类制品还应用各种屠宰产品，如肉屑、肉头、食道、肝、脑、舌、心和胃等。

2. 腌制

一般认为，在原料中加入 2.5％的食盐和硝酸钠 25 g，基本能适合人们的口味，并且具有一定的保水性和贮藏性。

将细切后的小块瘦肉和脂肪块或膘丁摊在案板上，撒上食盐用手搅拌，务求均匀。然后装入高边的不锈钢盘或无毒、无色的食用塑料盘内，送入 0℃左右的冷库内进行干腌。腌制时间一般为 2～3 d。

3. 绞肉

绞肉系指用绞肉机将肉或脂肪切碎称为绞肉。绞肉时要根据产品要求选用不同孔径的孔板，一般肉糜型产品选用 3～5 cm 的孔板，而肉丁产品一般选用 8～10 cm 的孔板。由于牛肉、猪肉、羊肉及猪脂肪的嫩度不同,所以在绞肉时,要将肉分类绞碎,而不能将多种肉混合同时绞切。在绞脂肪时应注意脂肪投入量不能太大,否则会出现绞肉机旋转困难,造成脂肪熔化变成油脂,从而导致出油现象。

在进行绞肉操作之前,检查金属筛板和刀刃部是否吻合。检查结束后,要清洗绞肉机。在用绞肉机绞肉时,肉温应不高于10℃。通过绞肉工序,原料肉被绞成细肉馅。

4. 斩拌

将绞碎的原料肉置于斩拌机的料盘内,剁至糊浆状称为斩拌。绞碎的原料肉通过斩拌机的斩拌。目的是为了使肉馅均匀混合或提高肉的结着性,增加肉馅的保水性和出品率,减少油腻感,提高嫩度;改善肉的结构状况,使瘦肉和肥肉充分拌匀,结合得更牢固。提高制品的弹性,烘烤时不易"起油"。

(1)准备。在斩拌操作之前,要对斩拌机刀具进行检查,若刀具出现磨损,则要进行必要的研磨,若每天使用斩拌机至少要10 d磨刀1次。

(2)投料。斩拌物料的投入量一般占料盘容积的1/2~3/5为宜。

(3)展板顺序。首先将瘦肉放入斩拌机中,注意肉不要集中于一处,宜全面辅开。然后启动搅拌机低速斩拌约0.5 min加入1/3~1/2水或冰屑(斩拌时加水量,一般为每50 kg原料加水1.5~2 kg,夏季用冰屑水)。再加入盐、磷酸盐、亚硝、抗坏血酸等辅料,高速斩拌1~1.5 min;将瘦肉斩成肉糜再低速斩拌,加入香辛料、剩下的水或冰屑、大豆蛋白、脂肪,低速斩拌0.5 min后高速斩拌1.5~2 min,转成低速斩拌,加入淀粉,混合均匀后即可出料。斩拌总时间5~6 min。

(4)温度。在斩拌过程中,由于刀的高速运转使肉温升高3~5℃,升温过高会使肉质发生变化,产生不愉快的气味,并使脂肪部分熔化而易于出油。因此,斩拌时要随时测量肉温,肉馅温度应始终控制在5~7℃为好。

(5)出料、清洗。待全部肉馅放出后,将盖打开,清除盖内侧和刀刃上附着的肉馅,用清洗液、温水冲洗干净,然后用干布将机器擦干,必要时再涂一层食用油。

机和刀具检查清洗之后,即可进入斩拌操作。斩拌时加水量,一般为每50 kg原料加水1.5~2 kg,夏季用冰屑水,斩拌3 min后把调制好的辅料徐徐加入肉馅中,再继续斩拌1~2 min,便可出馅。最后添加脂肪。肉和脂肪混合均匀后,应迅速取出。

5. 搅拌

搅拌的目的是使原料和辅料充分结合,使斩拌后的肉馅继续通过机械搅动达到最佳乳化效果。操作前要认真清洗搅拌机叶片和搅拌槽。搅拌操作程序是先投入瘦肉,接着添加调味料和香辛料。添加时,要洒到叶片的中央部位,靠叶片从内侧向外侧的旋转作用,使其在肉中分布均匀。投料的顺序依次为瘦肉—少量水、食盐、磷酸盐、亚硝酸盐等辅料—香辛料—脂肪—水或冰屑—淀粉。一般搅拌5~10 min,搅拌结束时肉馅温度最好不超过10~20℃(以7℃为最佳)。

6. 充填

充填主要是将制好的肉馅装入肠衣或容器内,成为定型的肠类制品。这项工作包括肠衣选择、肠类制品机械的操作、结扎串竿等。充填的好坏对灌制品的质量影响很大,应尽量充填均匀饱满、没有气泡,若有气泡应用针刺放气。

(1)不同肠衣的充填

①天然肠衣的充填。将肠衣用清水反复漂洗几次,去掉异物、异味,并将内壁也清洗1遍,

然后将一端放入容器的上边缘,另一端套在充填嘴上。具体操作是先将充填嘴打开放气,待出来馅料后,将肠衣套上,末端扎好,既可以开始灌肠。填充时,在出馅处用手握住肠衣,并将肉馅均匀饱满地充填到肠衣中。充填操作时注意肉馅装入灌筒要紧要实;手握肠衣要轻松,灵活掌握,捆绑灌制品要结紧结牢,不使松散,防止产生气泡。

②塑料肠衣的充填。这类肠衣规格一致,充填时先扎好一端,将肠衣套在充填嘴上,手握肠衣要紧一些,使充填均匀、饱满,不要有气泡。

③自动扭结充填。这是采用带自动扭结装置可定量灌装的充填机充填。所用肠衣为天然肠衣、胶原肠衣、纤维肠衣等。操作时将肠衣套在充填嘴上,开机后即可自动充填,并自动扭结。

(2)充填的技术要领。

①装筒。肉馅装入灌筒时必须装得紧实无空隙,其方法是用双手将肉馅捧成一团高高举起,对准灌筒口用力掷进去。如此反复,装满为止,再在上面用手按实,盖上盖子。

②套肠衣。将浸泡后的肠衣套在钢制的小管口上。肠衣套好后,用左手在灌筒嘴上握住肠衣,必须掌握轻松适度。如果握得过松,烘烤后肉馅下垂,上部发空;握得过紧,则肉馅灌入太实,会使肠衣破裂,或者煮制时爆破。所以,操作时必须手眼并用,随时注意肠衣内肉馅的松紧情况。

③充填、打结。套好肠衣后,摇动灌筒或开放阀门,肉馅就灌入肠衣内。灌满肉馅后的制品,必须用棉绳在肠衣的一端结紧结牢,以便于悬挂。捆绑方法根据灌制品的品种确定。捆绑要结紧结牢,不松散。

7. 结扎

结扎是把两端捆扎,不让肉馅从肠衣中漏出来的工序,可起到隔断空气和肉接触的作用。另外,还有使灌制品成型的作用。结扎时要注意扎紧捆实,不松散。但也要考虑到烟熏、蒸煮时肉会发生膨胀,而在结扎时留有肠衣的余量,特别是肉糜类灌制品。

灌制品品种多,长短不一,粗细各异,形状不同,有长形、方形、环形,有单根、长串,因此结扎的方法也不同,主要有以下几种。

(1)打卡结扎。预先调整好打卡机,放好选择好的铝卡,用手将已充填好馅料的肠体握住,将咋口处整理好,用打卡机打上铝卡。这种结扎适用于孔径为 5～10 cm 的灌制品和西式火腿类制品。

(2)线绳结扎。即以线绳扎住两端,该法适用于口径为 5～12 cm 的单根肠衣。先将肠衣一端用线绳扎好,灌入肉馅后,结扎另一头,打一个结,并留出一挂口。圆火腿、蒜肠等制品多用此法结扎。

(3)肠衣结扎。适用于环形结扎。具体结扎操作是肠馅灌入后,把两头并在一起,手挽住系扣,呈环形。系扣时注意在端接处留少许空隙,防止烤、煮、熏时因肠馅膨胀而胀裂。

(4)掐节结扎。使用于肠衣长且需连续操作的灌制品。先将肠衣整个套在灌装嘴上,末端扎口,灌肠馅充填满整个肠衣后,按要求的长度掐节绕口,长度尽量一致,至末端系扣扎好。此法多用于维也纳肠、粉肠等灌制品。

(5)膀胱结扎。小肚灌馅时握肚皮的手松紧要适当,一般肚皮不易灌得太满,要留一定空隙,以便封口。封口是小肚煮制前的最后定型。要用针线绳封口,每个膀胱一般缝 4 针。小肚定型后,把小肚放在操作台上,轻轻地用手揉一揉,放出肚内空气,并检查是否漏馅,然后煮制。

8. 烘烤

烘烤的作用是使肉馅的水分再蒸发掉一部分，保证最终成品的一定含水量，使肠衣干燥、缩水，紧贴肉馅，并和肉馅黏和在一起，增加牢度，防止或减少蒸煮时肠衣的破裂。另外，烘干的肠衣容易着色，且色调均匀。

(1)烘烤温度。烘烤温度为65~70℃，在烘烤过程中要求按照灌制品品种的直径粗细、含淀粉量和产品要求等情况确定烘烤温度和时间。可参考表3-42进行选择。

表 3-42　灌制品熏烤时间和温度

灌制品口径	所需时间/min	烘烤间温度/℃	灌制品中心温度/℃
细灌制品	20~25	50~60	
中粗灌制品	40~50	70~85	43±2
粗灌制品	60~90	70~85	

产品应在烘烤间上部烘烤，如果采用明火，产品至少距离明火1m以上，否则会烧焦产品或漏油过多。目前，采用的有木材明火、煤气、蒸汽、远红外线等烘烤方法。

(2)烘烤成熟的标志。肠衣表面干燥、光滑，变为粉红色，手摸无黏湿感觉；肠衣呈半透明状，且紧紧包裹肉馅，肉馅的红润色泽显露出来；肠衣表面特别是靠火焰近的一端不出现"走油"现象。若有油流出，表明火力过旺、时间过长或烘烤过度。

9. 煮制

肠类制品煮制一般用方锅，锅内铺设蒸汽管，锅的大小根据产量而定。煮制时先在锅内加水至锅的容量的80%左右，随即加热至90~95℃。如放入红曲，加以拌和后，关闭气阀，保持水温80℃左右，将肠制品一杆一杆的放入锅内，排列整齐。煮制的时间因品种而异。如小红肠，一般需10~20min。其中心温度72℃时，证明已煮熟。熟后的肠制品出锅后，用自来水喷淋掉制品上的杂物，待其冷却后再烟熏。

10. 熏制

熏制主要是赋予肠类制品以熏烟的特殊风味，增强制品的色泽，并通过脱水作用和熏烟成分的杀菌作用增强制品的保藏性。

传统的烟熏方法是燃烧木头或锯木屑，烟熏时间依产品规格质量要求而定。目前，许多国家采用烟熏液处理来代替烟熏工艺。

二、典型肠类肉制品的加工

(一)中国腊肠和香肚

1. 腊肠

腊肠俗称香肠，是指以肉类为主要原料，经切、绞成丁，配以辅料，灌入动物肠衣再晾晒或烘焙而成的肉制品。香肠是我国肉类制品中品种最多的一大类产品，也是我国著名的传统风味肉制品。传统中式香肠以猪肉为主要原料，瘦肉不经绞碎或斩拌，而是与肥膘都切成小肉丁，或用粗孔眼筛板绞成肉粒，原料不经长时间腌制，而有较长时间的晾挂或烘烤成熟过程，使肉组织蛋白质和脂肪在适宜的温度、湿度条件下受微生物作用自然发酵，产生独特的风味，辅料一般不用淀粉和玉果粉。成品有生、熟两种，以生制品为多，生干肠耐贮藏。

我国较有名的腊肠有广东腊肠、武汉香肠、哈尔滨风干肠等。由于原材料配制和产地不同,风味及命名不尽相同,但生产方法大致相同。

(1)工艺流程。

原料肉选择与修整→切丁→拌馅、腌制→灌制→漂洗→晾晒或烘烤→成品。

(2)操作要点。

①原料选择与修整。香肠的原料肉以猪肉为主,要求新鲜,最好是不经过成熟的肉。瘦肉以腿臀肉为最好,肥膘以背部硬膘为好,腿膘次之。加工其他肉制品切割下来的碎肉亦可作原料。原料肉经过修整,去掉筋腿、骨头和皮。瘦肉用绞肉机以 0.4～1.0 cm 的筛板绞碎,肥肉切成 0.6～1.0 cm^3 大小的肉丁。肥肉丁切好后用温水清洗一次,以除去浮油及杂质,捞入筛内,沥干水分待用,肥瘦肉要分别存放。

②配料各地有所不同,兹介绍几种如下:

广式香肠配料:瘦肉 70 kg,肥肉 30 kg,精盐 2.2 kg,砂糖 7.6 kg,白酒(50°)2.5 kg,白酱油 5 kg,硝酸钠 0.05 kg。

哈尔滨香肠配料:瘦肉 75 kg,肥肉 25 kg,食盐 2.5 kg,酱油 1.5 kg,白糖 1.5 kg,白酒 0.5 kg,硝石 0.1 kg,苏砂 0.02 kg,大茴香 0.01 kg,豆蔻 0.02 kg,小茴香 0.01 kg,桂皮粉 0.02 kg,白芷 0.02 kg,丁香 0.01 kg。

川式香肠配料:瘦肉 80 kg,肥肉 20 kg,精盐 3.0 kg,白糖 1.0 kg,酱油 3.0 kg,曲酒 1.0 kg,硝酸钠 0.005 kg,花椒 0.1 kg,混合香料 0.15 kg(大茴香 1 份、山柰 1 份,桂皮 3 份,甘草 2 份,荜拨 3 份)。

③拌馅。与腌制按选择的配料标准,把肉和辅料混合均匀。搅拌时可逐渐加入 5% 左右的温水,以调节黏度和硬度,使肉馅更滑润、致密。在清洁室内放置 1～2 h。当瘦肉变为内外一致的鲜红色,用手触摸有坚实感,不绵软,肉馅中有汁液渗出,手摸有滑腻感时,即完成腌制。此时加入白酒拌匀,即可灌制。

④天然肠衣准备。用干制或盐渍肠衣,在清水中浸泡回软,洗去盐分后备用。肠衣用量,每 100 kg 肉馅,约需 300 m 猪小肠衣。

⑤灌制。将肠衣套在灌肠机的灌嘴上,使肉馅均匀地灌入肠衣中。要掌握松紧程度不能过紧或过松。

⑥排气。用排气针扎刺湿肠,排出内部空气。

⑦捆线结扎。按品种、规格要求每隔 10～20 cm 用细线结扎一道。具体长度依品种规格不同而异。生产枣形时,每隔 2～2.5 cm 用细棉绳捆扎分节,挤出多余的肉馅,使成枣形。

⑧漂洗。将湿肠用 35℃ 左右的清水漂洗一次,除去表面污物,然后依次分别挂在竹竿上,以便晾晒、烘烤。

⑨晾晒和烘烤。将悬挂好的香肠放在日光下暴晒 2～3 d,如遇阴雨天,可送烘房内烘烤,以防变质。在日晒过程中,如阳光强烈,则每隔 2～3 h 需转竿 1 次;阳光不强,则 4～5 h 转一次竿。转竿是指将串在竹竿上的香肠上下翻转,以便晒得均匀。此外,有胀气处应针刺排气。晚间送入烘烤房内烘烤,温度保持在 40～60℃ 温度过高脂肪易融化,同时瘦肉也会烤熟。这不仅降低了成品率,而且色泽变暗;温度过低又难以干燥,易引起发酵变质。因此,必须注意温度的控制。一般经过三昼夜的烘晒即完成,然后再晾挂到通风良好的场所风干 10～15 d 即为成品。

(3)香肠(腊肠)、香肚卫生标准(表 3-43、表 3-44)。

表 3-43　香肠、香肚的理化指标

项　目	指标	项　目	指标
水分/%	≤25	总糖(以葡萄糖计)/%	≤22
氯化物(以 NaCl 计)/%	≤8	酸价(以脂肪计)	≤4
蛋白质/%	≤16	亚硝酸钠/(mg/kg)	≤20
脂肪/%	≤45		

表 3-44　中式香肠感官指标

项目	评分标准
色泽	瘦肉呈红色,枣红色,脂肪呈乳白色,色泽分明,外表有光泽
香气	腊香味纯正浓郁,具有中式香肠(腊肠)固有的风味
滋味	滋味鲜美,咸甜适中
形态	外形完整、长短、粗细均匀,表面干爽呈现收缩后的自然皱纹

2. 香肚

香肚以南京香肚为代表,香肚形似苹果,小巧玲珑,肥瘦红白分明,肉质紧密,味香嫩起酥,略带甜味。香肚外皮虽薄,弹性很强,不易破裂,便于贮藏和携带。

(1)香肚外衣加工。香肚以猪膀胱为外衣,加工外衣有两种方法:干制和盐渍。

①干制外衣的加工。

a. 原料选择。选择新鲜膀胱,排净尿液,用温水泡软,修去脂肪、油筋及过长的膀胱颈,保留膀胱颈的两根输尿管,以便充气检查是否漏气或有破洞。

b. 膀胱浸泡。用 NaOH 溶液浸泡修剪好的膀胱。夏季配成 3.5%NaOH 溶液,其他季节配成 5% NaOH 溶液。浸泡时间夏季一般为 5～6 h,春秋两季为 10 h 左右,冬季需 18 h 左右,直至膀胱呈紫红色为止。浸泡后取出滤净,转入清水缸中浸泡 10 d 左右,每天至少换一次水,搅拌多次,直至肚皮变为洁白色。如果颜色发灰,还需继续浸泡。

c. 打气晾晒。把浸泡好的膀胱,排净内部积水,用空压机充气,使膀胱呈气球状。随即用夹子夹紧膀胱颈,以防漏气,挂起晾干或烘干。

d. 裁剪缝制。将晾干的膀胱剪去膀胱颈,叠平晒干,分别按大、小香肚的模型板裁剪。

②盐渍膀胱外衣的加工。

a. 原料选择与修整。选用次品膀胱,主要是漏气的膀胱,以及少量异味的膀胱为原料。操作方法同干制外衣的加工。

b. 浸泡发酵。采用清水浸泡,让其自然发酵。有轻微发绿的膀胱,只要组织结构未损伤都可以利用。一般夏季浸泡 1～2 d,冬季浸泡约 3 d,春秋季节浸泡 2 d。经过水泡发酵及洗净的膀胱,色泽洁白,无任何异味。

c. 盐渍。贮藏膀胱内外层都要腌制。擦盐 2～3 次后,将其加盐放入聚丙烯编织袋内,存于阴凉通风干燥处。一般可保存 6～8 个月不会变质。

(2)香肚的加工。

①浸泡肚皮。不论干制膀胱还是盐渍膀胱都要进行浸泡。一般要浸泡 3 h 乃至几天不

等。每万只膀胱用明矾末 0.375 kg。先干搓,再放入清水中搓洗 2～3 次,里外层要翻洗,洗净后沥干备用。

②选料与配料。选择新鲜猪腿肉,按肥瘦比 2∶8 配料。肉的预处理方法同灌肠。每 100 kg 原料肉需精盐 4.0～4.5 kg,砂糖 5.5 kg,香料 25 g,硝石 10 g,味精 200 g。先加盐、硝石、香料等与肉馅充分搅拌,然后加糖拌匀,再腌渍 15 min,待辅料充分溶解后灌装。

③灌装。将备好的肉馅用特制漏斗灌入膀胱,揉数次,再用竹签尖端向香肚底端及四周扎眼。揉的目的是让肉馅内蛋白质液流出,使肉粒之间及肉馅与肚皮间紧密相连,排除空隙,防止"空心"、"花心"的产生。

④扎肚。细绳两端打上双结,套在两个香肚口上扎紧,挂在竹竿上。

⑤晾晒。刚灌入的肚坯内部有很多水分,需通过日晒及晾挂使水分蒸发。初冬晒 3～4 d,春秋晒 2～3 d,如遇阳光不足,可延长晒期,直至香肚外皮晒干为止。然后将香肚挂在通风阴凉的仓库里让其风干,晾挂 40 d 左右即为成品。晾晒时,香肚之前保持一定的距离,便于通风。

(3)成品规格及卫生标准。成品有人香肚、小香肚、特种香肚 3 种。香肚卫生标准同腊肠,见表 3-45 至表 3-47。

表 3-45　香肚的感官指标

项目	一级鲜度	二级鲜度
外观	肚皮干燥完整且紧贴肉馅,无黏液及霉点,坚实或有弹性	肚皮干燥完整且紧贴肉馅,无黏液及霉点,坚实或有弹性
组织状态	切面坚实	切开齐,有裂隙,周缘部分有软化现象
色泽	切面肉馅有光泽,肌肉灰红至玫瑰红色,脂肪白色或稍带红色	部分肉馅有光泽,肌肉深灰或咖啡色,脂肪发黄
气味	具有香肚固有的风味	脂肪有轻微酸味,有时肉馅带有酸味

表 3-46　香肚的理化指标

项　目	指标	项　目	指标
水分/%	≤25	酸价/(mg/g)脂肪(以 KOH 计)	≤4
食盐/%(以 NaCl 计)	≤9	亚硝酸盐/(mg/kg)(以 NaNO$_2$ 计)	≤20

表 3-47　香肠、香肚的感官指标

项目	一级鲜度	二级鲜度
外观	肠衣(或肚皮)干燥完整且紧贴肉馅,无黏液及霉点,坚实或有弹性	肠衣(或肚皮)干燥完整且紧贴肉馅,无黏液及霉点,坚实或有弹性
组织状态	切面坚实	切面齐,有裂缝,周边部分有软化现象
色泽	切面肉馅有光泽,肌肉灰白至玫瑰红色,脂肪白色或稍微带红色	部分肉馅有光泽,肌肉灰白或咖啡色,脂肪发黄
气味	具有香肠固有的风味	脂肪有轻微酸味,又是肉馅带有酸味

(二)生香肠

生香肠是以鲜肉馅为主体,以 2～3 d 内食用为目的而制造的肠类制品,由于其目的不是为了贮藏,因此不必使用硝酸盐。生香肠的加工工艺流程:

原料肉→绞制→斩拌→充填→成品。

1. 猪肉生香肠

猪肉生香肠是用新鲜冷却猪肉作原料。这种制品是一种最为大众化的香肠,在美国其产量占肠类制品总产量的 10% 以上。

(1)配料。新鲜猪肉(瘦肉 50%～70%)100 kg,食盐 1.8～2.0 kg,黑胡椒 350 g,鼠尾草 150 g,肉豆蔻(干皮)50 g,砂糖 400 g。

(2)工艺要点。将猪肉绞成 5 mm 大小。装入斩拌机,加入香辛料,混合 2 min 左右。然后根据肉的状态加水。在加入脂肪后,再搅拌约 1 min。

搅拌好的肉通过灌肠机灌入肠衣,通常填充到小口径人工的纤维素或胶原肠衣中,并在液体烟熏剂中浸渍,作为生猪肉香肠出售。有时产品以大体积肠衣充填。

2. 博克香肠

(1)配料(比例)。小牛腿肉 20 kg,猪肉 20 kg,鸡蛋 1.6 kg,小麦粉 1.0 kg,水 14 kg,食盐 1.5 kg,白胡椒 0.3 kg。

(2)工艺要点。通过 4 mm 孔的绞肉机将原料肉绞碎,按香辛料、鸡蛋、小麦粉和水的顺序进行添加,用斩拌机搅拌 5 min。选用羊肠作肠衣,每根的结扎长度为 13 cm 左右。

(三)烟熏香肠

就地供销的香肠中,以腌渍的肉馅为主体原料,经过烟熏,可保存 2～3 周的香肠称作烟熏香肠。这种香肠如果盐的浓度低或烟熏时间短易产生变质。因此,这类制品需要加热杀菌进行保存。烟熏香肠可分为加热和非加热两种。由于冰箱的普及,以提高盐浓度和烟熏来延长保存期的情况越来越少,以至加热制品所占比例越来越大。

烟熏香肠的加工工艺流程大致如下,但实际操作时,也有将烟熏和蒸煮的顺序颠倒进行的。

原料肉→腌渍→绞肉→斩拌→充填→烟熏┌→冷却 → 包装
　　　　　　　　　　　　　　　　　　　└→蒸煮 → 冷却 → 包装

1. 原料肉的选择与修整

选择兽医卫生检验合格的可食动物瘦肉及内脏作原料,肥肉只能用猪的脂肪。瘦肉要除去骨、筋键、肌膜、淋巴、血管、病变及损伤部位。

2. 低温腌制

将选好的肉类,根据加工要求切成一定大小的肉块,按比例添加配好的混合盐进行腌制。混合盐以食盐为主,加入一定比例的亚硝酸盐、抗坏血酸或异抗坏血酸。通常盐占原料肉重的 2%～3%,亚硝酸钠占 0.025%～0.05%,抗坏血酸占 0.03%～0.05%。

腌制温度一般在 10℃ 以下,最好是 4℃ 左右,腌制 1～3 d。腌制作用:调节口味,改善产品的组织状态,具有明显的发色效果。

3. 绞肉或斩拌

腌制好的肉可用绞肉机绞碎或用斩拌机斩拌。为了使肌原纤维蛋白形成凝胶和溶胶状态,使脂肪均匀分布在蛋白质的水化系统中,提高肉馅的黏度和弹性,通常要用斩拌机对肉进行斩拌。原料经过斩拌后,激活了肌原纤维蛋白,使之结构改变,减少表面油脂,使成品具有鲜嫩细腻、极易消化吸收的特点,得率也大大提高。斩拌时肉吸水膨润,形成富有弹性的肉糜,因此斩拌时需加冰水。加入量为原料肉的 30%～40%,斩拌时投料的顺序:牛肉→猪肉(先瘦后肥)→其他肉类→冰水→调料等。斩拌时间不宜过长,一般以 10～20 min 为宜。斩拌温度最高不宜超过 10℃。

4. 配料与制馅

在斩拌后,通常把所有调料加入斩拌机内进行搅拌,直至均匀。

5 灌制与填充

将斩拌好的肉馅,移入灌肠机内进行灌制和填充。灌制时必须掌握松紧均匀。过松易使空气渗入而变质,过紧则在煮制时可能破损。如不是真空连续灌肠机灌制,应及时针刺放气。

灌好的湿肠按要求打结后,悬挂在烘烤架上,用清水冲去表面的油污,然后送入烘烤房进行烘烤。

6. 烘烤

烘烤的目的是使肠衣表面干燥,增加肠衣机械强度和稳定性,使肉馅色泽变红,驱除肠衣的异味。烘烤温度 65～80℃,维持 1 h 左右,使肠的中心温度达 55～65℃,烘好的灌肠表面干燥光滑,无油流出,肠衣半透明,肉色红润。

7. 蒸煮

水煮优于汽蒸,前者重量损失少,表面无皱纹;后者操作方便,节省能源,破损率低。水煮时,先将水加热到 90～95℃,把烘烤后的肠下锅,保持水温 78～80℃。当肉馅中心温度达到 70～72℃时为止。感官鉴定方法是用手轻捏肠体,挺直有弹性,肉馅切面平滑有光泽者表示煮熟。

汽蒸时,只待肠中心温度达到 72～75℃时即可。蒸煮速度通常为 1 mm/min,例如,肠直径 70 mm 时,则需要蒸煮 70 min。

8. 烟熏

烟熏可促进肠表面干燥有光泽,形成特殊的烟熏色泽(茶褐色),增强肠的韧性,使产品具有特殊的烟熏芳香味,提高防腐能力和耐贮藏性。

9. 成品质量

合格成品具有的特征:肠衣干燥完整,与肉馅密切结合,内容物坚实有弹性,表面有散布均匀的核桃式皱纹,长短一致,粗细均匀,切面平滑光亮。

10. 贮藏

未包装的灌肠吊挂存放,贮存时间依种类和条件而定。湿肠含水量高,如在 8℃条件下,相对湿度 75%～78%时可悬挂三昼夜。在 20℃条件下,只能悬挂一昼夜。水分含量不超过 30%的灌肠,当温度在 12℃,相对湿度为 72%时,可悬挂存放 25～30 d。

肠衣(肠皮)干燥完整,并与内容物密切结合,坚实而有弹力,无黏液及霉斑。切面坚实而湿润,呈均匀的蔷薇红色,脂肪为白色。无腐臭,无酸败味。

理化指标及微生物指标见表 3-48、表 3-49。

现将典型的烟熏香肠例举如下。

1. 法兰克福香肠

它起源于德国法兰克福地区,以牛肉和猪肉为主要原料。

(1)配方。鲜猪肉(50%瘦肉)21.7 kg,小牛肉 9.1 kg,成牛肉(90%瘦肉)13.6 kg,肉豆蔻

干皮 22 g,生姜 22 g,甘椒(丁香辣椒)14 g,冰屑 11.8 kg,葱粉 42 g,盐 1.02 kg,味精 24 g,葡萄糖 140 g,磷酸盐 56 g,辣椒粉 114 g,含 6‰亚硝酸盐的腌制粉 114 g,白胡椒 114 g。

表 3-48　肉灌肠的细菌指标

项　　　目	指　　　标	
	出厂	销售
细菌总数/(个/g)	≤30 000	≤50 000
大肠杆菌/(个/100 g)	≤40	≤150
致病菌(肠道致病菌及致病性球菌)	不得检出	不得检出

表 3-49　肉灌肠理化指标

项　　　目	指　　　标
亚硝酸盐(以 NaNO$_2$ 计)/(mg/kg)	≤30
食品添加剂	按 GB 2760 规定

(2)工艺要点。

①绞碎。将瘦肉通过筛孔为 0.3 cm 的纹肉机,将肥肉通过筛孔为 0.48 cm 的绞肉机绞碎。

②斩拌。将绞碎的瘦肉和一半的冰放入斩拌机内,斩拌 1~3 min,加入调味品和腌制成分,斩拌 1~2 min,加入肥肉和剩余的冰块,斩拌 4~8 min。

③灌制。将乳化物转移到灌肠机中,灌制到天然肠衣、纤维素肠衣或胶原肠衣内。并用金属丝线或自动结扎机将法兰克福香肠结扎。

④烟熏、蒸煮。将结扎好的产品于 7.2℃ 下,放置 30~60 min,然后将之挂到烟熏房的支架上,典型的蒸煮、烟熏过程如下。

a. 57.2℃ 下在烟熏房放置 20 min。

b. 73.8℃ 下在烟熏房放置 40 min,同时浓烟烟熏至少 20 min。

c. 85℃ 下蒸煮 90~150 min(产品中心温度必须达到 66.6℃)。

d. 1 min 内蒸汽进入熏房。

e. 冷水淋浴 5 min。

f. 去皮将蒸煮、烟熏后的产品放置过夜后,手工或用自动去皮机去除肠衣。

⑤去皮将蒸煮、烟熏后的产品放置过夜后,手工或用自动去皮机去除肠衣。

(3)法兰克福肠的缺陷及其成因见表 3-50。

表 3-50　法兰克福香肠的缺陷及其形成原因

缺陷	形成原因
肠衣破裂	填充得太紧
渗油	盐溶性热凝固蛋白不足;脂肪太多;斩拌过度
表面硬化	湿度太低;干燥速度过快
变形	填充剂过多(谷类等)
弯曲	结缔组织过多;肠衣选择不当

续表 3-50

缺陷	形成原因
凝胶析出	结缔组织过多
硬壳	蛋白质过多
发绿	产品中乳酸杆菌生长;机器上的含氯消毒剂未洗净;亚硝酸盐使用过量

2. 维也纳香肠

维也纳香肠首创于奥地利维也纳而得名,又名小红肠、"热狗"。肠体细小,形似手指,稍弯曲,长 12～14 cm,外表红色,内部肉质乳白色,肉馅细腻。国外多将小红肠夹在面包中作为快餐方便食品,已成世界上消费量很大的一种肉食品。维也纳香肠的原料为猪肉和牛肉。近年来,凡是灌入如羊肠衣的小型香肠,在日本,都称为维也纳香肠。

(1)配料。猪肉 8 000 g,猪面颊肉 3 000 g,畜肉 5 000 g,猪油脂 4 000 g,淀粉 4 000 g,明胶 4 000 g,冰水 3 000 g,食盐 1 000 g,砂糖 200 g,蛋清 1 000 g,大豆油 500 g,白胡椒 50 g,肉豆蔻及肉豆蔻干皮 20 g,辣椒 10 g,月桂 10 g,硝酸盐适量。

(2)工艺要点。基本按照猪肉香肠的制法,但使用的肠衣为 14～22 mm 的羊肠或合成树脂等的薄膜肠衣。蒸煮温度为 70℃,蒸煮时间约为 15 min。新近开发的无皮维也纳香肠,是先将原料馅灌入纤维肠衣,待蒸煮后再剥掉肠衣而成。

3. 波多尼亚香肠

(1)配方。猪肉(50%瘦肉)18.1 kg,母牛肉(80%～90%瘦肉)27.2 kg,碎冰屑 9.1 kg,生姜 22 g,盐 0.9 kg,丁香 14 g,葡萄糖 140 g,干葱粉 28 g,脱脂奶粉 1.4 kg,大蒜粉 7 g,白胡椒 112 g,味精 28 g,辣椒粉 56 g,磷酸盐 65 g,芫荽粉 28 g,肉豆蔻干皮 22 g,含 6% 亚硝酸的腌制粉 112 g。

(2)工艺要点。加工过程和法兰克福香肠基本相近,但所使用的肠衣不同,一般灌入 7.6～10 cm 的纤维素肠衣中。如果制作环状波洛尼亚香肠,将肉馅灌入直径 3.2～4.9 cm 的胶制肠衣或 46 cm 长的牛小肠肠衣,将肠结成环状。

4. 夏季香肠

(1)配方。猪肉(50%瘦肉)18.1 kg,黑胡椒 40.8 g,牛肉(80%瘦肉)20.4 kg,牛心 6.8 kg,盐 1.2 kg,大蒜泥 45 g,葡萄糖 0.45 kg,异抗坏血酸钠 27.2 g,蔗糖 0.2 kg,黑胡椒 72.6 g,芫荽粉 59 g,药椒粉 22.7 g。

(2)工艺要点。

①将分别通过筛孔为 1.27 cm 和 0.48 cm 绞肉机的猪肉糜和牛肉糜加到搅拌器中。

②将所有辅料和冰水加到肉中并混合 5 min。

③将混合物取出并用 0.48 cm 的绞肉机重新纹碎。

④将混合物填充到直径 6.4 cm 的纤维素肠衣内,每段 525 g,然后放置冷却过夜。

⑤将香肠放到烟熏架上,熏房熏制到中心温度达到 70℃。

⑥用冷水喷淋,然后放置冷却过夜。

⑦用 11 cm×30 cm 的袋子真空包装。

5. 大红肠

大红肠又名茶肠,是欧洲人喝茶时食用的肉食品。

（1）配方。牛肉 45 kg，玉果粉 125 g，猪肥膘 5 kg，猪精肉 40 kg，白胡椒粉 200 g，硝石 50 g，鸡蛋 10 g，大蒜头 200 g，淀粉 5 kg，精盐 3.5 kg，牛肠衣口径 60～70 mm，每根长 45 cm。

（2）工艺。原料修整→腌制→绞碎→斩拌→搅拌→灌制→烘烤→蒸煮→成品。

（3）操作要点。烘烤温度 70～80℃，时间 45 min 左右。水煮温度 90℃，时间 1.5 h，不熏烟。

（4）成品。成品外表呈红色，肉馅呈均匀一致的粉红色，肠衣无破损、无异斑，鲜嫩可口，得率为 120%。

（四）干制和半干制香肠

干制和半干制香肠也叫发酵香肠，是肠制品发展史上最早的一种加工形式。传统香肠生产，发酵微生物来源于肉自身的菌以及从生产设备和周围环境污染的微生物，这样产品质量受环境影响很大，质量不好控制。而现在一般用筛选甚至通过生物工程技术培育的微生物，由于微生物的发酵产生乳酸，降低香肠的 pH，并经低温脱水使 A_w 下降，从而得以保藏。在发酵、干燥过程中产生的酸、醇、非蛋白质含氮化合物、脂及酸使发酵香肠具有独特的风味。发酵剂一般由两种或两种以上的菌种相混合，或同一菌种的不同品系组成。常用的菌为啤酒小球菌、乳酸小球菌、橙黄色微球菌和胚芽乳杆菌。最后一种微生物在自然发酵中也是最常见的微生物发酵剂，用此法生产的发酵香肠其优点为：

（1）不同批次间的产品比较均匀。

（2）极大减少了产品腐败现象。

（3）能控制发酵，预测发酵时间和终点 pH。

（4）发酵速度快。

此外，生产上也常用引子发酵（backslop），即将头天生产出的产品的一部分，留作第二天发酵生产使用，这种方法污染杂菌的机会较多，有时会导致产品腐败。

半干香肠是德国香肠的变种，起源于北欧，采用传统的熏制和蒸煮工艺。它含有牛肉或猪肉混合料，再加入少许调味料制成。干香肠则是意大利香肠的变种，它起源于欧洲南部，主要用猪肉，调味料多，未经熏制或蒸煮。

美国肉制品也可间接用最终水分含量和水分与蛋白质比率来测定其特性。干香肠的水分与蛋白质比率在 2.3：1 或以下，最终水分含量范围为 25%～45%，像意大利萨拉米香肠、热那亚萨拉米香肠、硬萨拉米香肠。半干香肠水分与蛋白质比率超过 2.3：1，如图林根香肠等，水分最终含量范围在 40%～45%。黎巴嫩大香肠是仅有的水分含量高（水分含量 55%～60%，pH 极低、含糖和食盐量高）的香肠。

近年来，为了生产干香肠和半干香肠，美国大多数发酵香肠的厂家已采用更好的加工方法。他们把干香肠定义为经过细菌作用，pH 在 5.3 以下，再经干燥去掉 25%～50% 的水分，最终使水分与蛋白质比率不超过 2.3：1 的碎肉制品。半干发酵香肠的定义是经细菌作用，pH 下降到 5.3 以下，在发酵和加热过程中去掉 15% 的水分的碎肉制品。一般来说，半干香肠后来不在干燥室内干燥，而是在发酵和加热过程中完成干燥后立即包装。在发酵周期中一般都进行熏制，水分与蛋白质的比率不超过 3.7：1。

以下是典型的半干香肠（表 3-51）和干香肠的配方及加工工艺。

1. 烟熏香肠（半干香肠）

（1）配料。猪肉 27.21 kg，牛肉（35% 脂肪）18.1 kg，盐 0.85 kg，冰 4.53 kg，白胡椒粉

40.8 g,黑胡椒 40.8 g,芫荽粉 27.2 g,药椒粉 13.6 g,大蒜泥 4.5 g,异抗坏血酸钠 27.2 g,葡萄糖 0.79 kg。

(2)加工工艺。

①经筛孔为 1.27 cm 的绞肉机绞碎的猪肉糜和通过 0.48 cm 孔径的牛肉糜混合。

②将所有辅料和冰加到肉中并混合 3 min。

③将混合物取出并用 0.48 cm 的绞肉机重新绞碎。

④将混合物填充到管径为 2.5～3 cm 的天然肠衣或 2.8～3 cm 宽的胶原肠衣中,每段390 g,冷却过夜。

⑤将香肠放到烟熏架上,在熏房熏制直到中心温度达到 71.1℃,过程如表 3-51 所示。

⑥用冷水喷淋后放置,冷却过夜。

⑦用 18 cm×30 cm 的袋子真空包装。

表 3-51　半干香肠熏制过程

时间/h	干球温度/℃	湿球温度/℃
2	48.8	—
0.5～0.75	71.1	43.3
1	82.2	58.8

2. 图林根式塞尔维拉特香肠(半干香肠)

这是未经蒸的发酵香肠的基本配方,常称为软的熏香肠。

(1)配料。牛肉(牛心可代替 1/4)60 kg,80%修整猪碎瘦肉 30 kg,50%修整猪碎瘦肉10 kg,食盐 2.8 kg,葡萄糖 2 kg,蔗糖 2 kg,黑胡椒 375 g,芥末 63 g,肉豆蔻 31 g,芫荽粉 125 g,香辣椒(粉碎)16 g,亚硝酸钠 8 g,片球菌发酵酵剂适量。

(2)工艺要点。加工程序与上述烟熏香肠非常相似,采取同样的卫生控制措施。肉料应通过绞肉机 6.3～9.6 cm 孔板,与发酵剂以外的其他配料搅拌均匀,然后添加发酵剂并绞细(最好用 3.3 mm 孔板),再充填进缝合的猪直肠内或其他合适的肠衣内。

当配方中用整个香辣椒时,在搅拌之前使肉通过纹肉机 3.2～4.8 mm 孔板绞细,在搅拌后直接充填到肠衣。建议采用下列熏制过程:

①在 37.8℃,相对湿度 85%～90%条件下,熏制 20 h。

②如果用无旋毛虫的修整碎肉时,在 71℃,相对湿度 85%～90%下熏制,直到产品内部温度达到 49℃为止。

③在熏制后,应用冷水淋浴香肠,在室温下存放 4～6 h 后再冷却。

3. 黎巴嫩大香肠

(1)配料。母牛肉 100 kg,食盐 0.5 kg,糖 1 kg,芥末 500 g,白胡椒 125 g,姜 63 g,肉豆蔻种衣 63 g,亚硝酸钠 16 g,硝酸钠 172 g。

(2)工艺要点。原料肉用 2%的食盐在 1～4℃下发酵 4～10 d,如添加发酵剂,发酵期能大大缩短。要使发酵结束后的 pH 达到 5.0 或更低时,应按下述步骤加工:牛肉用绞肉机12.7 mm 孔板绞碎,在搅拌机内与食盐、糖、调味料和亚硝酸钠一起搅拌均匀。混合料再通过3.3 mm 孔板纹细,充填进 8# 纤维素肠衣。结扎后移到烟熏炉内冷熏制。一般在夏天熏制

4 d,而在秋季末和冬季冷熏制 7 d。

注意:黎巴嫩大香肠是传统产品,不需冷藏贮存。尽管香肠水分含量为 55%~58%,成品是极稳定的。成品中的食盐含量一般为 4.5%~5.0%,pH 的范围为 4.7~5.0。

4. 美国干色拉米香肠

(1)配料。奶牛肉(90% 瘦肉)5.9 kg,修整后猪肉(50% 瘦肉)6.4 kg,牛心 3.6 kg,水 1.8 kg,盐 283.5 g,腌制成分 85 g,葡萄糖 340.2 g,色拉米香肠中的调味料 141.8 g,大蒜泥 21.3 g,磨碎的黑胡椒 28.4 g。

(2)工艺要点。

①所有肉经筛孔为 0.48 cm 的绞肉机绞碎。

②将 20% 的肉馅与一半的冰水加到斩拌机中斩拌 1 min。

③加入调味腌制成分(除碎黑胡椒外)、发酵剂、剩余冰水,然后斩拌 1~3 min。

④将所有剩余成分(肉和碎黑胡椒)加到斩过的碎肉里,然后在斩拌机中再斩 1~3 次。

⑤用筛孔为 0.48 cm 的绞肉机绞制。

⑥将肉糜充填到 5 cm 粗的纤维肠衣内。

⑦半成品在 29.4℃室温里放置 16 h。

⑧37.7℃下浓烟熏制 32 h。

⑨将产品在 12.7℃冷库中放置 10~30 d(半干肠),30~60 d(微干肠),或 60~90 d(干肠)。

5. 意大利式萨拉米香肠(干香肠)

(1)配料。去骨肩肉 20 kg,冻猪肩瘦肉修整碎肉 48 kg,冷冻猪背脂修整碎肉 20 kg,肩部脂肪 12 kg,食盐 3.4 kg,整粒胡椒 31 g,硝酸钠 16 g,食盐 3.4 kg,亚硝酸钠 8 g,鲜蒜(或相当量的大蒜)63 g,乳杆菌发酵剂。

对于 408 kg 香肠原料,需添加调味料:红葡萄酒 2.28 L,整粒肉豆蔻 1 个,丁香 35 g,肉桂 14 g。

(2)工艺要点。将肉豆蔻和肉桂放在袋内与酒一起,在低于沸点温度下煮 10~15 min,然后过滤并冷却。冷却时把酒与腌制剂、胡椒和大蒜一起混合。牛肉通过 3.2 mm 孔板、猪肉通过 12.7 mm 孔板的绞肉机绞碎并与上述配料一起搅拌均匀。肠馅充填到猪直肠内,悬挂在贮藏间 36 h 干燥。待肠衣晾干后,把香肠的小端用细绳结扎起来,每 12.7 mm 长系一个扣。然后将香肠吊挂在 10℃的干燥室内 9~10 周。

(五)中式香肠加工

香肠是指以肉类为主要原料,经切、绞成丁,配以辅料,灌入动物肠衣再晾晒或烘烤而成的肉制品。

1. 工艺流程

原料肉选择与修整→切丁→拌馅、腌制→灌制→漂洗→晾晒或烘烤→成品。

2. 原料辅料

瘦肉 80 kg,肥肉 20 kg,猪小肠衣 300 m,精盐 2.2 kg,白糖 7.6 kg,白酒(50°)2.5 kg,无色酱油 5 kg,硝酸钠 0.05 kg。

3. 加工工艺

(1)原料选择与修整。原料以猪肉为主,要求新鲜。瘦肉以腿臂肉为最好,肥膘以背部硬膘为好。加工其他肉制品切割下来的碎肉亦可作原料。原料肉经过修整,去掉筋膜、骨头和皮。瘦肉用装有筛孔为 0.4~1.0 cm 的筛板的绞肉机绞碎,肥肉切成 0.6~1.0 cm³ 大小。肥肉丁切好后用温水清洗一次,以除去浮油及杂质,捞起沥干水分待用,肥瘦肉要分别存放。

（2）拌馅与腌制。按选择的配料标准,肥肉和辅料混合均匀。搅拌时可逐渐加入 20% 左右的温水,以调节黏度和硬度,使肉馅更滑润、致密。在清洁室内放置 1~2 h。当瘦肉变为内外一致的鲜红色,用手触摸有坚实感,不绵软,肉馅中汁液渗出,手摸有滑腻感时,即完成腌制,此时加入白酒拌匀,即可灌制。

（3）灌制。将肠衣套在灌嘴上,使肉馅均匀地灌入肠衣中。要掌握松紧程度,不能过紧或过松。

（4）排气。用排气针扎刺湿肠,排出内部空气。

（5）结扎。按品种、规格要求每隔 10~20 cm 用细线结扎一道。

（6）漂洗。将湿肠用 35℃ 左右的清水漂洗 1 次,除去表面污物,然后依次分别挂在竹竿上,以便晾晒、烘烤。

（7）晾晒和烘烤。将悬挂好的香肠放在日光下暴晒 2~3 d。在日晒过程中,有胀气处应针刺排气。晚间送入烘烤房内烘烤,温度保持在 40~60℃。一般经过 3 昼夜的烘晒即完成,然后再晾挂到通风良好的场所风干 10~15 d 即为成品。

4. 质量标准

香肠质量标准系引用中华人民共和国商业行业标准中式香肠 SB/T 10278—1997（表3-52、表 3-53）。

表 3-52　中式香肠的感官指标

项目	评价标准
色泽	瘦肉呈红色、枣红色,脂肪呈乳白色,色泽分明,外表有光泽
香气	腊香味纯正浓郁,具有中式香肠(腊肠)固有的风味
滋味	滋味鲜美,咸甜适中
形态	外形完整、长短、粗细均匀,表面干爽呈现收缩后的自然皱纹

表 3-53　中式香肠的理化指标

项目	指标	项目	指标
水分/%	≤25	总糖(以葡萄糖计)/%	≤22
氯化物(以 NaCl 计)/%	≤8	酸价(以脂肪计)	≤4
蛋白质/%	≤16	亚硝酸钠/(mg/kg)	≤20
脂肪/%	≤45		

（六）灌肠加工

灌肠制品是以畜禽肉为原料,经腌制(或不腌制)、斩拌或绞碎而使肉成为块状、丁状或肉糜状态,再配上其他辅料,经搅拌或滚揉后而灌入天然肠衣或人造肠衣内经烘烤、熟制和熏烟等工艺而制成的熟制灌肠制品或不经腌制和熟制而加工的需冷藏的生鲜肠。

1. 工艺流程

原料肉选择和修整(低温腌制)→绞肉或斩拌→配料、制馅→灌制或填充→烘烤→蒸煮→

烟熏→质量检查→贮藏。

2. 原料辅料

以哈尔滨红肠为例。猪瘦肉 76 kg,肥肉丁 24 kg,淀粉 6 kg,精盐 5～6 kg,味精 0.09 kg,大蒜末 0.3 kg,胡椒粉 0.09 kg,硝酸钠 0.05 kg。肠衣用直径 3～4 cm 猪肠衣,长 20 cm。

3. 加工工艺

(1)原料肉的选择与修整。选择兽医卫生检验合格的可食动物瘦肉作原料,肥肉只能用猪的脂肪。瘦肉要除去骨、筋腱、肌膜、淋巴、血管、病变及损伤部位。

(2)腌制。将选好的肉切成一定大小的肉块,按比例添加配好的混合盐进行腌制。混合盐中通常盐占原料肉重的 2%～3%,亚硝酸钠占 0.025%～0.05%,抗坏血酸约占 0.03%～0.05%。腌制温度一般在 10℃以下,最好是 4℃左右,腌制 1～3 d。

(3)绞肉或斩拌。腌制好的肉可用绞肉机绞碎或用作斩拌机斩拌。斩拌时肉吸水膨润,形成富有弹性的肉糜,因此斩拌时需加冰水,加入量为原料肉的 30%～40%。斩拌时投料的顺序:猪肉(先瘦后肥)→冰水→辅料等。斩拌时间不宜过长,一般以 10～20 min 为宜。斩拌温度最高不宜超过 10℃。

(4)制馅。在斩拌后,通常把所有辅料加入斩拌机内进行搅拌,直至均匀。

(5)灌制与填充。将斩拌好的肉馅,移入灌肠机内进行灌制和填充。灌制时必须掌握松紧均匀。过松易使空气渗入而变质;过紧则在煮制时可能发生破损。如不是真空连续灌肠机灌制,应及时针刺放气。

灌好的湿肠按要求打结后,悬挂在烘烤架上,用清水冲去表面的油污,然后送入烘烤房进行烘烤。

(6)烘烤。烘烤温度 65～80℃,维持 1 h 左右,使肠的中心温度达 55～65℃。烘好的灌肠表面干燥光滑,无油流,肠衣半透明,肉色红润。

(7)蒸煮。水煮优于汽蒸。水煮时,先将水加热到 90～95℃,把烘烤后的肠下锅,保持水温 78～80℃。当肉馅中心温度达到 70～72℃时为止。感官鉴定方法是用手轻捏肠体,挺直有弹性,肉馅切面平滑光泽者表示煮熟;反之,则未熟。

汽蒸煮时,肠中心温度达到 72～75℃时即可。例如,肠直径 70 mm 时,则需要蒸煮 70 min。

(8)烟熏。烟熏可促进肠表面干燥有光泽;形成特殊的烟熏色泽(茶褐色);增强肠的韧性;使产品具有特殊的烟熏芳香味;提高防腐能力和耐贮藏性。一般用三用炉烟熏,温度控制在 50～70℃,时间 2～6 h。

(9)贮藏。未包装的灌肠吊挂存放,贮存时间依种类和条件而定。湿肠含水量高,如在 8℃条件下,相对湿度 75%～78%时可悬挂 3 d。在 20℃条件下只能悬挂 1 d。水分含量不超过 30%的灌肠,当温度在 12℃,相对湿度为 72%时,可悬挂存放 25～30 d。

4. 质量标准

灌肠质量标准系引用中华人民共和国肉灌肠卫生标准 GB 2725.1—94。

(1)感官指标。肠衣(肠皮)干燥完整,并与内容物密切结合,坚实而有弹力,无黏液及霉斑,切面坚实而湿润,肉呈均匀的蔷薇红色,脂肪为白色,无腐臭,无酸败味。

(2)理化指标。肉灌肠卫生指标(表3-54)。

(3)细菌指标。肉灌肠卫生指标(表3-55)。

表 3-54　肉灌肠的理化指标

项目	指标
亚硝酸盐(以 $NaNO_2$ 计)/(mg/kg)	≤30
食品添加剂	按 GB 2760 规定

表 3-55　肉灌肠的细菌指标

项　目	指　标	
	出厂	销售
菌落总数/(个/g)	≤20 000	≤50 000
大肠菌群/(个/100 g)	≤30	≤30
致病菌(系指肠道致病菌及致病性球菌)	不得检出	不得检出

【项目小结】

　　熟悉灌肠制品的种类和产品特点,了解灌肠制品加工的原理,掌握灌肠制品加工的方法及设备的使用。能够根据灌肠制品的加工原理,处理不同灌肠产品加工中的质量问题。能够独立操作灌肠生产设备并能写出灌肠制品加工的工艺流程和操作要点。

【项目思考】

　　1. 简述灌肠肉制品的概念和分类。

　　2. 试述灌肠肉制品的加工原理。

　　3. 简述灌肠制品的加工工艺流程。

　　4. 简述灌肠肉制品的质量控制要点。

项目八　西式火腿制品生产与控制

【知识目标】

　　1. 了解西式火腿的种类与特点。

　　2. 掌握盐水火腿的生产工艺、工艺参数及生产技术。

　　3. 掌握盐水火腿的质量控制要点和加工设备。

【技能目标】

　　1. 能应用所学知识和技能,制定生产计划并形成生产方案,进行各类西式火腿制品的生产加工。

　　2. 能够使用西式火腿生产的相关设备,并能够对其进行维护和维修。

　　3. 能够对于生产过程进行质量控制,并能够进行有关成本预算。

【项目导入】

　　火腿起源于欧洲,在北美、日本及其他西方国家广为流行,传入中国则是在 1840 年鸦片战争后,至今已有 170 多年的历史,因其肉嫩味美而深受消费者欢迎。因为这种火腿与我国传统火腿(如金华火腿)的形状、加工工艺、风味有很大不同,习惯上称其为西式火腿。我国自 20 世纪 80 年代中期引进国外先进设备及加工技术以来,西式火腿生产量逐年大幅度提高。

任务 盐水火腿的制作

西式火腿与中国的传统火腿截然不同。火腿是用大块肉经整形修割(剔去骨、皮、脂肪和结缔组织)、盐水注射腌制、嫩化、滚揉、充填、再经熟制、烟熏(或不烟熏)、冷却等工艺制成的熟肉制品。盐水火腿具有生产周期短、成品率高、黏合性强、色味俱佳、食用方便等优点,成为欧美各国人民喜爱的肉制品,也是西式肉制品中的主要产品之一。其选料精良,加工工艺科学合理,采用低温巴氏杀菌,故可以保持原料肉的鲜香味,产品组织细嫩,色泽均匀鲜艳,口感良好。我国自 20 世纪 80 年代中期引进国外先进设备及加工技术以来,根据化学原理并使用物理方法,不断优化生产工艺,调整配方,使之更适合我国居民的口味。因此,盐水火腿也深受我国消费者的欢迎,生产量逐年大幅度提高。

【要点】

1. 盐水火腿的工艺流程及工艺要点。

2. 盐水的配制。

3. 盐水注射机、滚揉机的操作。

【相关器材】

1. 盐水注射机

以前,腌制常采用干腌法(在肉表面擦上腌制剂)和湿腌制法(放入腌制液中)两种方法,但是腌制剂渗透到肉的中心部位需要一定的时间,而且腌制剂的渗透很不均匀。

为了解决以上问题,采用将腌制液注射到原料肉中的办法,既缩短了腌渍时间,又使腌制剂分布均匀。盐水注射机的构造:把腌渍液装入贮液槽中,通过加压把贮液槽中的腌渍液送入注射针中,用不锈钢传送带传送原料肉,在其上部有数十支注射针,通过注射针的上下运动(每分钟上下运动 5~120 回),把腌制液定量、均匀、连续地注入原料肉中。

2. 滚揉机

滚揉机有两种:一种是滚筒式(tumbler);另一种是搅拌式(massag machine)。

滚筒式滚揉机:其外形为卧置的滚筒,筒内装有经盐水注射后需滚揉的肉,由于滚筒转动,肉在筒内上、下翻动,使肉互相撞击,从而达到按摩的目的。

搅拌式滚揉机:这种机器近似于搅拌机,外形也是圆筒形,但是不能转动,筒内装有一跟能转动的桨叶,通过桨叶搅拌肉,使肉在筒内上下滚动,相互摩擦而变松弛。

滚揉机与盐水注射机配合,能加速盐水注射液在肉中的渗透。缩短腌渍时间,使腌渍均匀。同时滚揉还可提取盐溶性蛋白质,以增加黏着力,改善制品的切片性,增加保水性。

3. 自动填充结扎机

自动填充结扎机是指不仅可以填充肉馅,同时还可以边填充边按一定量结扎肠衣的机器。不论是天然肠衣,还是人造肠衣均可使用自动填充结扎机进行填充和结扎。

自动填充结扎机主要是靠自动送肉装置、真空装置进行填充,然后边压缩前后边将结扎好的两端切断。

4. 蒸煮槽

蒸煮槽是用于加热各种肉制品的加热容器。蒸煮槽上带有自动温度调节器,可自动保持所设定的温度。蒸煮槽的作用主要是加热杀菌,通过高温杀死附着在制品上的微生物,从而提高其保存性。

【工作过程】

1. 工艺流程

原料肉的选择及修整→配制盐水及注射腌渍→滚揉按摩→充填→蒸煮与整形→冷却→包装→入库或销售。

2. 工艺要点与质量控制

(1)原料肉的选择及修整。原料应选择经卫生部门检测,符合鲜售要求的猪的臀腿肉和背腰肉,猪的前腿部分肉品质稍差,两种原料以任何比例混合或单独使用均可。若选择热鲜肉作为原料,需将热鲜肉充分冷却,使肉的中心温度降到0~4℃。如选择冷冻肉,宜在0~4℃的冷库内进行解冻。

选好的原料肉经修整,去除皮、骨、结缔组织膜、脂肪和筋腱,使其成为纯精肉,再用手摸一边,检查是否有小块碎骨和杂物残留。然后按肌纤维方向将原料肉切成不小于300 g的大块,对其中块型较大的肉,沿着肉纤维平行的方向,中间切成两块,避免腌制时因肉块太大而腌不透。修整时应注意,尽可能少地破坏肌肉的纤维组织,刀痕不能划得太大、太深,且刀痕要少,以免注射盐水时大量外流,并尽量保持肌肉的自然生长块型。

把经过整理的肉块分装在能容20~25 kg肉的不透水的浅盘里,肉面应略低于盘口,等待注射盐水。

(2)盐水配制及注射腌渍。盐水的主要组成成分包括食盐、亚硝酸盐、糖、磷酸盐、抗坏血酸钠及防腐剂、香辛料、调味料等。按照配方要求将上述添加剂用0~4℃的软化水充分溶解,并过滤,配制成注射盐水。

盐水的组成和注射量是相互关联的两个因素。在一定量的肉块中注入不同浓度和不同注射量的盐水,所得制品的产率和制品中各种添加剂的浓度是不同的。盐水的注射量越大,盐水中各种添加剂的浓度应越低;反之,盐水注射量越小,盐水中各种添加剂的浓度应越大。

在注射率较低时(≤25%),一般无需加可溶性蛋白质。否则,使用不当可能会造成产品质量下降和机器故障(如注射针头阻塞等)。

利用盐水注射机将上述盐水均匀地注射到经修整的肌肉组织中。所需的盐水量采取一次或两次注射,以多大的压力、多快的速度和怎样的顺序进行注射,取决于使用的盐水注射机的类型。盐水注射的关键是要确保按照配方要求,将所有的添加剂均匀准确地注射到肌肉中。

(3)滚揉按摩。将经过盐水注射的肌肉放置在一个旋转的鼓状容器中,或者是放置在带有垂直搅拌浆的容器内进行处理的过程称之为滚揉或按摩。现在常用的机械是滚揉机。

滚揉按摩是火腿加工一个非常重要的操作单元。肉在滚筒内翻滚,部分肉由叶片带至高处,然后自由下落,与底部的肉相互撞击。由于旋转是连续的,所以每块肉都有自身翻滚、互相摩擦和撞击的机会,结果使原来僵硬的肉块软化,肌肉组织松软,利于溶质的渗透和扩散,并起到拌和的作用,同时在滚打和按摩处理中,肌肉中的盐溶性蛋白质被充分地萃取,这些蛋白质作为黏结剂将肉块黏合在一起。滚揉或按摩的目的:

①通过提高溶质的扩散速度和渗透的均匀性,加速腌制过程,并提高最终产品的均一性;

②改善制品的色泽,并增加色泽的均匀性;

③通过盐溶性蛋白的萃取,改善制品的黏结性和切片性;

④降低蒸煮损失和蒸煮时间,提高产品的出品率;

⑤通过小块肉或低品质的修整肉生产高附加值产品,并提高产品的品质。

滚揉或按摩处理的缺点是:

①设备投资比较高;

②结缔组织不能被充分地分散,而且为了获得较好的切片性和黏结性,需去除原料肉中的脂肪组织;

③过度的滚揉将降低组织的完整性,并导致温度升高,因此滚揉必须在 0～5℃ 的环境温度下进行。

滚揉的方式一般分为间歇滚揉和连续滚揉两种。连续滚揉需首先滚揉 1.5 h 左右,停机腌制 16～24 h,然后不规则滚揉 0.5 h 左右。间歇滚揉一般采用每小时滚揉 5～20 min,停机 40～55 min,连续进行 16～24 h 的操作。

(4)充填。滚揉以后的肉料,通过真空火腿压模机将肉料压入模具中成型。一般充填压模成型要抽真空,其目的在于避免肉料内有气泡,造成蒸煮时损失或产品切片时出现气孔现象。火腿压模成型一般包括塑料膜压模成型和人造肠衣成型两类。人造肠衣成型是将肉料用充填机灌入人造肠衣内,用手工或机器封口,再经熟制成型。塑料膜压模成型是将肉料充入塑料膜内再装入模具内,压上盖,蒸煮成型,冷却后脱模,再包装而成。

塑料膜成型包装机使用塑料薄膜卷材在真空成型机中进行,如德国产的一种真空包装机,上下分别采用两种不同厚度的卷材,下卷材较厚可以在包装机中的定型模具中伸拉成型制成浅盘状或盒状,通过连续输送将定量的肉块倒入已成型的容器内,然后用上卷材覆盖,抽真空后热封,密封后的肉块再放入不同形式的模具中,加盖卡压后蒸煮定型。

(5)蒸煮与冷却。火腿的加热方式一般有水煮和蒸汽加热两种方式。金属模具火腿多用水煮方法加热,充入肠衣内的火腿多在全自动烟熏室内完成熟制。为了保持火腿的颜色、风味、组织形态和切片性能,火腿的熟制和热杀菌过程一般采用低温巴氏杀菌法,即火腿中心温度达到 68～72℃ 即可。若肉的卫生品质偏低时,温度可稍高,以不超过 80℃ 为宜。

蒸煮后的火腿应立即进行冷却,采用水浴蒸煮法加热的产品,是将蒸煮篮重新吊起放置于冷却槽中用流动水冷却,冷却到中心温度 40℃ 以下。用全自动烟熏室进行煮制后,可用喷淋冷却水冷却,水温要求 10～12℃,冷却至产品中心温度 27℃ 左右,送入 0～7℃ 冷却间内冷却到产品中心温度至 1～7℃,再脱模进行包装即为成品。

【相关提示】

成品率是肉品生产管理中一个重要的指标,也是衡量一个产品的生产过程成功与否的重要指标。如果一个产品的成品率高于或低于所设计的预期正常值,将对最终产品的化学组成和食用品质造成一定程度的伤害。

在产品生产以前,应当核查几个关键的因素,包括设定的盐水注射量、配方中非肉组分的比例和数量、工序传送过程中可能的损耗等。产品生产过程中的配方计算是一个关键的技术过程,各种成分在注射腌制液中的含量可由以下经验公式计算:

$$X = \frac{P + 100}{P} \times Y$$

式中,X 为该成分在腌制液中的含量,%;P 为腌制液注射量,%;Y 为该成分在最终产品中的含量,%。

【考核要点】

1. 盐水火腿生产的工艺流程。

2. 腌制液的配制。

3. 盐水注射机、滚揉机的使用。

【必备知识】

西式火腿一般由猪肉加工而成。但在加工过程中,因为选择的原料肉不同,处理、腌制及成品的包装形式也不同。西式火腿的种类很多。

一、西式火腿的种类

(1)按肉的粗细分。有整块肉、整只腿制成的,如里脊火腿、熏腿、去骨火腿等高档产品;也有用小块肉(每块大于 10 g)制成的低档挤压火腿;也有用大块肉制成的盐水火腿、熏圆腿等。

(2)按原料选择分。绝大多数为猪肉火腿,但也有鸡肉火腿、鱼肉火腿、牛肉火腿、马肉火腿等。

(3)按形状分。有方腿、圆腿、原形火腿(以肉料形定形)、肉糜火腿、卷火腿。

(4)按原料肉的部位不同来分。有带骨火腿、去骨火腿、通脊火腿、肩肉火腿、腹肉火腿、碎肉火腿、成型火腿、组合火腿以及目前在我国市场上畅销的可在低温下保藏的肉糜火腿肠等。

(5)按加工工艺分。有熏火腿、压缩火腿、煮制火腿、烘烤火腿、鲜熟火腿、鲜生火腿、盐水火腿、长火腿、拉克斯熏腿和其他各具地方特色的地方火腿。

尽管火腿品种较多,但一般概念上的火腿,中式为整只腿,西式为盐水火腿、腌/熏火腿。其他的火腿如里脊火腿、肠火腿等,是因为均含瘦肉多而称为火腿的。

二、西式火腿的特点

西式火腿的特点是工业化程度高、工艺标准化、产品标准化、可以大规模生产。西式肉制品生产设备主要有盐水注射机、滚揉机、斩拌机、灌装机、烟熏蒸煮设备以及各种肉品包装设备等,这些设备自动化程度高,操作方便,适合大规模自动化生产。

西式火腿的商品特点:腌制肉呈鲜艳的红色,脂肪和结缔组织极少,组织多汁味厚、滑嫩可口,切面基本没有孔洞和裂隙,有大理石纹状,有良好咀嚼感而不塞牙,营养价值丰富。就组织状态讲,中、西式火腿迥然相异。中式瘦而柴、肉香浓;西式滑而嫩、肉香淡。

西式火腿多采用低温蒸煮加工而成,最大限度地保留了肉中的维生素和微量元素、蛋白质等。肉中的呈味物质未遭破坏,加之此类产品多采用胡椒、肉蔻、桂皮、香叶、百里香等香味料,使产品风味更浓郁。

西式火腿因味道清淡,鲜嫩多汁,营养丰富,携带方便区别于传统中式产品,以其特殊的风味、高营养、高保水性、高得率等特点而越来越受到市场的喜爱,尤其是对于快节奏生活人群来讲,已成为一种经常食用的菜肴。随着人们生活水平的提高和生活节奏的加快,西式火腿的市场占有率越来越大,西式火腿的加工业会更迅速地发展。

三、西式火腿的加工技术与质量控制

西式火腿根据原料肉的颗粒大小分为块肉类和肉糜类,以下以块肉和肉糜类产品两条生产线为例,分析每道工序的目的、操作要领、常出现的问题以及加工过程中的质量控制、注意事项、各工序所用的机械设备。

(一)工艺流程

图 3-4 所示的 a、b 两条工艺生产线基本包括了常规西式火腿制品的各生产工序,但并非所有产品都需要图中所有的工序。在生产过程中还要根据具体产品和各生产厂家的自身实际情况选择。

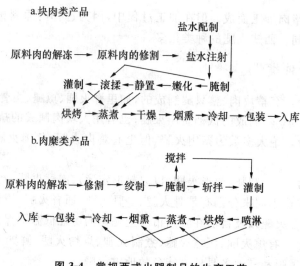

图 3-4　常规西式火腿制品的生产工艺

(二)工艺要点及质量控制

1. 西式火腿原辅料的选择

①选择 pH 大于或等于 5.6～5.8 的鲜肉(不能凭经验、只能凭仪器),以增强保水性、黏合性、多汁性、风味性和嫩度;如 pH 低于 5.6,就接近大多数蛋白质的等电点,这时的蛋白质不显电性,与水分子间的吸引力极小(水化程度极弱),但可作干火腿用肉。

②剔除灰白、质软、渗水的 PSE 肉和暗褐、硬性、干样的肉,以增强保水多汁性、吸盐具咸性、抗菌保存性。

③选择商品等级较高的肉,如Ⅳ号肉(后腿肌肉)。

④选择尽可能新鲜的肉、冷却肉,排斥超期冻肉。

⑤选筋腱少的肉,选黏结力强的肉,如兔肉、牛肉;猪肉的Ⅰ(颈背肌肉)、Ⅳ号肉等。

⑥火腿辅料的选择就更重要。如果肠馅口感不好,可以立刻加进盐等来调整,但对于火腿发现口感不好时,已无法弥补。

2. 解冻

(1)解冻的原则。

①尽可能恢复新鲜肉的状态;

②尽可能减少汁液流失;

③尽可能减少污染;

④适合于工厂化生产(时间短、解冻量大)。

(2)解冻方法。

解冻方法有空气解冻(也叫自然解冻)、水解冻、真空解冻、微波解冻。后两种方法不适合工厂化生产,一般采用前两种解冻方法。

3. 原料肉的修割

剔除筋腱、碎骨、淤血、伤斑、淋巴结、污物及外来杂质,修去过多脂肪层。根据产品的不同及后面工艺的需要将肉块修割成规定的大小和形状。肉块如太大、要用刀划成几小块(条),如拳头大小即可。去骨的原料肉一定要去骨干净,以免损伤后续加工设备。修割时还要注意安全,维护好刀具,防止污染(落地肉)。

原料中严禁混入塑料角儿、断毛残皮、佩戴饰物等异物。原料修整后,可放在 2～3℃下腌制 8 h(大块的肉要 72 h)以增加黏结力。

4. 盐水配制

(1)关于配料问题。

①严格按照配方配料,做到准确,无漏加、重加;

②了解各添加剂基本性能,有相互作用的不要放在一起,而且要便于后面按顺序添加;

③添加量比较小且对产品影响比较大的要单独盛放,而且它们的添加一般都是先溶解后再添加;

④添加顺序:磷酸盐→食盐(亚硝酸盐)→卡拉胶、糖、味精→其他。

(2)各添加剂的作用。

①亚硝酸盐的发色剂作用;

②卡拉胶的溶胀作用;

③多聚磷酸盐的保水作用。

(3)注意事项。

盐水温度控制在 5℃ 以下,溶解要充分,必要时需过滤。注射液要随用随配,不能长时间放置。

5. 盐水注射

盐水注射分静脉注射法和肌肉注射法两种,常用后者。注射法是使用专用的盐水注射机,把已配好的腌制液,通过针头注射到肉中而进行腌制的方法。注射带骨肉时,在针头上应装有弹簧装置,遇到骨头可以弹回。

(1)盐水注射的目的。

加快腌制速度;使腌制更均匀;提高产品出品率。事实上,盐水注射和后面的嫩化、滚揉都有一个共同的目的,就是加速腌制,缩短腌制时间,提高生产效率。

(2)注射率。

注射率＝[注射后肉质量(g)－注射前肉质量(g)]/注射前肉质量(g)×100%

一般情况下,注射率不低于 20%,因各厂家的盐水注射机不同:有手动和自动的;有注射压力可调的,有不可调的;注射针的多少和密度也不一样等。可采用一次或多次注射法达到目的。

(3)注意事项。

①链式输送注射机一定要将肉均匀地分布在输送链上,使注射均匀;

②注射液在注射前一定要过滤;

③先启动盐水注射机至盐水能入针内排出后，再注射肉，以免将注射机内的清水或空气注入肉内；

④注射前后要认真清洗盐水注射机，特别是管道内和针内。注射前后要用清水使机器空转 2～5 min。

6. 腌制

(1)腌制的目的(表 3-56)。

表 3-56　腌制的目的

腌制的目的	对应的盐腌成分
防腐保存	食盐、亚硝酸钠、硝酸钠、山梨酸钾
发色、稳色	亚硝酸钠、硝酸钠、(异)抗坏血酸钠
提高肉的保水性和黏结性	食盐、磷酸盐
改善风味	食盐、亚硝酸钠、味精、香精、香料

(2)不同食盐浓度的防腐能力。

①少盐(3%)对腐败菌的繁殖力抑制是微小的；

②中盐(6%)能防止腐败菌繁殖；

③多盐(9%)能防止腐败菌繁殖，但乳酸菌和酵母菌尚能繁殖；

④强盐(12%)乳酸菌还能活动，适合于长久贮存；

⑤超强盐(15%)细菌类大部分已停止繁殖，适于肉类腌藏。

(3)腌制的温度。

以 2～4℃为最佳。温度太低，腌制速度慢，时间长甚至腌不透，若冻结，还有可能造成产品脱水；温度太高，易引起细菌大量生长，部分盐溶性蛋白变性。

(4)腌制时间。腌制的时间要根据肉块的大小、盐水的浓度、温度以及整个工艺所用的设备等情况掌握，目的是要腌透。

(5)环境及腌制容器的卫生。在肉制品加工过程中，腌制这个环节停留的时间比较长，如果环境卫生搞不好，就很容易污染。

(6)腌制过程中成分的变化。

①腌制时肌肉组织中的可溶性蛋白质、可溶性浸出物等会转移至盐水中，转入的数量取决于盐水的浓度和腌制时间。大分子蛋白质不能通过细胞膜扩散，只有组织被破坏的部分才会溶入盐水中。

②结缔组织中的胶原蛋白和弹性蛋白不能向盐水中转移，只有发生膨胀。

③脂肪不能溶于盐水中。脂肪和肌肉应分别腌制，因为脂肪能阻碍肌肉的腌制速度和盐溶性蛋白的溶出。

④保水性提高。经过腌制，肌肉中处于非溶解状态或凝胶状态的蛋白质，在一定浓度盐水作用下转变成溶解状态或溶胶状态。实验证明，在食盐浓度≤5.8%时，随盐浓度增大，肉保水性提高；当食盐浓度>5.8%时，随盐浓度增大，肉的保水性会降低。

(7)腌制成熟的标志(检测方法)。用刀切开肉块，若整个切面色泽一致，呈玫瑰红色，指压弹性均相等，说明已腌好；若中心仍呈青褐色，俗称"黑心"，说明没有腌透。

(8)腌制注意事项。

①掌握好腌制时间和腌制温度,腌制时间和盐水浓度密切相关。

②腌制期间注意观察肉质的变化。腌制期间,如果腌制期间的温度太高或由于肉质不新鲜等原因,腌制液会酸败。变质的腌制液特征:水面浮有一层泡沫或有小气泡上升。

(9)关于肥膘的腌制。肥膘的腌制往往被很多生产厂家忽略,而且直接将其绞制或斩拌成粥状,使产品很容易出油,影响质量。经腌制好的肥膘切面呈青白色,切成薄片略透明,这主要是因为脂肪被盐作用后老化的结果。脂肪中含有盐分,在与肌肉或其他成分相遇时容易相互结合,遇到其他含盐量低的成分,盐就会从脂肪中释放出来,使脂肪结构发生变化,便于乳化。

7. 嫩化

肉的嫩化是通过嫩化机来完成的,其目的是通过机械的作用,将肌肉组织破坏,更有利于盐溶性蛋白的提取。

嫩化操作是先开启嫩化机,将肉块纤维横向投入嫩化机入口,嫩化的次数要根据嫩化机的情况和产品工艺的要求进行。

8. 静置

经过嫩化的肉块应再次投入盐水中腌制 2 h 左右。此过程可在滚揉机内进行,保持滚揉机静止状态,滚揉间温度保持在 24℃,使腌制成分进一步渗透到肉内部。

9. 滚揉

滚揉又称按摩,是通过翻滚、碰撞、挤压、摩擦来完成的。它是块状类西式肉制品生产中最关键的一道工序,是机械作用和化学作用有机结合的典型,对产品的切片性、出品率、口感、色泽都有很大影响。

(1)滚揉的作用。

①破坏肉的组织结构,使肉质松软。腌制后、滚揉前的肉块质地较硬(比腌制前还硬),可塑性极差,肉块间有间隙,黏结不牢。滚揉后,原组织结构受破坏,部分纤维断裂,肌肉松弛,质地柔软,可塑性强,肉块间结合紧密。

②加速盐水渗透和发色。滚揉前肌肉质地较硬,在低温下,很难达到盐水的均匀渗透,通过滚揉,肌肉组织破坏,非常有利于盐水的渗透。

③加速蛋白质的提取和溶解。盐溶性蛋白的提取是滚揉的最重要目的。肌纤维中的蛋白质——盐溶性蛋白质(主要指肌球蛋白)具有很强的保水性和黏结性,只有将它们提取出来,才能发挥作用。尽管在盐水中加入很多盐类,提供了一定离子强度,但只是极少数的小分子蛋白溶出,而多数蛋白质分子只是在纤维中溶解,但不会自动渗透出肉体,通过滚揉才能快速将盐溶性蛋白提取出来。

(2)滚揉不足与滚揉过度。

①滚揉不足。因滚揉时间太短,肉块内部肌肉还没有松弛,盐水还没有被充分吸收,蛋白质萃取少,以致肉块里外颜色不均匀,结构不一致,黏合力、保水性和切片性都差。

②滚揉过度。滚揉时间太长,被萃取的可溶性蛋白出来太多,在肉块与肉块之间形成一种黄色的蛋白胨,会影响产品整体色泽,使肉块黏合性、保水性变差。黄色的蛋白胨是变性的蛋白质。

(3)滚揉好的标准和要求。

①肉的柔软度。手压肉的各个部位无弹性,手拿肉条一端不能将肉条竖起,上端会自动倒

垂下来。

②肉块表面被凝胶物均匀包裹,肉块状和色泽清晰可辨,肌纤维被破坏,明显有"糊"状感觉,但糊而不烂。

③肉块表面很黏,将两小块肉条黏在一起,提起一块,另一块瞬间不会掉下来。

④刀切任何一块肉,里外色泽一致。

(4)滚揉的技术参数。

①滚揉时间。滚揉时间并非所有产品都是一样的。要根据肉块大小,滚揉前肉的处理情况,滚揉机的情况具体分析再制定。下面介绍一般滚揉时间计算公式。

$$U \times N \times T = L \rightarrow T = L/(U \times N)$$

式中,U 为滚揉筒的周长($U = \pi R$,R 为滚揉筒直径);N 为转速,r/min;L 为滚揉筒转动的总距离,一般为 10 000~15 000 m;T 为总转动时间(有效时间,不包括间歇时间),min。

②适当的载荷。滚揉机内盛装的肉一定要适当,过多过少都会影响滚揉效果,一般设备制造厂家都给出罐体体容积。建议按容积的 60% 装载。

③滚揉期和间歇期。在滚揉过程中,适当的间歇是很有必要的,使肉在循环中得到"休息"。一般采用开始阶段 10~20 min 工作,间歇 5~10 min;至中后期,工作 40 min,间歇 20 min。根据产品种类不同,采用的方法也各不相同。

④转速。建议转速 5~10 r/min。

⑤滚揉方向。滚揉机一般都具有正、反转功能。在卸料前 5 min 应反转,以清理出滚揉筒翅片背部的肉块和蛋白质。

⑥真空。"真空"状态可促进盐水的渗透,有助于去除肉块中的气泡,防止滚揉过程中气泡产生,一般真空度控制在一个大气压的 70%~80%。真空度太高会起反作用,肉块中的水会被抽出来。滚揉结束后使罐体静置于真空状态下保持 5~10 min 泄压后再出料。

⑦温度控制。较理想的滚揉间温度为 0~4℃。当滚揉温度超过 8℃时,产品的结合力、出品率和切片性等都会显著下降。建议使用可制冷真空滚揉机。在滚揉过程中,由于肉在罐内不断的摔打、摩擦,罐内肉品的温度会上升,滚揉机可制冷就可以控制肉品温度。

⑧呼吸作用。有些先进的滚揉机还具有呼吸功能,就是通过间断的真空状态和自然状态转换,使肉处于松弛和收缩,达到快速渗透的目的。

(5)滚揉机分类。可分为立式滚揉机和卧式滚揉机。

10. 绞制

肉的绞制是利用绞肉机将相对较大的肉块,绞切成适合加工要求的小块或肉粒。操作要领如下。

①绞肉机的检查。选择合适的刀具和金属筛眼板。用来绞冻肉和鲜肉的刀具要区分,筛眼板孔大小要根据工艺要求选择;刀具和筛眼板应吻合,不得有缝隙(刀和筛眼板应定期由专人研磨)。绞肉机要清洗。

②原料准备。精肉和肥膘要分别绞制,绞制前应切成适当大小的肉块,并保证肉温低于 5℃。

③绞制方法。绞肉机如果是三段式绞肉机,一般可一次性完成;如果不是三段式绞肉机,又要求肉粒较小,可分级多次绞制。先用大筛眼板绞制再用小筛眼板绞制。一次投肉不要太

多、太快。绞制完的肉温一般不应超过 10℃。

11. 斩拌

斩拌顾名思义就是斩切、拌和,是通过斩拌机来完成的。在肉糜产品加工中,斩拌起着极为重要的作用。

(1)斩拌的作用。

①破坏结缔组织薄膜,使肌肉中盐溶性蛋白释放出来,从而提高吸收水分的能力;

②乳化作用,增加肉馅的保水性和出品率,减少油腻感,提高嫩度;

③改善肉的结构状况,使瘦肉和肥肉结合更牢固,防止产品热加工时"走油"。

(2)斩拌原理。肌动蛋白和肌球蛋白具有结构的丝状蛋白体,外面由一层结缔组织膜包裹着,不打开这层膜,这层蛋白就只能保持本体的水分,不能保持外来水分。因此,斩拌就是为了打开这层膜,使蛋白质游离出来。这些游离出来的蛋白质吸收水分,并膨胀形成网状蛋白质胶体。这种蛋白质胶体又具有很强的乳化性,能包裹住脂肪颗粒,从而达到保油的目的。

(3)斩拌顺序。原料肉适当细切或绞制(温度 0~2℃)→瘦肉适当干斩→加斩拌助剂和少量冰水溶解的盐类→1/3 冰屑或水控制温度→斩至肉具有黏性,添加肥膘→添加乳化剂→1/3 冰屑或水、淀粉、香料、香精和其他→加剩余冰屑或水。

斩拌结束,肉馅温度不得超过 15℃(一般要求 8℃左右)。

(4)检测斩拌程度的方法。斩拌是一项技术含量相对比较高的工作,在某种程度上说,含有很多经验性成分。比如斩拌速度的调整,各成分添加的时机,斩拌温度的控制等。

检测方法:如果用手用力拍打肉馅,肉馅能成为一个整体,且发生颤动,从肉馅中拿出手来,分来五指,手指间形成很好的"蹼"状粘连,说明斩拌比较成功。

斩拌时各种料的添加要均匀地撒在斩拌锅的周围,以达到拌和均匀的目的。

(5)影响斩拌质量的因素。

①设备因素。斩拌机的速度(转速);斩拌机的刀锋利程度;刀与锅间的距离要求只有一张牛皮纸厚的间隙。

②装载量。合理的装载量是所有材料添加完后,即最终肉馅至锅边沿有 5 cm 距离。

③斩拌细度。斩拌细度包括瘦肉和脂肪,应充分斩拌成乳化状态,细度不够,会影响乳化体的形成;斩得过细,会造成脂肪不能被蛋白质有效包围,出现出油现象。

④斩拌温度。斩拌结束后,温度不能超过 15℃,在斩拌过程中可以采用冰水降温。

⑤水和脂肪的添加量。水的添加量受很多因素的影响,如肉的情况、增稠剂的添加情况。若不考虑其他因素,一般水的添加量占精肉的 15%~25%,脂肪占精肉的 20%~30%。

在乳化过程中,适量的脂肪并非是"被动"的成分拌入蛋白质网络中,它在稳定蛋白质—水—脂肪这一体系中也起着积极的作用。在热加工时脂肪能防止蛋白质网络受热过分收缩,所以适当添加脂肪对肉的保水性有一定的积极作用。脂肪的添加,一要适量,二不能斩得太细,以免不能完全被蛋白质所包裹。

(6)斩拌机的性能。转速;真空与否;时间和温度显示/时间和温度控制;安全保护;拌和功能(不只斩拌)。

(7)斩拌刀。刀的锋利程度是影响斩拌效果的一个很大因素。锋利程度直接影响斩拌温度、时间、肉组织破坏及乳化效果。斩拌刀应由专业技术人员定期磨,而且由专业人员安装,对称的刀重量应一致。

(8)关于基础馅和添加馅。基础馅也就是通过斩拌提取盐溶性蛋白制备的肉馅,基础馅主要起到保水、保油、增加弹性、把添加馅结合在一起等作用;添加馅主要是为了美观作用。

12. 搅拌

(1)搅拌的目的。

①使原料和辅料充分混合、结合;

②使肉馅通过机械的搅动达到最佳乳化效果。

未经斩拌的原料,通过搅拌可实现一定程度的乳化,达到有弹性的目的。搅拌肉使用脂肪,也要先使瘦肉产生足够的黏性后,再添加脂肪。

(2)搅拌的顺序。搅拌时各种材料添加顺序与斩拌相同,温度同样控制在 15℃ 以下,各种材料添加时应均匀地撒在叶片的中央部位。

(3)搅拌应注意的问题。

①转速和时间。搅拌要根据肉块的大小和要达到的目的不同,合理地调整转速和时间。

②温度。搅拌时因机械的作用,肉馅温度上升很快,应采取措施降低温度,或采用可以制冷的真空搅拌机,并控制在 12℃ 以下。

搅拌机有真空搅拌机和非真空搅拌机。真空搅拌机能有效地控制气泡的产生,在采用真空搅拌机时,在最后阶段应保持适当真空度,在真空状态下进行搅拌。

13. 装模(充填)、扭结或打卡

目前,装模的方式有手工装模和机械装模两种。机械装模有真空装模和非真空装模两种。手工装模不易排除空气和压紧,成品中易出现空洞、缺角等缺陷,切片性及外观较差。真空装模是在真空状态下将原料装填入模,肉块彼此粘贴紧密,且排除了空气,减少了肉块间的气泡。因此,可减少蒸煮损失,延长保存期。

将腌制好的原料肉通过填充机压入动物肠衣,或不同规格的胶质及塑料肠衣中,用铁丝和线绳结扎后即成圆火腿。有时将灌装后的圆火腿 2 个或 4 个一组装入不锈钢模或铝盒内挤压成方火腿,也可将原料肉直接装入有垫膜的金属模中挤压成简装方火腿,或是直接用装听机将已称重并搭配好的肉块装入听内,再经压模机压紧,真空封口机封口制成听装火腿。

14. 烘烤

采用天然肠充填的圆火腿可以进行烘烤。

(1)烘烤的作用。

①使肉馅和肠衣紧密结合在一起,增加牢固度,防止蒸煮时肠衣破裂;

②使表面蛋白质变性,形成一层壳,防止内部水分和脂肪等物质的流出以及香料的散发;

③便于着色,且使上色均匀。

(2)烘烤成熟的标志。

①肠衣表面干燥、光滑,无黏湿感,肠体之间摩擦发出丝绸摩擦的声音;

②肠衣呈半透明状,且紧贴肉馅;

③肠表不出现"走油"现象。

烘烤时间、温度和肠体直径关系见表 3-57。

(3)烘烤方法。木柴明火、煤气、蒸汽、远红外线。

表 3-57　烘烤时间、温度和肠体直径的关系

直径/cm	所需时间/min	烘烤室温度/℃	产品中心温度/℃
1.7	20～25	55～60	
4～6	40～50	70～80	43±2
7～9	60～90	70～85	

注:一般烘烤温度为 65～70℃。

(4)烘烤量。烘烤量要根据炉的容积来定。肠体间必须有间隙。烘烤时炉内热量分布应尽可能地均匀,一般情况下,炉越大,烘烤量越多,热量分布越不均匀。

15. 蒸煮

(1)蒸煮的目的。

①促进发色和固定肉色。

②使肉中的酶灭火。肉组织中有许多种酶,比如蛋白质分解酶,57～63℃时,短时间就能失活。

③杀灭微生物。在低温肉制品加热过程中,只是杀灭了大部分的微生物,达到了食用要求,并没将微生物灭绝(只有加热至 121℃、15 min 以上才能灭绝)。加热杀死微生物的数量与加热时间、温度、加热前细菌数、添加物、pH 及其他各种条件有关。

④蛋白质热凝固(肉的成熟)。

⑤降低水分活度。

⑥提高风味。肉的熟制使其风味提高,其变化是复杂的,而且是多种物质发生化学变化的综合反应。比如氨基酸与糖的美拉德反应、多种羧基化合物的生成、盐腌成分的反应。

(2)蒸煮的方法。

①用蒸汽直接蒸煮(常在熏蒸炉内进行)。

②用水浴蒸煮。

具体采用哪种方法要根据产品特点(如生产量大小)、工艺要求(比如有些肠衣需要上色)而定。

(3)注意事项。

①产品若采用水浴煮制,一般采用方锅而不采用圆夹层锅,特别是肠类产品,因夹层锅加热不均匀,容易爆肠。无论什么产品用水浴锅煮制,一定让产品全部没入水中。

②因水的传热比蒸汽快,在相同温度下,水浴加热比蒸汽加热时间要稍短。

③烘烤后的产品应立即煮制,不宜搁置太长,否则容易酸败。

④蒸煮不熟的产品应立即回锅加热,不得待其冷却后再加热。否则会因淀粉的缘故,造成产品再也煮不熟。

(4)检测产品是否煮熟的方法。

①检测产品中心温度。若产品中心温度达到 72℃以上,只要再保持 15 min 即可。

②手捏。轻轻用力捏一捏,感到硬实,有弹性,为煮熟;若产品软弱,无弹性,为不熟。

③刀切。产品从中心切开后,里外色泽一致,且有光泽、发干为熟;内部发黏、松散里外颜色不一致,为不熟。

不同直径肠衣生产的产品的蒸煮时间见表 3-58。

表 3-58   不同直径肠衣产品的蒸煮时间

直径/cm	恒定温度/℃	时间/min
1.7		15～20
4～6	80±1	45～55
7～9		80～90

（5）一般产品蒸煮温度。一类是72～80℃；另一类是85～95℃。

16. 烟熏

（1）烟熏的作用。

①赋予制品独特的烟熏风味。烟熏的成分即酚类、醇类、有机酸、羰基化合物以及它们与肉的成分发生反应生成的呈味物质共同构成烟熏风味。

②形成独特的颜色（茶褐色）。这种颜色的形成是制品表面的氨基化合物与烟熏成分中的羰基化合物褐变反应或美拉德反应的结果。

③杀菌、防腐。烟熏中的醛、酸、酚等均有杀菌能力，特别是酚类的衍生物杀菌能力更强。

④抗氧化。酚类及其衍生物有较强的抗氧化作用，特别是脂肪的酸败。

⑤脱水干燥便于贮存。烟熏时，烟熏室内温度越低，产品色越淡，呈淡褐色；温度较高则呈深褐色；湿度越大，色越深。

（2）影响烟熏成分渗透的因素。熏烟的成分，熏烟的浓度；烟熏室的温度、湿度，产品的组织结构，脂肪和肌肉的比例，产品的水分含量，产品肠衣材料，熏制的方法，熏制的时间。

（3）关于烟熏和蒸煮顺序问题。在各生产厂烟熏和蒸煮哪一步先进行，各不相同。在我国，由于原材料的卫生状况不好，再加上各生产环节卫生控制不严，致使入炉的半成品含菌量很高。常采用的烘烤温度一般为60～70℃。产品内部温度一般不会超过50℃，所以烘烤后半成品含菌量是很高的，如果直接进行60～65℃的烟熏后再进行蒸煮，产品质量就会下降。先烟熏后蒸煮还可造成一些熏烟成分的损失。当然采用先蒸煮后烟熏也有其缺点：比较麻烦且浪费能源。蒸煮完毕，炉内应排湿，还应对产品进行短时间的烘烤，然后才能烟熏。如果采用水浴蒸煮，炉内炉外多倒一次。烘烤后直接烟熏，产品色泽好于后者。

（4）烟熏注意事项。

①烟熏时，要使制品表面干净；

②烟熏室内悬挂的制品不要过多或过少，更不能粘连；

③烟熏前应适当地干燥；

④烟熏时炉内温度升降不要太快，若采用先烟熏后蒸煮的方式，烟熏完毕应立即蒸煮；

⑤烟熏时不要有火苗出现；

⑥烟熏温度、时间要因制品的种类、工艺要求而定；

⑦做好记录。

17. 冷却

产品的冷却就是产品热加工结束后从较高的温度降至适宜贮存的温度的能量传递过程。

（1）产品冷却要求（原则）。

①冷却要快，特别是要快速降至安全温度线20℃以下；

②冷却要彻底，中心温度要低于10℃；

③尽可能减少冷却过程的污染(采用合适的冷却方法,减少冷却介质的污染)。

(2)冷却方法。冷却的方法有冷水喷淋冷却、冷水浸泡冷却、自然冷却和冷却间冷却。采用哪种冷却方法,应根据产品的特点和各生产厂自身条件,目的就是为了提高产品的贮藏性。利用模具成型的产品应连同模具一起冷却。

18. 包装

包装间尽可能做到是无菌包装;包装间的温度尽可能与冷却后的产品温度一致,防止产品"出汗";尽量保持干燥。食品加工人员除一般要求外,进入包装间还要进行特别消毒,要戴口罩、手套。

【相关知识】

一、带骨火腿

带骨火腿又称生熏腿,是将猪前后腿肉经盐腌后加以烟熏以增加其保藏性,同时赋以香味而制成的半成品。食用前需要熟制。其成品外形像乐器琵琶。带骨火腿有长形火腿和短形火腿两种。带骨火腿生产周期长,成品较大,且为半成品,不宜机械化生产,因此生产量及需求量较小。

1. 工艺流程

原料选择→整形→去血→腌制→浸水→干燥→烟熏→冷却→包装→成品。

2. 工艺要点与质量控制

(1)原料选择。选择健康无病、腿心肌肉丰满的猪后腿,长形火腿是自腰椎留 1～2 节将后大腿切下,并自小腿处切断。短形护腿则自耻骨中间并包括荐骨的一部分切开,并自小腿上端切断。屠宰后的白条肉应在 0℃左右的冷库吊挂冷却约 10 h,使肉温降至 0～5℃,肌肉稍微变硬后再割开,这样腿坯不易变形,有助于成品外形美观。

(2)整形。整形时割去尾骨和腿面上的油筋、奶脯,除去多余的脂肪,并割去四周边缘的凸出部分,修平切口使其整齐丰满,经过整形的腿坯重量以 5～7 kg 较为适宜。

(3)去血。动物屠宰后,在肌肉中残留的血液及淤血等非常容易引起肉制品的腐败,放血不良时尤为如此。故必须在腌制前进行去血。即在腌制前先加适量的食盐、硝酸盐,利用其渗透作用进行脱水处理以除去肌肉中的血水,改善色泽和风味,增加防腐性和肌肉的结着力。

取肉量 3%～5%的食盐和 0.2%～0.3%的硝酸盐,混合后均匀涂布在肉的表面,堆叠在略倾斜的操作台上,上部加压,在 2～4℃下放置 1～3 d,使其排出血水。

(4)腌制。腌制使食盐渗入肌肉,进一步提高肉的保藏性和保水性,并使香料等也渗入肌肉中,改善火腿的风味和色泽。腌制有干腌、湿腌和盐水注射法。

①干腌法。按原料肉重量,一般用食盐为 3%～6%、硝酸钾为 0.2%～0.25%、亚硝酸钠为 0.03%、砂糖为 1%～3%、调味料为 0.3%～1.0%。调味料常用的有月桂、胡椒等。盐糖之间的比例不仅影响成品的风味,而且对质地、嫩度等都有显著的影响。

腌制时将腌制混合料分 1～3 次涂抹在肉上,堆放到 5℃左右的腌制室内,并尽量压紧,但高度不应超过 1 m。每 3～5 d 倒垛一次。腌制时间随肉块大小和腌制温度及配料的比例不同而异。小型火腿 5～7 d;5 kg 以上较大的火腿需要 20 d 左右;10 kg 以上需要 40 d 左右。大块肉最好分 3 次上盐,每 5～7 d 涂 1 次盐,第一次所涂盐量可以略多些。腌制温度较低、用盐量较少时可适当延长腌制时间。

②湿腌法。先将混合腌制料配成腌制液,然后进行腌制。

a. 腌制液的配制。腌制液的配比对风味、质地等影响很大,特别是食盐和砂糖比随消费者嗜好不同而异,不同风味的腌制液配比见表 3-59。

表 3-59　湿腌法腌制液的配比

辅料	腌制液量		注射
	甜味式	咸味式	
水	100 mL	100 mL	100 mL
食盐	15～20 g	21～25 g	24 g
亚硝酸钠	0.1～0.5 g	0.1～0.5 g	0.1 g
亚硝酸盐	0.05～0.08 g	0.05～0.08 g	0.1 g
砂糖	2～7 g	0.5～1.0 g	2.5 g
香料	0.3～1.0 g	0.3～1.0 g	0.3～1.0 g
化学调味品	—	—	0.2～0.5 g

为提高肉的保水性,腌制液中可加入适量的多聚磷酸盐,还可以加入约 0.3% 的抗坏血酸钠以改善成品色泽。有时,为制作上等制品,在腌制时可适量加入葡萄酒、白兰地、威士忌等。

b. 腌制方法。将洗净的去血肉块堆叠于腌制槽中,并将预冷至 2～3℃ 的腌制液按肉重的 1/2 量加入,使肉全部浸泡在腌制液中,盖上格子形木框,上压重物以防上浮。然后在腌制间中(2～3℃)腌制。每千克肉腌制 5 d 左右。如腌制时间较长,需 5～7 d 翻检 1 次。

c. 腌制液的再生。使用过的腌制液中除含有 13%～15% 的食盐以及砂糖、亚硝酸钠外,还有良好的风味。但因其中已溶有肉中营养成分,且盐度较低,微生物易繁殖,再使用前需加热至 90℃ 杀菌 1 h,冷却后除去上浮的蛋白质、脂肪等,滤去杂质,补足盐度。

③注射法。无论是干腌法还是湿腌法,所需腌制时间较长,且盐水渗入大块肉的中心较为困难,常导致肉块中心与骨关节周围可能有细菌繁殖,使腌肉中心酸败。湿腌时还会导致肉中盐溶性蛋白等营养成分的损失。注射法不仅能大大缩短腌制时间,且可通过注射前后重量的变化严格控制盐水注射量,保证产品质量的稳定性。

(5)浸水。用干腌法或湿腌法制的肉块,其表面与内部食盐浓度不一致,需浸入 10 倍的 5～10℃ 的清水中浸泡以调整盐度。浸泡时间随水温、盐度及肉块大小而异。一般每千克肉浸泡 1～2 h,若是流水则数十分钟即可。浸泡时间过短,咸味重且成品表面有盐结晶析出;浸泡时间过长,则成品质量下降,且易腐败变质。采用注射法腌制的肉无需经浸水处理。因此,现在大生产中多用盐水注射法腌肉。

(6)干燥。干燥的目的是使肉块表面形成多孔以利于烟熏。将经浸水去盐后的原料肉悬吊于烟熏室中,在 30℃ 温度下保持 2～4 h 至表面呈红褐色,且略有收缩时为宜。

(7)烟熏。烟熏使制品带有特殊的烟熏味,色泽呈茶褐色,能改善色泽和风味。在木材燃烧不完全时所生成的烟中的醛、酮、酚、蚁酸、醋酸等成分能阻止肉品微生物增殖,故能延长保藏期。据研究,烟熏可使肉制品表面的细菌数减少到 1/5,且能防止脂肪氧化,促进肉中自溶酶的作用,促进肉品自身的消化与软化,降低肉中亚硝酸盐的含量,加快亚硝基肌红蛋白的形成,促进发色。烟熏所用木材以香味好、材质硬的阔叶树(青刚)为多。带骨火腿一般用冷熏法,烟熏时温度保持在 30～33℃,时间为 1～2 d,至表面呈淡褐色时则芳香味最好。烟熏过度则色泽暗,品质变差。

(8)冷却、包装。烟熏结束后,自烟熏室取出,冷却至室温后,转入冷库冷却至中心温度 5℃左右,擦净表面后,用塑料薄膜或玻璃纸等包装后即可入库。

上等成品要求外观匀称,厚薄适度,表面光滑,断面色泽均匀,肉质纹理较细,具有特殊的芳香味。

二、去骨火腿

去骨火腿是用猪后大腿经整形、腌制、去骨、包扎成型后,再经烟熏、水煮而成。因此,去骨火腿是熟制品,具有肉质鲜嫩的特点,但保藏期较短。在加工时,去骨一般是在浸水后进行。去骨后,以前常连皮制成圆筒形,而现在多除去皮及较厚的脂肪,卷成圆柱状,故又称为去骨成卷火腿。亦有置于方形窗口中整形者。因一般都经水煮,故又称其为去骨熟火腿。

1. 工艺流程

选料整形→去血、腌制→浸水→去骨、整形→卷紧→干燥、烟熏→水煮→冷却、包装、贮藏。

2. 工艺要点与质量控制

(1)选料整形。此过程与带骨火腿相同。

(2)去血、腌制。此过程与带骨火腿比较,食盐用量稍减,砂糖用量稍增为宜。

(3)浸水。此过程与带骨火腿相同。

(4)去骨、整形。去除两个腰椎,拔出髋骨,将刀插入大腿骨上下两侧,割成隧道状,去除大腿骨及膝盖骨后,卷成圆筒形,修去多余瘦肉及脂肪。去骨时应尽量减少对肉组织的损伤。有时去骨在去血前进行,可缩短腌制时间,但肉的结着力较差。

(5)卷紧。用棉布将整形后的肉块卷紧,包裹成圆筒状后用绳扎成枕状,有时也用模具进行整形压紧。

(6)干燥、烟熏。30～35℃下干燥12～24 h。因水分蒸发,肉块收缩变硬,需要再度卷紧后烟熏。烟熏温度在30～50℃。时间随火腿大小而异,约为10～24 h。

(7)水煮。水煮的目的是杀菌和熟化,赋予产品适宜的硬度和弹性,同时减弱浓烈的烟熏味。水煮火腿中心温度达到62～65℃保持30 min为宜。若温度超过75℃,则肉中脂肪大量熔化,常导致成品质量下降。一般大型火腿煮5～6 h,小型火腿煮2～3 h。

(8)冷却、包装、贮藏。水煮后略加整形,快速冷却后除去包裹棉布,用塑料膜包装,在0～1℃的低温下贮藏。

【扩展知识】

一、产品作业指导书实例

(一)菠萝(烟熏)火腿作业标准

1. 本文件规定的主要技术及操作标准

本文件规定了菠萝(烟熏)火腿生产的各项操作标准及技术条件;本文件规定使用的各种原辅料、包装材料均要求符合国家标准及本企业技术要求标准。本文件适用于菠萝火腿和烟熏火腿的生产。

2. 工艺流程

原料解冻→修整配料→盐水配制 } →注射→嫩化→切丁→滚揉→灌装→烘烤→烟熏→蒸煮→冷却→包装→

二次杀菌→冷却→贴标装箱→质检→入库。

3. 技术要求及参数

(1)原料的解冻。选用新鲜的冻结 4# 猪肉，采用空气自然解冻，环境温度为 15℃，时间为 10～12 h。肉的中心温度为 0～4℃。

(2)修整。按照 4# 肉的自然纹路修去筋膜、骨膜、血膜、血管、淋巴、淤血、碎骨等，剔除 PSE 肉，修去大块脂肪（如三角脂肪），必须将猪毛及其他异物挑出（修整完的肉立即送 0～4℃ 库，备用）。

(3)配料。

①配料人员应按照配方配料，不得有缺项；

②所用辅料如有异常变化应停止使用，通知生产部；

③配料室闲人免进，如离开配料间，应将房门锁好；

④配料时，材料应该按先后顺序使用，即先开封口的材料应先使用。

(4)盐水配制。

①将称量好的冰水加入盐水配制器；

②将亚硝酸盐、红曲米粉用 0.5 kg 热水充分溶解均匀，加入盐水配制器，先加入蛋白粉，搅拌均匀，充分溶解，再加磷酸盐搅拌 1～2 min；

③将防腐剂、食盐、白糖、维生素 C、卡拉胶、味精逐步加入混合溶液中，充分搅拌均匀。将冰片加入，保证温度≤5℃。

(5)注射。共注射两遍，注射率为 40%。

(6)嫩化。将注射过的块肉及时嫩化（嫩化一遍）。

(7)切丁。将块肉切成核桃大小的三角块。

(8)滚揉。

①将切好的肉加入滚揉机中，再加入葡萄糖、胡椒粉、五香粉、色素，最后将盖盖上，密封好（注意检查密封圈是否有漏气现象）；

②真空度：－0.08 MPa；

③转速：10 r/min；

④滚揉方式：间歇滚揉，正转 10 min，反转 10 min，间歇 10 min，时间 10 h；

⑤加入淀粉、香精后，再滚揉 120 min；

⑥出馅温度为 2～6℃；

⑦环境温度为 0～4℃。

(9)灌装。

①烟熏火腿：用 90# 可烟熏复合肠衣膜，两端打扣，计量灌装。

②菠萝火腿：

a. 将双层玻璃纸提前一天，按要求的折宽糊好、阴干、备用；

b. 灌装时套上 85# 网套定量灌装，底部打卡，上面用线绳系紧吊挂。

③挂杆人员应注意每架上的每根肠，两根之间保持 10 cm 左右，不能互相挤靠在一起。

④灌好后，若不能立即烟熏，应推入腌制库。

⑤将挂好的肠冲洗干净，肠体表面不能带肉馅。

⑥机器如出现故障，不能灌制时，修理时间超过半小时，应及时把料斗中的肉馅倒出，放入

腌制库,并对机器进行一般清理。

⑦工作结束后应把机器内的残馅清理出来,地面的肉馅捡起,用水把设备冲洗干净,清洗机器部件时注意保护所有部件不受损伤。

(10)烘烤。40 min/65℃。

(11)烟熏。20 min/60℃。

(12)蒸煮。

a. 菠萝火腿,折径110#玻璃纸灌装,2 h/83℃(恒温);

b. 烟熏火腿,90 min/83℃(恒温)。

(13)冷却。自来水喷淋3～5 min后,再进冷却间风冷2～3 h,待肠体中的温度≤10℃,再包装。

(14)包装。

①班前准备。

a. 工作服穿戴整齐后进入车间;

b. 工作开始前必须用消毒液洗手(切片操作工的工器具及手应每隔30 min消毒一次,确保清洁卫生);

c. 操作人员套一次性手套操作。

②下杆。

a. 烟熏火腿,剪去两端卡扣,装入包装袋;

b. 菠萝火腿,剪去卡扣、线绳,剥去网套,装入包装袋。

③真空包装。

a. 按要求计量包装;

b. 真空度:－0.01 MPa;

c. 注意焊接牢固。

(15)二次杀菌。

①菠萝火腿,恒温15 min/90℃;

②烟熏火腿,恒温10 min/90℃。

(16)冷却。循环水冷却至肠体中心温度≤10℃。

(17)贴标。

a. 擦净产品表面,一袋一签;

b. 商标贴在产品正面的中间,贴上后要用手抚平;

c. 商标要贴正,边缘要与包装袋切割边保持平行;

d. 废商标贴在标签纸上,不得粘在机器上,废商标纸随手丢入纸篓,不准随地乱扔;

e. 喷码:字体端正,日期清晰。

(18)装箱。

a. 装箱数量要准确;

b. 装箱时,使产品边缘尽可能舒展,不要弯折、挤压摆放;

c. 装箱时,检查是否有不合格产品;

d. 工作中用完的周转箱及时放到规定位置,地面要保持干净;

e. 换模具后将不用的模具摆放回规定位置,设备上不得有与生产无关的物品;

f. 生产完毕后,清洗工具并摆放整齐,关水、关灯、断电、关气。

(19)质检。

(20)入库。产品应及时入库,库温确保在4℃左右。

附件:包装机注意事项

①包装机由专人操作,发现问题及时报告;

②禁止在成型模具上放东西;

③操作人员上班时先开气泵,再看水管是否正常流水,然后再开机加温;

④换模具时必须先关闭电源,以免造成重大事故;

⑤工作完毕操作人员必须用毛巾把包装机底槽擦洗干净;

⑥所有的模具由操作人员保管好,专物专放;

⑦操作人员一定要节约包装膜,不要造成不必要的浪费;

⑧配电箱上面要保持干净,禁止在上面放任何东西,平时配电箱要关闭;

⑨工作完毕后每天将机器擦洗一遍,关掉机器电源、气泵、冷却水。

⑩日常工具及换下来的剩余材料,按规定位置存放。

(二)盐水方腿作业标准

1. 本文件规定的各项操作标准及技术要求

本文件规定了盐水方腿生产的各项操作标准及技术条件;本文件规定使用的各种原辅料、包装材料均要求符合国家标准及本企业技术要求标准。本文件适用于盐水方腿的生产。

2. 工艺流程

原料解冻→修整→绞肉
配料→盐水配制 }→滚揉→充填→压模→蒸煮→冷却→包装→贴标装箱→质检→入库。

3. 技术要求及参数

(1)原料的解冻。

①地面清洁卫生,无血污积水,原料及货架排放整齐;

②选用新鲜的冻结Ⅳ号猪肉,经自来水解冻,水温为15~20℃,时间为10~12 h。肉中心温度为0~4℃。

(2)修整。

①每个工作人员必须按照卫生要求进行消毒,操作前对工作台、生产用具必须清洗消毒。

②按照4#肉的自然纹路修去筋膜、骨膜、血膜、血管、淋巴、淤血、碎骨等,剔除PSE肉,修去大块脂肪(如三角脂肪)。允许保留较薄的脂肪层,必须将猪毛及其他异物挑出(修整完的肉立即送0~4℃库,备用)。

③环境温度:10℃以下。

(3)配料。

①配料人员应按照配方配料,不得有缺项。

②所用辅料如有异常变化应停止使用,通知生产部。

③配料室闲人免进,如离开配料件间,应将房门锁好。

④配料时,材料应该按先后顺序使用,即先开封口的材料要先使用。

⑤所有用后的辅料都要覆盖、扎口,以免受潮,配料间的用具为配料间所有,不得随意

占用。

⑥配料时要细心、准确,避免出错,要认真复查。

⑦配料间应保持清洁、干燥。所用器具要经常清洗,对于磅秤、天平、电子磅,要天天校对。

(4)绞肉。用 φ12 mm 的孔板绞制(肉馅为 2~6℃左右)。

(5)盐水配制。

①将称量好的 30 kg 冰水加入盐水配制器;

②将亚硝酸盐、红曲红色素用 0.5 kg 热水充分溶解均匀,加入盐水配制器,再加磷酸搅拌 1~2 min;

③将食盐、白糖、维生素 C、色素、葡萄糖、防腐剂、味精、卡拉胶等逐步加入混合溶液中,充分搅拌均匀;

④混合溶液温度为 -2~0℃左右。

(6)滚揉。

①将原料肉、脂肪、盐水投入滚揉机中,将盖盖上,密封好(注意检查密封圈是否有漏气现象);

②真空度: -0.08 MPa;

③转速:10 r/min;

④滚揉方式:间隙滚揉,正转 10 min,反转 10 min,停 10 min;

⑤时间:540 min;

⑥环境温度:0~4℃;

⑦将淀粉、蛋白粉、香精溶于 5 kg 冰水中,搅拌均匀,加入滚揉机中,再滚揉 120 min。

(7)灌装。

①出馅温度为 2~6℃为佳。滚揉出来的肉馅要在 4 h 内灌装完毕。

②用折径为 85 mm 的三层透明复合收缩肠衣灌装。肠衣收缩率:横向,20%;纵向,25%。将肠衣用 200 mg/kg 的 ClO_2 温水溶液浸泡 10~15 min,使肠衣柔软,便于打卡。

③真空度: -0.09 MPa 以上。

④打卡:

a. 自动打卡,选用 503# 卡扣;

b. 手动打卡,选用 506# 卡扣;

c. 确保产品没有明显气泡,卡扣要密封好,稍用力捏肠体,卡扣不脱落。

⑤计量:320 g/支。

⑥用冰水将肠体卡扣两端肉馅清洗干净。

⑦机器如出现故障,不能灌制时,修理时间超过 0.5 h,应及时把料斗中的肉馅倒出,放入腌制库,并对机器进行一般清理。

⑧工作结束后应把机器内的残馅清理出来,地面的肉馅捡起,用水把设备冲洗干净,清洗机器部件时注意保护所有部件不受损伤。灌装间的环境温度在 15℃以下。

(8)压模。选用模具规格:127 mm×60 mm×54 mm(包括外边缘),扣 4 个齿,两边扣齿一致,保持肠体摆放正置,压好的模具要轻拿轻放,以免模具脱扣。半成品不得存放在常温下,灌装完的产品要及时压模,蒸煮。蒸煮前肠体中心温度不得超过 10℃。

(9)蒸煮。

①水蒸煮。

②(83±1)℃,时间为2 h。

③肠体中心温度≥82℃。

(10)冷却。蒸煮完毕,立即将产品吊入冷却池中,采用自来水循环冷却0.5～1 h,肠体中心温度≤15℃,出锅,卸模。产品要码放整齐,不得堆放挤压。

(11)贴标。

①挑出有杂质、脱扣、气泡较大变形等残次品。

②擦净产品表面,一肠一签。

③废商标贴在标签纸上,不得粘在机器上;废商标纸随手丢入纸篓,不准随地乱扔。

④喷码:字迹正确,清晰,端正。

⑤环境温度为10℃以下。

(12)装箱。

a. 装箱数量要准确;

b. 装箱时,检查是否有不合格产品;

c. 工作中用完的周转箱及时放到规定位置,地面要保持干净;

d. 装箱后的产品码放整齐,高度不得超过90 cm。

(13)质检入库。

产品检验合格应立即进入成品库,库温为0～4℃左右。

(三)切片火腿作业标准

1. 本文规定的标准及技术条件

本文件规定了切片火腿生产的各项操作标准及技术条件;本文件规定使用的各种原辅料、包装材料均要求符合国家标准及本企业技术要求标准。本文件适用于切片火腿的生产。

2. 工艺流程

原料解冻→修整
配料→盐水配制 } 注射→嫩化→切丁→滚揉→灌装→烘烤→烟熏→蒸煮→冷却→包装→
二次杀菌→冷却→贴标装箱→质检→入库。

3. 技术要求及参数

(1)原料的解冻。选用新鲜的冻结4#猪肉,采用空气自然解冻,环境温度为15℃,时间为10～12 h。肉的中心温度为0～4℃。

(2)修整。按照4#肉的自然纹路修去筋膜、骨膜、血膜、血管、淋巴、淤血、碎骨等,剔除PSE肉,修去大块脂肪(如三角脂肪),必须将猪毛及其他异物挑出(修整完的肉立即送0～4℃库,备用)。

(3)配料。

①配料人员应按照配方配料,不得有缺项。

②所用辅料如有异常变化应停止使用,通知生产部。

③配料室闲人免进,如离开配料件间,应将房门锁好。

④配料时,材料应该按先后顺序使用,即先开封口的材料应先使用。

(4)盐水配制。

①将称量好的冰水加入盐水配制器。

②将亚硝酸盐、红曲米粉用 0.5 kg 热水充分溶解均匀,加入盐水配制器,先加入蛋白粉,搅拌均匀,充分溶解,再加磷酸盐搅拌 1～2 min。

③将防腐剂、食盐、白糖、维生素 C、卡拉胶、味精逐步加入混合溶液中,充分搅拌均匀。将冰片加入,保证温度≤5℃。

(5)注射。共注射两遍,注射率为 40%。

(6)嫩化。将注射过的块肉及时嫩化(嫩化一遍)。

(7)切丁。将块肉切成核桃大小的三角块。

(8)滚揉。

①将切好的肉加入滚揉机中,再加入葡萄糖、胡椒粉、五香粉、色素,最后将盖盖上,密封好(注意检查密封圈是否有漏气现象)。

②真空度:-0.08 MPa。

③转速:10 r/min。

④滚揉方式:间歇滚揉,正转 10 min,反转 10 min,间歇 10 min;时间 10 h。加入淀粉、香精后,再滚揉 120 min

⑤出馅温度:2～6℃。

⑥环境温度:0～4℃。

(9)灌装。

①用折径为 130 mm 的纤维素肠衣。底端打卡且用线绳系紧。长度为 60～100 cm。挂杆人员应注意每架上的每根肠,两根之间保持 10 cm 左右,不能互相挤靠在一起。

②灌好后,若不能立即烟熏,应推入腌制库。

③挂好的肠冲洗干净,肠体表面不能带肉馅。

④机器如出现故障,不能灌制时,修理时间超过 0.5 h,应及时把料斗中的肉馅倒出,放入腌制库,并对机器进行一般清理。

⑤工作结束后应把机器内的残馅清理出来,地面的肉馅捡起,用水把设备冲洗干净,清洗机器部件时注意保护所有部件不受损伤。

(10)烘烤。40 min/65℃。

(11)烟熏。20 min/60℃

a. 注意观察色泽是否正常,若有异常现象应及时通知当班主任;

b. 烟熏炉每天清洗一次。

(12)蒸煮。2 h/恒温 83℃

(13)冷却。自来水喷淋 3～5 min 后,再进冷却间风冷 2～3 h,待肠体中的温度≤10℃,再包装。

(14)包装。

①班前准备

a. 工作服穿戴整齐后进入车间;

b. 工作开始前必须用消毒液洗手(切片操作工的工器具及手应每隔 30 min 消毒一次,确保清洁卫生);

c. 操作人员套一次性手套操作。

②切片:剥去肠衣膜,将产品切成 20 g/片,厚度约 2.5 mm(厚度要一致)。

③热封：

a. 规格：20 g×6 片；用长形模具（垫板视产品高度调整）。

b. 真空度：−0.01 MPa。

c. 注意焊接牢固。

d. 注意切片整齐摆入模具盒中，每块之间距离保持一致。

(15)二次杀菌。恒温 5 min/90℃。

(16)冷却。循环水冷却至肠体中心温度≤10℃。

(17)贴标。

a. 擦净产品表面，一袋一签。

b. 商标贴在产品正面的中间，贴上后要用手抚平。

c. 商标要贴正，边缘要与包装袋切割边保持平行。

d. 废商标贴在标签纸上，不得粘在机器上；废商标纸随手丢入纸篓，不准随地乱扔。

e. 喷码：字体端正，日期清晰。

(18)装箱。

a. 装箱数量要准确。

b. 装箱时，使产品边缘尽可能舒展，不要弯折、挤压摆放。

c. 装箱时，检查是否有不合格产品。

d. 工作中用完的周转箱及时放到规定位置，地面要保持干净。

e. 换模具后将不用的模具摆放回规定位置，设备上不得有与生产无关的物品。

f. 生产完毕后，清洗工具并摆放整齐，关水、关灯、断电、关气。

(19)质检。

(20)入库。产品应及时入库，库温确保在 4℃左右。

二、肉制品企业规章制度

(一)卫生管理制度

①生产人员进入车间时要穿戴清洁的工作服、帽、鞋，并洗手消毒。

②每个生产人员都有 2～3 套工作服，工作服有专人清洗、消毒。

③包装间每天都要定时消毒，解冻间、冷却间等每天用 80℃热水清洗盘子、架子，工作场地保持清洁卫生。

④包装工作台要用 1/1 000 的新洁尔溶液或 1/1 000 餐具消毒液清洗消毒，15 min 后，用 70～80℃的水冲洗，并擦干后方能作业。下班前用热水清洗工作台和地面（水温 43～45℃）。

⑤原料肉进厂时化验室要抽样作新鲜度检验。制成成品化验室要采样作理化和微生物检验。

⑥原料、辅料及包装材料要有明确标识，堆放整齐，专人专库保管，保持清洁卫生。

⑦每天生产前由班长负责检查当日生产使用的原料、辅料、包装材料。凡有变质、异味、异物及发霉的原料、辅料须及时上报，经处理合格后方可使用。

⑧凡生产使用的小推车、盘子等都要进行清洗消毒，方可使用。生肉不准进包装间，生熟肉用的工具、用具必须分开。

⑨机器设备：所用电器开关、马达、变速箱、链条、皮带等严禁用水冲洗。

a. 机器和食品接触的部位,每天下班前用高压水枪冲刷干净,冲刷前应将残留物取出。

b. 未和食物接触的部位不得用水冲。每天下班前用净布擦拭干净,每周用餐具消毒液清刷一次。

c. 绞肉机的绞刀、孔板及灌肠机的转子、灌装管,拆下后清洗干净,放在规定的地方,不许放在地坪上。

⑩生肉掉在地上,一定要洗干净后才能使用。

⑪生产人员每年必须进行一次体格检查。确认合格后,方能参加生产。

⑫直接生产人员如患下列疾病之一的,必须调离工作岗位:

a. 传染性肝炎;

b. 肠道传染病及肠道传染病菌携带者;

c. 活动性肺结核;

d. 化脓性皮肤病及渗出性皮肤、疥疮、牛皮癣;

e. 其他有碍食品卫生的疾病。

⑬工作服任何人不得私加口袋,杜绝在厂区内喝酒,不得酒后进入车间。

⑭不准穿着工作服进厕所和出车间。

⑮生产人员进车间不准戴首饰,头发不得外露。不准留长指甲,要勤理发。

⑯包装人员不准对着成品或在制品说话、嬉笑,以免唾沫污染产品。

⑰不准随地吐痰,乱扔纸屑、火柴棒、烟头、果皮等。不准在车间内吸烟、吃饭、吃零食、嚼口香糖。不准在车间休息,休息必须在休息室或更衣室。

⑱车间的消毒池、地漏,每天下班必须清扫干净,不得存肉渣。

⑲非生产人员未经允许不得进入车间。

⑳车间生产用的车辆不得推出车间,挪作他用。

㉑凡是车间门上挂的帘子不得随意去掉。

(二)文明生产制度

①热爱企业、热爱集体。

②爱岗敬业、刻苦勤奋、努力学习工作技能。

③遵守纪律、服从领导、为人和气、文明礼貌。

④讲究卫生、不随地吐痰、不乱倒垃圾。

⑤爱护生产设备,定期维护、定期保养。

⑥合理安排生产,保证产品质量。

⑦严格生产管理,提高作业效率。

⑧严守企业秘密,不得随意泄露。

⑨节能降耗,降低生产成本。

⑩按时填写生产报表,及时解决生产问题。

(三)水、电、汽及设备管理制度

①建立水、电、气台账,分路控制,分路计量,各设备必须设立固定编号,并建立设备档案。

②节约用水、电、气,严禁浪费资源。

③重要接口、高温处必须有明显安全标识。

④安装水、电、气,要有审批手续,禁止私拉乱接。

⑤定期、定人负责保养和维修,保证水、电、气各路畅通,确保安全。

⑥做好巡查工作,并做好台账记录。

⑦设备的购置由生产部门计划申请,经公司批准,由供应部门负责采购,按有关规定进行验收,安装调试正常后,方可投入使用。

⑧认真制定设备大保小保计划,做好设备的日常保养工作,设备维修人员必须熟练掌握设备的性能和主要参数,认真巡视,检查设备运行情况,及时排除故障和隐患,对需送检的设备必须按时送检,并作好检验报告。

⑨严格按照设备安全操作规程和工艺规程进行操作,压力容器的运行必须严格执行《压力容器安全技术监察规程》,严禁超温超压运行,各种受压容器的压力表按国家规定定期校验。

⑩注意增产节约,降低设备费用成本,对可利用的设备,零部件不得任意报废,设备报废必须填写报废申请报告,经批准后,方可处理。

⑪消防设备必须定人、定点管理,不得移作他用。

(四)生产设备安全操作制度

为了确保设备的安全运行,防止设备损坏,以免造成人身伤害,每台设备的操作者必须掌握设备操作规程。根据食品行业生产环境,要求设备的材料和性能比较特殊,要求操作者必须遵照条例执行。

①生产环境空气湿度比较大,地面有积水,相应电器件必须有防水、防潮装置,电器开关柜使用时操作人员禁止湿手操作。

②设备运行前认真检查容器内是否有杂物、是否卫生。

③设备使用完毕及时清理,保持设备清洁卫生。

④发现设备安全防护装置不齐全时,禁止开启设备,向上级领导汇报,及时修理完善装置。

⑤设备发现异常声音时,及时停止设备运行,通知维修工及时维修,严禁设备带病运行。

⑥车间内各种水汽管路、阀发现跑、漏现象,及时通知有关人员修理。

⑦每日工作结束后,关闭冷水、热水、蒸汽总阀。

【项目小结】

西式火腿大都是用大块肉经整形修割(剔去骨、皮、脂肪和结缔组织)盐水注射腌制、嫩化、滚揉、充填,再经熟制、烟熏(或不烟熏)、冷却等工艺制成的熟肉制品。加工过程一般只需 2 d,成品水分含量高、嫩度好。西式火腿种类繁多,虽加工工艺各有不同。由于其选料精良,加工工艺科学合理,采用低温杀菌,故可以保持原料肉的鲜香味,产品组织细嫩,色泽均匀鲜艳,口感良好。本项目以盐水火腿为重点,并介绍了西式火腿生产的一般工艺,以供借鉴参考。

【项目思考】

1. 试述西式火腿的种类及特点。

2. 肉类腌制的目的是什么?

3. 简述影响西式火腿质量的因素及其控制途径。

4. 西式火腿加工中的关键技术是什么?

5. 影响斩拌的因素有哪些?

6. 简述西式火腿的加工工艺及发展趋势。

项目九 发酵香肠生产与控制

【知识目标】

1. 熟悉发酵香肠的种类和特点。

2. 掌握发酵香肠的制作原理和生产工艺。

3. 掌握发酵香肠的操作要点和加工设备。

【技能目标】

1. 掌握发酵香肠的有关配方。

2. 会使用制作发酵香肠的相关设备并会进行维修。

3. 会进行质量控制和有关成本预算。

【项目导入】

发酵肉制品是指肉在自然或人工控制条件下经特定有益微生物发酵所产生的一类肉制品。发酵肉制品具有悠久的历史,深受各国消费者的喜爱。传统发酵肉制品的生产是将肉处理后,在一定的条件下偶然从环境中混入野生菌从而使其自然接种发酵。此方法生产周期长,产品质量不稳定,安全性差。现代发酵肉制品的生产一般是经人工筛选和生物育种培养出发酵微生物后,制成发酵剂接种于处理后的肉中,然后给予最适发酵条件使之发酵。此方法较适于工业化生产,产品质量稳定。而发酵香肠最为广泛。深受人们喜爱的原因主要有以下几点。

①肉品通过微生物的发酵,肉中蛋白质分解为氨基酸大大提高了其消化性,同时人体必需的氨基酸、维生素的增加,使营养性和保健性增强,微生物发酵分解蛋白质生成的氨基酸可进一步形成大量香味成分,从而使产品具特有风味。

②乳酸发酵能提高肉制品的营养性,促进良好风味的形成,同时还能改善肉制品的组织结构;也可以避免生物胺的形成,抑制病原微生物的增殖与产生毒素,还能促进发色,降低亚硝酸含量。发酵香肠是由猪冷鲜肉、植物乳杆菌、木糖葡萄球菌发酵而成,主要利用低 pH,低水分活度来达到保藏的目的。

③有一种猪冷鲜肉是一种无抗、绿色、有机猪肉制品,饲喂以玉米为主的原粮等农家饲料和青粗饲料,并配以枣粉、山楂粉等,不添加任何激素、抗生素、瘦肉精等药物和添加剂。发酵香肠具有特殊的发酵风味、高营养、高消化率和保健功能。

任务 发酵香肠的制作

【要点】

1. 了解发酵的基本原理。

2. 掌握发酵香肠的工艺流程、操作要点、质量控制和设备使用。

3. 掌握相关设备的使用。

【仪器与设备】

1. 切条机用于将大块肉切成条形,便于绞制。

2. 切肉丁机用于将肉切成丁状或正方粒状的机器。

3. 绞肉机将肉绞碎的机器。

4. 斩拌机集真空、斩拌、混合、乳化于一体的肉类加工机械。它可以将肉切割成任何形状，直至斩拌成肉糜，从而提高肉的乳化性能，激活肌纤维蛋白活性，使精肉和脂肪结合的更牢固、更均匀、更细腻和富有弹性。

5. 搅拌机主要用于加工各种原料拌和均匀的机器。

6. 滚揉机将盐水注射的原料肉进行低温真空滚揉，使肌纤维变得疏松，加速盐水的扩散和均匀分布，提高肉的保水能力。

7. 乳化机能使肉充分活化，提高出品率及肉糜加热稳定性，能充分利用碎肉。

8. 去筋腱绞肉机可用于肉类粗绞、精绞，同时可剔除肉中的筋腱及杂骨。

9. 灌肠机将肉馅灌入肠衣内的机器，有普通灌肠机、真空连续灌肠机、自动计量和结扎的灌肠机等。

10. 三用炉集熏烟、烘烤、蒸煮于一体的全自动程控式控制蒸煮熏烤炉。

11. 蒸煮锅用于蒸煮香肠和其他肉制品。

12. 制冰机制造冰屑或冰花。

13. 盐水注射机向大块肉内注射配制的盐水溶液。

14. 半自动烟熏炉用于熏烤香肠。

15. 其他设备。嫩化机、自动双夹打扣机、提升机、各种模具、运输车等。

【工作过程】

1. 工艺流程

所有的发酵香肠都具有相似的基本加工工艺，其工艺流程如下：

原料肉和脂肪的整理→绞肉→斩拌（加入辅料或发酵剂）→灌肠→接种霉菌或酵母菌→发酵→熏制→干燥和成熟→包装→检验→成品。

值得指出的是，干发酵香肠加工过程中的低温干燥成熟和半干香肠生产过程中的加热，其目的都是杀死产品中的猪旋毛虫，但不能杀死产品中的病原菌。

2. 原辅料

（1）原料肉。

①原料肉的选择。发酵香肠对原料肉的要求特别高，以无微生物和化学污染且修去筋、腱、血块和腺体的鲜肉为最理想，一般肉馅中瘦肉占 50%～70%，原料肉如污染大量微生物会在其后的培养阶段产生杂菌，这些杂菌产生或分解蛋白质使产品产生异味，并使质地松散。原料肉特别是冻肉，如处理不当，在干燥阶段则发生氧化酸败。原料肉中的血块、腺体也是腐败菌、致病菌（如葡萄球菌）及酶的来源。在欧洲的大部分地区、美国以及亚洲的许多国家，猪肉是使用最广泛的原料，而在其他国家和地区，人们更多地使用羊肉和牛肉作为原料。鸡肉也可以用于发酵香肠的生产，但目前的产量很低。

一般不选用高脂肪含量的肉块，脂肪通常是单独添加的成分。脂肪是发酵香肠中的重要组成成分，干燥后的含量有时可高达 50%。牛脂和羊脂因气味太大，不适于用作发酵香肠的脂肪原料。色白而又结实的猪背脂是生产发酵香肠的最好原料。这部分脂肪只含有很少的多不饱和脂肪酸，如油酸和亚油酸的含量分别为总脂肪酸的 8.5% 和 1.0%。

任何一种脂肪在会引起早期变质的条件下不能较长时间贮藏。因此，为降低猪脂肪中的过氧化物含量,宰后猪脂肪应立即快速冷冻,同时避免长期贮藏。在一些国家,允许与脂肪一起添加抗氧化剂,BHT 和 BHA 应用最为广泛。人工合成的天然抗氧化剂有合成生育酚、富含生育酚的天然提取物等;某些香辛料如大蒜和肉豆蔻皮也具有一定的抗氧化性能。

②原料肉处理。将新鲜的原料肉冷却至 $-4.4 \sim 2.2\ ℃$,将冷冻肉解冻至 $-3 \sim 1\ ℃$,用绞肉机绞碎,牛肉一般用 3.2 mm 的筛板,脂肪和猪肉用 $9 \sim 25$ mm 的筛板。

(2)腌制剂。

①氯化钠。在发酵香肠中的添加量通常为 $2.5\% \sim 3\%$。

②亚硝酸钠。除了干发酵香肠外,其他类型的发酵香肠在腌制时首先选用亚硝酸盐。亚硝酸盐可直接加入,添加量一般小于 150 mg/kg。

③硝酸盐。在生产发酵香肠的传统工艺中或在生产干发酵香肠过程中,一般加入硝酸盐而不加入亚硝酸盐,添加量通常为 $200 \sim 600$ mg/kg,甚至更大些。

在某些地方传统产品中,既不添加硝酸盐也不添加亚硝酸盐,比如西班牙辣干香肠,其中少量存在的硝酸盐是从其他成分中转化而来的,主要来源是大蒜粉和辣椒粉。

④抗坏血酸钠。抗坏血酸钠为腌制剂中的发色助剂,起还原剂的作用。能将硝酸根离子还原为亚硝酸根离子,再将后者还原为 NO;或者将高铁肌红蛋白和氧合肌红蛋白还原为肌红蛋白。

(3)碳水化合物。各种糖类如葡萄糖、蔗糖、玉米糖浆能影响成品的风味、组织结构和产品特性,同时也为乳酸菌提供了必需的发酵基质。糖的数量和类型直接影响产品的最终 pH,一般发酵香肠添加的碳水化合物为葡萄糖和低聚糖的混合物,添加量通常为 $0.4\% \sim 0.8\%$,发酵后香肠的 pH 为 $4.8 \sim 5.0$,但在生产意大利萨拉米肠时添加量较低,为 $0.2\% \sim 0.3\%$。

(4)香辛料及其他组分。大多数发酵香肠的肉馅中均可加入多种香辛料,如黑胡椒、大蒜(粉)、辣椒(粉)、肉豆蔻和小豆蔻等。胡椒粒或粉是各种类型发酵香肠中添加最普遍的香辛料。用量一般为 $0.2\% \sim 0.3\%$。其他香辛料如辣椒(粉)、大蒜(粉)、肉豆蔻、灯笼椒等,也可以添加到发酵香肠中,种类和数量视产品类型和消费者的嗜好而定。

一些国家还允许在发酵香肠中添加抗氧化剂和 L-谷氨酸,后者作为滋味助剂。另外,有些国家还允许在发酵香肠中使用肉类填充剂。如植物蛋白尤其是大豆蛋白,最常使用的是大豆分离蛋白,添加量可 5%。一般认为,当其使用量在 2%以下时不会给产品质量带来不好的影响。

3. 技术操作要点

(1)绞肉、拌馅与腌制。尽管发酵香肠的质构不尽相同,但粗绞时原料精肉的温度应当在 $-4 \sim 0\ ℃$,而脂肪要处于 $-8\ ℃$ 的冷冻状态,以避免水的结合和脂肪的融化。

根据不同产品的具体要求,先将绞碎的瘦肉和脂肪混合好以后,再加入腌制剂、碳水化合物、发酵剂和香辛料并混合均匀。

注意问题:

①必须保证食盐等组分在肉馅中分布均匀;

②发酵剂不能和其他辅料直接接触发避免影响其活力。

之后,将肉馅放在腌制盘内一层层压紧,一般厚度为 $15 \sim 200$ mm,在 $4 \sim 10\ ℃$ 下腌制 $48 \sim 72$ h。在腌制期间,硝酸盐由片球菌和葡萄球菌为主的还原为亚硝酸盐,最后产生典型的腌制红色和风味。肠馅温度达到 $-2.2 \sim 1.1\ ℃$,填入肠衣内可以避免粘连充填机。在加工黎巴嫩大香肠,牛肉在 4.4℃下腌制 10 d,绞碎后与糖、食盐、硝酸盐一起拌匀,再填入肠衣内,在发酵期间浓烟熏制 4～8 d,可使香肠有一定的风味。

(2)斩拌。首先将精肉和脂肪倒入斩拌机中斩拌混匀。斩拌的时间取决于产品的类型,一般的肉馅中脂肪的颗粒直径为 1～2 mm 或 2～4 mm。生产上应用的乳酸菌发酵剂多为冻干菌,使用时通常将发酵剂放在室温下复活 18～24 h,接种量一般为 10^6～10^7 CFU/g。

(3)灌肠。肉馅中灌制前应尽可能地除净其中的氧气,因为氧的存在会对产品最终的色泽和风味不利。为了避免气泡的混入,最好利用真空搅拌机或真空灌肠机灌制。将斩拌好的肉馅用灌肠机灌入肠衣。灌制时要求充填均匀,肠坯松紧适度。整个灌制过程中肠馅的温度维持在 0～1℃。生产发酵香肠的肠衣可以是天然肠衣,也可以是人造肠衣(纤维素肠衣、胶原肠衣)。肠衣的类型对霉菌发酵香肠的品质有重要的影响。利用天然肠衣灌制的发酵香肠具有较大的菌落并有助于酵母菌的生长,成熟的更为均匀且风味较好。无论选用何种肠衣,其必须具有允许水分通透的能力,并在干燥过程中随肠馅的收缩而收缩。德国涂抹型发酵香肠通常用直径小于 35 mm 的肠衣,切片型发酵香肠用 65～90 mm 的肠衣,接种霉菌或酵母菌的发酵香肠一般用直径 30～40 mm 的肠衣。

(4)接种霉菌或酵母菌。对于许多发酵香肠来说,肠衣外表面霉菌或酵母菌的生长不仅对于干香肠的食用品质具有非常重要的作用,不仅能使产品形成良好的感官特性(特别是风味和香气),而且能抑制其他有害菌和杂菌的生长,预防光和氧对产品的不利影响,并代谢产生过氧化氢酶。在传统加工工艺中,这些微生物是从工厂环境中偶然接种到香肠表面的,然而这种偶然的自发接种会带来产品质量的不稳定,更重要的是经常会有产真菌毒素的霉菌生长,对产品的安全性造成潜在的危害。正是由于这些原因,在发酵香肠的现代加工工艺中,经常采用在香肠表面接种不产生真菌毒素的纯发酵菌株的办法。大多情况下,香肠在灌肠后直接接种,通常的做法是将霉菌或酵母菌培养液的分散体系喷洒到香肠表面,或者准备好霉菌发酵剂的悬浮液后将香肠在其中浸一下,这是一种既简单又有效的接种方法,但是与悬浮液接触的所有器具和设备必须经过严格的卫生处理,以防止环境中霉菌的污染。有时这种接种是发酵后干燥开始前才进行。

生产中常用的霉菌是纳地青霉和产黄青霉,常用的酵母是汉逊氏德巴利酵母和法马塔假丝酵母。商业上应用的霉菌和酵母发酵剂多为冻干菌种,使用时,将酵母和霉菌的冻干菌用水制成发酵剂菌液,然后将香肠浸入菌液中即可。但必须注意配制接种菌液的容器应当是无菌的,以避免二次污染。

(5)发酵。发酵是指香肠中的乳酸菌旺盛在生长和代谢,并伴随着 pH 快速下降的过程,同时,在这一阶段香肠中还发生许多其他的重要变化。一般将填充后的香肠吊挂在贮藏间或成熟间内开始发酵。发酵温度依产品类型而有所不同,传统发酵温度为 15.6～23.9℃,相对湿度 80%～90%。初始湿度是在温度上升时从冷肉中释放的水分形成的,发酵温度和湿度影响发酵速度,也影响产品的最终 pH。通常对于要求 pH 迅速降低的产品,所采用的发酵温度较高。据认为,发酵温度每升高 5℃,乳酸生成的速率将提高一倍。但提高发酵温度也会带来致病菌,特别是金黄色葡萄球菌生长的危险。发酵温度对于发酵终产物的组成(乳酸和醋酸的相对比例)也有影响,较高的发酵温度有利于乳酸的形成。当然,发酵温度越高,发酵时间越短。一般地,涂抹型香肠的发酵温度为 22～30℃,发酵时间为最长 48 h;半干香肠的发酵温度为 30～37℃,发酵时间为 14～72 h;干发酵香肠的发酵温度为 15～27℃,发酵时间为 24～

72 h。与传统工艺相比较,现代生产工艺发酵时间短,一般为 12～24 h。pH 降低到 4.8～4.9 时已发酵充分。湿度大时发酵快,干香肠在静止空气中比在快循环空气条件下发酵快。肠衣直径出影响发酵时间和最终 pH,大直径香肠一般比小直径香肠的 pH 低。

在发酵过程中,相对湿度的控制对于干燥过程中避免香肠外层硬壳的形成和预防表面霉菌和酵母菌的过度生长也是非常重要的。高温短时发酵时,相对湿度应控制在 98%,较低温度发酵时,相对湿度应低于香肠内部湿度 5%～10%。

发酵结束时,香肠的酸度因产品而异。对于半干香肠,其 pH 应低于 5.0,美国生产的半干香肠的 pH 更低,德国生产的干香肠的 pH 在 5.0～5.5。香肠中的辅料对产酸过程有影响。在真空包装的香肠和大直径的香肠中,由于氧的缺乏,产酸量较大。即发酵香肠和稳定性取决于配料和加工的一致性。食盐、腌制液、香辛料和发酵剂的不均匀分布,可能导致香肠的发酵速度及 pH 的差异。大多数半干香肠加工时也进行熏制。典型的香肠熏制温度为 32.2～43℃。在现代加工工艺中,将发酵和熏制液添加到配料中,这样可以避免自然熏制带来的问题。

(6)干燥和成熟。干燥的程度是影响产品的物理化学性质、食用品质和贮藏稳定性的主要因素。这个阶段,水分活度降低,抑制病原菌生长,延长产品货架期,对于香肠来说,它还是杀灭猪旋毛虫关键控制工序,同时此过程还决定了产品的物理化学特性和感官性状。

发酵后,干香肠和半干香肠经加热(高温)或直接放入干燥室内进行干燥成熟。根据产品特性进一步加热到 43～47℃ 的成品温度,而在美国,香肠发酵完后,通常用加热方式进行干燥,使产品中心温度达到 58.3℃ 以杀灭猪旋毛虫。

传统上,干香肠不需加热,即从发酵室直接移到干燥室内进行干燥,干燥室内温度为 10.0～21.1℃,相对湿度为 65%～75%,发酵香肠水分的控制取决于肉粒大小、肠衣直径、干燥空气流速、湿度、pH 和蛋白质的溶解度。

在香肠的干燥过程中,控制香肠表面水分的蒸发速度,使其平衡于香肠内部的水分向香肠表面扩散的速度是非常重要的。在半干香肠中,干燥损失少于其湿重的 20%,干燥温度在 66～37℃。温度高,干燥时间短;温度低时,可能需要几天的干燥时间。高温干燥可以一次完成,也可以逐渐降低湿度分段完成。

干香肠的干燥温度较低,一般为 12～15℃,干燥时间主要取决于香肠的直径。商业上应用的干燥程序按照下列的模式:

16℃,相对湿度 88%～90%(24 h)→24～26℃,相对湿度 75%～80%(48 h)→12～15℃,相对湿度 70%～75%(17 d)→成品。

或 25℃,相对湿度 85%(36～48 h)→16～18℃,相对湿度 77%(48～72 h)→9～12℃,相对湿度 75%(25～40 d)→成品。

许多类型的半干香肠和干香肠在干燥的同时进行烟熏,烟熏的目的主要是通过干燥和熏烟中酚类、低级酸等物质的沉积和渗透抑制霉菌的生长,同时提高香肠的适口性。对于干香肠,特别是接种霉菌和酵母菌的干香肠,在干燥过程中会发生许多复杂的化学变化,也就是成熟。在某些情况下,干燥过程是在一个较短的时间内完成的,而成熟则一直持续到消费为止,通过成熟形成发酵香肠的特有风味。

为得到理想的产品特性,必须控制水分的蒸发速度。香肠表面的水分损失速度最好应等于内部水分迁移到表面的速度。空气流速和相对湿度的控制决定着水分损失的速度。中等直径的香肠在贮存室内应每天干耗 1.0%～1.5%。在腌制间或贮藏间空气的流速一般保持在

0.5～0.8 m/s,而在干燥室内采用较低的空气流速(0.05～0.1 m/s)。干燥室内每天的干耗不应超过0.7%,使干燥成熟后,半干香肠失重18%左右,干燥香肠成品失重30%～50%。

在干燥过程中经常会出现一些不良现象。如①产生"硬壳",阻止内部水分散发。这主要是由于干燥速度太快所致,为了进行有效的干燥,香肠外部和内部的水分损失必须保持同一速度。②香肠表面有霉菌生长。如有白色和蓝色霉菌生长,则对香肠的风味和外观有益,但是如有不良霉菌和孢子形成(如黑色孢子产生),香肠的表面颜色变差,因此干燥必须保持一定的相对湿度。

(7)包装。为了便于运输和贮藏,保持产品的颜色和避免脂肪氧化,成熟以后的香肠通常要进行包装。多数传统发酵香肠只采用最简单的包装。真空包装是最常用的包装方法。不足之处是真空包装后由于产品中的水分会向表面扩散,打开包装后,导致表面霉菌和酵母菌快速生长。还有将产品放进纸板箱中,目的是为产品提供运输和贮藏过程中的保护措施。有些类型的产品是放在布袋里或塑料袋中从而为单个产品提供必要的保护。目前也有人采用气调包装,但从微生物稳定性的角度看这是不必要的。香肠的切片操作在低温下进行以防止脂肪"成泥"影响产品外观,同时低温还减轻了脂肪对包装用塑料薄膜的污染,避免热融封口时出现问题。最后,应注意多数产品在零售展示柜里受到高强度的光照时会出现褪色现象。

4. 产品的特点

具有典型的发酵香味,产品的pH较低,为4.8～5.5。质地紧密,切片性好,弹性适宜,产品的货架期长。

【相关知识】

食品放在烘箱中,控制一定温度(100～105℃)和压力,样品中的水分汽化逸失;干燥前后食品质量之差即为样品的水分量。以此进行食品水分含量计算。

本法适用在95～105℃温度条件下,不含或含其他挥发性物质甚微的食品。

【相关提示】

影响发酵香肠质量的因素。食盐的含量会影响发酵香肠的质量。一般用量为3.5%。虽然起发酵作用的乳酸菌是耐盐菌,但含盐量会影响乳酸菌的功能。2%的食盐水平是达到理想结着力的最低要求,3%的食盐浓度对发酵速度没有多大影响,但超过3%就会延长发酵时间各种碳水化合物如葡萄糖、蔗糖、玉米糖浆,能影响成品的风味、组织和产品特性,同时也为乳酸菌提供了必需的发酵基质。糖的数量和类型直接影响产品的最终pH。单糖如葡萄糖易被各种乳酸菌利用。当初始pH为6.0时,应添加1%葡萄糖使pH降低到足够水平。通常香肠馅中至少含有0.75%的葡萄糖。如碳水化合物的量多(超过20%),与之结合的水亦过多,则发酵速度变慢。配料中的某些天然香辛料通过刺激细菌产酸直接影响发酵速度。这种刺激作用一般不伴有细菌的增加。黑胡椒、白胡椒、芥末、大蒜粉、香辣粉、肉豆蔻、肉豆蔻种衣、姜、肉桂、红辣椒等都能在一定程度上刺激产酸。一般对乳酸杆菌的刺激作用比片球菌强。几种香辛料混合使用的发酵时间,比用单种香辛料的发酵时间短。近年来确认锰是香辛料促进产酸的主要因素。某些天然香辛料,特别是胡椒的提取物还对细菌具有抑制作用。另外,液体熏剂和抗氧化剂降低了发酵速度。磷酸盐根据其类型和数量起缓冲作用,增加了初始pH并延缓了pH降低之前的时间。奶粉、大豆蛋白和其他干粉能结合水,从而延长了发酵时间,含亚硝酸钠的香肠比不含亚硝酸钠的香肠发酵慢。但发酵程度的差别主要取决于特异的发酵菌株。在配料中发酵剂的应用方法,对发酵香肠的质量起着关键作用。传统的发酵肠加工依赖环境中"野生"微生物偶然的接种机会获得,即所谓的自然接种法。为了保持品质稳定,也有采用所谓"后接种"的方法,即把每一批香肠在发酵阶段后,加热和干燥之前保存一部分用做下一批生产的菌种。但这种方法常引起有害菌的污染,影响产品质量,所以人们开始了纯微生物发酵剂的研究和应用。

【考核要点】

通过本次任务的学习,主要掌握以下几点。

1. 理解发酵香肠制作原理。

2. 会进行发酵香肠的制作。

3. 会在制作过程中进行质量控制和关键环节的操作。

【思考题】

1. 发酵时会发生哪些变化?

2. 灌制时注意哪些操作要点?

【必备知识】

发酵肉制品是指肉制品在加工过程中经过了微生物发酵,由特殊细菌或酵母将糖转化为各种酸或醇,使肉制品的 pH 降低,经低温脱水使 A_w 下降加工而成的一类肉制品。发酵肉制品因其较低的 pH 和较低的 A_w 使其得以保藏。在发酵、干燥过程中产生的酸、醇、非蛋白态含氮化合物、脂及酸使发酵肉制品具有独特的风味。

传统发酵肉制品生产中发酵所需的微生物是偶然从环境中混入的"野生"菌,而现在一般用筛选甚至通过生物工程技术培育的微生物。在微生物的作用下将糖转化为各种酸和醇,使肉制品 pH 降低,并经低温脱水使 A_w 下降,应称之为发酵干燥肉制品。

我国的特点:腊肠是一种发酵肉制品,但是经过高温制成的(35～50℃)。

国外的特点:发酵和干燥同时进行低温(15.6～23℃)干燥。

原来以自然发酵为主,如金华火腿和传统风干厂,但产品质量不统一,现已采用菌剂进行人工接种发酵,如乳酸菌制剂,这样可使产品质量稳定,质量如一。

一、发酵肉制品的种类

发酵肉制品主要是发酵香肠制品,另外还有部分火腿。这些制品的分类常以酸性(pH)高低、原料形态(绞碎或不绞碎)、发酵方法(有无接种微生物或添加碳水化合物)、表面有无霉菌生长、脱水的程度,甚至以地名进行命名。常见的分类方法主要有以下 3 种。

(一)按产地分类

这类命名方法是最传统也是最常用的方法,如黎巴嫩大香肠、塞尔维拉特香肠、欧洲干香肠、萨拉米香肠。

(二)按脱水程度

根据脱水程度可分成半干发酵香肠和干发酵香肠。

(三)根据发酵程度

根据发酵程度可分为低酸发酵肉制品和高酸发酵肉制品。成品的发酵程度是决定发酵肉制品品质的最主要因素,因此,这种分类方法最能反映出发酵肉制品的本质。

1. 低酸发酵肉制品

传统上认为,低酸肉制品的 pH 为 5.5 或大于 5.5。对低酸肉制品,低温发酵和干燥有时是唯一抑制杂菌直至盐浓度达到一定水平（A_w 值降至 0.96 以下）的手段。著名的低酸发酵干燥肉制品有法国、意大利、南斯拉夫、匈牙利的萨拉米香肠、西班牙火腿等。传统认为 pH 为 5.5 或大于 5.5，低温发酵，低温高燥，直至使盐浓度达到一定水平。特点如下：

① 发酵干燥时间长，边发酵边干燥；

②不添加碳水化合物，终 pH 在 5.5 以上通常为 5.8～6.2；

③产品发酵温度仅为 18～22℃，但失重达 40%～50%；

④干燥导致 A_w 下降，可以阻止大肠杆菌和沙门氏杆菌；

⑤蛋白酶降解肌肉蛋白产生风味物质；

⑥脂肪酶降解脂肪产生羟基和脂肪酸，增加酸度，但不是酸败；

⑦如果加入硝酸盐类，其消耗不显著，在低酸香肠中，残留量仍很高。

2. 高酸发酵肉制品

不同于传统低酸发酵肉制品，绝大多数高酸发酵肉制品用发酵剂接种或用发酵香肠的成品接种。而接种用的微生物有能发酵添加的碳水化合而产酸的菌种。因此，成品的 pH 在 5.4 以下。绝大多数此产品专用发酵剂发酵，或用发酵香肠做发酵剂。其特点：

①加碳水化合物专用发酵，使香肠失重 15%～20% 就可达到要求的 A_w；

②高酸度，使大部分菌被抑制，如葡萄球菌；

③蛋白质降解，产生肽，氨基酸，含氮化合物等；

④肪肪水解产生脂肪酸，改善了产品风味；

⑤亚硝酸残留量低。

3. 酸化肉制品

因发酵产酸需要一定的时间和条件，且不易人为控制。因此，有人研究用酸化剂添加代替发酵产酸。目前，较为成功方法：

①葡萄酸-6-内酯，加入后几小时后可产生葡萄酸；

②添加微胶囊化的有机酸（高温可溶化包衣）如柠檬酸，乳酸，用不氢化的植物油。

其特点：

①易使肌肉蛋白质快速凝固，所以不能随意加入酸，必须采用一定的包衣方法；

②酸化时间短，具有细菌安全性；

③风味还是不如发酵酸香肠。

二、发酵香肠的分类

发酵香肠是以牛肉或猪肉、牛肉混合肉为原料，经绞碎或斩成颗粒，用食盐、硝酸盐、糖等辅料腌制，并以自然或人工接种乳酸发酵剂，充填入可食性肠衣内，再经烟熏、干燥和长期微生物发酵将糖转化为酸和醇，使肠内容物的 pH 和 A_w 下降而制成的一类香肠制品。该产品具有典型的发酵香味，产品的 pH 较低，大约为 4.8～5.5。质地紧密，切片性好，弹性适宜，产品的货架期长，深受欧美消费者喜爱。

发酵肠的种类、特点如下。

1. 发酵肠的种类

发酵香肠可以以多种肉类为原料，采用不同的产品配方和添加剂，使用不同的加工条件进行生产，所以人们至今已经开发出的产品种类不计其数。如德国生产的发酵肠就超过 350 种。

发酵肠有以下几种分类方式。

(1)按地名分。这是一种传统分类方法,如黎巴嫩大香肠、赛尔维拉特香肠、萨拉米香肠等。

(2)按脱水程度分。根据脱水程度分为半干发酵肠(水分含量在35%以上)和干发酵肠(水分含量低35%)。

美国生产的干香肠和半干香肠常采用的一种分类方法,即根据种族起源、肉的配方和加工特点(表3-60)。

表3-60　干香肠和半干香肠的加工特性

香肠类型	加工	肉料	香肠品种	加工特性
德式	熏制/蒸煮	牛肉/猪肉	熏香肠 图林根香肠 赛尔维拉特肠	18~48 h,32~38℃(5~9 d,发酵剂)蒸煮到58℃(最终水分为50%)
意大利式	干燥	猪肉/牛肉	热那亚萨拉米肠 硬萨拉米肠 旧金山式肠	18~48 h,通风,30~60 d,干燥室干燥降低相对湿度,时间长时肠表面有霉菌(最终水分为35%~40%)
黎巴嫩式	熏制	牛肉	黎巴嫩肠 波罗尼亚肠	4℃,10 d,食盐,用硝酸钾腌制,冷熏制43℃,4~8 d(最终水分50%以上)

半干香肠是德国香肠的变种(如熏香肠、图林根香肠、猪肉卷等),起源于北欧,采用传统的熏制和蒸煮工艺。它含有牛肉或猪肉混合料,再加入少许调味料制成。黎巴嫩大香肠全用牛肉为原料,经过烟熏,但不蒸煮,这是唯一的水分含量高(水分含量55%~60%、pH极低、含糖和含盐量高)半干型香肠,广泛流行于黎巴嫩、美国宾夕法尼亚等地。半干香肠水分最终含量范围在40%~45%。一般都进行熏制,水分与蛋白质的比率不超过3.7∶1;干香肠则是意大利香肠的变种(如意大利萨拉米香肠、热那亚萨拉米香肠、旧金山式香肠和硬萨拉米香肠),它起源于欧洲南部,主要用猪肉、调味料,未经熏制或蒸煮。干香肠的水分与蛋白质比率在2.3∶1或以下。干香肠的制作工艺比半干香肠更复杂,需要较长的生产周期,易受环境和微生物的作用,但产品的水分活度(A_w)和pH都较低,具有稳定的安全性,常温下可保藏较长的时间。

(3)按发酵程度分。根据成品的pH可以分为低酸发酵肠和高酸发酵肠。

①低酸发酵肠。传统上认为pH≥5.5的肠为低酸发酵肠,欧洲和其他洲制作发酵肠有悠久的历史,这些发酵肠都是用传统的方法通过发酵、再低温干燥而制成,著名产品有法国、意大利、南斯拉夫、匈牙利的萨拉米香肠。这类产品主要特点是不添加碳水化合物,在较低温度下长时间发酵,逐渐脱水干燥制成。一般在18~20℃(最低达10℃)下发酵,脱水量50%。最终pH达5.5~5.8。低温和低A_w可阻止大肠杆菌和沙门氏杆菌的繁殖。

②高酸发酵肠。绝大多数高酸发酵肠不同于传统的低酸发酵肠,是添加碳水化合物并用发酵剂接种或用发酵肠的成品接种而制成的。这类发酵肠的特点是菌种可利用肠中的碳水化合物产酸,使其具有较低的pH(pH≤5.4),失水率15%~20%。由于pH接近肌肉蛋白质等电点,因此使肌肉蛋白质凝胶化,可抑制大多数不良微生物的生长。同时,发酵剂菌种有分解脂肪的能力,并产生脂肪酸,改善了成品风味。

发酵产酸需要一定的时间和条件,且这些条件往往不易控制。因此,有人提出添加化学添加剂的方法替代发酵产酸。直接加酸会导致肌肉蛋白质凝固,影响成品的结着性。目前,有两种较为成功的酸化方法,即添加葡萄糖内酯(几个小时后可产生葡萄酸)和有升高温服条件可熔化的特殊包衣包裹的有机酸(如柠檬酸、乳酸)。

发酵和酸化相比,酸化降低 pH 的时间很短,具有微生物安全性,但要求在生产后短时间内销售完,否则会产生感官变化。

(4)通常根据加工过程时间的长短、最终的水分含量活度值分。这些标准将发酵香肠分成三大类:涂抹型、短时加工切片型和长时加工切片型(表 3-61)。

表 3-61   发酵香肠的分类(一)

类型	加工时间/h	最终水分含量/%	最终水分活度	举例
涂抹型	3～5	34～42	0.95～0.96	德国的 Teewurst 肠和 Mettwurst 肠
短时加工切片型	7～28	30～40	0.92～0.94	美国的 Sun sansage（夏肠），德国的 Thuringer(图林根肠)
长时加工切片型	12～14	20～30	0.82～0.86	德国、丹麦和匈牙利的萨拉米肠(Salami),意大利的吉诺亚肠(Genoa)

发酵香肠还可以根据肉馅颗粒的大小、香肠的直径、使用或不使用烟熏以及成熟过程中是否使用霉菌等方面分类(表 3-62)。

表 3-62   发酵香肠的分类(二)

产品类型	干燥失重	烟熏	表面霉菌及酵母菌	举例
风干肠	>30%	不	有	萨拉米肠,法国红肠
熏干肠	>20%	熏	无	德国 Katenrauchwurst 肠
半干肠	<20%	熏	无	美国熏香肠
不干肠	<10%	熏 熏	无	德国 Teewurst 肠,鲜生软质猪肉香肠

2. 发酵肠的特点

(1)与非发酵肠相比,发酵肠的特点有以下几方面。

①微生物安全性。一般认为发酵肉制品是安全的,因为低 pH 和低 A_w 抑制了肉中病原微生物的增值,延长了产品的货架期。在发酵贮藏期间,成品中有害菌会因在高酸环境中而死亡。

②货架期。因为具有低 pH 和低 A_w,发酵肠的货架期一般比较长。如美式发酵肠水分、蛋白比率≤3.1,pH≤5.0,因此不需冷藏。酸抑制其他微生物的生长并促进脱水,特制的微生物培养物通过过氧化氢酶系统减少过氧化物的生成,而使腌制肉的颜色更加稳定,并防止发生酸败。

③营养特性。由于致癌物质如亚硝基化合物、多环芳烃、脂肪等的存在,使人们对肉制品

越来越不放心。因此,具有抗癌作用的肉制品将会有广阔的发展前景。经研究发现,食用乳酸杆菌和含活乳酸菌的食品可以增加乳酸菌在肠道中定殖的概率。乳酸杆菌能抑制致癌物质前体,因此可减少致癌物质污染的危害。

④消化吸收率。已有证据表明,发酵香肠在成熟过程中蛋白分解成肽和游离氨基酸,提高了蛋白质的消化率。例如,一种猪肉和牛混合香肠经 22 d 发酵后,其净蛋白质消化率从 73.8% 提高到了 78.7%,而粗蛋白质的消化率则从 92.0% 提高到了 94.1%。

(2)发酵香肠生产过程中应用了生物工程中的微生物发酵工程。营养丰富、风味独特、保质期长是其三大主要特点,具体表现为如下几点。

①避免生物胺的生成。生物胺是由于组氨酸与酪氨酸被有害微生物的氨基酸脱羧酶催化作用生成的,对人体相当有害,当用有益发酵剂后,脱羧酶的活性很低,避免生物胺的形成。

②抑制病原微生物的增殖与产生毒素。生物发酵肉制品。由于乳酸的生成,降低 pH,抑制有害微生物的生长繁殖,同时乳酸菌产生的抗菌物质可抑制毒素的产生。

③具有抗癌作用。摄食有益微生物发酵的肉制品,会使有益菌在肠道中定植,降低致癌前体物质,可减少致癌物污染的危害。

④提高产品的营养性,促进良好风味的形成。酸类、醇类、杂环化合物、氨基酸和核干酸等风味物质,使产品的营养价值和风味得以提高。

三、发酵香肠常用的微生物

在发酵香肠生产中,常用的发酵剂微生物种类有酵母菌、霉菌和细菌(表 3-63),它们在发酵香肠加工中的作用各不相同。

表 3-63　发酵香肠发酵剂中常用的微生物种类

微生物种类		菌　种
酵母菌		汉逊氏德巴利酵母菌(*Dabaryomyces hansenii*)
		法马塔假丝酵母菌(*Candida famata*)
霉菌		产黄青霉(*Penicillium chrysogenum*)
		纳地青霉(*Penicillium nalgiovense*)
细菌	乳酸菌	植物乳杆菌(*Lactobacillus plantarum*)
		清酒乳杆菌(*L. sake*)
		乳酸乳杆菌(*L. lactis*)
		干酪乳杆菌(*L. casei*)
		弯曲乳杆菌(*L. curvatus*)
		乳酸片球菌(*Pediococcus acidilactici*)
		戊糖片球菌(*P. Pentosaceus*)
		乳酸乳球菌(*Pediococcus lactis*)
	小球菌	易变小球菌(*Micrococcus varians*)
	葡萄球菌	肉糖葡萄球菌(*S. lococcus carnosus*)
		木糖葡萄球菌(*S. xylosus*)

（1）酵母菌。酵母菌是加工干发酵香肠时发酵剂中常用的微生物。汉逊氏德巴利酵母菌是最常用的种类，这种酵母耐高盐、好氧并具有较弱的发酵产酸能力，一般生长在香肠表面，通过添加此菌，可提高干香肠的香气指数。在发酵剂中通常与乳酸菌和小球菌合用，可以获得良好的产品品质。酵母菌除能改变干香肠的风味和颜色外，还能够对金黄色葡萄球菌的生长产生一定的抑制作用。但该菌本身没有还原硝酸盐的能力，同时还会使肉中固有的微生物菌群的硝酸盐还原作用减弱，这时如果单独使用酵母菌，会导致干香肠生产中出现严重的质量缺陷。

（2）霉菌。霉菌是生产干发酵香肠常用的一种真菌，实际生产中使用的霉菌大多数属于青霉属和黏帚霉属。常用的两种不产毒素的霉菌是产黄青霉和纳地青霉。由于它们都是好氧菌，因此只生长在香肠的表面。另外，由于这两种霉菌生长竞争性强，而且具有分泌蛋白酶和脂肪酶的能力，因而通过在干香肠表面接种这些霉菌可以很好地增加产品的芳香成分，赋予产品以高品质。另外，由于霉菌大量存在于香肠的外表，能起到隔绝氧气的作用，因而可以防止发酵香肠的酸败。

（3）细菌。用于发酵香肠发酵剂的细菌主要是乳酸菌和球菌。它们在发酵香肠生产中的作用是不同的。乳酸菌能将发酵香肠中碳水化合物分解成乳酸，降低原料的 pH，因此是发酵剂的必需成分，对产品的质量稳定性起决定性作用。而小球菌和葡萄球菌等球菌具有分解脂肪和蛋白质的活性以及产生过氧化氢酶的活性，对产品的颜色和风味起决定作用。因此，发酵剂常采用乳酸球菌与小球菌或葡萄球菌或酵母菌的混合物。

在用于发酵香肠生产的各种乳酸菌中，植物乳杆菌、乳酸片球菌是目前使用最广泛的种类。

发酵剂中的小球菌和葡萄球菌菌株产酸能力很弱，添加它们的主要目的是为了将硝酸盐还原成亚硝酸盐以促进产品颜色的形成。已有多种小球菌菌株被分离到并被用于发酵剂中，目前最常见的种类是易变小球菌。在所有用于香肠发酵剂的葡萄球菌中，最近几年使用最广泛的种类是肉食葡萄球菌，其次是木糖葡萄球菌。肉食葡萄球菌被认为可以改变产品的颜色和香气特征。现在许多商业用的香肠发酵剂中都是同时含有乳酸菌和肉食葡萄球菌，当然也有一部分发酵剂中只含有乳酸菌，这种发酵剂一般常用于低 pH 的半干发酵香肠生产中，而只含有肉食葡萄球菌的发酵剂也可以单独用于发酵香肠的生产。当发酵剂中同时含有乳酸菌和葡萄球菌时，对其中每一种微生物的最基本要求是它们能具有协同生长的作用。

此外，灰色链球菌也可以改进发酵香肠的风味。但在自然发酵的香肠中，链球菌的数量很少，气单胞菌没有任何致病性和产毒能力，对香肠的风味也有益处。

四、常用微生物及其特性

（一）常用菌剂具备的特征

①食盐耐受性，能耐受 6% 的食盐溶液；

②耐受硝酸盐，80～100 mg/kg 下生长；

③在 27～43℃生长，最适温度 32℃；

④发酵不产生异味；

⑤无致病性；

⑥可在 57～60℃灭活。

(二)发酵微生物的主要作用

1. 降低 pH,减少腐败,改善组织状态与风味

pH4.8～5.2 时,接近于肌肉蛋白等电点(pH＝5.2),肌肉蛋白保水力减弱,可加快香肠干燥速度,降低水分活度,而且在酸性条件下病原菌及腐败菌的生长得以抑制。

另外,加入乳酸菌也使制品有特殊风味。

2. 促进发色

发酵中微球菌可以将 NO_3^- 还原为 NO_2^-,在发酵后的酸性环境中使 NO_2^- 分解为 NO,NO 与肌红蛋白结合成亚硝基肌红蛋白,使制品终成红色。

3. 防止氧化变色

肉在腌制或发酵成熟期间,由于污染的异型发酵的乳酸菌会产生 H_2O_2,与肌红蛋白形成胆绿肌红蛋白,而发生变绿现象。因此,在肉制品中接种发酵剂,可利用优势菌抑制杂菌的生长或将其产生的 H_2O_2 还原为 H_2O 和 O_2,防止氧化变色。

4. 减少亚硝酸胺的生成

发酵产生了乳酸,促使亚硝酸盐分解(因亚硝胺是由残留的 NO_2^- 与二级胺反应生成的)。

5. 抑制病原微生物的生长及其产生的毒素

如沙门氏菌,金黄色葡萄球菌等。

(三)常用的菌剂

(1)乳杆菌属。30～40℃最适,耐湿度,可发酵果糖,葡萄糖,麦芽糖,蔗糖等,如干酪乳杆菌,发酵乳杆菌。

(2)片球菌属。它是肉品发酵中使用最多的微生物。

(3)微球菌属。它包括微球菌、葡萄球菌和劲性球菌 3 个菌属。

(4)霉菌和酵母。它可产生蛋白酶,脂肪酶作用于肉品形成特殊风味,可消耗掉大量 O_2 防止氧化,竞争生长可抑制有害微生物。

霉菌主要来自环境,主要是青酶。

特殊点:霉菌一般会形成菌丝体于香肠表面。青酶会产生极特殊的风味(怪味)但有人习惯吃。纯微生物发酵剂常用的菌种有片球菌、乳杆菌、微球菌及霉菌和酵母。纯培养养发酵剂一般是在配料阶段加入,但要注意不能将活微生物培养物与腌制成分如食盐、亚硝酸盐直接接触,否则会降低其活性。在国外,大多数培养物以浓缩形式出售,用水稀释后则能使其很好地分布在配料中。

五、发酵香肠生产工艺及质量控制

1. 工艺流程

所有发酵肉制品工艺各有特色,但基本原理和工艺基本相同。

原料肉→绞碎→调味→腌制→灌装→发酵→干燥→烟熏→成品。

　　　　　　　　　　　　↑

　　　　　　　　　加发酵剂

2. 工艺要点

(1)原料肉选择。原料的质量影响发酵质量,即本身污染过重时,会影响有益菌的繁殖,所

以应选新鲜,或冻牛、猪肉为原料。初始菌数一定要低,水分含量过低也会使初始酸度形成过慢。原料温度在-5~-4℃为好。要去除筋、腱、血块、淋巴、腺体等。

(2)辅料。

①食盐可使一些有益菌占优势,抑制腐败菌。

②碳水化合物:葡萄糖、砂糖、玉米糖浆等可添加到原料中,以增加发酵产酸度,形成好的风味,好的组织状态,但葡萄糖最好。一般 100 kg 肉中加 0.5~0.75 kg(干香肠),半干香肠中添加量为 0.75~1 kg。

③香辛料可刺激产酸,如黑白胡椒,大蒜粉,芥末,香辣粉。肉豆蔻、姜、肉桂、红辣椒等,对乳杆菌的刺激最大,但要注意香辛料自身的含杂菌量,所以要加些霉菌抑制剂。

④化学酸味剂。如 GDL(葡萄糖-内酯),胶体化乳酸,一般用量不能太大,并配合冷发酵剂使用,效果较好,单独使用风味不佳。

(3)合理使用发酵剂。发酵剂在使用时要注意其生长速度,产酸量等。

①初始阶段:发酵剂要迅速产酸为好,达到 pH5.3 以下,抑制其他菌。

②后期应在 16℃左右,以利有益菌丛的生长。

③应在加工前常检查发酵剂的活力,活力低特别影响发酵速度。

④发酵剂不能直接与腌制剂和其他干配料混合,要单独加到肉中。

(4)腌制。一般在 4.4~10℃下腌制 48~72 h,并在低温下灌入肠衣中。

(5)发酵与熏制。低温下灌入肠衣中会使外表结露,这会在发酵过程中有利霉菌生长,所以应注意发酵时的湿度、温度及生长时间,以便产生乳酸和好风味。

一般填充好的灌肠吊在发酵间,温度 15.6~23.9℃,相对湿度 80%~90%,低温下发酵时间 30~60 d,加发酵剂可在 5~9 d 结束,可得到较好风味,pH 达 4.8~4.9 时已够。

(6)加热干燥。发酵结束后可干燥,也可在发酵快结束时降低房间内湿度使其失重 10%~20%。烘干法 43~47℃,干燥间 10~21℃,相对湿度 65%~75%香肠的加工原理基本如上所述,但在工艺上还有不同,许多欧洲国家在发酵和干燥过程中逐步降低湿度,在同一环境下完成发酵和干燥。

(7)包装。较好的包装方式或真空包装和充气包装。

六、常见几种典型的发酵香肠加工实例

世界上(欧洲,美国,北美)很多国家的发酵干香肠种类很多,但加工特性趋于一致。

(一)半干发酵香肠加工

1. 熏香肠

(1)配料。70 kg 肉(猪肉和牛肉),脂肪 30 kg,葡萄糖 2 kg,盐 6 kg,砂糖 2 kg,硝酸钠 16 g,亚硝酸钠 8 g,黑胡椒粉 373 g,芥末种子 63 g,肉蔻末 31 g,芫荽粉 125 g,香辣椒 31 g,大蒜粉(当年大蒜)63~125 g,发酵剂按说明使用,片球菌发酵剂。

(2)工艺要点。肉通过孔板为 6.3~9.6 mm 孔的绞肉机绞碎,绞碎后与食盐、调味料、葡萄糖和腌制剂拌料腌制,但不能搅拌过度。配料后,再添加发酵剂,而且根据搅拌机速度将腌制成分与肠馅搅拌 3~4 min,这些混合物再通过 3.2~4.8 mm 孔绞细,充填到天然纤维型肠衣内,其他工艺见表3-64。

表 3-64　应用发酵剂的香肠熏制程序

时间	干球温度	湿球温度	备注
16～20 h	43℃ 69℃	40℃ 60℃	接近熏制循环中期 1 h（香肠内部 1.5～3.0 h 温度达到 60℃）
3 min			热烟熏

2. 图林根香肠

(1)配方。见表 3-65。

表 3-65　图林根香肠配方

项目	用量	项目	用量
猪修整肉(75％瘦肉)	55	发酵剂培养物	0.125
牛肉	45	整粒芥末籽	0.125
食盐	2.5	芫荽	0.063
葡萄糖	1	亚硝酸钠	0.016
磨碎的黑胡椒	0.25		

(2)加工工艺。将原料肉用 6.4 mm 孔板绞肉机绞碎,在搅拌机内将配料搅拌均匀,再用 3.2 mm 孔板绞细。将肉馅充填进纤维素肠衣。用热水冲洗香肠表面 0.5～2 min,在室温下吊挂 2 h 并移到熏炉内,在 43℃下熏制 12 h,再在 49℃下熏制 4 h。将香肠移到室温下晾挂 2 h,再运到冷却间内。香肠含食盐量为 3％,pH 为 4.8～5.0。

注意:猪肉必须是合格的修整碎肉,在熏制期间香肠的内部温度必须达到 50℃;使用发酵剂能显著地缩短加工时间。

3. 塞尔维拉特香肠

(1)配料。牛修整碎肉 70 kg,猪修整碎肉 20 kg,猪心 10 kg,食盐 3 kg,糖 1 kg,磨碎的黑胡椒 250 g,亚硝酸钠 16 g,整粒黑胡椒 125 g。

(2)工艺要点。牛肉和猪心通过 6.4 mm 孔板绞肉机绞碎,猪肉通过 9.6 mm 孔板绞肉机绞碎。绞碎的肉与食盐、糖、硝酸盐一起搅拌均匀后,通过 3.2 mm 孔板绞细,再加整粒黑胡椒及发酵剂,搅拌 2 min,放入深 20 cm 盘内,在 5～9℃下贮藏 48～72 h。从盘内将肉馅倒入搅拌机中搅拌均匀后,充填入 2# 或 2.5# 纤维肠衣内。在 13℃的干燥室内吊挂 24～48 h 后,移入 27℃的烟熏炉内熏制 24 h,缓慢升温到 47℃后,再熏制 6 h 或更长时间,直到香肠有好的颜色,推入冷却间,在室温下冷却。

(二)干发酵香肠

1. 硬塞尔维拉特香肠

(1)配料。去骨牛肩肉 26 kg,冻猪修整碎肉 60 kg,肩部脂肪 14 kg,食盐 3.6 kg,整粒胡椒 63 g,粉碎胡椒 375 g,红辣椒 250 g,硝酸钠 31 g,乳杆菌发酵剂适量,亚硝酸钠 8 g。

(2)工艺要点。肉通过 3.2 mm 筛板绞细并与腌制剂、调味料、发酵剂一起搅拌,腌制 24～

48 h后搅拌均匀,再充填到中等直径的牛肠衣或长约103 cm的猪大肠衣内。然后吊挂在腌制冷却间内48 h,再移出,升温使香肠表面干燥,熏制一夜以上。

2. 意大利式萨拉米香肠

(1)配料。牛去骨肩肉20 kg,冻猪肩修整瘦肉48 kg,冷冻猪背肋修整碎肉20 kg,肩部脂肪12 kg,食盐3.4 kg,整粒胡椒31 g,硝酸钠16 g,亚硝酸钠8 g,鲜蒜63 g,乳杆菌发酵剂。另外,408 kg香肠原料需添加红葡萄酒2.28 L,整粒肉豆蔻1个,丁香35 g,肉桂14 g。

(2)工艺要点。将肉豆蔻、丁香和肉桂放在袋内与酒在低沸点温度下煮10~15 min,然后冷却,把酒与腌制剂、胡椒和大蒜一起混合。牛肉通过3.2 mm孔板、猪肉通过12.7 mm孔板的绞肉机绞碎并与所有配料一起搅拌均匀。肠馅充填到猪直肠内,悬挂在贮藏间干燥36 h。待肠衣干后,把香肠的小端用绳结扎起来,每12.7 cm长系一个扣,然后吊挂在10℃的干燥室内9~10周。

3. 德式萨拉米香肠

(1)配料。牛去骨肩肉50 kg,猪修整碎肉50 kg,食盐3.4 kg,糖1.4 kg,白胡椒187 g,硝酸钠31 g,亚硝酸钠8 g,大蒜63 g,片球菌和乳杆菌发酵剂混合物。

(2)工艺要点。牛肉通过3.2 mm孔板、猪肉通过12.7 mm孔板的绞肉机绞碎并与所有配料、腌制剂、发酵剂一起搅拌均匀。腌制后将肠馅充填到直径89 mm、长约51 cm的肠衣内。充填后用细绳每隔5 cm系成环状并牵引肠衣使香肠成扇形。香肠通常进行干燥,也可稍微熏制。

(三)发酵鱼肉香肠的生产工艺

1. 配方

鲐鱼100 kg,精盐2 kg,曲酒(60°)3 kg,料酒2.5 kg,变性淀粉1 kg,蔗糖7 kg,番茄4.5 kg,大蒜0.8 kg,维生素C 0.05 kg,β-环状糊精2 kg。

2. 工艺流程

冷冻鲐鱼→解冻→洗涤→采肉→漂洗→脱水→绞肉(加调味料、β-环状糊精)→混合、腌制→擂溃(加冰屑适量和发酵剂)→充填→漂洗→发酵→烟熏→成品。

3. 操作要点

①原料鱼解冻后,经绞肉机绞肉2~3遍,鱼肉以2%氯化钠水浸泡2~4 h后用脱水机进行脱水,使鱼肉含水量在80%以内。

②脱水后的鱼肉用绞肉机或斩拌机斩拌或绞碎,加入调味料、黏结剂混合均匀,0~4℃腌制8~12 h。

③发酵菌种可选用植物乳杆菌、啤酒片球菌、微球菌、戊糖片球菌等,以植物乳杆菌发酵鲐鱼为最佳,工作发酵剂添加量以10或7~8个菌落/g为宜。

④将发酵剂与腌制好的鱼肉混合,充填于动物肠衣中,保温发酵3~6 h,发酵温度30~35℃,相对湿度90%~95%。发酵时间及湿度控制,依肠衣种类及直径大小调整。

⑤发酵鱼肉香肠的pH下降至5.3时,通过90~100℃温度,烟熏10~18 h终止发酵。

⑥烟熏后将香肠置于10~16℃,相对湿度70%~75%环境中干燥,后成熟,即为成品。

4. 质量要求

发酵鱼肉香肠,水分活度小于或等于0.73,蛋白质含量大于62%,外表光洁无霉变,呈褐红色,有特殊香味,质地坚挺不松散。

七、发酵香肠的安全性

发酵香肠一般被认为是安全性较好的低危害食品,但也存在以下几方面的潜在安全性危害。

(一)金黄色葡萄球菌

金黄色葡萄球菌是鲜肉中常见的污染菌,一般由于受到其他腐败微生物菌群的竞争压力,即使在较高的贮藏温度下也不能生长。但是该菌具有较高的耐受食盐和亚硝酸盐的能力,当香肠肉馅中这些组分的含量较高而发酵产酸又不能迅速启动时,就会形成对金黄色葡萄球菌有利的生长条件。此时,金黄色葡萄球菌会快速生长并产生肠毒素,在随后的加工过程中该菌逐渐死亡,它所产生的肠毒素却在相当长的时间内具有活性。

要想对金黄色葡萄球菌的生长和产毒进行控制,需要保证香肠的 pH 得以快速下降以迅速建立起乳酸发酵,或者通过添加酸化剂等证明是比较有效的办法。

(二)病原细菌

香肠中的条件一般情况下能够抑制病原细菌生长繁殖,但它们在香肠中可能存活很长时间。

(三)霉菌毒素

真菌毒素的产生受到低贮藏温度、低水分活度以及烟熏的抑制;相反,有些研究显示,某些曲霉菌株在发酵香肠上生长时能产生很高水平的曲霉毒素。如果能够筛选到或构建出不产真菌毒素的霉菌菌株,通过向香肠表面接种该菌株,就可以生产出不含真菌毒素的香肠,产品的安全性得到保障。

(四)亚硝胺与生物胺

亚硝胺具有致癌性,它的前体物为胺和亚硝酸盐,尤其是在酸度较高或加热的条件下,它们可以合成亚硝胺。曾有人对夏季生产的发酵香肠进行检测,结果没有检测出显著水平的亚硝胺。但是即使发酵肠中不含有亚硝胺,亚硝酸盐和胺有时在胃中也能合成,所以应尽可能降低亚硝胺前体物的含量。

因此,选用质量好的原料肉,并注意在使用的发酵剂中应不含具有氨基酸脱羧活性的菌株是避免发生生物胺危害的基本措施。

(五)病毒

一般情况下,病毒在发酵过程中或者在成熟过程中被杀死。

【项目小结】

本项目主要介绍了发酵发香肠的种类和特点,并重点介绍发酵香肠的微生物菌制剂,通过进行发酵香肠的具体的典型制作工艺,详实地说明了发酵香肠在制作过程中所应注意的问题和各个环节的质量控要点,并具体介绍了其他几种发酵香肠的制作实例。

【项目思考】

1. 简述发酵肉制品的概念和分类。
2. 简述发酵肠的加工工艺及质量控制。
3. 结合中国人的饮食特点和习惯,如何对发酵香肠进行改进?制定具体的改进方案。

4. 展开"中西式肉制品优势互补"大讨论,加深对肉制品特点的了解,并提出可行性方案。

项目十　肉类罐头加工技术

【知识目标】

1. 了解肉类罐头和罐藏容器的种类。

2. 掌握肉类罐头的加工过程和质量控制。

【技能目标】

1. 掌握封罐机的原理,学会封罐机的使用方法、操作步骤和注意事项。

2. 学会肉类罐头生产的基本过程及重点步骤的工艺要点。

【项目导入】

清蒸类肉罐头具有保持各种肉类原有风味的特点。制作时,将处理后的原料直接装罐,再在罐内加入食盐、胡椒、洋葱、月桂叶、猪皮胶或碎猪皮等配料;或先将肉和食盐拌和,再加入胡椒、洋葱、月桂叶等后装罐,经过排气、密封、杀菌后制成。成品需具有原料特有风味,色泽正常,肉块完整,无夹杂物。这类产品有原汁猪肉、清蒸猪肉、清蒸羊肉、白烧鸡、白烧鸭、去骨鸡等罐头。

任务　清蒸猪肉罐头的制作

【要点】

1. 清蒸猪肉罐头加工的工艺流程及工艺要点。

2. 杀菌温度、时间的确定。

3. 排气封罐过程的正确操作。

【工作过程】

(一)工艺流程

原料→去骨、去皮、去肥膘→整理→切块→复检→装罐→排气、密封→杀菌、冷却→吹干、入库。

(二)工艺要点

1. 原料

首先应采用经宰后检验合格的新鲜肉或冷却肉、冷冻肉。未经排酸,肥膘厚在 10 mm 以下的,外观不良、有异味肉(如配种猪、老母猪、哺乳猪、黄膘猪)及冷冻两次的、冷藏后质量不好的肉均不得使用。

2. 解冻

解冻温度为 16~18℃,相对湿度为 85%～90%,解冻时间为 20 h 左右。解冻结束时最高室温应不超过 20℃。解冻后腿肉中心温度应不超过 10℃,不允许留存有冰结晶。

3. 去骨、去皮、去肥膘

要求骨不带肉,肉上无骨,肉不带皮,皮不带肉,肉上无毛根。过厚的肥膘应去除,控制留

膘厚度在 $10\sim15$ mm。

4. 切块

将整理后的肉按部位切成长宽均为 $5\sim7$ cm 的小块,每块重 $0.11\sim0.18$ kg,腱子肉可切成 40 mm 左右的肉块,分别放置。切块时要大小均匀,减少碎肉的产生。

5. 装罐

复检后按肥瘦分开(肋条、带膘较厚的瘦肉作肥肉),以便搭配装罐。装罐前将空罐清洗消毒,定量地在罐内装入肉块、精盐、洋葱末、胡椒及月桂叶。

6. 排气、密封、杀菌

加热排气,先经预封,罐内中心温度不低于 $65℃$。密封后立即杀菌,杀菌温度 $121℃$,杀菌时间 90 min。杀菌后立即冷却到 $40℃$ 以下。

【相关提示】

生产猪肉清蒸罐头时应注意的几个问题。

1. 月桂叶不能放在罐内底部,应夹在肉层中间,否则月桂叶和底盖接触处易产生硫化铁斑。

2. 精盐和洋葱等应定量装罐,不能采用拌料装罐方法,否则会产生配料拌和不匀现象。

3. 尽量使用涂料罐,防止产生硫化污染。若使用素铁罐时,每罐肥瘦搭配要均匀,应注意将肥膘面向罐顶、罐底和罐壁。添秤肉应夹在大块肉中间。注意装罐量、顶隙度,防止物理性胀罐。

【考核要点】

1. 清蒸猪肉罐头生产的工艺流程。

2. 封罐机的正确操作和使用。

【思考】

1. 清蒸猪肉罐头生产的工艺流程。

2. 清蒸猪肉罐头生产中的注意事项。

3. 清蒸猪肉罐头生产过程中杀菌方法、温度和时间是如何选择的?

【必备知识】

一、肉类罐头基础知识

所谓罐头食品系指密封容器包装,经过适度热杀菌(达到商业无菌),在常温下可长期保存的食品。肉类罐头指的是以畜禽肉为主要原料,再用密封容器包装并经过高温杀菌等工艺加工而成的肉类食品。

我国罐藏食品的方法早在 3000 年前就应用于民间。最早的农书《齐民要术》就有这样的记载:"先将家畜肉切成块,加入盐与麦面拌匀,和讫,内瓷中密泥封头。"这虽然和现代罐头有所区别,但道理相同。

(一)肉类罐头的种类

根据罐头加工方法和加工工艺的不同,肉类罐头大致可分为以下 5 类。

1. 清蒸类罐头

原料肉经选择和处理后直接装罐,不经其他烹调,仅按品种不同加入相应的调味料和香辛料,经密封制成的肉类罐头称之为清蒸类罐头。清蒸类罐头要求原料肉质量好,新鲜度高。这类罐头的特点是成品保持原料固有的天然风味,或者天然风味损失极少。如原汁猪肉、清蒸牛肉、清蒸羊肉等罐头。

2. 调味类罐头

原料肉经选择、整理、预煮或油炸、烹调后装罐,加入调味汁,再经密封制成的肉类罐头称之为调味类罐头。调味类罐头是肉类罐头中数量最多的一种。调味类罐头具有原料和配料特有的风味和香味,块形整齐,色泽较一致,汁液量和肉量保持一定比例。这类产品按烹调方法及加入汁液的不同,又可分为红烧、五香、浓汁、豉汁、茄汁、咖喱等类别。如红烧扣肉、五香酱鸭、红烧鸡、咖喱牛肉等罐头。

3. 腌制类罐头

原料肉经选择整理后用食盐、亚硝酸盐、食糖等腌制材料腌制,再装罐进行加工而制成的肉类罐头称之为腌制类罐头。这类罐头的特点是成品颜色鲜艳、保水性好、嫩度高。如午餐肉、火腿、咸羊肉等罐头。

4. 烟熏类罐头

原料肉选择整理后,经腌制、烟熏制成的罐头称之为烟熏类罐头。这类罐头的特点是有明显的烟熏味。如西式火腿、烟熏肋条等罐头。

5. 香肠类罐头

原料肉经腌制后加入香辛料和调味料,再经斩拌、灌肠、烟熏、预煮、装罐等工艺而制成的罐头称之为香肠类罐头。如猪肉香肠罐头。

(二)罐头容器的种类

1. 金属罐

根据所使用的金属材料的不同,一般包括以下 3 种。

(1)镀锡板罐。镀锡板是镀锡薄钢板的简称,我们俗称为马口铁。现在用于制罐的镀锡板都是由电镀工艺镀以纯锡层的镀锡板,纯锡与食品接触没有毒性。这种罐的优点是容器质量轻,具有一定的机械强度,可制成大小不一、形状各异的罐藏容器,适合于连续化、自动化的工业生产;缺点是容易腐蚀和生锈,不能重复使用,由于表面锡层外面还需加涂料,生产成本高。

(2)镀铬板罐。镀铬板是镀铬薄钢板的简称,表面镀有铬层和水合氧化铬层。镀铬板耐腐蚀性比镀锡板差,经涂料后,则对内容物具有较好的耐腐蚀性,其涂膜的牢度显著优于镀铬板。镀铬板机械加工性能、强度与镀锡板几乎相同。但是表面镀铬层薄,容易擦伤、生锈。

(3)铝合金罐。铝合金是铝镁、铝锰等合金经铸造、热轧、冷轧、退火等工序制成的薄板。铝合金罐的优点是卫生安全,质量轻,强度较高,导热性好,具有一定耐腐蚀性,并且外观易于美化,所需能源较低具有节能的效果;缺点是由于铝罐轻薄,在重力作用下容易发生变形,所以在加工、贮藏、运输、销售等环节中要采取一定的防范措施。目前,铝合金罐在啤酒、饮料、鱼类罐头、肉类罐头中应用广泛。

2. 玻璃罐

玻璃罐是以玻璃作为材料制成的,现在在肉类罐头生产中的用量比较少。玻璃的特点是透明、硬度大而脆、极易破碎。使用玻璃罐包装食品的优点是安全卫生、化学稳定性较好,和一般食品不发生反应,能保持食品原有风味;玻璃透明,可观性好,便于检查和消费者选择;玻璃原料多,且玻璃罐可多次重复使用,成本较低。玻璃罐的缺点是机械性能较差,抗冷、抗热性能也比较差,容易发生破碎,温度超过 60℃ 迅速破碎;导热性差,它的导热性为铁的 1/60,铜的

1/1 000,它的比热容较大,为铁皮的 1.5 倍;质量相对于金属罐大 4 倍左右,因而运输费高,携带不方便。

3. 蒸煮袋

目前,肉类罐头常用的蒸煮袋有透明蒸煮袋和铝箔蒸煮袋两种。但随着高温蒸煮材料和包装技术的不断发展,又陆续出现了很多新的高温蒸煮包装形式。

透明蒸煮袋的优点是可视性强,有利于消费者购买。缺点是透明蒸煮袋本身不具有避光性,在物流和销售过程中如果有强光长时间照射,肉类罐头很容易发生腐败变质;透明蒸煮袋对于氧气和水蒸气的阻隔性较差,所以用透明蒸煮袋包装的肉类罐头保质期短。

铝箔蒸煮袋是由铝箔和塑料薄膜组成的复合薄膜材料制作而成的。其优点是阻隔好,透气度、透湿度、透氧度等指标基本接近于零;耐高温,一般能够耐受 120℃的杀菌温度。

(三)罐头容器选择的要求

罐头食品对罐藏容器的要求很高,第一,罐藏容器必须是安全卫生,对人体无毒无害的;第二,罐藏容器具有良好的耐腐蚀性能;第三,罐藏容器具有良好的密封性能,以防止外界的微生物进入罐藏容器中,使罐内食品发生腐败变质;第四,重量轻,体积小,便于携带和运输,使用方便;第五,适合于工业自动化生产。

二、肉类罐头生产设备

封罐机是肉类罐头生产过程中的重要设备之一,封罐机又名易拉罐封罐机或者易拉罐锁口机。封罐机适用于各种类型铁质、玻璃、PET 塑料罐子、纸罐、马口铁易拉罐等罐的卷边封口。下面我们简单介绍一下封罐机。

(一)封罐机的品种

1. 按自动化程度划分

可分为手扳、半自动、自动封罐机。

2. 按封罐机头数划分

可分为单头、二头、三头、四头、六头、八头、十头、十二头、多头等封罐机。

3. 按工作特征划分

分为真空与非真空封罐机。

4. 按罐头形状划分

分为圆罐与异性罐(方形、椭圆形、梯形、马蹄形)封罐机。

5. 按罐颈罐高划分

分为大罐与普通罐封罐机。

(二)封罐机的型号编制

封罐机型号由罐头专业代号、封罐机类别代号、封罐机品种代号和编制顺序号四部分组成。其中封罐机类别代号是表示封罐机在罐头加工工艺过程中的作用和性能分类用阿拉伯数字"4"表示。

例 1. 半自动封罐机 GT4A6

"GT"专业代号:罐头;"4"类别代号:封罐机;"A"品种代号:手扳、半自动;"6"编制顺序号(有专业归口管理单位发布)。

例 2. 真空封罐机型号 GT4B2

"B"品种代号:自动。

例 3. 大罐封罐机 GT4C3

"C"品种代号:大罐。

(三)封罐机的使用

我们以一款电动封罐机为例介绍一下机构原理和操作方法。

1. 机构原理及操作方法

本机由电动机、皮带轮、主轴、上压头、立柱、升降工作台、左右滚刀、凸轮轴及凸轮、变速箱、齿轮机架等组成(图 3-5)。

电动机通过三角皮带传动,带动主轴及上压头旋转,罐体同步旋转,上压头同时起到压紧罐盖密封罐体的目的,压紧力度以手感适度即可,左右滚刀在凸轮轴上凸轮的作用下,先左后右压紧罐盖,封口工序完成。调整罐径:松开支承板上调整螺杆,压轮臂轴承对准凸轮轴上凸轮的最高点,调整左右滚刀压紧罐盖的压力,微调可以用滚刀的偏心轴调节完成。调整罐高:松开升降工作台下部调整螺杆,调节高度然后锁紧螺母。

2. 使用、维护注意事项

(1)使用前将左右滚子压紧锁口垫,升降工作台要擦干净。

(2)各转动部位加注润滑油。

(3)发现异常情况应立即停机检查,排除故障。

(4)接好地线。

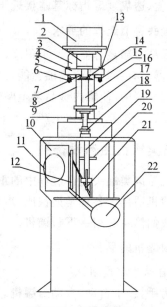

图 3-5 封罐机构造

1—皮带轮罩;2—主轴;3—上马达;4—支承板;5—压轮臂;

6—滚刀;7—小凸轮;8—立柱;9—升降调整螺杆;

10—变速箱;11—大皮带轮;12—大齿轮;

13—调整杆;14—上压头;15—调整垫;

16—凸轮轴;17—升降工作台;

18—调节螺母;19—升降杆;

20—伞齿轮;21—大凸轮;

22—下马达

三、肉类罐头加工与质量控制

肉类罐头按不同的分类方法可分成不同的种类,不同种类的肉类罐头其生产工艺过程也不尽相同,但基本原理和质量控制方法相似。

(一)原料肉的选择与预处理

生产肉类罐头过程中原料肉的选择至关重要,这是肉类罐头成品质量好坏的重要决定因素,根据罐头品种的不同选择相应的肉类,具体选择要求按本书中模块二中项目一的介绍进行。肉类罐头根据品种不同,有的还需要进行预煮、油炸、烹调、腌制、烟熏等工艺操作,具体的操作方法和要求参考本书模块三完成。

(二)装罐

1. 空罐的清洗消毒

装罐前必须对空罐进行清洗和消毒,基本方式都是先用热水冲洗空罐,然后用进行不同方式的消毒处理。清洗消毒的具体方法按罐藏容器的种类不同而定。

(1)金属罐的清洗。金属罐的清洗有人工清洗和机械清洗两种。人工清洗是将空罐放在沸水中浸泡 0.5~1 min,必要时可用毛刷刷去污物、残留的焊接药水等,取出后倒置盘中,沥干水分后消毒,人工洗罐劳动强度大,效率低。

机械洗罐则多采用洗罐机喷射热水或蒸汽进行洗罐和消毒,洗罐机的种类很多,效率高的有旋转式洗罐机及直线型喷洗机等。

(2)玻璃罐清洗。玻璃瓶的清洗有人工清洗和机械清洗两种。人工清洗的过程一般是先用温热水浸泡玻璃瓶,然后逐个用毛刷刷洗空瓶的内外壁,再放入稀释的漂白粉溶液中浸泡,取出后再用清水冲净两次以上,沥水后即可使用;对于回收的旧瓶子,由于瓶内壁常黏附着食品的碎屑、污染油脂等污物,瓶外壁常黏附着商标残片等,故需先用温度为 40~50℃,含量为 2%~3% 的 NaOH 溶液浸泡 5~10 min,以便使附着物润湿而易于洗净。

机械清洗则多用洗瓶机清洗。常用的有喷洗式洗瓶机、浸喷组合式洗瓶机等。喷洗式洗瓶机仅适用于新瓶的清洗。洗瓶时,瓶子先以具有一定压力的高压热水进行喷射冲洗,而后再以蒸汽消毒。浸洗和喷洗组合洗瓶机对于新瓶、旧瓶的清洗都适用。洗瓶时,瓶子先浸入碱液槽浸泡,然后送入喷淋区经两次高压热水冲洗,最后用低压、低温水冲洗即完成清洗。

2. 装罐

(1)装罐方法。装罐有人工装罐和机械装罐两种方法。对于经不起机械摩擦,需要合理搭配和排列整齐的块状、片状食品等目前仍用人工装罐,一般鱼、肉、禽块等采用人工装罐法。人工装罐需要有一个长方形的工作台,用耐腐蚀不锈钢地板铺面,将消毒容器放在台面上,也可配置输送带输送物料、空罐和实罐。其主要过程有装料、称量、压紧、加汤汁和调味料等。人工装罐的优点是简单,有广泛适应性,并能选料装罐。缺点是装量偏差较大,劳动生产率低,清洁卫生条件较差,而且生产过程的连续性较差。

对于颗粒体、半固体和液体食品常采用机械装罐。机械装罐适用于多种罐形,装罐操作简单、速度快、装量均匀、效率高、易清洗,能保证食品的卫生。

(2)装罐的要求。对预处理后的原料、半成品和辅料,应迅速装罐,不应堆积过多,保留时间过长易受微生物污染,出现腐败变质现象而不宜装罐,造成损失或影响成品质量及其保存时间;肉类罐头,因不同部位质量有差异,所以装罐时应注意合理搭配;装罐时必须留有适当的顶隙,顶隙是指罐内食品表层或液面和罐盖间的空隙,通常应相距 4~8 mm,顶隙大小将直接影响食品的装罐量、卷边密封性、铁罐变形或假膨胀(非腐败性膨胀)、铁皮腐蚀等情况,甚至引起食品变色、变质等;罐头食品的净重和固形物含量必须达到要求,装罐重量允许的公差范围为 ±3%,但每批罐头其净重平均值不应低于净重,固形物含量一般为 45%~65%,最常见的为 55%~60%,有的高达 90%;装罐时要注意保持罐口清洁。

(三)封罐

1. 预封

预封就是用封口机将罐盖与罐身初步钩连上,其松紧程度以能使罐盖沿罐身旋转而又不会脱落为度,使罐头在加热排气或真空排气过程中,罐内的气体能自由逸出,而罐盖不会脱落。对于加热排气的罐头而言,预封还可以防止罐内食品因受热膨胀而落到罐外,防止排气箱盖上的冷凝水落入罐内而污染食品,避免表面食品直接受高温蒸汽的损伤,可以避免外界冷空气的侵入,保持罐内顶隙温度,提高罐头的真空度。预封还可以防止因罐身和罐盖吻合不良而造成次品,有助于保证卷边的质量。玻璃罐不需要进行预封。

2. 排气

排气指的是食品装罐后密封前将罐内顶隙间的、装罐时带入的和原料组织细胞内的空气尽可能从罐内排除的过程,从而使密封后罐头形成一定真空度。

(1)排气的目的。排气的目的是阻止需氧菌和霉菌的生长发育;防止容器变形和破损;避免或减少营养物质被破坏及食品色香味的变化;控制或减轻罐藏中罐内壁的腐蚀;有利于罐头制品的质量检查。

(2)排气方法。目前,罐头食品厂常用的排气法有热力排气法、真空密封排气法和蒸汽喷射排气法三种。

①热力排气法。该方法是将装好食品的罐头(未密封)通过蒸气或热水进行加热,或预先将食品加热后趁热装罐,利用罐内食品的膨胀和食品受热时产生的水蒸气,以及罐内存在的空气本身的受热膨胀,而排除空气,排出后立即封罐。常用的热力排气法有两种,即热装罐法和排气箱加热法。热装罐法是将食品先加热至一定温度后,立即趁热装罐并密封的方法;或者先将食品装入罐内,另将配好的汤汁加热到预定的温度,趁热加入罐内,并立即封罐。排气箱加热法是在装罐后,将经过预封或不预封的罐头送入排气箱内,用蒸气或热水加热排气箱,使罐头中心温度达到70～90℃,使食品内部的空气充分外逸,排气温度应以罐头中心温度为依据。各种罐头的排气温度与时间各不相同,排气温度低、时间短达不到良好的真空度,而温度过高又有可能出现脂肪融化和外析的现象,所以应根据罐头食品的种类和罐型综合考虑。

②真空密封排气法。该方法是在封罐过程中,利用真空泵将密封室内的空气抽出,形成一定的真空度,当罐头进入封罐机的密封室时,罐内部分空气在真空条件下立即外逸,并立即卷边密封。这种方法可使罐内真空度达到33.3～40 kPa以上。这种排气法主要是依靠真空封罐机来完成。封罐机密封室的真空度,可根据各类罐头的工艺要求、罐内食品的温度等进行调整。

③蒸汽喷射排气法。该方法就是在封罐时向罐头顶隙喷射蒸汽,将空气驱走而后立即封罐,依靠顶隙内蒸汽的冷凝而获得罐头的真空度。这种方法主要由蒸汽喷射装置来喷射蒸汽,喷射蒸汽一直延续到卷封完毕。蒸汽喷射排气法一般只限于氧溶解量和吸收量极低的一些罐头食品。

3. 密封

罐头食品能够长期保存的关键就是罐头经杀菌后的密封,罐藏容器的密封使食品与外界完全隔绝,不会再受到外界空气及微生物的污染,这样就使罐藏内的食品能够长期保存,而不发生腐败变质的现场。罐头的密封是采用封罐机将罐身和罐盖的边缘紧密卷合,这就是密封式封罐。由于罐藏容器的种类不同,罐头密封的方法也各不相同,罐藏容器的密封性则依赖于封罐机本身的性能和操作人员的技术水平。

(四)杀菌

杀菌的目的是杀死食品中所污染的致病菌、腐败菌、产毒菌,并破坏食品中酶的活性。罐头杀菌不是"灭菌",它并不要求达到"无菌"水平,罐内允许残留有微生物或芽孢,只要在一定保存期内,不引起食品的腐败变质就可以。罐头食品的杀菌方法很多,根据罐头食品原料品种的不同及所采用的包装容器的不同,其杀菌方法也不同,目前常用的有常压杀菌、高压蒸汽杀菌、加压水杀菌三种方法。

1. 常压杀菌法

常压杀菌法也称之为常压沸水杀菌法,该法是将罐头放在常压热水或沸水中进行杀菌,杀菌的温度不超过100℃,一般采用立式开口杀菌锅,杀菌操作比较简单。大多数水果和部分蔬菜罐头采用这种杀菌方式。常压杀菌又分为间歇式和连续式常压杀菌两种方法。间歇式常压杀菌可将罐头先预热到50℃后,再将待杀菌的罐头放入杀菌锅内沸水(热水)中,以免锅内水温的急速下降和玻璃罐的破裂。待锅内热水再次升至预定的杀菌温度时,才开始计算杀菌时间,并保持杀菌温度至杀菌结束。罐头应全部浸没在水中,最上层的罐头应在水面以下10～15 cm。水的杀菌温度以温度计的读数为准。采用常压连续杀菌时,一般以水为加热介质。罐头从预热、杀菌至冷却全过程均在杀菌机内完成,杀菌时间可由调节输送带的速度来控制,这种方法自动化程度较高,杀菌结束后由输送带送入冷却水区进行冷却。

2. 高压蒸汽杀菌

高压蒸汽杀菌适合于低酸性食品,如大多数蔬菜、肉类及水产类罐头食品,都需采用100℃以上的高温杀菌,一般使用高压蒸汽来达到高温。由于设备类型不同,杀菌操作方法也不同,常用的高压蒸汽杀菌方法是将装完罐头的杀菌篮放入杀菌锅,关闭杀菌锅的门或盖,并检查其密封性;关闭进、排水阀,开足排气阀和泄气阀,检查所有的仪表、调节器和控制装置;然后开大蒸汽阀使高压蒸汽迅速进入锅内,充分地排除锅内的全部空气,同时使锅内升温;在充分排气后,需将排水阀打开,以排除锅内的冷凝水;排尽冷凝水后,关闭排水阀,随后再关闭排气阀,泄气阀仍开着,以调节锅内压力;待锅内压力达到规定值时,必须认真检查温度计读数是否与压力读数相对应;当锅内蒸汽压力与温度相对应,并达到规定的杀菌温度和压力时,开始计算杀菌时间,并通过调节进气阀和泄气阀,来保持锅内恒定的温度,直至杀菌结束。恒温杀菌延续到预定的杀菌时间后,关掉进气阀,并缓慢打开排气阀,排尽锅内蒸汽,使锅内压力降至大气压力。若在锅内常压冷却,即按锅内常压冷却法进行操作,或将罐取出放在水池内冷却。

3. 加压水杀菌

加压水杀菌也称之为高压水杀菌。凡肉类、鱼类的大直径扁罐、玻璃罐以及蒸煮袋都可采用这种方法,此法的特点是能平衡罐内外压力,对于玻璃罐及蒸煮袋而言,可以保持罐盖及封口的稳定,同时能够提高水的沸点,促进传热。高压由通入的压缩空气来维持,不同压力,水的沸点就不同。必须注意,高压水杀菌时,压力必须大于该杀菌温度下相应的饱和蒸汽压力,一般为21～27 kPa,否则可能产生玻璃罐的跳盖及蒸煮袋封口爆裂现象。高压水杀菌时,其杀菌温度应以温度计读数为准。

高压水杀菌是将装好罐头的杀菌篮放入杀菌锅,关闭锅门或盖,保持密闭性;关闭排水阀,打开进水阀,向杀菌锅内注水,使水位高出最上层罐头15 cm左右,对玻璃罐来说,为防止玻璃罐遇冷水破裂的现象,一般可先将水预热至50℃左右,再通入锅内;进水完毕后,关闭所有的排气阀和溢水阀,进压缩空气,使罐内压升至杀菌温度相应的饱和水蒸气压,为21～27 kPa,并在整个杀菌过程中维持这个压力;进蒸汽加热升温,使水温升到规定的杀菌温度,以插入水中的温度计来测量温度;当锅内水达到规定的杀菌温度时,开始恒温杀菌,按工艺规程保持规定的杀菌时间。杀菌结束后,关掉进气阀,打开压缩空气阀,然后再打开进水阀进行冷却。当冷却水灌满后,打开排水阀,并保持进水量和出水量的平衡,使锅内水温逐渐降低。当水温降至38℃左右时,即可关闭进水阀、压缩空气阀,继续排出冷却水。冷却完毕,打开锅门取出罐头。对于玻璃罐头来说,冷却水需要先预热到 40～50℃后再通入锅内,然后再通入冷却水进行冷却。

(五)冷却

罐头在加热杀菌结束后,需迅速使罐头降温至 38℃左右,罐头冷却可减少热量对罐内肉制品的继续作用,以便保持其良好的色香味,减少其组织的软化和罐内壁的腐蚀。同时可防止罐头发生凸角、瘪罐、生锈以及微生物的二次污染等。罐头的冷却是靠热交换来实现的,冷却速度与冷却介质、冷却方式有关。

1. 冷水冷却法

冷水冷却法是罐头生产中使用最普遍的方法,采用常压杀菌法杀菌的罐头,杀菌后一般采用喷淋冷却或浸水冷却两种方式,可在水池中进行冷却,也可采用其他容器进行冷却,冷却至 38℃左右为止。

2. 加压冷却法

加压水杀菌和高压蒸汽杀菌的罐头,由于杀菌过程中,内部食品受热膨胀,罐内压力显著增加,造成罐膨胀而破裂。为使内部压力安全地降下来,一般采用加压冷却,使杀菌器内的压力稍大于罐内压力。加压冷却有蒸汽加压冷却、空气加压冷却和加压水浴冷却等。加压冷却时要严格控制压力,反压要适当,太小铁罐易胀罐,玻璃罐会跳盖;太大铁罐易产生瘪罐。

罐头冷却时冷却水质量应符合卫生标准,每毫升水含菌数应低于 100。如水质严重污染,应加氯处理,严防污染水掺入罐内引起罐头变质。

(六)检查

罐头在杀菌冷却后,必须经过检查,衡量各指标是否符合标准,是否符合商品要求,并确定质量和等级。

1. 外观检查

外观检查的重点是检查双重卷边缝的状态,看其是否紧密结合。一般是将罐头放在 80℃的温水中浸泡 1～2 min,观察是否有气泡上升。罐底盖状态检查,主要是看是否向内凹入,正常罐头内有一定真空度,因此罐底盖应该是向内凹入的。

2. 保温检查

保温检查就是用保温贮藏方法给微生物创造生长繁殖的最适温度,放置一定时间,观察罐头底盖是否膨胀,以鉴别罐头质量是否可靠。一般是将肉类罐头放在(37±2)℃的恒温室中保温 7 d,罐头在保温后,敲打时声音"清脆"者完好,声音"浑浊"者为腐败品,也可从罐底部观察若罐底凸起即为细菌引起的胀罐败坏。

3. 罐头真空度的检查

罐头真空度是罐头质量的物理性指标之一。正常罐头的真空度一般为 $2.71 \times 10^4 \sim 5.08 \times 10^4$ Pa,大型罐可适当低些,测定罐头真空度的方法因容器种类不同而定。马口铁罐真空度的测定采用真空表直接测定,马口铁盖的玻璃罐也可以用这个方法测定真空度。

(七)卫生检验

肉类罐头成品的食品卫生标准应符合 GB 13100—2005 的要求,主要从感官指标、理化指标、微生物指标三方面进行检验。具体指标要求如下。

1. 感官指标

容器密封完好,无泄漏、胖听现象存在。容器内外表面无锈蚀、内壁涂料完整。内容物具有该品种肉类罐头食品应有的色泽、气味和滋味,无杂质。

2. 理化指标

理化指标的要求和测定方法如表 3-66 所示。

表 3-66　肉类罐头检验理化指标

项目	指标	检验方法
无机砷/(mg/kg)	≤0.05	按 GB/T 5009.11 规定的方法测定
铅/(mg/kg)	≤0.5	按 GB/T 5009.12 规定的方法测定
锡/(mg/kg)	≤250	按 GB/T 5009.16 规定的方法测定
镀锡罐头		
总汞/(以 Hg 计)/(mg/kg)	≤0.05	按 GB/T 5009.17 规定的方法测定
镉/(mg/kg)	≤0.1	按 GB/T 5009.15 规定的方法测定
锌/(mg/kg)	≤100	按 GB/T 5009.14 规定的方法测定
亚硝酸盐(以 $NaNO_2$ 计)/(mg/kg)	≤70	按 GB/T 5009.33 规定的方法测定
西式火腿罐头	≤50	
其他腌制类罐头		
苯并芘/(μg/kg)	5	按 GB/T 5009.27 规定的方法测定

注:苯并芘是适用于烧烤和烟熏类肉罐头。

3. 微生物指标

符合罐头商业无菌要求。微生物指标的检验按 GB/T 4789.26 规定的方法测定。

(八)包装与贮藏

1. 肉类罐头的包装

此类包装主要是贴商标与装箱。所贴商标要完整并符合国家对于食品商标的要求。包装罐头用的箱子有木箱和纸箱两种,除特殊要求外一般都采用纸箱。装箱时按品种和生产日期分别装。罐头之间、层与层之间垫隔草纸板或瓦楞纸板。玻璃罐应用瓦楞纸围身垫隔。

2. 罐头的贮藏

罐头在销售前需要专门仓库贮藏,仓库应干燥、通风良好,仓库内必须有足够的灯光,以便检查。库温以 20℃左右为宜,勿使受热受冻,并避免温度骤然升降。库内保持良好通风,相对湿度一般不超过 80%。运输罐头的工具必须清洁干燥,长途运输的车船必须遮盖。一般不得在雨天进行搬运。搬运时必须轻拿轻放,防止碰伤罐头。

四、常见肉类罐头加工

(一)原汁猪肉罐头

1. 工艺流程

原料肉的处理→切块→制猪皮粒→拌料→装罐→排气和密封→杀菌和冷却→成品。

2. 工艺要求

(1)原料肉的处理。除去毛污、皮,剔去骨,控制肥膘厚度在 1~1.5 cm,保持肋条肉和腿部肉块的完整,除去颈部刀口肉、奶脯肉及粗筋腱等组织。将前腿肉、肋条肉、后腿肉分开放置。

(2)切块。将处理后的猪肉切成 3.5～5 cm 小方块,大小要均匀,每块重 50～70 g。切块后的肉逐块进行检查,除去一些杂物,并注意保持肉块的完整。

(3)制猪皮粒。取新鲜的猪背部皮,清洗干净后,用刀刮去皮下脂肪及皮面污垢,然后切成 5～7 cm 宽的长条,放在 -5～-2℃ 条件下冻结 2 h,取出后用绞肉机绞碎,绞板孔 2～3 mm,绞碎后置冷库中备用。这种猪皮粒装罐后可完全溶化。

(4)拌料。原料与辅料的比例:猪肉 100 kg,食盐 0.85 kg,白胡椒粉 0.05 kg,猪皮粒 4～5 kg。对不同部位的肉分别与辅料拌匀,以便装罐搭配。

(5)装罐。内径 99 mm,外高 62 mm 的铁罐,装肥瘦搭配均匀的猪肉 5～7 块,约 360 g,猪皮粒 37 g。罐内肥肉和溶化油含量不要超过净重 30%,装好的罐均需过称,以保证符合规格标准和产品质量的一致。

(6)排气和密封。采用热力排气法进行罐头的排气,中心温度不低于 65℃。密封采用真空密封法,真空度约为 70.65 kPa 左右。

(7)杀菌和冷却。密封后的罐头应尽快杀菌,停放时间一般不超过 40 min。原汁猪肉采用高压杀菌法,杀菌温度为 121℃,杀菌时间 90 min 左右。杀菌后立即冷却至 40℃ 左右。

3. 成品质量标准

(1)感官指标:见表 3-67。

表 3-67　原汁猪肉罐头的感官指标

项目	优级品	一级品	合格品
色泽	肉色正常,在加热状态下,汤汁呈淡黄色至淡褐色,允许稍有沉淀	肉色较正常,在加热状态下,汤汁呈淡黄色至淡褐色,允许有少量沉淀	肉色尚正常,在加热状态下,汤汁呈淡黄色至褐色,允许沉淀
滋味气味		具有原汁猪肉罐头应有的滋味和气味,无异味	
组织形态	肉质软硬适度,每罐装 5～7 块,块形大小大致均匀,允许添称小块不超过 2 块	肉质软硬较适度,每罐装 4～7 块,块形大小较均匀,允许添称小块不超过 2 块	肉质软硬尚适度,块形大小尚均匀,允许有添称小块

(2)理化指标:净重应符合表 3-68 中有关净重的要求,每批产品平均净重应不低于标明重量;固形物应符含表 3-65 中有关固形物含量的要求,每批产品平均固形物重应不低于规定重量,优级品和一级品肥膘肉加溶化油的量平均不超过净重的 30%,合格品不超过 35%。氯化钠含量为 0.65%～1.2%。卫生标准应符合 GB 13100—2005 的要求。

表 3-68　净重和固形物的要求

罐号	净重		固形物		
	标明重量/g	允许公差/%	含量/%	规定重量/g	允许公差/%
962	397	±3.0	65	258	±9.0

(3)微生物指标。应符合罐头食品商业无菌要求。

(二)红烧扣肉

1. 工艺流程

原料处理→预煮→上色油炸→切片→复炸→装罐→加调味液→排气密封→杀菌冷却→清洗、烘干→保温检验→成品。

2. 操作要点

(1)选料。原料最好选用猪的肋条及带皮猪肉。若使用前腿肉时,瘦肉过厚者应适当割除,留瘦肉厚约 2 cm 左右。肋条肉靠近脊背部肥膘厚度要 2～3 cm,靠近腹部的五花肉总厚度要在 2.5 cm 以上,防止过肥影响质量,过薄影响块形。

(2)预煮。将整理后的猪肉放在沸水中预煮。预煮时每 100 kg 肉加葱及姜末各 200 g(葱、姜用纱布包好);预煮时,加水量与肉量之比为 2:1,肉块必须全部浸没水中。预煮时间为 40 min 左右,煮至肉皮发软,有黏性时取出。预煮是形成红烧扣肉表皮皱纹的重要工序,必须严格控制。

(3)上色。将肉皮表面水分擦干,然后涂一层着色液,稍停几秒,再抹一次,以使着色均匀。着色时,肉温应保持在 70℃以上。上色操作时注意不要将着色液涂到瘦肉上,以免炸焦。

着色液配比:黄酒 6 kg,饴糖 4 kg,酱色 1 kg。

(4)油炸。当油温加热至 190～210℃左右时,将涂色肉块投入油锅中炸制,时间约 1 min左右,炸至肉皮呈棕红色并趋皱发脆,瘦肉转黄色,即可捞出。稍滤油后即投入冷水冷却1 min 左右,捞出切片。

(5)切片。397 g 装扣肉切成长约 8～10 cm,宽约 1.2～1.5 cm 的肉片;227 g 装扣肉切成长 6～8 cm,宽约 1.2～1.5 cm 的肉片。切片时要求厚薄均匀,片形整齐,皮肉不分离,并修去焦糊边缘。

(6)复炸。切好的肉片,再投入 190～210℃的油锅中,炸约 30 s,炸好再浸一下冷水,以免肉片黏结。

(7)配调味液。①熬骨头汤:每锅水 300 kg 放肉骨头 150 kg、猪皮 30 kg 进行小火焖煮,时间不少于 4 h,取出过滤备用。骨头汤要求澄清不混浊。②配调味液配方(kg):骨头汤 100,酱油 20.6,生姜 0.45,黄酒 4.5,葱 0.4,精盐 2.1,砂糖 6,味精 0.15。除黄酒和味精外,将上述配料在夹层锅中煮沸 5 min,出锅前加入黄酒和味精,以 6～8 层纱布过滤备用。

(8)装罐。装罐时,肉片大小、色泽大致均匀,肉片皮面向上,排列整齐,添称肉放在底部。装罐量见表 3-69。

表 3-69　红烧扣肉罐头的装罐量　　　　　　　　　　　　　　　　　　　　g

罐号	净重	肉重	汤汁
962	397	280～285	112～117
854	227	160～165	62～67

(9)排气及密封。加热排气,中心温度 65℃以上;真空密封,真空度 5.3×10⁴ Pa 左右。

(10)杀菌及冷却。采用 QB 221—76 规定之 854、962 罐型。净重 397 g 杀菌:10′～65′反压冷却/121℃,反压冷却压强 120 kPa,杀菌后立即冷却到 40℃以下。

3. 成品质量标准

(1)感官指标:见表 3-70。

表 3-70　红烧扣肉罐头的感官指标

项目	优级品	一级品	合格品
色泽	肉色呈酱红色,有光泽,汤汁略有混浊	肉色呈酱红色至酱棕色,略有光泽,汤汁略有混浊	肉色呈淡黄色至深棕色,汤汁较混浊
滋味气味		具有红烧扣肉应有的滋味和气味,无异味	
组织形态	组织柔软,瘦肉软硬适度;227 g装每罐装完整的扣肉 6～8 块,397 g装每罐装完整的扣肉 7～9 块,表皮皱纹明显,块形大小均匀,排列整齐,允许底部添称小块不超过两块	组织较柔软,瘦肉软硬适度;227 g装每罐装完整的扣肉 5～10 块,397 g装每罐装完整的扣肉 6～10 块,表皮皱纹较明显,块形大小大致均匀,排列尚整齐,允许底部添称小块不超过 3 块	组织尚柔软,表皮皱纹尚明显,块形大致均匀,允许有小肉块存在,但不超过固形物重的 20%

(2)理化指标。净重和固形物要求符合表 3-71,重金属含量符合表 3-72,氯化钠含量为 1.2%～2.2%。

表 3-71　净重和固形物的要求

罐 号	净重		固形物		
	标明重量/g	允许公差/%	含量/%	规定重量/g	允许公差/%
854	227	±4.5	70	159	±11.0
962	397	±3.0	70	278	±11.0

表 3-72　重金属含量　　　　　　　　　　　　　　　　mg/kg

项目	锡(Sn)	铜(Cu)	铅(Pb)	砷(As)	汞(Hg)
指标	≤200.0	≤5.0	≤1.0	≤0.5	≤0.1

(3)微生物指标。无致病菌及微生物作用引起的腐败现象。

(三)午餐肉罐头

1. 工艺流程

原料处理→腌制→绞肉斩拌→搅拌→装罐→排气及密封→杀菌及冷却→成品。

2. 操作要点

(1)原料处理。选用去皮剔骨猪肉,去净前后腿肥膘,只留瘦肉,肋条肉去除部分肥膘,膘厚不超过 2 cm,成为肥瘦肉,经处理后净瘦肉含肥膘为 8%～10%,肥瘦肉含膘不超过 60%,在夏季生产午餐肉,整个处理过程要求室内温度在 25℃以下,如肉温超过 15℃需先行降温。

(2)腌制。净瘦肉和肥瘦肉应分开腌制,各切成 3～5 cm 小块,每 100 kg 肉加入混合盐(食盐 98%,砂糖 1.5%,亚硝酸 0.5%)2.25 kg,在 0～4℃温度下,腌制 48～72 h,腌制后要求肉块鲜红,气味正常,肉质有柔滑和坚实的感觉。

(3)配料。净瘦肉 26.5 kg,肥瘦肉 16.5 kg,冰屑 4 kg,淀粉 3 kg,白胡椒粉 0.072 kg,玉

果粉 0.024 kg。

(4)绞肉斩拌。净瘦肉使用双刀双绞板进行细绞(里面一块绞板孔径为 9～12 mm,外面一块绞板孔径为 3 mm),肥瘦肉使用孔径 7～9 mm 绞板的绞肉机进行粗绞。将全部绞碎肉倒入斩拌机中,并加入冰屑、淀粉、白胡椒粉及玉果粉进行斩拌 3 min,取出肉糜。

(5)搅拌。将上述斩拌肉一起倒入搅拌机中,先搅拌 20 s 左右,加盖抽真空,在真空度 66.65～80.00 kPa 情况下搅拌 1 min 左右。若使用真空斩拌机则效果更好,不需真空搅拌处理。

(6)装罐。内径 99 mm,外高 62 mm 的圆罐,装 397 g,不留顶隙。

(7)排气及密封。抽气密封,真空度约 40.00 kPa。

(8)杀菌及冷却。15～80 min 反压冷却/118℃,反压 147 kPa。

3. 质量标准

(1)感官指标:感官应符合表 3-73 要求。

(2)理化指标。净含量应符合表 3-74 要求,每批成品的平均净含量不低于标明的净含量。理化指标要求应符合表 3-75。

表 3-73　感官要求

项目	品级		
	优级品	一级品	合格品
色泽	表面色泽正常,切面呈淡粉红色	表面色泽正常,无明显变色,切面呈淡粉红色,稍有光泽	表面色泽正常,允许便面带淡黄色,切面呈淡粉红色
滋味气味	具有午餐肉罐头浓郁的滋味和气味	具有午餐肉罐头较好的滋味和气味	具有午餐肉罐头应有的滋味和气味
组织	组织紧密、细嫩,切面光洁、夹花均匀,无明显的大块肥肉、夹花或大蹄筋,富有弹性,允许极少量小气孔存在	组织较紧密细嫩,切面较光洁、夹花均匀,稍有大块肥肉、夹花或大蹄筋,有弹性,允许少量小气孔存在	组织尚紧密,切片完整,夹花尚均匀,略有弹性,允许小气孔存在
形态	表面平整,无收腰,缺角不超过周长的 10%,接缝处略有黏罐	表面较平整,稍有收腰,缺角不超过周长的 30%,粘罐面积不超过罐内壁总面积的 10%	表面尚平整,略有收腰,缺角不超过周长的 60%,粘罐面积不超过罐内壁总面积的 20%
析出物	脂肪和胶冻析出量不超过净含量的 0.5%,净含量为 198 g 的析出量不超过 1%,无析水现象	脂肪和胶冻析出量不超过净含量的 1.0%,净含量为 198 g 的析出量不超过 1.5%,无析水现象	脂肪和胶冻析出量不超过净含量的 2.5%,无析水现象

(3)微生物指标。应符合罐头商业无菌的要求。

(四)红烧鸡罐头

1. 工艺流程

原料处理→配料及调料→切块→装罐→排气及密封→杀菌及冷却→擦罐→保温检查→装

箱成品。

表 3-74　净含量要求

罐号	净含量	
	标明净含量/g	允许偏差/%
306 或 755	198	±4.5
304	340	±3
962	397	±3
10 189	1 588	±1.5

表 3-75　理化指标

项目	优级品	一级品	合格品
淀粉含量/%	≤6	≤7	≤8
脂肪含量/%	≤25	≤27	≤30
亚硝酸钠/(mg/kg)		≤50	
氯化钠含量/%		1.0～2.5	
锡/(mg/kg)		≤200	
铜/(mg/kg)		≤5.0	
铅/(mg/kg)		≤1.0	
砷/(mg/kg)		≤0.5	
汞/(mg/kg)		≤0.1	

2. 加工工艺

(1)原料处理。将符合卫生标准的鸡经宰杀后得到光鸡,剥除光鸡腹腔油,取下皮及皮下脂肪,斩去头、脚和翅尖,用水清洗干净、热烫,热烫时要水开后煮 20 min。腹腔油及其他油熬成溶化油备用。

(2)原料辅料。光鸡 100 kg,食盐 850 g,酱油 7 kg,黄酒 2 kg,白糖 2.1 kg,味精 120 g,胡椒粉 40 g,生姜 400 g,葱 400 g,香料水 2 kg,清水 15～20 kg。

(3)配料及调味。先配香料水,配制方法为桂皮 1.2 kg,八角 0.2 kg,加水适量熬煮 2 h 以上,过滤制成 20 kg 香料水。把鸡坯放入夹层锅中,加入辅料及香料水,一起焖煮调味,嫩鸡煮 12～18 min,老鸡煮 30～40 min,调味所得汤汁供装罐用。

(4)切块。经调味的鸡切成 5 cm 左右的方块,颈切成 4 cm 长的段,翅膀、腿肉和颈分别放置,以备搭配装罐。

(5)装罐。内径 83.5 mm,外高 54 mm 的圆罐,净重 227 g/罐,内装鸡肉 160 g,汤汁 57 g,鸡油 10 g。内径 74 mm,外高 103 mm 的圆罐,净重 397 g/罐,内装鸡肉 270 g,汤汁 112 g,鸡油 15 g。装罐时鸡各部位的肉应进行搭配。

(6)排气及密封。使用排气密封罐内中心温度不低于 65℃;使用抽气密封抽气的真空度为 53.33～66.65 kPa。

(7)杀菌及冷却。杀菌装篮时,罐盖要朝下,并在 120℃ 下杀菌 90 min,升温用 15 min,要采用反压冷却。

(8)擦罐。冷却好的罐头要擦掉瓶外水汽。

(9)保温检查。擦罐后送保温库贮存保温。库温在 20℃ 下保温 7 d(如 25℃ 可用 5 d),再进行敲音检查,底盖声音坚实者为好,浊哑、有叮咚小鼓声为次品;漏气、封口不严、鼓盖、破嘴、裂瓶等均为废品,要挑出。

3. 质量标准

(1)感官指标。应符合表 3-76 的要求。

表 3-76　红烧鸡罐头的感官指标

项目	品质		
	优级品	一级品	合格品
色泽	肉呈酱红色;汤汁呈酱棕色	肉呈酱黄色至深酱红色;汤汁呈淡酱棕色至深酱棕色	肉呈酱黄色至酱棕色;汤汁呈淡酱棕色至深酱褐色
滋味气味		具有红烧鸡罐头应有的滋味和气味,无异味	
组织形态	组织软硬适度,块形约 50 mm,搭配、大小大致均匀,允许稍有脱骨现象;每罐允许搭配颈(不超过 40 mm)、肫、翅(翅尖必须斩去)各 1 块,227 g 允许搭配其中 2 块	组织软硬适度,块形约 50 mm,搭配、大小较均匀,允许稍有脱骨现象;每罐允许搭配颈(不超过 40 mm)、肫、翅(翅尖必须斩去)各 1 块,227 g 允许搭配其中 2 块	组织软硬适度,块形在 30 mm,搭配、大小尚均匀,允许稍有脱骨现象;每罐允许搭配颈(不超过 50 mm)、肫、翅(翅尖必须斩去)共 4 块

(2)理化指标。净重和固形物要求符合表 3-77,重金属含量符合表 3-78,氯化钠含量为 1.2%~2.2%。

表 3-77　净重和固形物的要求

罐号	净重			固形物	
	标明重量/g	允许公差/%	含量/%	规定重量/g	允许公差/%
854	227	±4.5	65	148	±11.0
7 103	397	±3.0	65	258	±11.0
500 mL 罐头瓶	510	±5.0	60	306	±9

表 3-78　重金属含量　　　　　　　　　　　　mg/kg

项目	锡(Sn)	铜(Cu)	铅(Pb)	砷(As)	汞(Hg)
指标	≤200.0	≤5.0	≤1.0	≤0.5	≤0.1

(3)微生物指标。应符合罐头食品商业无菌的要求。

(五)咖喱牛肉罐头

1. 工艺流程

原料处理→切块→预煮→切片→装罐→配咖喱汁→排气密封→杀菌冷却→清洗、烘干→保温检验→成品。

2. 操作要点

(1)原料。咖喱牛肉使用腿部肉搭配部分肋条肉,预煮前先切成 5~7 cm 的长条块,预煮后切成厚 1 cm,宽 3～4 cm 的肉片。

(2)预煮。肋条肉与腿肉应分别预煮,沸水下锅至肉中心部稍带血水为准,预煮时间10～15 min。预煮时,应不断清除血沫,使肉汤保持清洁。预煮脱水率为 25%～30%。

(3)配咖喱汁。配料(kg):植物油 11.25,油炒面 0.25,精盐 4,姜 0.225,砂糖 2.5,蒜泥0.3,咖喱粉 2.83,油炸洋葱 4,黄酒 1.15,骨汤 100(油炒面的植物油与面粉之比为 4∶7,油炸洋葱的油与葱之比为 1∶2)。将植物油加热至 100℃ 以上,加入咖喱粉炒拌 3～5 min,加入油炸洋葱、蒜泥、盐、糖、油炒面、骨汤(姜预先放入骨汤中煮),搅匀煮沸,出锅前倒入黄酒,最后得到汤汁约 125～129 kg。

(4)装罐。罐号 854,净重 227 g,装肉片 117 g,汤汁 110 g。

(5)排气密封。采用真空封口,真空度在负压 0.088 MPa 以上。

(6)杀菌冷却。15′～45′反压冷却/121℃,反压冷却压强 120 kPa。

3. 质量标准

(1)感官指标。

色泽:肉色正常,具有咖喱牛肉的特色。

滋味及气味:具有本品应有的滋味及气味,无异味。

组织形态:肉块大小均匀,软硬适度。

(2)理化指标。

净重:227 g,每罐允许公差±3%,每批平均不低于净重。

固形物:不少于 60%。

氯化钠:为净重的 1%～2%。

重金属含量(mg):每千克制品中锡≤200;铜≤5;铅≤1。

(3)微生物指标。无致病菌及微生物作用引起的腐败象征。

【项目小结】

肉类罐头制品在我们日常生活中随处可见,由于其具有携带方便、保质期长、安全卫生的特点受到人们的喜爱。根据罐头加工方法和加工工艺的不同,肉类罐头大致可分为清蒸类罐头、调味类罐头、腌制类罐头、烟熏类罐头、香肠类罐头五种。封罐机是肉类罐头生产过程中的重要设备之一,封罐机又名易拉罐封罐机或者易拉罐锁口机。封罐机适用于各种原型铁质、玻璃、PET 塑料罐子,纸罐,马口铁易拉罐等罐的卷边封口。如何正确的操作使用封罐机是我们完成本项目后要掌握的一项重要的技能操作。

肉类罐头按不同的分类方法可分成不同的种类,不同种类的肉类罐头其生产工艺过程也不尽相同,但基本原理和质量控制方法相似。在工艺控制过程中我们要着重注意的是排气密封、杀菌冷却、保温检验等工艺步骤。我们以五种典型的罐头制品为例介绍了肉类罐头制品的加工工艺流程、工艺控制过程及成品的质量标准,可根据教学的实际需要完成部分内容的实训操作。

模块四 肉制品出厂前准备

【知识目标】

1. 要求掌握肉制品的样品采集与制备基础知识。

2. 掌握肉制品理化、微生物检验项目及检验的原理。

3. 掌握肉制品常用的包装材料和技术。

【技能目标】

1. 能够熟练对肉及肉制品进行样品采集和制备。

2. 能够对肉制品进行理化和卫生检验及品质的评定。

3. 能够识别和正确使用肉制品加工中常用的包装材料。

项目一 肉制品检验

【项目导入】

肉制品检验的主要任务是根据肉制品质量标准及生产管理规范的有关规定,运用物理、化学、生物化学等学科的基本理论和检测分析技术,对肉制品生产中物料的主要成分及其含量和工艺过程进行监测和检验,对产品的品质、营养、卫生与安全等方面作出评价,以保证产品质量,为新产品的开发、新工艺的应用提供可靠的依据。

任务1 肉与肉制品取样方法

【要点】

1. 掌握肉与肉制品的取样原则。

2. 能够熟练进行鲜肉和成品肉的取样。

【相关器材】

无菌取样的工具、细菌拭子、发网、灭菌手套、茶匙、角匙、尖嘴钳、量筒和烧杯、食品样品。

【工作过程】

一、取样的一般原则

取样程序应使所取原始样品尽可能有代表性,也要满足分析项目的特殊要求;取样量应满足样品的代表性和分析项目的要求,也应考虑产品的数量,取样量不得少于分析取样、复验和留样备查的总量。

1. 肉

(1)鲜肉。若成堆产品,则在堆放空间的四角和中间设采样点,每点从上、中、下三层取若干小块混为一份样品;若零散产品,则随机从 3～5 片胴体上取若干小块混为一份样品。每份 500～1 500 g。

(2)冻肉。小包装冻肉同批同质随机取 3～5 包混合,总量不得少于 1 000 g。冻片肉取样方法参见鲜肉取样。

2. 肉制品

(1)大片肉。参见鲜肉采样及取样。

(2)每件 500 g 以上的产品。同批同质随机从 3～5 件上取若干小块混合,共 500～1 500 g。

(3)每件 500 g 以下的产品。同批同质随机取 3～5 件混合,总量不得少于 1 000 g。

(4)小块碎肉。从堆放平面的四角和中间取样混合,共 500～1 500 g。

3. 食用动物油脂

(1)每件 500 g 以上的包装。同批同质随机在 3～5 个包装上设采样点,每个点从上、中、下三层取样,混合,共 500～1 500 g。

(2)每件 500 g 以下的包装。

二、肉与肉制品样品的采集与制备

(一)样品的采取

1. 生肉及脏器检样

如是屠宰场后的畜肉,可于开腔后,用无菌刀采取两腿内侧肌肉各 50 g(或劈半后采取两侧背最长肌肉各 50 g);如是冷藏或销售的生肉,可用无菌刀取腿肉或其他部位的肌肉 100 g。检样采取后放入无菌容器内,立即送检;如条件不许可时,最好不超过 3 h。送检时应注意冷藏,不得加入任何防腐剂。检样送往化验室应立即检验或放置冰箱暂存。

2. 禽类(包括家禽和野禽)

鲜、冻家禽采取整只,放无菌容器内;带毛野禽可放清洁容器内,立即送检,以下处理要求同上述生肉。

3. 各类熟肉制品

包括酱卤肉、肴肉、方圆腿、熟灌肠、熏烤肉、肉松、肉脯、肉干等,一般采取 200 g,熟禽采取整只,均放无菌容器内,立即送检,以下处理要求同上述生肉。

4. 腊肠、香肚等生灌肠

采取整根、整只,小型的可采数根、数只,其总量不少于 250 g。

(二)检样的处理

1. 生肉及脏器检样的处理

先将检样进行表面消毒(在沸水内烫 3~5 s,或灼烧消毒),再用无菌剪子剪取检样深层肌肉 25 g,放入无菌乳钵内用灭菌剪子剪碎后,加灭菌海砂或玻璃砂,磨碎后加入灭菌水 225 mL,混匀后即为 1:10 稀释液。

2. 鲜、冻家禽检样的处理

先将检样进行表面消毒,用灭菌剪子或刀去皮后,剪取肌肉 25 g(一般可从胸部或腿部剪取),以下处理同生肉。带毛野禽去毛后,方法同家禽检样处理。

3. 各类熟肉制品检样的处理

直接切取或称取 25 g,以下处理同生肉。

4. 腊肠、香肠等生灌肠检样处理

先对生灌肠表面进行消毒,用灭菌剪子取内容物 25 g,以下处理同生肉。

注:以上样品的采集和送检及检样的处理均以检验肉禽及其制品内的细菌含量为标准,从而判断其质量鲜度。如需要检验肉禽及其制品受外界环境污染的程度,或检索其是否带有某种致病菌,应用棉拭采样法。

(三)棉拭采样法和检样处理

检验肉禽及其制品受污染的程度,一般可用板孔 5 cm² 的金属制规板,压在受检物上,将灭菌棉拭稍沾湿,在板孔 5 cm² 的范围内揩抹多次,然后将板孔规板移压另一点,用另一棉拭揩抹,如此共移压揩抹 10 次,总面积 50 cm²,共用 10 只棉拭。每支棉拭在揩抹去完毕后应立即剪断或烧断后投入盛有 50 mL 灭菌水的三角烧瓶或大试管中,立即送检。检验时先充分振摇吸取瓶、管中的液体,作为原液,再按要求作 10 倍递增稀释。检验致病菌,不必用规板,在可疑部位用棉拭揩抹即可。

【相关知识】

一、取样管理

1. 取样人员

(1)取样人员必须经过技术培训,熟悉肉和肉制品生产过程,具有独立工作的能力。

(2)取样人员取样时必须防止样品污染。

(3)取样人员取样时不得受他方影响。

2. 取样报告

取样人员取样时应填写取样报告,内容包括:①食品名称;②生产厂名;③生产日期;④产品数量;⑤取样地点;⑥取样方法;⑦取样数量;⑧样品编号;⑨取样日期(年、月、日);⑩取样单位盖章;⑪取样人员签名;⑫被取样单位负责人签名;⑬备注:填写取样时的异常情况、影响取样的环境、产品的运输和包装情况等。

3. 封条与标签

取样人员将样品送到实验室前必须贴上封条与标签,标签上标明以下内容:①样品名称;②取样地点;③取样日期;④样品编号;⑤样品特性。

4. 取样工器具

取样工器具应清洁、干燥,不得影响样品的气味、风味和成分组成。容器容量与取样量应相符。使用玻璃器皿要防止破损。

二、样品的运输和贮存

取样后尽快将样品送实验室,运输过程必须保证样品完好加封,不受损失,成分不变,保存温度合适。样品到实验室后尽快分析处理,易腐易变样品应置冰箱或特殊条件下贮存,保证不影响分析结果。

【作业】

设计一份取样报告的样表,并根据实训结果进行填写。

任务 2　肉制品的理化检验

理化检测主要是利用物理、化学以及仪器分析方法对产品中的各种营养成分、食品添加剂、矿物质、微量成分、有毒有害物质、污染物质等进行分析检测。

肉制品中粗脂肪的测定

【要点】

1. 了解索氏提取法测定肉制品中粗脂肪含量测定的原理。

2. 掌握索氏提取法测定肉制品中粗脂肪含量测定方法。

3. 培养学生能够使用索氏提取器提取各种物质。

【相关器材】

1. 试剂

无水乙醚,无水硫酸钠,海砂。

2. 仪器

索氏抽提器,电热恒温水浴(50～80℃),电热恒温烘箱(200℃)。

【原理】

将粉碎或经前处理而分散的试样,放入圆筒滤纸内,将滤纸置于索氏提取管中,利用乙醚或石油醚(B.P 30～60℃)在水浴中加热回流,提取试样中的脂类于接受瓶中,经蒸发去除乙醚,称出烧瓶中残留物质量,即为试样中脂肪含量。

用本法抽提出除含有游离脂肪外,还有游离的脂肪酸、磷脂、胆固醇、芳香油,某些色素和有机酸等,因此称为粗脂肪。

此法适用于脂类含量较高,且主要是游离脂肪的食品。

【工作过程】

1. 索氏抽提器的准备

索氏抽提器是由回流冷凝器、提脂管、烧瓶三部分组成,见图 4-1。抽提脂肪之前,应将各部分洗涤干净并干燥,接受烧瓶需烘干,并称至恒重。

2. 滤纸筒的制备

将滤纸裁成 8 cm×15 cm 大小,以直径为 2.0 cm 大试管为模型,将滤纸紧靠试管壁卷成圆筒形,把底端封口,内放一小团脱脂棉,用白细线对定型。

3. 样品制备

称取 2~4 g 样品置于蒸发皿中,加入 5 g 海砂,再加入无水硫酸钠 10 g,混匀,全部移入滤纸筒内,蒸发甲及附有样品的玻棒,用蘸有乙醚的脱脂棉擦净,并将此棉花放入滤纸筒内。

4. 抽提

将装有试样的滤纸筒放入带有虹吸管的提脂管中,图 4-1 索氏提以器接上冷并行管,由冷凝管上端加入无水乙醚至接受瓶内容积 2/3。于水浴(50~60℃)上加热,控制乙醚回流量,约每分钟滴下接受管,乙醚 80 滴左右,一般抽提 3~4 h,至抽提管下口滴下的乙醚滴。在干净的滤纸上,挥发后不留下油脂的痕迹,表示抽提完全。

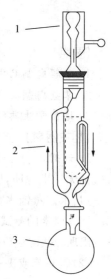

图 4-1 索氏提取器
1—提取管;2—冷凝管;
3—瓶体。

5. 回收溶剂

取出滤纸筒,用抽提器回收乙醚,当乙醚在提脂管内将发生虹吸时立即取下提脂管,将其下口放到盛乙醚的试剂瓶口,使液面超过虹吸管,乙醚即虹吸管流入瓶内,按同法继续回收。待乙醚抽提完后,取下提脂瓶,于水浴上蒸去残留乙醚,用纱布擦净烧瓶外部,于 100~105℃烘箱中干燥 2 h,再放入干燥器内冷却 25 min 后称重。

【计算】

$$X = \frac{m_1 - m_0}{m_2} \times 100\%$$

式中,X 为样品中脂肪的含量,%;m_1 为接受瓶的脂肪质量 g;m_0 为接受瓶的质量 g;m_2 为样品的质量(如是测定水分后的样品,应按测定水分前的质量计)g。

【相关提示】

1. 对半固体或液体样品,称取 5~10 g 于蒸发皿中,加入海砂约 20 g 于沸水浴上蒸干后,再于 95~105℃干燥研细,再全部移入滤纸筒内。

2. 装样品的滤纸筒一定要严密,不能往外漏样品,但也不要包得太紧,影响溶剂渗透,放入滤纸筒高度不要超过回流弯管,否则超过弯管的样品中的脂肪不能提尽,造成误差。

3. 抽提用的乙醚或石油醚要求无水、无醇、无过氧化物、挥发残渣含量低。因水和醇可导致水溶性物质(样品中糖和无机盐)溶解使得测定结果偏高。

乙醚中存在过氧化物,会导致脂肪氧化,在烘干时也有引起爆炸的危险。

4. 过氧化物的检查方法:取 6 mL 乙醚,加 2 mL 10%碘化钾溶液,用力振摇放置 1 min 后,若出现黄色,则证明有过氧化物,应另先乙醚或处理后再用。

5. 提取后烧瓶烘干称量过程中,反复加热会因脂类氧化而增重,故在恒重中若质量增加时,应以增重前的质量作为恒重,为避免脂肪氧化造成的误差,对富含脂肪的食品,应在真空干燥箱中干燥。

6. 本法系国家标准食品中脂肪的测定方法,GB 50096—85 规定中第一法,索氏抽提法。

肉制品中氯化物的测定(GB/T 9695.8—2008)

【要点】

1. 了解肉制品中氯化物含量测定的原理。

2. 掌握肉制品中氯化物含量测定的方法。

3. 培养学生熟练掌握滴定的方法。

【相关器材】

1. 试剂

如无特别说明,所用试剂均为分析纯。

(1)水。蒸馏水,不含卤素,并应符合 GB/T 6682—1992 的规定。

不含卤素的测试:量取 100 mL 水,加入 1 mL 硝酸银(0.1 mol/L)和 5 mL 硝酸(≈4 mol/L),不应出现轻微混浊或混浊。

(2)硝基苯或 1-壬醇。

(3)硝酸(≈4 mol/L)。量取 1 体积浓硝酸和 3 体积水,混匀。

(4)蛋白质沉淀剂

①试剂 A。称取 106 g 亚铁氰化钾($K_4Fe(CN)_6 \cdot 3H_2O$),用水溶解,转入 1 000 mL 容量瓶中,用水定容。

②试剂 B。称取 220 g 二水乙酸锌,用水溶解,加入 30 mL 冰乙酸,转入 1 000 mL 容量瓶中,用水定容。

(5)硝酸银标准溶液(0.1 mol/L)。先将硝酸银在(150±2)℃温度下干燥 2 h,然后置于干燥器内使其冷却,称取其 16.989 g,用水溶解,转入 1 000 mL 容量瓶中,用水定容。此标准溶液用棕色玻璃容器盛装,避光存放。

(6)硫氰酸钾标准溶液(0.1 mol/L)。称取约 9.7 g 硫氰酸钾,用水溶解,转入 1 000 mL 容量瓶中,用水定容。用硫酸铁(Ⅲ)铵指示剂、硝酸银标准溶液标定。准确至 0.000 1 mol/L。

(7)硫酸铁(Ⅲ)铵(($NH_4Fe(SO_4)_2$)·$12H_2O$)饱和溶液。称取 50 g 硫酸铁铵,在室温下用水溶解并稀释至 100 mL,如有沉淀应过滤。

(8)冰乙酸。

2. 仪器和设备

(1)均质器。用于试样的均质化,包括高速旋转的切割机,或多孔板的孔径不超过 4.5 mm 的绞肉机。

(2)容量瓶。1 000 mL 和 200 mL。

(3)锥形瓶。250 mL。

(4)滴定管。25 mL 或 50 mL。

(5)单刻度移液管。20 mL。

(6)水浴锅。

(7)分析天平。

【原理】

用热水提取试样中的氯化物,沉淀蛋白质,过滤后将滤液酸化,加入过量的硝酸银,以硫酸铁铵为指示剂,用硫氰酸钾标准溶液滴定过量的硝酸银。

【工作过程】

1. 取样

实验室所收到的样品应具有代表性且在运输和储藏过程中没受损或发生变化。

本部分不规定取样方法,取有代表性的样品 200 g。

2. 试样制备

使用均质器将试样均质。将试样装入密封的容器里,防止变质和成分变化。应尽快进行分析,均质化后最迟不超过 24 h。

3. 分析步骤

(1)试样。称取 10 g 试样,准确至 0.001 g,移入锥形瓶中。

(2)沉淀蛋白质。往试样中加入 100 mL 水(蒸馏水,不含卤素)置于沸水浴中,加热 15 min,不时摇动锥形瓶。

取出锥形瓶,将内容物全部转移入 200 mL 容量瓶中,冷却至室温,然后依次加入 2 mL 试剂 A 和 2 mL 试剂 B,每次加液后都充分摇匀。

室温下静置 30 min,用水稀释至刻度,充分混匀,用定量滤纸过滤。

注:如果此方法用于测定亚硝酸盐和硝酸盐,或样品中抗坏血酸的含量超过 0.1%,则需往试样中加入 0.5 g 活性炭,加入试剂 A 和试剂 B 并混匀后,用氢氧化钠溶液调 pH 至 7.5~8.3。

(3)测定。用移液管吸取 20 mL 滤液于锥形瓶中,加入 5 mL 稀硝酸和 1 mL 硫酸铁(Ⅲ)铵指示剂。

用移液管吸取 20 mL 0.1 mol/L 硝酸银标准溶液于锥形瓶中,加入 3 mL 硝基苯或 1-壬醇,充分混匀,用力摇动以凝结沉淀。用硫氰酸钾标准溶液滴定,直至出现稳定的粉红色。记录所用硫氰酸钾标准溶液的体积,准确至 0.05 mL。

(4)空白试验。按步骤(2)和步骤(3)所规定的操作,加入等体积的硝酸银标准溶液,进行空白实验。

4. 计算

试样中氯化物的含量其以氯化钠的质量分数计:

$$W = 0.058\,44 \times (V_2 - V_1) \times (200/20) \times (100/m) \times c$$
$$= 58.44 \times [(V_2 - V_1)/m] \times c$$

式中,W 为试样中氯化物的含量,%;V_2 为空白试验消耗硫氰酸钾标准溶液的体积,mL;V_1 为测定中试样溶液消耗硫氰酸钾标准溶液的体积,mL;200 为试样溶液的定容体积,mL;20 为滴定时吸取滤液的体积,mL;m 为试样的质量,g;c 为硫氰酸钾标准溶液的浓度,mol/L。

【相关提示】

肉制品中山梨酸的测定

山梨酸及山梨酸钾(以下简称山梨酸及钾盐)是一种良好的食品防腐剂。山梨酸在西方发达国家的应用量很大,但在中国国内的应用范围还不广。作为一种公认安全、高效防腐的食品添加剂,山梨酸及钾盐在我国食品行业的应用必将会越来越广泛。它为白色或微黄白色结晶性粉末,有特殊臭味。本品在乙醇中易溶,在乙醚中溶解,在水中极微溶解。我们在选购包装

（或罐装）食品时，配料一项中常常看到"山梨酸"或"山梨酸钾"的字样，人们往往会误认为可能是水果"梨"的成分，其实它们是常用的食品添加剂。

【要点】

1. 了解肉制品中山梨酸含量测定的原理。

2. 掌握肉制品中山梨酸含量测定的方法。

3. 培养学生学会使用高效液相色谱仪。

【相关器材】

1. 试剂

以下所用试剂，除特殊说明外，均为分析纯试剂，水为重蒸水。

（1）甲醇。优级纯。

（2）乙酸铵。

（3）中性氧化铝。层析用（100～200）目。

（4）0.02 mol/L 乙酸铵溶液。称取 1.54 g 乙酸铵，加水溶解并稀释至 1 L。

（5）山梨酸。99％（国家标准物质研究中心）。

（6）山梨酸标准储备液。准确称取 25.0 mg 山梨酸标准品，加少量乙醇溶解后，用水稀释并定容至 25.0 mL，摇匀。此溶液每毫升含 1.0 mg 山梨酸。贮于冰箱中，有效期 15 d。

（7）山梨酸标准中间溶液。吸取 5.0 mL 山梨酸标准储备液于 100 mL 容量瓶中，加水稀释至刻度，并摇匀。此溶液每毫升含 50 μg 山梨酸。贮于冰箱中，有效期 7 d。

（8）山梨酸标准系列溶液。分别吸取 1.0，2.0，3.0，4.0，5.0 mL 山梨酸标准中间溶液于 10 mL 容量瓶中，各加水至刻度，摇匀。即得每毫升含 5.0，10.0，15.0，20.0，25.0 μg 山梨酸的标准系列溶液。

2. 仪器

①仪器和设备；②高效液相色谱仪：附紫外检测器；③超声清洗器；④旋涡混匀器；⑤离心机；⑥旋转蒸发仪；⑦微孔滤膜过滤器。

【原理】

样品中山梨酸经的提取，用中性氧化铝净化后，进行高效液相色谱仪测定。

【工作过程】

1. 试样处理

取 200 g 试样绞碎，称取约 1.00 g（精确至 0.01 g）试样，置于 50 mL 塑料试管中，加 5 mL 水，于旋涡混匀器混匀 1 min，超声提取 15 min，然后以 4 000 r/min 离心 20 min。

柱层析：用一只 10 mL 注射器，底部填少量脱脂棉，内装 3 cm 高的中性氧化铝，先用水润湿中性氧化铝柱，待水面接近柱顶时，加入样品提取液，让其流下，待样品液液面接近柱顶时，用流动相洗脱，收集洗脱液至 25 mL 容量瓶中，至刻度时，停止洗脱，摇匀，溶液通过微孔滤膜过滤，滤液进行 HPLC 分析。

2. 色谱测定

（1）液相色谱参考条件。

a. 色谱柱：HypersilODS$_2$，250 mm×4.6 mm，粒径 5 μm；

b. 流动相：0.02 mol/L 乙酸铵溶液：甲醇＝100：9；

c. 流速：1.0 mL/min；

d. 检测波长:230 nm;

e. 柱温:室温。

(2)山梨酸标准曲线的制备。

在上述色谱条件下进山梨酸标准系列溶液各 20 μL 以山梨酸标准溶液浓度对应的峰面积作标准曲线。

(3)样品测定。

在上述色谱条件下,准确吸取 20 μL 试样溶液,进行 HPLC 分析。

3. 结果

(1)计算。

将标准曲线各点的浓度与对应的峰面积进行回归分析,然后计算供试样品中山梨酸含量。

$$X = \frac{c \times V \times 1\ 000}{m \times 1\ 000}$$

式中,X 为样品中山梨酸的含量,mg/kg;c 为被测液浓度相当于标准曲线的山梨酸的浓度,μg/mL;V 为被测液的总体积,mL;m 为样品质量,g。

(2)检出限。本方法检出限为 2.0 μg/mL,当取样量为 1.00 g 时,最低检测量为 2.0 mg/kg。

4. 允许差

【相关提示】

同一分析者同时或相继两次测定结果之差不得超过均值的 15%。

由于山梨酸(钾)是一种不饱和脂肪酸(盐),它可以被人体的代谢系统吸收而迅速分解为二氧化碳和水,在体内无残留。ADI 0~25 mg/kg(以山梨酸计,FAO/WHO 1994)LD$_{50}$ 4 920 mg/kg(大鼠、经口)GRAS(FDA,182.3640—1994)其毒性仅为食盐的 1/2,是苯甲酸钠的 1/40。但是如果食品中添加的山梨酸超标严重,消费者长期服用,在一定程度上会抑制骨骼生长,危害肾、肝脏的健康。

肉制品中亚硝酸盐的测定(GB/T 5009.33—1996)

亚硝酸盐是一类无机化合物的总称。主要指亚硝酸钠,亚硝酸钠为白色至淡黄色粉末或颗粒状,味微咸,易溶于水。外观及滋味都与食盐相似,并在工业、建筑业中广为使用,肉类制品中也允许作为发色剂限量使用。由亚硝酸盐引起食物中毒的几率较高。人食入 0.3~0.5 g 的亚硝酸盐即可引起中毒甚至死亡。

【要点】

1. 了解肉制品中亚硝酸盐含量测定的原理。

2. 掌握肉制品中亚硝酸盐含量测定的方法。

3. 培养学生学会使用可见光分光光度计。

【相关器材】

1. 试剂

(1)氯化铵缓冲液。在 1 L 玻璃烧杯中,加入 500 mL 水,准确加入 20 mL 盐酸,混匀,准确加入 50 mL 氨水,必要时用稀盐酸和稀氨水调试至 pH 9.6~9.7。

(2)硫酸锌溶液(0.42 mol/L)。称取 120 g 硫酸锌用水溶解,并稀释至 1 000 mL。

(3)氢氧化钠溶液(20 g/L)。称取 20 g 氢氧化钠用水溶解,稀释至 1 000 mL。

（4）对氨基苯磺酸溶液。称取 1 g 对氨基苯磺酸,溶于 70 mL 水和 30 mL 醋酸中,置棕色瓶中混匀,室温保存。

（5）N-1-萘基乙二胺溶液。称取 0.1 g N-1-萘基乙二胺,加 60％醋酸溶解,并稀释至 100 mL,混匀后,置棕色瓶中,在冰箱中保存,1 周内稳定。

（6）显色剂。临用前将 N-1-萘基乙二胺和对氨基苯磺酸溶液等体积混合。

（7）亚硝酸钠标准溶液。准确称取 0.250 0 g 于硅胶干燥器中干燥 24 h 的亚硝酸钠,加水溶解移入 500 mL 容量瓶中,加 100 mL 氯化铵缓冲液,加水稀释至刻度,混匀,在 4℃ 避光保存,此溶液每毫升相当于 500 μg 的亚硝酸钠,作准备液。

（8）亚硝酸钠标准使用液。临用前,吸取亚硝酸钠标准溶液 1.0 mL 置于 100 mL 容量瓶中,加水稀至刻度,此溶液每毫升相当于 5.0 μg 亚硝酸钠。

2. 仪器

小型绞肉机,匀浆器,分光光度计。

【原理】

样品经沉淀蛋白质,除去脂肪后,在弱酸条件下与对氨基苯磺酸重氮化以后,再与 N-1-萘基乙二胺偶合形成紫红色染料,与标准比较定量。

【工作过程】

1. 样品处理

称取约 10.0 g(粮食取 5 g)经绞碎混匀的样品,置于匀浆器中,加 70 mL 水和 12 mL 的氢氧化钠溶液,混匀,用氢氧化钠溶液调样品 pH＝8,定量转移至 250 mL 容量瓶中,加 10 mL 硫酸锌溶液,混匀,如不产生白色沉淀,再补加 2～5 mL 氢氧化钠,混匀,置 60℃ 水浴中加热 10 min,取出后冷至室温,加水至刻度,混匀。放置 0.5 h,除去上层脂肪,用滤纸过滤,弃去初滤液 20 mL,收集滤液备用。

2. 测定

（1）亚硝酸盐标准曲线的制备吸取 0、0.5、1.0、2.0、3.0、4.0、5.0 mL 亚硝酸钠标准使用液分别置于 25 mL 具塞比色管中,于标准管中分别加入 4.5 mL 氯化铵缓冲,加 2.5 mL 60％醋酸后,立即加入 5.0 mL 显色剂,加水至零点,于波长 550 nm 处测吸光度,绘制标准曲线,求出回归方程。低含量样品以制备低含量标准曲线计算,标准系列为 0,0.4,0.8,1.2,1.6,2.0 mL 亚硝酸盐标准使用液(相当于 0,2,4,8,1.0 μg 亚硝酸钠)。

（2）样品测定。吸取 10 样品滤液于 25 mL 具塞红色管中,其他试剂按标准系列法操作,同时做试剂空白。

3. 计算

$$X = \frac{A \times V_1 \times 1\,000}{m \times V_2}$$

式中,X 为样品中亚硝酸盐的含量,g/kg;m 为样品质量,g;A 为测定用样液中亚硝酸钠的含量,μg;V_1 为样品处理液总体积,mL;V_2 为比色时吸取样品处理液体积,mL。

【相关提示】

（1）根据 GB 5198—84 食品中亚硝酸盐限量卫生标准规定(表 4-1)

GB 2760—80 规定:肉类罐头最大使用量 0.50 g/kg,残留量 ≤ 50 mg/kg;肉制品 0.15 g/kg,残留量≤30 mg/kg;净肉制盐水火腿残留量≤70 mg/kg。

表 4-1 肉品中亚硝酸盐限量卫生标准   mg/kg

品种	指标（以 NaNO₂ 计）	品种	指标（以 NaNO₂ 计）
鱼类（鲜）	3	蛋类（鲜）	5
肉类（鲜）	3	乳粉	2

（2）本方法亚硝酸盐方法检出限为 1 mg/kg，硝酸盐方法检出限为 1.4 mg/kg。

（3）硝酸盐和亚硝酸盐是食品添加剂中发色剂，添加在制品中后转化为亚硝酸，它极易分解出亚硝基，与肌红蛋白反应生成鲜艳的亮红色的亚硝基血色原，从而赋予食品鲜艳的红色。另外，亚硝酸盐对抑制微生物增殖有一定作用，与食盐并用，可增加抑菌，对肉毒梭状芽孢杆菌有特殊抑制作用。

（4）亚硝酸盐摄入量过多会对人体产生毒害作用。在 pH 6.0～7.0 从 -18～22℃温度范围内，亚硝酸盐与仲胺反应生成亚硝胺，具有致癌作用，已得到公认。另外，误食亚硝酸钠为食盐在国内也屡屡发生，过多地摄入亚硝酸盐会引起正常血红蛋白转变为高铁血红蛋白，而失去携氧功能，导致组织缺氧，引起肠原性青紫症。

（5）硫酸锌溶液，在 pH＝8.0 产生氢氧化锌是蛋白质沉淀剂，这是 GB/T 5009.33—1996 方法和过去 GB 5009.33—85 不同的地方，后者采用亚铁氢化钾和乙酸锌溶液，产生亚铁氰化锌沉淀与蛋白质产生共沉淀，另外，饱和硼砂溶液，也是蛋白质沉淀剂。

（6）还可以采用镉柱还原法测定肉制品的亚硝酸盐含量，具体才参考 GB/T 5009.33—1996。

【相关知识】

一、发证检验、监督检验、出厂检验、委托检验

食品质量安全检验分为发证检验、监督检验、出厂检验、委托检验，前三种检验均为强制检验，后一种为自主检验，四种检验其区别如下。

1. 发证检验是政府的行政行为，属于强制检验

发证检验是质量技术监督部门为审核食品生产企业是否具备保证食品质量安全必备条件所进行的检验，是政府的行政行为；食品生产企业在首次申请或换证或更改场地等情况时，由质监部门对食品生产企业现场审查后的抽样检验。

2. 监督检验是政府的行政行为，属于强制检验

监督检验是质量技术监督部门对食品生产企业是否具备持续保持食品质量安全达到相关生产技术标准所进行的检验，是政府的行政行为；监督检验规定：食品生产企业每年开始生产时，生产半年时送产品到当地质监局进行检验。

3. 出厂检验企业必须履行的法定义务，属于强制检验

出厂检验是企业为保证其所生产的食品必须符合相关产品生产技术标准并达到合格所采取的一种企业行为（自检），是企业必须履行的一项法定义务。因此，每个企业必须具备出厂检验手段即配齐出厂检验项目所必备的相关检验仪器、检验标准、有检验资格的检验员。每批产品出厂前必须抽样检验。

4. 委托检验是企业自主行为，属于自愿检验

委托检验是指企业不具备产品相关质量指标检验能力或为产品质量作对比检验，自主选

择委托国家质检总局公布的具有法定资格的检验机构进行的检验。并与检验机构签订检验合同或检验协议，是企业自主行为，与委托检验机构的协议行为。检验机构应当对企业委托检验产品所检项目的检验结果的科学性、准确性负责，并出具检验报告交委托企业。

二、必备的出厂检验设备

（一）腌腊肉类制品

分析天平（0.1 mg）；干燥箱；玻璃器皿；分光光度计（生产中国火腿类产品应具备）。

（二）酱卤肉类制品

天平（0.1 g）；灭菌锅；微生物培养箱；无菌室或超净工作台；生物显微镜；干燥箱；分析天平（0.1 mg，生产肉松及肉干产品应具备）。

（三）熏烧烤肉类制品

天平（0.1 g）；灭菌锅；微生物培养箱；无菌室或超净工作台；生物显微镜；干燥箱；分析天平（0.1 mg，生产肉脯产品应具备）。

（四）熏煮香肠火腿类制品

天平（0.1 g）；灭菌锅；微生物培养箱；无菌室或超净工作台；生物显微镜。

任务 3　肉制品的微生物检验

肉中含有丰富的营养物质，但是不宜久存，在常温下放置时间过长，就会发生质量变化，最后引起腐败。

肉腐败的原因主要是由微生物作用引起变化的结果。据研究，每平方厘米内的微生物数量达到 5 000 万个时，肉的表面便产生明显的发黏，并能嗅到腐败的气味。肉内的微生物是在畜禽屠宰时，由血液及肠管侵入到肌肉里。当温度、水分等条件适宜时，便会高速繁殖而使肉质发生腐败。肉的腐败过程使蛋白质分解成蛋白胨、多肽、氨基酸，进一步再分解成氨、硫化氢、酚、吲哚、粪臭素、胺及二氧化碳等，这些腐败产物具有浓厚的臭味，对人体健康有很大的危害。

肉制品中大肠菌群的检验

针对目前熟肉制品容易出现大肠菌群超标的现状，特委托对熟肉制品进行大肠菌群测定，以对送检样品微生物指标进行评价。

【要点】

1. 了解大肠菌群在食品卫生学检验中的意义；

2. 学习并掌握大肠菌群检验的原理和方法。

【相关设备】

除微生物实验室常规灭菌及培养设备外，其他设备和材料如下。

设备：

1. 恒温培养箱

（36±1）℃

2. 冰箱

2～5℃

3. 恒温水浴箱

(46±1)℃

4. 天平

感量 0.1 g

5. 均质器

6. 振荡器

7. 无菌吸管

1 mL(具 0.01 mL 刻度)、10 mL(具 0.1 mL 刻度)或微量移液器及吸头。

8. 无菌锥形瓶

容量 500 mL。

9. 无菌培养皿

直径 90 mm。

10. pH 计或 pH 比色管或精密 pH 试纸

11. 菌落计数器

材料：

1. 月桂基硫酸盐胰蛋白胨(Lauryl Sulfate Tryptose, LST)肉汤：见附录 A 中 A.1

2. 煌绿乳糖胆盐(Brilliant Green Lactose Bile, BGLB)肉汤：见附录 A 中 A.2

3. 结晶紫中性红胆盐琼脂(Violet Red Bile Agar, VRBA)：见附录 A 中 A.3

4. 磷酸盐缓冲液：见附录 A 中 A.4

5. 无菌生理盐水：见附录 A 中 A.5

6. 无菌 1 mol/L NaOH：见附录 A 中 A.6

7. 无菌 1 mol/L HCl：见附录 A 中 A.7

【工作过程】

方法一 大肠菌群 MPN 计数法

1. 样品的稀释

(1)固体和半固体样品。称取 25 g 样品，放入盛有 225 mL 磷酸盐缓冲液或生理盐水的无菌均质杯内，8 000～10 000 r/min 均质 1～2 min，或放入盛有 225 mL 磷酸盐缓冲液或生理盐水的无菌均质袋中，用拍击式均质器拍打 1～2 min，制成 1∶10 的样品匀液。

(2)液体样品。以无菌吸管吸取 25 mL 样品置盛有 225 mL 磷酸盐缓冲液或生理盐水的无菌锥形瓶(瓶内预置适当数量的无菌玻璃珠)中，充分混匀，制成 1∶10 的样品匀液。

(3)样品匀液的 pH 应在 6.5～7.5，必要时分别用 1 mol/L NaOH 或 1 mol/L HCl 调节。

(4)用 1 mL 无菌吸管或微量移液器吸取 1∶10 样品匀液 1 mL，沿管壁缓缓注入 9 mL 磷酸盐缓冲液或生理盐水的无菌试管中(注意吸管或吸头尖端不要触及稀释液面)，振摇试管或换用 1 支 1 mL 无菌吸管反复吹打，使其混合均匀，制成 1∶100 的样品匀液。

(5)根据对样品污染状况的估计，按上述操作，依次制成十倍递增系列稀释样品匀液。每递增稀释 1 次，换用 1 支 1 mL 无菌吸管或吸头。从制备样品匀液至样品接种完毕，全过程不得超过 15 min。

2. 初发酵试验

每个样品,选择 3 个适宜的连续稀释度的样品匀液(液体样品可以选择原液),每个稀释度接种 3 管月桂基硫酸盐胰蛋白胨(LST)肉汤,每管接种 1 mL(如接种量超过 1 mL,则用双料 LST 肉汤),(36±1)℃培养(24±2)h,观察导管内是否有气泡产生,(24±2)h 产气者进行复发酵试验,如未产气则继续培养至(48±2)h,产气者进行复发酵试验。未产气者为大肠菌群阴性。

3. 复发酵试验

用接种环从产气的 LST 肉汤管中分别取培养物 1 环,移种于煌绿乳糖胆盐肉汤(BGLB)管中,(36±1)℃培养(48±2)h,观察产气情况。产气者,计为大肠菌群阳性管。

4. 大肠菌群最可能数(MPN)的报告

按 3 确证的大肠菌群 LST 阳性管数,检索 MPN 表,报告每克(mL)样品中大肠菌群的 MPN 值。

方法二　大肠菌群平板计数法

1. 样品的稀释

按大肠菌群 MPN 计数法的样品稀释法进行。

2. 平板计数

(1)选取 2~3 个适宜的连续稀释度,每个稀释度接种 2 个无菌平皿,每皿 1 mL。同时取 1 mL 生理盐水加入无菌平皿作空白对照。

(2)及时将 15~20 mL 冷至 46 ℃的结晶紫中性红胆盐琼脂(VRBA)约倾注于每个平皿中。小心旋转平皿,将培养基与样液充分混匀,待琼脂凝固后,再加 3~4 mL VRBA 覆盖平板表层。翻转平板,置于(36±1)℃培养 18~24 h。

3. 平板菌落数的选择

选取菌落数在 15~150 CFU/g 的平板,分别计数平板上出现的典型和可疑大肠菌群菌落。典型菌落为紫红色,菌落周围有红色的胆盐沉淀环,菌落直径为 0.5 mm 或更大。

4. 证实试验

从 VRBA 平板上挑取 10 个不同类型的典型和可疑菌落,分别移种于 BGLB 肉汤管内,(36±1)℃培养 24~48 h,观察产气情况。凡 BGLB 肉汤管产气,即可报告为大肠菌群阳性。

5. 大肠菌群平板计数的报告

经最后证实为大肠菌群阳性的试管比例乘以 8.3 中计数的平板菌落数,再乘以稀释倍数,即为每克(mL)样品中大肠菌群数。例:样品稀释液 1 mL,在 VRBA 平板上有 100 个典型和可疑菌落,挑取其中 10 个接种 BGLB 肉汤管,证实有 6 个阳性管,则该样品的大肠菌群数为:$100×6/10×10^4/\text{g(mL)}=6.0×10^5 \text{ CFU/g(mL)}$。

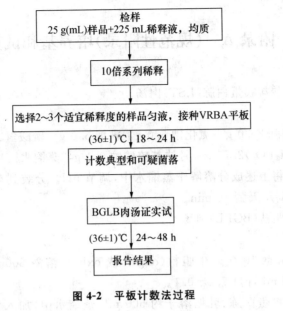

图 4-2　平板计数法过程

附录 A　（规范性附录）培养基和试剂

A.1　月桂基硫酸盐胰蛋白胨(LST)肉汤

A.1.1　成分

胰蛋白胨或胰酪胨 20.0 g　氯化钠 5.0 g　乳糖 5.0 g　磷酸氢二钾(K_2HPO_4)　2.75 g　磷酸二氢钾(KH_2PO_4)2.75 g　月桂基硫酸钠 0.1 g　蒸馏水　1 000 mL　pH 6.8±0.2

A.1.2　制法　将上述成分溶解于蒸馏水中,调节 pH。分装到有玻璃小导管的试管中,每管 10 mL。121℃高压灭菌 15 min。

A.2　煌绿乳糖胆盐(BGLB)肉汤

A.2.1　成分

蛋白胨 10.0 g,乳糖 10.0 g,牛胆粉(oxgall 或 oxbile)溶液 200 mL。0.1‰煌绿水溶液 13.3 mL,蒸馏水 800 mL,pH 7.2±0.1。

A.2.2　制法　将蛋白胨、乳糖溶于约 500 mL 蒸馏水中,加入牛胆粉溶液 200 mL(将 20.0 g 脱水牛胆粉溶于 200 mL 蒸馏水中,调节 pH 至 7.0~7.5),用蒸馏水稀释到 975 mL,调节 pH,再加入 0.1‰煌绿水溶液 13.3 mL,用蒸馏水补足到 1 000 mL,用棉花过滤后,分装到有玻璃小导管的试管中,每管 10 mL。121℃高压灭菌 15 min。

A.3　结晶紫中性红胆盐琼脂(VRBA)

A.3.1　成分

蛋白胨 7.0 g,酵母膏 3.0 g,乳糖 10.0 g,氯化钠 5.0 g,胆盐或 3 号胆盐 1.5 g,中性红 0.03 g,结晶紫 0.002 g,琼脂 15~18 g,蒸馏水 1 000 mL,pH 7.4±0.1。

A.3.2　制法

将上述成分溶于蒸馏水中,静置几分钟,充分搅拌,调节 pH。煮沸 2 min,将培养基冷却至 45~50℃倾注平板。使用前临时制备,不得超过 3 h。

A.4　磷酸盐缓冲液

A.4.1　成分

磷酸二氢钾(KH_2PO_4)34.0 g　蒸馏水 500 mL　pH 7.2。

A.4.2　制法　贮存液:称取 34.0 g 的磷酸二氢钾溶于 500 mL 蒸馏水中,用大约 175 mL 的 1 mol/L 氢氧化钠溶液调节 pH,用蒸馏水稀释至 1 000 mL 后贮存于冰箱。

稀释液:取贮存液 1.25 mL,用蒸馏水稀释至 1 000 mL,分装于适宜容器中,121℃高压灭菌 15 min。

A.5　无菌生理盐水

A.5.1　成分

氯化钠 8.5 g,蒸馏水 1 000 mL。

A.5.2　制法　称取 8.5 g 氯化钠溶于 1 000 mL 蒸馏水中,121℃高压灭菌 15 min。

A.6　1 mol/L NaOH

A.6.1　成分

NaOH 40.0 g,蒸馏水 1 000 mL。

A.6.2 制法 称取 40 g 氢氧化钠溶于 1 000 mL 蒸馏水中,121℃高压灭菌 15 min。

A.7 1 mol/L HCl

A.7.1 成分

HCl 90 mL,蒸馏水 1 000 mL。

A.7.2 制法 移取浓盐酸 90 mL,用蒸馏水稀释至 1 000 mL,121℃高压灭菌 15 min。

附录 B （规范性附录）

B.1 大肠菌群最可能数（MPN）检索表

表 4-2 大肠菌群最可能数（MPN）检索表

阳性管数			MPN	95%置信区		阳性管数			MPN	95%置信区	
0.10	0.01	0.0		低	高	0.10	0.01	0.0		低	高
0	0	0	<3.0	—	9.5	2	2	0	21	4.5	42
0	0	1	3.0	0.15	9.6	2	2	1	28	8.7	94
0	1	0	3.0	0.15	11	2	2	2	35	8.7	94
0	1	1	6.1	1.2	18	2	3	0	29	8.7	94
0	2	0	6.2	1.2	18	2	3	1	36	8.7	94
0	3	0	9.4	3.6	38	3	0	0	23	4.6	94
1	0	0	3.6	0.17	18	3	0	1	38	8.7	110
1	0	1	7.2	1.3	18	3	0	2	64	17	180
1	0	2	11	3.6	38	3	1	0	43	9	180
1	1	0	7.4	1.3	20	3	1	1	75	17	200
1	1	1	11	3.6	38	3	1	2	120	37	420
1	2	0	11	3.6	42	3	1	3	160	40	420
1	2	1	15	4.5	42	3	2	0	93	18	420
1	3	0	16	4.5	42	3	2	1	150	37	420
2	0	0	9.2	1.4	38	3	2	2	210	40	430
2	0	1	14	3.6	42	3	2	3	290	90	1.00
2	0	2	20	4.5	42	3	3	0	240	42	1.00
2	1	0	15	3.7	42	3	3	1	460	90	2.00
2	1	1	20	4.5	42	3	3	2	1 100	180	4.10
2	1	2	27	8.7	94	3	3	3	>110	420	—

注 1：本表采用 3 个稀释度[0.1 g（mL）、0.01 g（mL）和 0.001 g（mL）]，每个稀释度接种 3 管。

注 2：表内所列检样量如改用 1 g（mL）、0.1 g（mL）和 0.01 g（mL）时，表内数字应相应降低 10 倍；如改用 0.01 g（mL）、0.001 g（mL）、0.000 1 g（mL）时，则表内数字应相应增高 10 倍，其余类推。

【相关知识】

肉制品中的微生物

肉制品的种类很多，一般包括腌腊制品（如腌肉、火腿、腊肉、熏肉、香肠、香肚等）和熟制品（如烧烤、酱卤的熟制品及肉松、肉干等脱水制品）。

前者是鲜肉为原料，利用食盐腌渍或再加入适当的作料，经风晒做形加工而成。

后者系指经过选料,初加工、切配以及蒸煮、酱卤、烧烤等加工处理,食用时不必再经加热烹调的食品。肉类制品由于加工原料、制作工艺、贮存方法各有差异,因此各种肉制品中的微生物来源与种类也有较大区别。

一、肉制品中的微生物来源

1. 熟肉制品中的微生物来源

(1)加热不完全。肉块过大或未完全烧煮透时,一些耐热的细菌或细菌的芽胞仍然会存活下来,如嗜热脂肪芽杆菌,微球菌属、链球菌属、小杆菌属、乳杆菌属、芽孢杆菌及梭菌属的某些种,此外,还有某些霉菌如丝衣霉菌等。

(2)通过操作人员的手、衣物、呼吸道和贮藏肉晶的不洁用具等使其受到重新污染。

(2)通过空气中的尘埃、鼠类及蝇虫等为媒介而污染各种微生物。

(4)由于肉类导热性较差,污染于表层的微生物极易生长繁殖,并不断向深层扩散。

熟肉制品受到金黄色葡萄球菌或鼠伤寒沙门氏菌或变形杆菌等严重污染后,在室温下存放 10～24 h,食前未经充分加热,就可引起食物中毒。

2. 灌肠制品中的微生物来源

灌肠制品种类很多,如香肠、肉肠、粉肠、红肠,雪肠、火腿肠及香肚等。

肉制品中微生物的主要来源:

此类肉制品原料较多,由于各种原料的产地、贮藏条件及产品质量不同,以及加工工艺的差别,对成品中微生物的污染都会产生一定的影响。

绞肉的加工设备、操作工艺,原料肉的新鲜度以及绞肉的贮存条件和时间等,都对灌肠制品产主重要影响。

3. 腌腊肉制品中微生物的来源

常见的腌腊肉制品有咸肉、火腿,腊肉、板鸭、风干鸡等。

微生物来源于两方面:

(1)原料肉的污染。

(2)与盐水或盐卤中的微生物数量有关。盐水和盐卤中,微生物大都具有较强的耐盐或嗜盐性,如假单胞菌属、不动杆菌属、盐杆菌属、嗜盐球菌属,黄杆菌属、无色杆菌属、叠球菌属及微球菌属的某些细菌及某些真菌。

弧菌和脱盐微球菌是最典型的。

许多人类致病菌,如金黄色葡萄球菌、魏氏梭菌和肉毒梭菌可通过盐渍食品引起食物中毒。

腌腊制品的生产工艺、环境卫生状况及工作人员的素质,对这类肉制品的污染都具有重要意义。

二、肉制品中的微生物类群

不同的肉类制品,其微生物类群也有差异。

1. 熟肉制品

常见的有细菌和真菌,如葡萄球菌,微球菌、革兰氏阴性无芽孢杆菌中的大肠杆菌、变形杆菌,还可见到需氧芽孢杆菌如枯草杆菌、蜡样芽孢杆菌等;常见的真菌有酵母菌属、毛霉菌属、根霉属及青霉菌属等。

2. 灌肠类制品

耐热性链球菌、革兰氏阴性杆菌及芽孢杆菌属、梭菌属的某些菌类;某些酵母菌及霉菌。这些菌类可引起灌肠制品变色、发酶或腐败变质;如大多数异型乳酸发酵菌和明串珠菌能使香肠变绿。

3. 腌腊制品

多以耐盐或嗜盐的菌类为主,弧菌是极常见的细菌,也可见到微球菌、异型发酵乳杆菌、明串珠菌等。一些腌腊制品中可见到沙门氏菌、致病性大肠杆菌、副溶血性弧菌等致病性细菌;一些酵母菌和霉菌也是引起腌腊制品发生腐败、霉变的常见菌类。

【拓展知识】

肉制品生产企业主要存在的食品安全问题及监管重点

1. 肉制品的分类及生产工艺(表4-3)

肉制品按 QS 的申证单元分为腌腊肉制品、酱卤肉制品、熏烧烤肉制品、熏煮香肠火腿制品、发酵肉制品。

表4-3　肉制品生产流程

申证单元名称	基本生产流程	关键控制环节
腌腊肉制品	选料→修整→配料→腌制→灌装→晾晒→烘烤→包装 注:中国腊肠类、生香肠类需经灌装工序。	原辅料质量;加工过程的温度控制;添加剂;产品包装和贮运
酱卤肉制品	选料→修整→配料→煮制→(炒松→烘干→)冷却→包装 注:肉松类需经炒松、擦松、跳松和拣松工序;肉干类需经烘干工序;肉糕、肉冻等需经成型工序。油炸肉类需油炸工序	原辅料质量;添加剂;热加工温度和时间;产品包装和贮运
熏烧烤肉制品	选料→修整→配料→腌制→熏烤→冷却→包装	原辅料质量;添加剂;热加工温度和时间;产品包装和贮运
熏煮香肠火腿制品	选料→修整→配料→腌制→灌装(或成型)→熏烤→蒸煮→冷却→包装	原辅料质量;添加剂;热加工温度和时间;产品包装和贮运
发酵肉制品	选料→修整→配料→腌制→灌装(或成型)→发酵→晾挂→包装	原辅料质量;添加剂;发酵温度和时间;产品包装和贮运

2. 容易出现的质量问题(表 4-4)

表 4-4　生产中的具体要求

环节	项目	要求	容易出现的质量问题
原辅材料	防护设施	冷库或冷柜和常温库保持清洁、卫生;清库时做好清洁或消毒工作,不得使用农药或其他有毒物质杀虫、消毒	冷库或冷柜不清洁有臭味,消毒剂标识上无卫生部批文号
	贮存设备	冻肉、禽类原料应贮藏在 -18℃以下冷冻库;鲜肉应吊挂在通风良好、无污染源、室温 0~4℃的专用库或冷柜中,有温度控制的仓库应有温度计	冷藏库、冷冻库温度达不到规定要求
	原料质量	原料肉最好不要使用来自疫区的产品,要有动物产品检疫合格证、出县境动物产品检疫合格证明(必要时)、动物与动物产品运载工具消毒证明(必要时)、瘦肉精检测合格报告。进口原料肉必须提供出入境检验检疫部门的合格证明材料。不得使用病死畜禽肉及非食用性原料	收集的原料肉符合要求证明不全;冷冻原料到厂的中心温度达不到要求;原料肉中混有病死动物肉,一般原料表皮有充血或有出血点,出现红或紫红色块,脂肪呈粉红色、黄色甚至绿色;淋巴结有肿大、萎缩、坏死、充血、水肿或化脓现象,肉色为暗紫色,无弹性;肉多有腥味或腐败味,脏器有异臭味的为病死动物肉
	堆放	同一冷冻库不得贮藏相互影响风味的原料;冻库中原料在垫板上分类堆放并与墙壁、顶棚、排管有一定间距;不同批次原料分别存放,包装物品与非包装物品分开,原料肉与杂物分开	同一冷/冻库有贮藏相互影响风味的原料(如鱼类与肉类);冻库中原料未离地、离墙、离顶棚、排管;不同批次原料混存,包装物品与非包装物品混存,原料肉与杂物混存
添加剂	添加剂采购要求	食品添加剂应采购有证厂家生产的产品,采购已纳入生产许可证管理的食品添加剂应索取供方有效期内的生产许可证及相关票证;采购未纳入生产许可证管理的食品添加剂应索取供方有效的省级卫生部门发放的卫生许可证及相关票证。不得采购添加剂以外的化学物质作为食品添加剂	采购无证企业生产的产品。关注复合添加剂,重点查看复合添加剂的配方,是否能用在肉制品中

续表 4-4

环节	项目	要求	容易出现的质量问题
添加剂	贮存要求	1. 添加剂应专库或专区(柜)有效管理,限制随意取用 2. 建立进出库登记台账,如实记录食品添加剂的名称、规格、数量、供货者名称、进出库日期、产品批号等内容 3. 定期盘查在库品的保质期,防止过期变质原料误用 4. 建立库存卫生管理制度,定期清洁、消毒,保持仓库清洁,防止产品受污染	添加剂未有专库或专区(柜)有效管理,建立的台账信息不全
	添加剂使用要求	食品添加剂按照 GB 2760 规定的品种使用,禁止超范围、超标准使用	添加剂配制记录不完善,未全面记录使用添加剂的品种、数量、来源、批次;超量使用添加剂(亚硝酸、亚硝酸盐、山梨酸钾、磷酸盐等),超范围使用添加剂(胭脂红、工业染料、敌百虫(腌制食品)、敌敌畏(火腿)、抗生素等)
生产车间	车间布局	生、熟肉制品的更衣室和生产车间要分开	冷却室、内包装室没有独立的更衣室或生、熟肉制品使用同一更衣室对员工工作服未做区别,内包装车间或冷却间没有专门洗手设施;生区、生熟混合区、熟区没有完全隔离
	各工序温度控制	一般情况下,冷藏食品的中心温度 0～7℃;冷冻食品－18℃以下;杀菌温度应达到中心温度 70℃以上;保温储存肉品中心温度 60℃以上;肉品腌制间的室温应控制在 0～10℃(肉制品细则)	一般情况下,熟制工序多为关键控制点,现场检测温度和作业指导书规定不同,与记录不同
产品包装和贮运	产品包装	包装间环境要用臭氧、紫外灯等进行空间的消毒;人员必须穿着消毒过的衣服和鞋才可进入车间;生产使用的工器具需经过清洗消毒后才可使用;定量包装用称需经过检定合格的放可使用,称重的净含量需符合 75 号令	工器具清洗消毒不彻底;计量用称未检定;净含量未扣除包装物
	贮存	应避免日光直射和雨淋,具有防鼠、防蝇、防尘土、防潮湿设施。不得与生肉、半成品混放。需冷冻(－18℃以下)或冷藏(0～12℃)的产品要有温度控制设施	库房有日光直射,防护设施不完善;冷藏库、冷冻库温度达不到规定要求
	运输	运输工具应清洁卫生,不得与其他有毒、有害物品混装混运。需冷冻产品应采用冷藏车,车厢体内温度应保持－18℃以下,运输过程允许温度升到－15℃,但交货后应尽快降至－18℃	运输工具不清洁,未定期清洗消毒;冷藏车厢体内温度还不到要求

关注 GB 12694—1990 肉类加工厂卫生规范；GB 19303—2003 熟肉制品企业生产卫生规范。

由于肉制品营养丰富，水分活度较高，易受微生物的污染。由于微生物繁殖，造成的肉制品腐败变质，是最严重的质量问题。细菌在繁殖过程中，会产酸、产气，有些致病菌还会释放出毒素，包装食品会发生涨袋。食用了腐败变质食品，会引起中毒。肉类制品中蛋白质和脂肪均会被氧化，产生酸败，温度越高氧化越快。

3. 肉制品中常用的添加剂（表 4-5）

表 4-5　肉制品常用添加剂

功能	添加剂名称	食品分类	最大使用量/(g/kg)
水分保持剂	焦磷酸钠（膨松剂、酸度调节剂）	预制肉制品	5.0
	磷酸三钠（稳定剂、酸度调节剂）	预制肉制品	3.0
		熟肉制品	
	六偏磷酸钠（乳化剂、酸度调节剂）	预制肉制品	5.0
		熟肉制品	
	三聚磷酸钠	预制肉制品	5.0
		熟肉制品	
防腐剂	双乙酸钠	预制肉制品	3.0
		熟肉制品	
	山梨酸及其钾盐（抗氧化剂、稳定剂）	熟肉制品	0.075
		肉灌肠类	1.5
护色剂	硝酸钠、硝酸钾（防腐剂）	腌制肉制品类	
		酱卤肉制品类	
		熏、烧、烤肉类	
		油炸肉类	0.5
		西式火腿	
		肉灌肠类	
		发酵肉制品类	
	亚硝酸钠、亚硝酸钾（防腐剂）	腌制肉制品类	
		酱卤肉制品类	
		熏、烧、烤肉类	
		油炸肉类	0.15
		西式火腿	
		肉灌肠类	
		发酵肉制品类	

续表 4-5

功能	添加剂名称	食品分类	最大使用量（g/kg）
着色剂	焦糖色（普通法）	调理肉制品（生肉）	按生产需要适量使用
	辣椒红	调理肉制品（生肉）	0.1
		熟肉制品	按生产需要适量使用
	红曲米，红曲红	腌制肉制品类	按生产需要适量使用
		熟肉制品	
	辣椒橙	熟肉制品	按生产需要适量使用
	胭脂虫红	西式火腿	0.025
		肉灌肠类	
	诱惑红及其铝色淀	西式火腿	0.025
		肉灌肠类	0.015

4. 现行常用的产品标准（表 4-6）

表 4-6　肉制品产品标准

标准名称	标准号	适用范围	备注
酱卤肉制品	GB/T 23586—2009	以鲜（冻）畜禽肉和可食副产品放在加有食盐、酱油（或不加）、香辛料的水中，经预煮、浸泡、烧煮、酱制（卤制）等工艺加工而成	
肉松	GB/T 23968—2009	以畜禽瘦肉为主要原料加工而成。分为肉松和油酥肉松	规定淀粉指标≤2%，肉松的蛋白质指标≥32%比 SB 标准 28%高
肉松	SB/T 10281—2007	以畜禽瘦肉为主要原料加工而成。分为肉松和油酥肉松、肉粉松	肉松和油酥肉松没有规定淀粉指标，肉粉松淀粉指标≤30%
肉干	GB/T 23969—2009	以畜禽瘦肉为原料加工而成。分为肉干（牛肉干、猪肉干、其他肉干）、肉糜干（牛肉糜干、猪肉糜干、其他肉糜干）	
肉松肉干	SB/T 10282—2007	以畜禽为原料加工而成。分为牛肉干、猪肉干、肉糜干	牛肉干蛋白质指标≥34%比国标准 30%高
肉脯	SB/T 10283—2007	以猪、牛瘦肉为原料加工而成。分为肉脯和肉糜脯	
熏煮火腿	GB/T 20711—2006	以畜、禽肉为主要原料加工而成。分为特级、优级、普通级	

续表 4-6

标准名称	标准号	适用范围	备注
熏煮火腿	SB/T 10280—1997	以畜、禽肉为主要原料加工而成	
火腿肠	GB/T 20712—2006	以鲜、冻畜、禽、鱼肉为主要原料加工而成。分为特级、优级、普通级、无淀粉产品（≤1%）	
火腿肠（高温蒸煮肠）	SB 10251—2000	以鲜、冻畜、禽、鱼肉为主要原料加工而成。分为特级、优级、普通级	
广式腊肠	SB/T 10003—1992	以鲜（冻）肉为原料加工而成，具有广式特色的生干腊肠。分为优级、一级、二级	
中国火腿	SB/T 10004—1992	以鲜猪肉后腿为原料加工而成。分为优级、一级、二级	
腌猪肉	SB/T 10294—1998	以鲜或冻猪肉为原料加工而成。分为一级品、二级品	
中式香肠	SB/T 10278—1997	以猪肉加工而成。分为优级、一级品、二级品	测酸价
中式香肠	GB/T 23493—2009	以畜禽为主要原料加工而成的生干肠制品分为特级、优级、普通级	测过氧化值

5. 肉制品生产企业产品检验现场检查（除中国火腿类）（表 4-7）

表 4-7 出厂检验各项指标

出厂检验项目	水分	酸价	过氧化值	菌落总数	大肠菌群	挥发性盐基氮	净含量	感官
检验设备	分析天平（0.1 mg）干燥箱	分析天平（0.1 mg）	分析天平（0.1 mg）	天平（0.1 g）、微生物培养箱、灭菌锅	天平（0.1 g）、微生物培养箱、灭菌锅	天平（0.1 g）、半微量定氮器、微量滴定管（0.01 mL）	天平（0.1 g）	/
化学试剂	硅胶（玻璃干燥器用）	石油醚（30～60℃）、乙醚、乙醇、氢氧化钾标准溶液、酚酞指示剂	石油醚（30～60℃）、三氯甲烷、冰乙酸、硫代硫酸钠标准溶液、淀粉	平板计数琼脂培养基、氯化钠	月桂基硫酸盐胰蛋白胨肉汤、煌绿乳糖胆盐肉汤	氧化镁、硼酸、盐酸或硫酸标准溶液、甲基红、次甲基蓝	/	/
备注	中国腊肠类、肉松类和肉干类、熏煮火腿类	咸肉类、腊肉类、中国腊肠类、其他产品	咸肉类、腊肉类、中国腊肠类、其他产品、发酵肉制品	肉松肉干类、熏煮香肠类、熏煮火腿类	肉松肉干类、熏煮香肠类、熏煮火腿类、发酵肉制品	咸肉类	所有肉制品	所有肉制品

【项目小结】

为了保证肉制品的质量和食用安全性,肉制品在出厂之前要进行一些列的检验,包括感官、品质、理化性质、微生物、重金属等项目的检验。检验包括发证检验、监督检验、出厂检验、委托检验,其中的前三项为强制检验,委托检验为企业自愿行为。

【项目思考】

1. 肉制品如何进行取样和样品制备?

2. 肉制品的理化检验包括哪些项目?

3. 肉制品进行大肠菌群检测时的注意事项有哪些?

项目二　肉制品的包装

【项目导入】

肉制品是一种营养丰富、水分含量高的食品。它的保存期一般只能保存 3～4 d,长的则可保存 6 个月。其保存期的长短,主要取决于肉制品中的水分含量和加工方法,以及杀菌后的操作和包装技术。肉制品包装以后可以避免由于阳光直射、与空气接触、机械作用、微生物作用等而造成的产品变色、氧化、破损、变质等,从而可以延长保存期。

任务　肉制品包装市场调查

【要点】

1. 了解现行市场上肉制品的包装种类和形式。

2. 学会书写调研报告和分析报告。

【相关物品】

记录本、笔、相机、计算机。

【工作过程】

1. 讨论制作调查报告表。

2. 到大型超市和肉制品批发市场进行肉制品包装情况调研,调研内容包括产品种类、产品名称、产品保质期、包装材料、包装方式(鲜肉的包装方式和成品肉的包装方式)、包装的外观设计。

3. 完成调查报告和肉制品包装的分析报告。

4. 分组汇报。

【考核要点】

上交调查表和调查报告。

【相关知识】

肉制品包装以后可以避免由于阳光直射、与空气接触、机械作用、微生物作用等而造成的产品变色、氧化、破损、变质等,从而可以延长保存期。由于肉制品种类繁多,故需采用多种包装方法和适当的包装材料。

1. 与肉制品保存性有关的工艺

有很多工艺会影响肉制品的包装，从肉制品的包装和保存性的关系考虑，基本可以分为以下几种情况。

(1)杀菌。肉制品的杀菌条件为：中心温度 63℃，保持 30 min 以上。在这样的杀菌条件下，引起食物中毒的细菌被杀死了，但是制品中仍存在一些杆菌及耐热乳酸菌等与变质有关的细菌，这些残存细菌遇到适当条件时，会逐渐增殖而引起食物变质。

(2)操作。杀菌之后到包装之前这段时间，少则需几小时，多则需要一昼夜。在此期间，与操作者手指、机器等接触，或地面及空气中悬浮微生物等均可引起食品的二次污染。

(3)包装的环境条件。包装之后，虽然外部引起的污染被切断，但是制品内部污染还在继续的情况也是有的，而且氧是会慢慢透过薄膜进入的，所以袋内的氧分压会逐渐升高，残存菌和污染菌会开始繁殖。保存的温度越高，细菌增殖的速度会越快。

鉴于以上这些情况，为了防止包装操作的二次污染，应当尽量缩短杀菌后的放置时间，杀菌后马上进行包装，而且应选择对光、水、氧气具有隔离作用的薄膜。

2. 包装工艺

肉制品的包装，根据包装后是否进行再杀菌、使用肠衣是否透气等而采用不同的包装和操作工艺。

(1)根据所使用肠衣的种类选择不同的工艺。使用不透气肠衣时，肠衣可以保持原来的外观，填充以后的工艺简单，这种制品被称作直接包装产品。制作方法：把调好的肉馅填充到具有耐热性、非透气性、防湿性的肠衣中，然后用铝卡将两端结扎密封，再水煮、冷却，制成成品。此制法的特点：填充肉馅的非透气性肠衣即为该制品的外包装，不必再对产品进行二次包装。由于肠衣是非透气性的，而且微生物也透不过去，所以经过杀菌后，制品内部可长期维持在缺氧状态并可避免填充以后由于制品接触机器、手指等而造成的制品内部二次污染，所以此方法是提高保存性的一种既简单又有效的方法。现在市场上销售的火腿肠等均属于此类包装。包装材料多为聚偏二氯乙烯。

使用透气性肠衣时，制品在干燥、烟熏、蒸煮时会有游离的汁液、脂肪、水分等流出到制品的外部，这种游离物附着在制品的表面，成为微生物的营养源。经过一段时间后就会造成制品表面微生物增殖，形成二次污染。若采用动物肠衣，肠衣本身就成为营养源，会将微生物带入内部，从而引起制品腐败变质。即使不使用动物性肠衣，在操作中也常需要在肠衣上扎孔，所以也不能避免微生物从制品表面向内部污染扩散。对于这样的制品，可采用以下两种方法来防止杀菌后微生物的污染。一是进行普通二次包装，然后再进行二次杀菌；二是实行无菌卫生的操作包装法后不进行二次杀菌。

(2)包装方法。包装方法可分为密着包装和充气包装。这两种包装方式的不同：前者是使肠衣和产品处于紧贴状态，使肠衣与产品之间的空气尽量排除，从而防止由于氧与产品接触而造成的产品变质；充气包装是采用与上述相反的做法，充入惰性气体，以隔绝氧气。采用这两种方法的目的都是为了减少氧对产品质量的影响。

①密着包装这种包装的目的是通过脱氧或抽真空来减少氧气对制品的影响。密着的效果是让产品和肠衣之间处于真空状态，抑制细菌的增殖和氧化现象。另外，进行二次杀菌时，这种包装形式容易导热，可以缩短杀菌时间，减少对产品质量的影响。这种包装还可以起到把产品固定在包装袋中的作用。

②充气包装这种包装是利用不透气的薄膜,并充入惰性气体(如氮气)。充入气体时,应先将袋中的氧气排除掉再充入,此时的置换率很重要,如果置换率达不到要求,就应采用简易包装。这种包装必须在卫生条件下进行,其特征是产品不受压力作用,不变形。

(3)二次杀菌。使用透气性肠衣生产肉制品时,杀菌以后到包装完的这段时间里,产品表面可能会受到二次污染,产品内部由厌氧状态进入到好氧状态,出现保存性降低。为了把这种状态的产品恢复到刚杀完菌后的微生物水平,包装以后需要进行加热或二次杀菌。二次杀菌的温度、时间、冷却条件根据产品表面污染的程度不同而不同。如切片产品,如果其表面整个都被污染了,二次杀菌时,应在中心温度达到63℃后,再保持30 min以上;如果产品是块状的,只是表面被污染了,只需对表面以下几毫米内部分进行63℃、30 min的杀菌。另外,还要进行必要的冷却工序。杀菌或冷却的条件必须严格设定,如果设定的不对,就会出现杀菌不充分或冷却不充分的现象,反而给细菌的生长以合适的温度。如果加热温度过高,又可能出现出油、出水等现象,这些汁液便成为细菌的营养源,造成保质期缩短。需要进行二次杀菌的产品,在配料阶段,就应该考虑添加的淀粉量和乳化剂的量,使产品在二次杀菌时不会出现汁液和脂肪分离现象。一般高档产品不进行二次杀菌。二次杀菌时,产品必须与热介质接触,所以必须是密着包装。

(4)产品的周转日期和适当的包装。产品的包装必须考虑质量、市场要求的保质期、经济性等问题。高于市场要求标准以上的包装也是没有必要的。随着肉制品的普及、流通范围的扩大,市场要求的周转期也不相同。根据市场要求进行合理包装,必须综合考虑制造条件、包装方法和包装材料这三方面的情况。

【必备知识】

肉类食品的包装主要包括新鲜肉类、加工肉类和罐装肉类包装等几大种。不同种类的肉类食品,由于其加工方法、营养成分的不同,所采用的包装技术方法也不一样。

1. 新鲜肉类

新鲜肉类是成分复杂的食品,要达到完善的包装保护需要考虑一系列的影响因素,如生肉的外观颜色、感官性能(味道、组织、嫩度和气味)、温度、氧气和细菌等。新鲜肉类的质量好坏直接受到微生物侵袭和繁殖、发酵酶的活性、氧化反应以及脱水等物理变化的影响。

(1)新鲜肉类败坏变质机理。

①氧化。当新鲜肉类暴露于空气中,氧分子直接加到肌红蛋白上面的铁原子上,形成血红蛋白,显出红的颜色,这种变化非常快。生肉与空气接触还会发生其他的化字反应,形成褐色的正铁肌红蛋白,显出很不新鲜的外观。由血红蛋白转变为正铁肌红蛋白的速度取决于温度,温度越高,反应速度越快;肉的pH,pH愈高,肉的颜色愈深;细菌增殖的速度。

新分切的新鲜肉类表面的颜色呈紫红色,是由于肌红蛋白的浓度较高所造成的。肌红蛋白受氧化后颜色变得鲜艳,形成了氧合肌红球蛋白。由肌红蛋白转变为氧合肌红蛋白的反应是可逆的。生肉连续暴露于空气中几小时后,氧合肌红球蛋白逐渐转变为褐色的正铁肌红蛋白,它是非常稳定的色素。

②脱水影响新鲜肉类变色的另一个原因是脱水。未经包装的生肉很容易蒸发水分,使肉的表面色素浓缩。另外溶解在肉内部的色素转移到表面上来,更增加了表面色素的浓度,导致表面变成深褐色。

③哈败食品的哈败是由于其中脂肪成分氧化和水解造成的。这些反应导致食品的固有香

味、外观和组织的恶化,不仅影响销售,甚至不能食用。肉类食品由于含有较多的脂肪,经常发生水解哈败和氧化哈败。

肉类食品中油脂的水解会生成甘油酯,其中包含低分子量的脂肪酸,如丁酸、己酸、辛酸和癸酸等,使食品的味道恶化。肉类食品中不饱和脂肪酸的含量愈高,其氧化哈败的速度也愈快。猪肉中的脂肪含量高于牛肉,而且猪肉中脂肪的碘值较高,不饱和度也较高,所以猪肉的哈败速度比牛羊肉要快。

(2)新鲜肉类的包装。上文对新鲜肉类变质和败坏的原因进行了较详细的分析,为新鲜肉类包装采取有效的防护措施(如控制包装前的质量、选择适宜的包装材料、减小外界不利因素的影响等)提供了基本依据。

①控制包装前的质量。肉类在贮存和流通过程中,极易受到细菌、酵母菌和霉菌等微生物的侵蚀,从而造成可闻可见的质量腐变。因此对于新鲜肉类的包装,一定要严格控制各种微生物的数量。

在活的动物皮毛和内脏里,存在着大量的细菌。完善的屠宰技术要求屠宰者注意卫生,屠宰工具必须经过严格的消毒,动物的胴体应该用热水清洗。因此,屠宰场所的卫生以及搬运和贮存条件,是保证新鲜肉类在包装和出售以前,最低起始细菌浓度的重要前提。动物屠宰完毕,动物胴体的温度约为38℃左右。在这个温度下,各种细菌的增殖速度很快,必须及时地把动物胴体冷却到10℃以下,以抑制细菌的增殖。接着进一步降温到1℃左右,防止肌肉变质。降温贮存还可以避免内表面水分蒸发,减少肉的失重以及肉汁的损失。但是降温过程不宜过快,否则在动物胴体僵挺以前,速冷会使鲜肉的组织变得强韧,影响食用。

②选择适宜的包装材料,减少环境因素的影响。上文已经提到,新鲜肉类一方面,容易丧失水分影响其质量;另一方面,由于新鲜肉中含有较多的脂肪,容易氧化酸败。同时,肌红蛋白也易氧化变色。因此,新鲜肉类的包装应选择适宜的包装材料,既要防止生肉蒸发水分,隔绝外界气味的影响;同时,包装材料的透氧率应保持生肉颜色鲜红所需的供氧量,又不至于使生肉发生氧化变质。此外,包装材料应具有足够的抗撕裂强度和耐戳穿强度,以免在搬运和销售过程中破裂。

为了更严格地控制生肉表面保持的鲜红的颜色,食品化学和食品工作者试验研究了新鲜肉类中肌红蛋白转变为氧合肌红球蛋白(鲜红色)所需的供氧量,开拓了种种不同透氧率和透水蒸气率的包装材料,用以包装新鲜肉类。这类薄膜包装材料已经过了许多改进和发展过程。

早期的薄膜包装材料是采用专门加工的玻璃纸,单面涂塑一层硝化纤维。这种薄膜透氧率为 5 000 mL/(m² · 24 h)(1 atm)(在 23℃ 时,包装内部的 RH 为 100%,外部的 RH 为 52%)。玻璃纸本身固有一定的透气率,但容易吸收水蒸气。涂塑硝化纤维的目的是为了降低薄膜的水蒸气透过率,而不影响其透氧率。包装生肉时,未涂塑的一面与生肉接触,涂塑的一面向外。双面涂塑玻璃纸不宜采用,因为透氧率太低,会加快正铁肌红蛋白的生成。此外,玻璃纸单面复合聚乙烯薄膜具有较高的耐戳穿强度,聚乙烯复合层同时具有所需的透气率,并且对水蒸气的隔绝性强,可用来包装大块的生肉。

自各种塑料薄膜先后出现以来,在新鲜肉类包装中,获得了广泛的应用。盐酸橡胶薄膜逐渐被采用,这种薄膜强度比玻璃纸高,并且具有弹性,可以热封,操作方便。后来低密度聚乙烯薄膜也被用于新鲜肉类的包装。但由于其水蒸气透过率太低,伸长率较大,容易造成包装松弛、透明度不好等缺点,因此应用并不广泛。

对于新鲜肉类的包装,目前应用最为广泛的是聚氯乙烯(PVC)透明薄膜。这种薄膜具有成本低、透明度高、光泽好、有自黏性等优点。薄膜厚度一般为 0.077 8 mm。薄膜中增塑剂含量较高,所以它的透气率适宜,并富有弹性,裹包后薄膜能紧贴着生肉的表面,得到满意的销售外观。由于聚氯乙烯薄膜尚存在一些缺点,如其包含的增塑剂散失和转移的问题,聚氯乙烯本身的耐寒性不足,低温下会变脆等。目前,正在推广用乙烯—醋酸乙烯共聚物(EVC)薄膜代替聚氯乙烯薄膜来裹包生鲜肉类。EVC 薄膜的透明度和耐热性优于聚氯乙烯,耐寒性优良。此外,EVC 薄膜不包含增塑剂,也没有毒性单体成分。近年来,在新鲜肉类包装领域里又开拓了新型的包装薄膜——热收缩薄膜。常用的热收缩薄膜有聚氯乙烯、聚乙烯、聚丙烯和聚酯等品种。生鲜的分割肉类的形状都是不规则的。采用收缩薄膜裹包不规则形状的肉块,非常贴体,干净而又雅致,包装工艺简便,包装成本低。目前国外的生肉包装用膜,热收缩薄膜用量在10%以上,尚有继续发展的趋势。

③选择合适的包装容器及技术方法。当前,超级市场销售的新鲜肉类,多数是采用浅盘和覆盖薄膜的包装形式。将定量的生肉放入浅盘中,然后覆盖一张薄膜。四个角向盘底裹包,依靠薄膜自黏性固定。自黏性不足的薄膜,可用透明的胶带黏结。包装操作可以是人工的,也可以是半自动化机械或全自动化机械生产。自动化包装包括充填、称重、盖膜、贴标(商标、价格)和封合等工序,每分钟可包装 35 件左右。生肉的另一种包装方法是真空包装。选用透气性很低的塑料薄膜,如聚偏二氯乙烯、聚酯、尼龙、玻璃纸/聚乙烯、聚酯/聚乙烯或尼龙/聚乙烯等复合薄膜,事先制袋子,将生肉装入袋子后,抽出袋中的空气,然后将袋口热封。这种包装方法的特点是隔绝氧气和水分,避免微生物的污染。经过真空包装的生肉贮存期可达到 3 周以上。但是真空包装生肉,由于抽出了袋中的空气,生肉表面的肌红蛋白难以转变为鲜红的氧合肌红球蛋白,影响生肉的销售外观。供应宾馆、餐厅和饭店的生肉采用真空包装比较合适。

综上所述,新鲜肉类对包装的要求:包装材料(薄膜)的透明度高,便于顾客看清生肉的本色;材料的透氧率适当,足以保持氧合肌红球蛋白的鲜红颜色;水蒸气透过率要低,防止生肉表面的水分散失,造成色素浓缩、肉色发暗及肌肉发干收缩;薄膜的湿度强度要高,柔韧性要好,要求耐油脂、无毒性,同时应具有足够的耐寒性;此外,生肉容易受微生物的感染而变质,分割和包装场所以及工人的卫生十分重要;工具和包装材料应经过消毒灭菌;温度对于氧在生肉中的渗透作用影响很大,同时温度也影响微生物的增生繁殖,因此生肉的分割和包装工序最好在较低的室温下进行(10℃左右);包装时,生肉不要长时间暴露在空气中,时间愈短愈好。

2. 加工肉类

(1)生熏肠。生鲜的熏肠是由碎肉、淀粉、调料、熏料和防腐添加剂掺和制成的。有时加入少量的酒,使它产生芳熏气味。这类食品对包装的要求大体上与生鲜肉类一样。不过,生熏肠中所包含的细菌群比生鲜肉还多,因而更加容易败坏。虽然加入一定数量的防腐添加剂,但是并不能完全抑制腐败的可能。生鲜肠的品种很多,例如猪肉腊肠、牛肉烟熏半干熏肠及加蒜和调料的牛羊肉熏肠等。

生鲜的熏肠很容易氧化而改变颜色,容易受细菌和微生物的侵袭破坏,容易脱水而干枯,有时也会由于光线的照射而发生催化腐变反应。因此,生熏肠应该针对上述各种防护要求来选定适当的包装方法。在实际生产中,最早采用的透明包装薄膜是可热封的涂塑玻璃纸。这种薄膜具有适当的水蒸气透过率,以防止熏肠散失水分。但是,如果包装材料的水蒸气透过率太低,反而会促进包装内部熏肠的霉菌增殖,引起发黏变质。其他用作生熏肠包装的透明薄膜有聚苯乙烯、聚乙烯和醋酸纤维素薄膜。聚苯乙烯薄膜的热封性能不好,而且水蒸气透过率太低,用它包装的熏肠的贮存期不太长。聚乙烯薄膜的水蒸气透过率很低,可以采用打孔的薄膜包装生熏肠。但由于薄膜的挺度太小,过于柔软,用在高速的自动包装机上,工艺操作性能不好,所以应用不太广泛。醋酸纤维薄膜不容易热封,成本也较高。生熏肠的包装如果分量不大,可采用人工方法直接用印刷好的薄膜裹包。对于大批量生产,通常采用自动裹包机。一种是将熏肠直接裹包后,将薄膜的末端折叠并热封;另一种是将熏肠放在浅盘(纸盘、刚性聚苯乙烯或聚乙烯塑料浅盘)里,然后用薄膜将熏肠连同浅盘一起裹包。

(2)腌制和熏制食品。腌制和烟熏加工食品是以干燥和化学的方法防腐,抑制食品的腐变。这两种方法也经常结合冷藏保存。最常采用的腌制方法是用亚硝酸盐和硝酸盐溶液浸渍处理,使肉类表面的颜色保持鲜红。亚硝酸盐在酸性溶液中也具有抑菌作用。

腌制的肉类食品,经过包装能显著地保持产品的质量。真空包装时,由于包装材料能够防止霉菌的增殖,从而延长产品的贮存期。而且包装提供了隔绝性能,防止产品在搬运过程中继续遭受污染。此外,腊肉采用真空包装还可保持它的颜色。腊肉败坏的速度主要取决于贮存温度的高低以及腌制剂中含盐量的多少。

腌制肉类采用硝酸盐和亚硝酸盐作为腌制剂,这类盐类会与肉中存在的胺类发生作用生成亚硝胺化合物。经实验室动物试验证明,亚硝胺是致癌物质。因此,美国政府早在20世纪70年代就对硝酸盐和亚硝酸盐腌制加工肉类中亚硝胺的含量加以严格控制。因此,需要寻求有效的方法,既可免用硝酸盐或亚硝酸盐型的腌制剂,同时又能维持腌制肉类的质量指标。两全其美的方法是采取冷藏、冷冻、辐射杀菌、脱水热加工以及寻找亚硝酸盐的替代品等。

近年来,曾经探讨过700多种亚硝酸盐的代用品。例如,采用10%的食盐代替亚硝酸盐,或采用0.26%的山梨酸钾结合真空包装,均可抑制肉梭菌的增殖和毒素的产生。美国国家食品加工协会提出,对于猪肉和禽类,只采用500 mg/L二氧化硫,不需用亚硝酸盐,其贮存期可达3个月以上。

肉类的烟熏加工,通常有3个主要作用:使食品具有特殊的香味,抑制微生物的增长以及阻止肉中脂肪的氧化反应。其他的作用还有,改善食品的颜色和外观以及使肉食品中的组织嫩化可口等。烟熏可能去除肉中的水分,烟中的酸性蒸气能够渗入到肉中去。但必须控制烟熏的极限温度,防止肉食烧焦和脂肪的过分丧失。烟熏的温度一般控制在43~71℃,在这个温度范围内,杀死活细菌的效果比消灭细菌孢子更为有效。

(3)肉类罐头产品。肉罐头的加工方法根据肉产品的特性而有所差异。多数的肉类产品是呈低酸性的,这对于残存的细菌是很好的栽培介质。肉罐头所采用的包装容器普遍是镀锡铁皮罐。在罐头灌装、排气和密封后,须经热加工高温杀菌。在这个过程中,热量通过铁罐、肉汤渗透到罐内的肉块中去,其热渗透速度是比较慢的。如果在肉的配料中加入不同的化学成分,通常会加速热量的渗透速度。

有关制造肉类罐头的一些重要问题是,在肉类加工过程中蛋白质会放出硫,使某些产品很容易变色或退色。这就要求铁罐容器的内表面经过严格的表面处理。例如对于焖牛排和肉类糊状产品,铁罐的内表面应预涂敷一层专门的涂料,使之对硫的腐蚀具有相当的耐力。火腿、猪肉和午餐肉罐头,往往会由于涂料使用不当,罐身侧缝暴露出金属表面,受硫的腐蚀而生成硫化铁,直接污染罐内的食品。如果肉中含有盐类,特别是硝酸盐和聚磷酸盐,将会加速这种腐蚀作用。含有明胶的罐头产品,切忌在罐内留有二氧化硫的残余物,因为二氧化硫会变成黑色,虽然毒性不大,但会使罐头产品的熏味恶化,颜色很不美观,影响销售。

肉食罐头的另一常见质量问题是"胖听"。由于罐内食品存在细菌而导致发酵并产生气体,使罐内的内压力增大,罐身向外凸发,这是罐头变质败坏的一种表现。除了铁制罐头以外,后期开发的所谓软罐头,是由两层、三层或四层不同基材复合而成的材料制成,称之为蒸煮袋,它也和铁罐头一样能够承受高温杀菌的温度。

上述几种复合材料的结构都能够控制住微生物的侵袭。不过,两层结构的材料由于没有那层铝箔,对光线、水分和气体的隔绝效果较差。而这几种外界因素是引起食品变质败坏不可忽视的因素。

蒸煮袋与其他包装结构相比较,具有如下优点:

首先,以同等容量的容器,它的热加工时间比金属罐或玻璃容器要短,这一点在许多情况下会提高包装食品的质量(免于食品过度蒸煮);其次,蒸煮袋包装食品的贮存期与冷藏食品相仿,而且可能在贮存、流通和销售过程中无须冷藏;产品与容器之间的副作用和影响比金属罐要小;如果蒸煮袋中的食品不含盐水、糖浆或酱油等相对密度较大的成分,则蒸煮袋包装食品的重量和体积将比金属罐节省40%左右;而且对于某些难以制罐的产品,改用蒸煮袋包装则更为容易、方便;另外,蒸煮袋包装食品只需使用剪刀或小刀子就能很容易地开启,也可在袋顶部设计一个撕开口,开启非常方便。

肉类罐头产品还有一种塑料罐包装形式。塑料罐包装最先是由瑞典开发出来的。其罐身是由聚丙烯—铝箔挤出复合制成的,罐身的拐角曲率较大,比较平顺,而且在四个侧面上设计多色美观的印刷图案。罐盖和罐底是塑料注塑件,内表面衬垫一层与罐身同样的时间杀菌后能进行较长时间保存的袋装食品。在常温下保存良好,制品一年内不丧失商品价值,故又称"软罐头"。其组织形态及营养价值都优于传统的"硬罐头"。蒸煮袋食品具有包装轻巧、携带方便、开启容易、使用便捷、节省能源等诸多优点,所需包装材料也易于专门生产,所占库存面积较小,所以蒸煮袋食品逐渐成为近年来的一种时尚方便食品,尤其适用于旅游、登山、航行等野外作业的情况,也可适用于救灾抢险等紧急情况。

蒸煮袋采用复合薄膜制成。复合薄膜可呈卷筒形式供应食品加工厂。对于罐装食品是成型和封口,也可三面封口制成蒸煮袋后供应加工房。双层复合薄膜是透明的,气密性和遮光性较差,但价格较便宜。三层复合膜带有铝箔,制成蒸煮袋后封装食品可长期保存。

在制作蒸煮袋时,对复合材料各层的选择应考虑以下因素:

①外层。要求厚薄均匀,提供较强的韧性、拉伸强度和抗撕裂强度。延伸率和热收缩率不宜过大,否则会造成图案变形。

②中层。要求针孔数尽可能少($\leqslant 10$ 个/m^2),针孔的孔径应尽可能小(一般肉眼不能发现,要通过灯光检验),以提高蒸煮袋的气密性、防潮性和遮光性。表面清洁无油污,要求达到清洁度B级以上,以提高复合强度。具有较高的机械性能和柔韧性,不易折裂。表面平整,厚薄均匀,无褶皱花纹。

③内层。以聚丙烯居多,要求符合有关食品卫生标准,能经受121℃高温蒸煮,化学性能稳定,适用于热熔封口,且具有良好的封口强度。复合前可对其进行处理,以使薄膜表面与聚氨酯胶黏剂结合,提高复合性。

【项目小结】

食品易腐败变质而丧失其营养和商品价值。因此,必须进行适当包装才能贮存和成为商品。生鲜肉常用的包装方式有浅盘包装和气调保鲜包装,冷冻肉类常用的包装方法有收缩包装、充气包装和真空包装。加工肉类的包装方法有:罐装、薄膜裹包、真空充气包装和热收缩包装等。

【项目思考】

1. 肉制品包装的功能有哪些?

2. 肉制品常用的包装材料有哪些?

项目三　肉制品的质量安全控制和卫生管理

【知识目标】

1. 了解肉品加工的卫生管理内容和管理办法。

2. 掌握肉品加工卫生的管理制度和原则。

3. 正确认识 SSOP、GMP 和 HACCP 三者的区别和联系。

【技能目标】

1. 了解食品卫生标准操作程序(SSOP)。

2. 熟悉 HACCP 的基本内容和实施原则。

【项目导入】

我国肉制品总产量 1998 年已达到 6 100 万 t,人均肉类占有量 50 kg,按照肉类产量每年 3%的递增速度,到 2005 年末,我国肉类总产量将超过 7 200 万 t,人均肉类占有量将在 55～56 kg,肉制品的消费正成为我国人民食品消费中的重要组成部分。生产厂家应本着对消费者负责的精神和自身在食品生产的激烈竞争中立于不败之地的需要,一方面严格抓质量管理,拿出自己的拳头产品;另一方面还要搞好卫生管理,生产出消费者信得过的产品。肉品加工的管理包括质量管理和卫生管理。

任务　猪肉肠生产危害分析工作单

【要点】

1. HACCP 在出口猪肉香肠生产中的应用。

2. 学会分析肉制品生产中的关键控制点。

3. 学会编写危害分析工作单、HACCP 计划表。

【工作过程】

(一)猪肉香肠生产的工艺流程

原辅料选择→原料肉处理→腌制→斩拌→灌肠→熏制→蒸煮→冷却→分离肠衣→挑选→装罐→封口→杀菌→保温→检验→包装。

（二）危害分析工作单

附表 1　猪肉肠生产危害分析工作单

工厂名称：××食品厂　　　　　　　　产品名称：出品猪肉香肠

工厂地址：××省×市×区　　　　　　储存和销售方法：常温保质期 18 个月

预期用途：启罐后经高温蒸煮食用

(1) 配料/加工步骤	(2) 确定在这步中引入的、控制的或增加的潜在危害	(3) 潜在的食品安全危害是显著的吗？ （是/否）	(4) 对第（3）列的判断提出依据	(5) 应用什么预防措施来防止显著危害？	(6) 这步是关键控制点吗？ （是/否）
原辅料选择	生物危害：病原菌肉毒杆菌、沙门氏菌、李斯特菌	是	原料肉由于接触地面、水污染造成	要求供应商提供检疫合格证明	是
	化学危害：药物残留（兽药等）	是	由于各种饲料添加剂广泛应用造成	保证原料肉来源	是
	物理危害：金属异物	是	原料肉因各种原因沾上异物	金属探测器探测	是
原料肉处理	生物危害：病原菌如肉毒杆菌、沙门氏菌、李斯特菌生长	是	如果温度适宜会使病原菌大量繁殖	严格操作规程	否
	化学危害：无		放置时间过长也易造成	后序杀菌可防止	
	物理危害：无				
腌制	生物危害：病原菌肉毒杆菌、沙门氏菌、李斯特菌	是	病原菌在一定温度、时间下会大量繁殖	严格控制腌制时间、温度，后序杀菌可消除	否
	化学危害：配料中色素、药物污染	是	配料中色素过多、配料药物残留	控制配料供应商，要求其为检验合格单位，严格配料操作步骤	否
	物理危害：无				
斩拌	生物危害：病原菌肉毒杆菌、沙门氏菌、李斯特菌	是	病原菌在适当温度、时间下会大量繁殖	严格控制时间、温度，后序杀菌可消除	否

续附表1

配料/加工步骤	确定在这步中引入的、控制的或增加的潜在危害	潜在的食品安全危害是显著的吗?(是/否)	对第(3)列的判断提出依据	应用什么预防措施来防止显著危害?	这步是关键控制点吗?(是/否)
斩拌	化学危害:清洁剂残留 物理危害:无	是	清洗斩拌用的清洁剂未过清	清洗后按程序过清	否
灌肠	生物危害:病原菌肉毒杆菌、沙门氏菌、李斯特菌	是	病原菌在适当温度、时间下会大量繁殖	严格控制时间、温度,后序杀菌可消除	否
	化学危害:清洁剂残留 物理危害:无	是	清洗斩拌用的清洁剂未过清	清洗后按程序过清	否
熏制	生物危害:病原菌肉毒杆菌、沙门氏菌、李斯特菌 化学危害:无 物理危害:无	是	烟熏时间、温度不均匀,病原菌会大量繁殖	执行操作规程,后序杀菌步骤可消除	否
蒸煮	生物危害:病原菌肉毒杆菌、沙门氏菌、李斯特菌 化学危害:无 物理危害:无	是	蒸煮时间短、温度不够	严格执行操作规程,后序杀菌步骤可消除	否
冷却	生物危害:病原菌肉毒杆菌、沙门氏菌、李斯特菌、金黄色葡萄球菌 化学危害:无 物理危害:无	是	冷却间温度高,操作人员个人卫生有问题	严格执行冷却操作规程,注意员工个人SSOP,防止金黄色葡萄球菌	否
分离肠衣、挑选	生物危害:病原菌肉毒杆菌、沙门氏菌、李斯特菌 化学危害:无 物理危害:无	是	易造成细菌繁殖	严格执行操作规程,后序杀菌步骤可消除	否

续附表 1

配料/加工步骤	确定在这步中引入的、控制的或增加的潜在危害	潜在的食品安全危害是显著的吗?（是/否）	对第（3）列的判断提出依据	应用什么预防措施来防止显著危害?	这步是关键控制点吗?（是/否）
装罐、封口	生物危害:病原菌肉毒杆菌、沙门氏菌、李斯特菌	是	封口不密闭易造成污染,细菌繁殖	严格操作规程,检查封口气密性	是
	化学危害:无				
	物理危害:金属异物	是	金属罐内异物	金属探测	是
杀菌	生物危害:病原菌残留	是	灭菌温度、时间不够,病原菌残留数超标	严格控制杀菌温度、时间	是
	化学危害:无				
	物理危害:无				
保温、检验、包装	生物危害:病原菌残留	是	残留病原菌数量过多	抽检,了解产品病原菌是否超标	否
	化学危害:无				
	物理危害:无				

（三）HACCP 计划表

附表 2　猪肉香肠生产 HACCP 计划表

(1)	(2)	(3)	(4)	(5)	(6)	(7)	(8)	(9)	(10)
关键控制点 CCP	显著危害	对于每个预防措施的关键限值	监控				纠偏行动	记录	验证
			对象	方法	频率	人员			
原辅料选择	病原菌、药物残留	必须有原辅料产品合格证、到合格供应商处购买	病原菌、农药、兽药残留	眼看	每批进货	原辅料验收员	拒收	验收记录纠正措施记录	每天抽查一次及纠偏后
	金属异物	金属探测器	异物	金属探测器	全检	操作工	剔除		

续附表 2

(1)	(2)	(3)	(4)	(5)	(6)	(7)	(8)	(9)	(10)
关键控制点 CCP	显著危害	对于每个预防措施的关键限值	监控				纠偏行动	记录	验证
			对象	方法	频率	人员			
装罐、封口	金属异物	金属探测器	装成品罐后	金属探测器	全检	操作工	剔除	测试记录金属探测仪校准记录	每批产品抽查一定数量
	气密性	罐头密封性	已装罐罐头	眼看手摸	全检	操作验收工	重新密封	操作验收工记录纠正措施记录	
杀菌	病原菌残留	121℃ 75 min	杀菌锅	眼看	每批	监控操作工	重新灭菌	杀菌锅参数记录纠正措施记录温度计校准记录	每天审核压力容器、每年对压力表校正

签字: 日期:

【考核要点】

1. HACCP 表格的制作。

2. 如何确定关键控制点。

【思考】

如何确定关键控制点？

【必备知识】

一、肉制品加工的卫生管理

(一)质量管理

1. 质量管理的意义、范围

所谓质量管理是指最经济地生产出适合使用者要求的高质量产品所采用的各种方法体系。现代化的质量管理采用的是统计学的方法,所以又称作统计的质量管理。为了有效地实施质量管理必须整个企业齐心合力才行,这样的管理质量又称作全面企业质量管理。

质量管理的范围可用四个步骤表示:①调查研究消费者的需求;②设计开发可满足消费者需求质量的产品(设计质量);③按设计进行生产(制造质量);④向消费者销售产品(销售、服务质量)。

把这 4 个步骤连接起来形成一个循环链,在对企业质量的责任感、对质量重视观念的基础上不断循环是极其重要的。在日本称之为德明循环。

这样,产品的质量才会稳定,消费者才会放心地购买和食用我们生产的产品。

2. 质量管理的基本点、重点

质量管理要遵照食品卫生法和相应的产品标准法规来实施。

即使满足了这些条件,但是质量偏差太大,也不会得到消费者的信赖,所以要努力谋求产品质量稳定才行。因此,每道加工工序都要实行严格的管理。

(1)原料管理。主要是检查作为主原料使用的外购原料肉的新鲜度、保水力、卫生、温度、pH 等指标,通过对以上这些指标进行评价分析后,确定该原料的加工用途(适合做哪种产品)。条件允许的话,范围还可以扩大到对肠衣、添加物等也进行同样的检查。对原料的管理可以认为是整个质量管理的基础,所以是非常重要的。

(2)工艺管理。工艺管理的要点有两个。一是从生肉到中间产品的温度管理;二是如何防止微生物污染的问题。在设定各个工艺条件及确定与下一道工序的连接条件时,必须注意以上两点。

(3)设施管理。对建筑物、机械器具、给排水、排烟、污水处理等以及与制造有关的一切设施都应实行管理,只有这样才能保证产品的质量管理。

(4)产品管理。对最终产品(final products)的微生物含量、理化指标、感官质量等进行检查,如果有可能的话,应制定出详细的产品企业标准。

(5)流通管理。对从工厂的成品库至零售商店过程中产品的贮藏、运输及销售条件、处理好坏(特别是温度、湿度和二次污染的可能性)进行管理,至少应确定一定的基准和允许范围。

3. 原料肉和各道工序的温度管理上应注意的问题

原料肉通过手工操作处理,直至最后加工成为成品,在此过程中的卫生管理,特别是防止二次污染的发生,是极为重要的,必须引起人们的注意。例如,从一开始原料肉中就有微生物存在,那么就应该注意抑制微生物继续增殖。为了保险起见,在每道工序上,都必须保证肉在适当范围内的温度条件。因此,必须注意控制室温、机器的温度和水的温度,减少其对肉温的影响。

一般微生物都附着在肉的表面,内部几乎没有。所以考虑微生物繁殖、增殖时,应主要考虑肉表面温度变化为宜。

从加工工艺来看,在烟熏和干燥工艺上,细菌的繁殖温度域 20~40℃,所以应尽量避免在此温度上过多停留。但是加热工艺是以杀菌为目的,不只是肉的表面温度,还应考虑肉中心温度才行。

(二)肉品卫生管理的内容和办法

1. 肉类加工厂管理内容和基本卫生要求

随着人民生活水平的提高,世界各国对食品卫生和安全越来越关注。食品供广大人民消费,工厂产品的优劣,直接影响到人民群众的健康。增强人民体质,世界各国对食品加工都制定有食品卫生法规。从事食品加工的企业和人员,严格按照食品卫生法生产,是义不容辞的使命。

食品卫生管理涉及面很广,如厂址选择,厂房布局和建筑,设备配置和生产过程,原料和产品的贮存、运输以及食品的销售卫生条件,食品厂的卫生组织和卫生制度等方面的问题。

(1)肉制品厂厂址选择。一个完整的肉类食品厂卫生规划,应从建厂时就要有周密考虑,若工厂四周环境不卫生,这先天的欠缺,一旦投产,执行卫生计划,就很难补救,所以厂址的选

择,实为工厂卫生的首要条件。厂址选择应考虑以下几点:

①必须考虑防止肉制品厂对居民区产生污染,同时也要考虑居民区及周围环境对肉品厂的污染,食品厂必须有独立的环境,不能与住宅或其他工厂毗邻。

②要考虑供、产、销的便利,交通必须方便,食品厂原料来源基地必须稳固,不能搞无米之炊,最好是就地取材。

③应考虑地势、水源与排污等情况,食品厂生产用水量大,故必须有足够的水源,且要符合饮水卫生标准,同时生产用后的废水,应有排放前的净化处理系统,以免妨碍公共卫生,污染环境。

④要与垃圾堆、公共厕所、畜牧场远离,间距应为 50 m 以上,防止蚊、蝇、鼠害。

⑤肉食品厂与公路间距应为 150 m 以上,防止灰尘污染食品。工厂内外四周应进行绿化,厂内应留一定空地,以便生产发展之用,避免过于拥挤,影响卫生管理。

(2)肉制厂厂房布局。肉制品的厂房应在没有空气和水污染的地方,度应有环保措施,其厂房布局,应根据经营范围品种多少和工艺要求进行设计。总的要求是:严格按照合理的工艺流程设计,尽可能实现流水作业,避免重复、交叉运输。其步骤应是先确定生产的品种和日产量以确定厂房面积的大小,按工艺流程、流水作业确定厂房的使用分配和布局,根据工艺布局进行土建设计,应避免先盖厂房,然后再设计工艺。可分为单一品种加工布局和多品种经营的加工厂布局。单一品种的加工厂,从进料到出成品整个流程为一个"U"字形,工序安排比较合理,辅以各种传送系统连接可组成生产流水线,有利于单品种大批量生产。在设计上还应考虑到食堂、更衣室、办公处等场所的建设。多品种经营加工厂首先把来自屠宰间的白条肉送入分割肉加工车间,原料分割后再根据不同的用途输送到各专门车间进行继续加工,其成品分别集中到批发中心货场。这种工厂生产经营的品种虽然比较多,生产过程也比较烦琐,但整个布局设计应是一个整体。这样可提高原料的利用率,大大降低了生产的成本,有利于企业的经济核算。

2. 肉品加工生产工具、设备的要求

质量优异的产品,固然与其加工工艺有着极重要的关系,但与加工工具和设备也是分不开的,它对提高工效、保持产品的色、香、味、形,同样是不可忽视的重要因素。

(1)刀具及有关工具。刀具是肉类制品行业的主要工具,不管机械化程度多高也不可缺少。刀具的种类、式样及材质直接关系到工作效率及使用寿命。

刀具的种类:由于肉类制品的品种繁多,加工工艺千变万化,因而使用的刀具很多,如屠宰放血的刺血刀、剖腹用的解剖刀、剥皮用的剥皮刀、剔骨用的剔骨刀、分段用的大砍刀、修割用的修割刀、剔割两用刀、厨师用的菜刀等。目前,一些先进国家都普遍采用手持式电动刀,这种刀有气动式、液压式等,刀型也有长圆等多种式样。磨刀器具:刀具经使用后,显得钝而不利,这时即需磨刀,磨刀器具有天然磨石和人造磨石。这些器具在使用前后都要进行清洗和消毒。

(2)加工设备。肉类制品所使用的设备是根据其品种、产量的大小而决定的。这些设备总的来说不外乎分割、剔骨、切肉、绞肉、斩拌、制馅、搅拌、灌肠、蒸煮、烟熏、烘烤及其附属设备等。

选用这些设备必须考虑到结构合理,材料坚固耐用,操作维修简单,耐腐蚀易清洗,并要充分注意耗能低、安全可靠、一机多用。同时在使用完后一定要清洗和消毒。

肉制品加工与贮存的卫生管理

各种熟肉制品能否保证卫生乃是关系到人民健康、产品信誉的大问题。因此,从肉制品的加工到销售、贮存等各个环节,都必须严格把好食品卫生关,必须全面贯彻执行《中华人民共和国食品卫生法》的各项有关规定。在肉食品加工行业,重点要做好以下几方面的食品卫生管理。

①用来加工肉制品的原料要严格验收把关,必须经卫生人员检验合格。不新鲜、不合格的原料不能加工肉制品,原料猪肉的检验应按照国家规定的鲜猪肉卫生标准进行感官检验。

②肉制品加工不得在露天进行。生产车间、场地应有良好的采光和通风条件,内墙应贴瓷砖,墙与墙、墙与地面的结合处应为圆角结构,地面有一定的坡度,排水流畅,车间内不得有死角积水,生产结束后要彻底清扫冲刷,炎热季节,车间内外每天要进行消毒。室内外要做到无油污、泥水、灰尘、杂物等。

③注意生产操作人员的个人卫生。个人卫生是保证食品卫生的基础。个人不讲卫生或不重视卫生将会给食品造成更直接、更严重的反复污染。因此,作为生产食品的操作人员必须要有讲究个人卫生的良好习惯和责任感。个人卫卫主要是指:"一要、二不、三净、四勤"。"一要"就是大小便后要洗手消毒;"二不"就是不随地吐痰,不对着食品说话、打喷嚏;"三净"就是工作服、工作帽、工作鞋要干净;"四勤"就是勤洗手、剪指甲,勤洗衣服、被褥,勤换工作服。

凡从事肉制品生产经营的有关人员或其他接触肉制品生产的人员,每年进行1～2次体格检查;新进厂人员,必须先进行体格检查,取得健康证明后,方可进入车间。如患有痢疾、伤寒、病毒性肝炎等消化道传染病、活动性肺结核、化脓性或渗出性皮肤病以及其他有碍食品卫生的疾病,不得参加、接触肉制品生产。

④加工、贮存、销售熟肉制品要严格实行"四隔离"制度,即生与熟,成品与半成品,成品与杂物、药物,病害肉与健康肉隔离;容器与用具要实行"四过关",即一洗、二刷、三冲、四消毒,确保清洁卫生。运送生、熟肉制品的车辆、容器,要做到专车专用,生熟严格分开。运输鲜冻肉原则上要求使用清洁的保温车,如短途敞车运肉,必须保证清洁卫生,上盖下垫。运送熟肉制品应有密闭的包装容器,并标有"熟肉制品专用"字样,使用后要彻底洗刷干净并消毒,防止污染。

(3)容器、设备和用具的消毒,一般采用以下几种方法。

①煮沸消毒。方法简单,使用普遍,效果良好。方法是:先烧开水,然后将需要消毒的刀具和工具投入沸水中,水要浸没物体,并将水再次烧开后持续煮3～5 min,即可达到消毒的目的。如

②用沸水浇淋,只能起到清洗作用,不能代替消毒。

蒸汽消毒。将需要消毒的物品放入蒸笼或锅里蒸,水温达100℃后,蒸5～10 min即可。

③漂白粉精片溶液消毒。使用漂白粉精片溶液消毒,手续较为方便,消毒效果也好,是比较理想的一种消毒方法。配制时,先将一片漂白粉精片捣碎,加少量水,调和至糊糊状,再加水1 kg搅拌均匀,即成为溶液,消毒时,把物品浸入溶液,3 min后取出,就能达到消毒效果。溶液的有效时间为4 h。4 h后失效需重新配制。

④过氧乙酸消毒。每1 000 mL冷水加入5 mL过氧乙酸,搅匀后即可使用。用过氧乙酸消毒,效果较好。但使用时应注意,因过氧乙酸具有腐蚀性,切勿触及皮肤、衣物、金属、眼睛,如触及应立即用水冲洗或用2%苏打水冲洗。配制溶液时,必须先加冷水,再倒入过氧乙酸,避免直接接触容器而发生腐蚀。过氧乙酸要有专人负责保管,存放在阴凉处,避免高温,稀释后的溶液容易分解,要现配现用。

(4)肉制品生产加工中所使用的辅料和调味料必须符合国家食品卫生规定,无霉变、虫蛀、

污染、杂质。使用添加剂的品种、数量必须符合国家《食品卫生标准》，不得任意添加。加工时一定要煮熟凉透，防止夹生、热捂。熟肉制品出厂前，要经卫检和质检人员的感官检查，质量符合者，方可包装或出售。要定期进行抽样化验，并注明厂名、品名、重量、生产日期、出厂时间、质量情况等项内容，随袋发给销售单位。

（5）肉制品如需入库贮存，则应按入库的先后批次、生产日期分别存放。存放时，必须做到生与熟隔离，成品与半成品隔离，肉制品与冰块杂物隔离，严禁无包装堆垛或就地散堆，库内必须清洁卫生，符合食品卫生要求。

3. 肉与肉制品卫生管理办法

第一条　为贯彻预防为主的方针和执行《中华人民共和国食品卫生管理条例》，加强对肉与肉制品（以下简称肉品）的卫生管理，保证肉品卫生标准的切实执行，提高肉品质量，保障人民身体健康，防止畜禽疫病传染，促进畜牧业发展，特制定本办法。

第二条　本办法管理范围系指鲜（冻）的猪肉、牛肉、羊肉、兔肉、禽肉及腌肉、腊肉、火腿、酱卤肉、灌肠制品、烧烤肉、熟干肉制品。

第三条　屠宰加工场（厂）须布局合理，做到畜禽病健隔离和分宰；做好人畜共患病的防护工作；做好粪便和污水的处理。熟制品加工场所应按作业顺序分工为原料整理、烤煮加工、成品冷却贮存或市零售专用间，严防交叉污染。上述专用间必须具备防蝇、防鼠、防尘设备。

第四条　屠宰畜禽应按照农业部、卫生部、对外贸易部、商业部下达的《肉品卫生检验试行规程》进行检验处理。畜肉应割除甲状腺和肾上腺；经兽医卫生检验的肉（系指肉尸、内脏、头、蹄等，下同），应加盖印戳或开具证明。肉制品应按有关卫生标准进行检验，必要时开具证明。

第五条　屠宰后的肉，必须冲洗修割干净，做到无血、无毛、无粪便污染、无伤痕病灶；存放时不得直接接触地面，在充分凉透后再出场（厂）。使用松香拔毛的畜禽必须除尽松香残留物。

第六条　生产食用血须经当地卫生部门同意，必须采取防止毛、粪便、杂质污染的有效措施，并须煮熟煮透，充分凉透后再出场（厂）。变质、有异味的血不准供食用。

第七条　需要进行无害化处理的肉，必须单独放置，防止污染。凡病死、毒死或死因不明的畜禽一律不得作食用。

第八条　肉制品加工单位对原料应进行验收，如肉未盖兽医卫生检验印戳。未开证明，或虽有印戳但卫生情况不合要求者，有权拒收。经兽医卫生检验确定需要进行无害化处理的肉，必须按要求进行复制加工，并与正常加工严格分开。

第九条　复制加工不得在露天进行。在加工过程中，原料、半成品、成品均不得直接接触地面和相互混杂。加工中使用的容器、用具等，须做到生熟分开，清洗消毒，加工好的熟制品应摊开凉透，并尽量缩短存放时间。

第十条　肉制品在出厂前，应经感官检验，质量合格后，方准出场（厂），必要时需抽样化验。有条件的肉制品加工单位，在复制加工过程中，对原料、半成品、成品应定期进行采样化验以指导生产，提高产品质量。

第十一条　肉品入库时，均须进行检验或抽验，并建立必要的冷藏卫生管理制度。

肉品入库后，应按入库的先后批次、生产日期分别存放。存放时，应做到生与熟隔离，成品与半成品隔离。肉制品与冰块杂物隔离。清库时应做好清洁消毒工作，但禁止使用农药或其他有毒物质杀虫、消毒。

肉品在贮存过程中，应采取保质措施，并切实做好质量检查与质量预报工作，及时处理有变质征兆的产品。

第十二条　运送肉品的工具、容器在每次使用前后必须清洗消毒,装卸肉品时应注意操作卫生,严防污染。

运输鲜肉原则上要求使用密封保冻车(舱),敞车短途运输必须盖上下垫;运输熟肉制品,应有密闭的包装容器,尽可能专车专用,防止污染。

第十三条　肉品加工单位必须指定专人在发货前,对提货单位的车辆、容器、包装用具等进行检查,符合要求方能发货。

第十四条　销售单位在提取或接收肉品时应严格验收,如发现未盖兽医卫生检验印戳、未开证明或加工不良,不合卫生标准者有权拒收,把好质量关。

第十五条　销售单位应将肉品置于通风良好的阴凉地方,不得靠墙着地,不得与有害、有毒物品一起堆放,严防污染,经营熟肉制品的单位应采取以销定产、以销进货、快销勤取、及时售完的原则。对销售不完的熟肉制品应根据季节变化注意保藏。在无冷藏设备的情况下,应根据各地情况限制零售时间,过时隔夜应回锅加热处理,如有变质,不得出售。

第十六条　严禁销售霉烂、变质、不合卫生要求的肉品。次质肉品应区别情况,及时处理;必要时在当地卫生部门指导下进行。

第十七条　盛放肉品的一切用具和使用的工具必须常刷洗消毒。在出售熟肉制品时,应做到商品与钱分开,并使用工具(夹子、铲子)传递。包装用纸应清洁卫生。

第十八条　售卖肉馅(绞肉)时必须用新鲜、干净的肉作原料,做到无毛、无血污、无异物。绞肉机使用前后应洗刷,保持干净。

第十九条　有关肉品经营场(厂)的新建、扩建、改建的卫生要求,工作人员的个人卫生要求,以及除害灭病等均按《中华人民共和国食品卫生管理条例》的具体规定执行。屠宰场应有污水处理设备。

第二十条　为了加强食品卫生管理,卫生部门有权向生产、销售等有关单位、无偿采取样品以备检验,并给予正式收据。

(三)肉品加工卫生管理制度

(1)生产人员进入车间时要穿戴清洁的工作服、帽、鞋,并洗手消毒。

(2)每个生产人员都有 2～3 套工作服,工作服有专人清洗、消毒。

(3)包装间每天都要定时消毒,解冻间、冷却间等每天用 80℃热水清洗盘子、架子,工作场地保持清洁卫生。

(4)包装工作台要用 1/1 000 的新洁尔溶液或 1/1 000 餐具消毒液清洗消毒,15 min 后,用 70～80℃的水冲洗,并擦干后方能作业。下班前用热水清洗工作台和地面(水温 43～45℃)

(5)原料肉进厂时化验室要抽样作新鲜度检验。制成成品化验室要采样作理化和微生物检验。

(6)原料、辅料及包装材料要有明确标识,堆放整齐,专人专库保管,保持清洁卫生。

(7)每天生产前由班长负责检查当日生产使用的原料、辅料、包装材料。凡有变质、异味、异物及发霉的原料、辅料必须及时上报,经处理合格后方可使用。

(8)凡生产使用的小推车、盘子等都要进行清洗消毒,方可使用。生肉不准进包装间,生熟肉用的工具、用具必须分开。

(9)机器设备。所用电器开关、马达、变速箱、链条、皮带等严禁用水冲洗。

①机器和食品接触的部位,每天下班前用高压水枪冲刷干净,冲刷前应将残留物取出。

②未和食物接触的部位不得用水冲。每天下班前用净布擦拭干净,每周用餐具消毒液清刷一次。

③绞肉机的绞刀、孔板及灌肠机的转子、灌装管,拆下后清洗干净,放在规定的地方,不许放在地坪上。

(10)生肉掉在地上,一定要洗干净后才能使用。

(11)生产人员每年必须进行一次体格检查。确认合格后,方能参加生产。

(12)直接生产人员如患下列疾病之一的,必须调离工作岗位:

①传染性肝炎;

②肠道传染病及肠道传染病菌携带者;

③活动性肺结核;

④化脓性皮肤病及渗出性皮肤、疥疮、牛皮癣;

⑤其他有碍食品卫生的疾病。

(13)工作服任何人不得私加口袋,杜绝在厂区内喝酒,不得酒后进入车间。

(14)不准穿着工作服进厕所和出车间。

(15)生产人员进车间不准戴首饰,头发不得外露。不准留长指甲,要勤理发。

(16)包装人员不准对着成品或在制品说话、嬉笑,以免唾沫污染产品。

(17)不准随地吐痰,乱扔纸屑、火柴棒、烟头、果皮等。不准在车间内吸烟、吃饭、吃零食、嚼口香糖。不准在车间休息,休息必须在休息室或更衣室。

(18)车间的消毒池、地漏,每天下班必须清扫干净,不得存肉渣。

(19)非生产人员未经允许不得进入车间。

(20)车间生产用的车辆不得推出车间,挪作他用。

(21)凡是车间门上挂的帘子不得随意去掉。

习　题

一、名词解释

PSS猪　肉的成熟　热鲜肉　腌制　罐藏食品　烟熏　冷收缩　PSE肉　肉的成熟　肠衣　副产品　肉的保水性　胴体　罐头　发酵肠　罐头冷却反应　火腿　DFD肉肌节　酱卤制品　香肠制品　腌腊制品　油炸制品　调理肉制品　屠宰率　瘦肉率　食用品质　肌束　肌纤维　肌原纤维　肌浆　细胞骨架蛋白质　胶原蛋白　等长收缩　等张收缩　宰后僵直　肉的成熟　应激　冷却　冷冻　冷收缩　大理石花纹　香辛料　火腿制品　灌肠制品　干制品　PACCP　HACCP

二、填空

1. 当前我国生产的中式肉制品以_____为主,西式肉制品以_____为主。
2. 肌肉收缩的三种收缩形式是_____、_____、_____。
3. 成熟肉的物理变化是_____、_____、_____、_____。
4. 肉品科学主要是研究屠宰后肉_____的质量变化规律。
5. 屠宰放血时按部位可分为_____、_____、_____和口腔刺杀。
6. 结缔组织的纤维分_____、_____和网状纤维三种。
7. 宰前断食的目的有_____,一般宰前断食时间,牛羊_____、猪_____、鸡鸭_____。断食期间必须供给足够的饮水至宰前_____。
8. 肉在腌制过程中食盐会加速_____和_____的氧化,形成_____和_____使肌肉丧失天然的色泽。
9. 从形态上讲,肌肉组织由退化了的_____和大量的_____所组成。
10. 西式香肠的工艺流程为原料肉选择、_____、_____、_____和_____。
11. 在畜禽肉中_____肉的保水性最高。
12. 肉的成熟过程实际上包括_____和_____两个过程。
13. 在我国肉类行业,有名的专业杂志有_____。
14. 加工板鸭时,一般采用_____腌制。
15. 磷酸盐在腌制过程中的主要作用_____,在肉制品中应用,使用量应控制在_____范围内。
16. 火腿的加工工艺为:鲜腿—冷凉—修割_____、_____,一年新品成品率_____,用盐量在_____左右。
17. 速熏法又分为_____和_____。
18. 中式香肠的工艺流程:原料—切肉—配料—拌料—_____—_____和晾晒或烘烤,烘烤时温度应控制在_____,最高不超过60°。
19. 肉松的生产过程为原料_____、_____、_____。
20. 酱卤制品可分为白烧、_____、_____和糟制品。
21. 冷却肉是使用保持低温_____度而不冻结的肉。

22. 肉品科学主要是研究屠宰后的肉_____的质量变化规律。

23. 猪的Ⅰ号肉指_____,Ⅳ号肉指_____。

24. 肉品工艺学属于_____学科,它是以_____为对象,以肉类科学为基础,研究_____的科学。

25. 进入20世纪90年代我国肉类产品结构逐渐得到优化,猪肉比重在_____牛羊禽肉的比重在_____。1994年人均肉类消费_____千克,首次超过世界平均水平。

26. 肉越嫩,剪切力值越_____,反之亦然。

27. 结缔组织的纤维分为弹性纤维、_____、_____三种。弹性纤维在沸水、弱酸或弱碱中不溶解,但可被_____消化。

28. 肌浆蛋白的作用是_____,肌原纤维蛋白的作用_____。

29. 肉的颜色本质上是由_____和_____产生的。

30. 我国的三大名腿是宣威火腿、_____、_____。

31. 肌肉组织分为_____、_____和心肌三种,构成肌肉的基本单位是_____,从肌肉的微观结构上分,每条肌原纤维由_____和_____所构成。

32. 直接熏烟法按温度可分为_____、_____、_____和_____。

33. 肉制品生产四大关键因素是_____、_____、_____和_____。

34. 屠宰时击晕的目的是_____。常用的方法有机械击晕、_____、_____、_____四种。

35. 成熟的物理变化包括_____、_____、_____。

36. 肌浆蛋白质被称为_____、主要作用为_____。

37. 腌制就是用_____、_____、_____、_____及其他辅料对原料进行加工处理。

38. 动物屠宰加工工艺过程:击晕、_____、_____、_____、_____、_____。

39. 肉香味化合物产生主要有3个途径:_____、_____、_____。

40. 标准熏烟法是_____,速熏法是_____。

41. 干燥速度可分为三个时期:_____、_____、_____。

42. 肉类腌制的方法有:_____、_____、_____。

43. 我国著名的烧烤制品有_____、_____、_____、_____。

44. 目前生产罐头常用的罐装容器分为:_____、_____两大类。

45. 肉干的工艺流程:_____、_____、_____、_____、_____。

46. 肉的成熟过程包括_____、_____,实际上就是_____和蛋白质的降解过程。

47. 结缔组织的纤维分为_____、_____、_____三种,_____在肌腱、软骨和皮肤等白色结缔组织中分布较多。

48. 1990年我国人均消费猪胴体肉为_____。

49. 击晕的目的_____,宰前断食的目的有_____。

50. 一般腌制方法分干腌、湿腌、_____和_____四种。

51. 猪肉加工成分割肉时,颈背肌肉又称_____号肉,后退肌肉又称_____号肉。

52. 我国的三大名腿均采用干腌法生产,仅我省_____火腿采用湿腌法生产。

53. 肌原蛋白被称为_____,主要作用是:_____。

54. 从加工角度上来分肉可以分为四大组织即肌肉组织、结缔组织、_____和_____。

55. 肉类罐头按工艺主要分为_____、_____、_____、_____。

56. 肉脯的工艺流程：_____、_____、_____、成分水分含量不超过_____。

57. 影响原料肉质量的因素有：_____、_____、_____。

58. 烧烤的方法一般分为：_____、_____。

59. 罐头杀菌,主要采用加热处理,其工艺条件主要由_____、_____、_____和三个因素组成。

60. 中式香肠烘烤时温度应控制在_____度,最高不超过_____度。

61. 酱卤制品根据加入调料时间,大致分为_____调味、_____调味、_____调味和_____调味。

62. 能最好地保持肉的各种特性的干燥法是_____干燥法。

63. 肉分级方法和标准,一般都依据_____、_____、_____及其他肉质情况决定。

64. 香辛料的作用_____、_____、_____、_____。

65. 冷却肉是使肉保持低温_____度而不冻结的肉。

三、选择题

1. 肌肉中最重要的蛋白质是(　　)。

A. 肌球蛋白　　　　B. 肌原蛋白　　　　C. 肌动蛋白　　　　D、肌动球蛋白

2. 肉香的主要成分是(　　)。

A. IMP　　　　　　B. ATP　　　　　　C. ADP

3. 冷收缩现象最明显的是(　　)。

A. 猪肉　　　　　　B. 牛肉　　　　　　C. 鸡肉　　　　　　D. 羊肉

4. 成品香肠的水分含量需控制在(　　)%。

A. 15　　　　　　　B. 20　　　　　　　C. 25　　　　　　　D. 30

5. 酱卤制品加工时(　　)工序是制作好该制品的关键因素。

A. 调味　　　　　　B. 煮制　　　　　　C. 配料　　　　　　D. 酱制

6. 斩拌时需注意肉馅的温度,温度过高会影响肉馅的黏结性,最高温度应控制在(　　)摄氏度以下。

A. 0　　　　　　　　B. 4　　　　　　　　C. 14　　　　　　　D. 20

7. 烫鸡的适当水温为(　　)℃。

A. 60～70　　　　　B. 71～80　　　　　C. 81～90

8. 明火烧锅加热熔炼法中,熔炼温度应控制在(　　)。

A. 50　　　　　　　B. 65　　　　　　　C. 85　　　　　　　D. 100　　　　　E. 120

9. 下列各类肠衣中以(　　)质量为最佳。

A. 羊肠衣　　　　　B. 猪肠衣　　　　　C. 干肠衣　　　　　D. 塑料肠衣

10. 肉色目测评定时,DFD肉通常(　　)分。

A. 5　　　　　　　　B. 4　　　　　　　　C. 3　　　　　　　　D. 2　　　　　E. 1

11. 肉类烧烤时产生棕褐色物质的主要原因是(　　)。

A. 酱油　　　　　　B. 美拉德反应　　　C. 熏烟物质　　　　D. 食盐

12. 北京烤鸭一般在(　　)开膛去内脏,造型。

A. 腹腔　　　　　　B. 肛门处　　　　　C. 腰部　　　　　　D. 右翼下

13. 炸制用油的有效温度一般控制在(　　)℃以下。

A. 100　　　　　　B. 180　　　　　　C. 230　　　　　　D. 300

14. 肌浆蛋白质的作用是参与(　　)。

A. 肌肉收缩　　　　B. 肌肉舒张　　　　C. 肌纤维的物质代谢

15. 在肉制品中,一般用(　　)作防腐剂。

A. 山梨酸及其盐类　　　　　　　　　B. 苯甲酸及其盐类

C. 保鲜剂　　　　　　　　　　　　　D. 防腐剂

16. 肋腹部的肌肉适于做(　　)。

A. 火腿　　　　　　B. 酱肉　　　　　　C. 培根　　　　　　D. 熟制火腿

17. 胶原蛋白含有两种特有的氨基酸,它们是(　　)。

A. 脯氨酸和甘氨酸　　　　　　　　　B. 羟氨酸和甘氨酸

C. 赖氨酸和甘氨酸　　　　　　　　　D. 脯氨酸和羟脯氨酸

18. 以下动物脂肪硬度最大的是(　　),最小的是(　　)。

A. 猪脂　　　　　　B. 马脂　　　　　　C. 鸡脂　　　　　　D. 山羊脂　　　E. 牛脂

19. 为保证分割肉的卫生质量,分割肉车间温度应控制在(　　)℃。

A. 25　　　　　　　B. 20　　　　　　　C. 15　　　　　　　D. 10

20. 对肉制品的加工特性影响最大的蛋白质是(　　)。

A. 肌动蛋白和肌球蛋白　　　　　　　B. 网状蛋白

C. 弹性蛋白　　　　　　　　　　　　D. 胶原蛋白

21. 培根的原料肉一般用(　　)。

A. 前腿肉　　　　　B. 后退肉　　　　　C. 里脊肉　　　　　D. 肋条肉

22. DFD 肉的 pH 在(　　)。

A. 6.2 以上　　　　B. 6.0 以上　　　　C. 5.8 以下　　　　D. 5.5 以上

23. 刚烘烤出的香肠表面起白花是由于(　　)的原因。

A. 盐的析出　　　　B. 霉菌的繁殖　　　C. 肠衣表面有盐分未洗尽

24. 肌肉固有的颜色主要由(　　)决定。

A. Mb　　　　　　　B. Hb　　　　　　　C. Mb 和 Hb

25. 我国推行的猪肉色目测评分法 DFD 肉一般评为(　　)分。

A. 1　　　　　　　　B. 2　　　　　　　　C. 3　　　　　　　　D. 4　　　　E. 5

26. 构成肌原纤维粗丝的蛋白质主要是(　　),构成细丝的蛋白质主要是(　　)。

A. 肌动蛋白　　　　B. 胶原蛋白　　　　C. 肌球蛋白　　　　D. 肌动球蛋白

27. 影响熏烟成分变化的因素有(　　)。

A. 木材的种类　　　B. 温度　　　　　　C. 氧化　　　　　　D. 时间

28. 影响肉类干燥速度的因素有(　　)。

A. 湿度　　　　　　B. 温度　　　　　　C. 通风　　　　　　D. 原料数量多少

29. 烫猪的适当水温为（　　）℃。

A. 60～70　　　　　　B. 71～80　　　　　　C. 81～90

30. 测霉菌总数时 10^{-1} 平皿平均菌落数为 103，10^{-2} 平皿菌落数平均数为 46，10^{-3} 平皿菌落数平均数为 8，此肉品的霉菌总数为（　　）。

A. 4.6×10^3　　　B. 10.3×10　　　C. 8×10^3　　　　　D. 5.4×10^3

31. 肉制品干燥后的变化有（　　）。

A. 脂肪氧化　　　B. 营养成分增加　　C. 褐变

D. 干缩　　　　　E. 表面硬化

32. 脊椎动物肌原纤维随着年龄的增加，直径变粗，数量（　　）。

A. 增多　　　　　B. 减少　　　　　C. 不变

33. 世界最早的食品制作全书是我国北魏贾思勰所著的（　　）。

A.《周礼》　　　B.《齐民要术》　　C.《随园食单》

34. 成品香肠色泽泛黄后漏油，主要原因是（　　）。

A. 香辛料加入过多　　　　　B. 烘烤或保温期温度过高

C. 烘烤时间过长　　　　　　D. 烘烤初温度过高

35. 碘价是指在一定条件下，饱和（　　）克脂肪所消耗碘的克数。

A. 0.1　　　　　B. 1　　　　　C. 10　　　　　D. 100

36. 酱卤制品加工时，在原料整理后加热前，经过腌制加盐、酱油或其他辅料，奠定产品的咸味，叫（　　）。

A. 基本调味　　　B. 定性调味　　　C. 辅助调味

37. 对肌肉系水力变化影响大的水分主要是（　　）。

A. 结合水　　　　B. 不易流动水　　C. 自由水

38. 禽的肌肉纤维比猪（　　）。

A. 细　　　　　B. 稍粗　　　　　C. 粗　　　　　D. 一样细

39. 下列哪种物质不是加工辅料（　　）。

A. 砂糖　　　　B. 食盐　　　　C. 苯甲酸　　　D. 盐酸

40. 以下产地是产哪一种中式火腿：1)金华；2)如皋；3)宣威

A. 南腿（　）　B. 北腿（　）　C. 云腿（　）

41. 热熏法的温度应控制在（　　）℃。

A. 30～50　　　B. 50～80　　　C. 60　　　　D. 90～120　　　E. 15～25

42. DFD 肉的 pH 在（　　）。

A. 6.2 以上　　　B. 6.0 以上　　　C. 5.8 以下　　　D. 5.5 以上

43. 确认为什么病的病畜应急宰（　　）。

A. 布氏杆菌病　B. 结核病　　　C. 乳房炎　　　D. 炭疽　　　E. 狂犬病

四、判断改错题

1. 清真畜禽罐头即把原料直接生装，再加入调料、排气、密封、杀菌而成。（　　）

2. 嫩化工艺是西腿的特有工艺。（　　）

3. 熏烟中产生的甲醛具有杀菌作用，并能被肉吸收，使制品增加耐保藏性。一般吸收量

越多耐藏性越好,且吸收量随熏烟浓度和熏制时间的延长而增加。（　　）

4. 肉类在干燥过程中可分为三个阶段,这三个阶段所需时间是均等的。（　　）

5. 肉脯和肉干工艺上的区别在于肉脯是用生肉直接烘烤而肉干是先煮制后再进行烘烤。（　　）

6. PSE 肉的发生是由于宰前应激,肌糖原耗尽,肌肉切面干燥,色泽深暗。（　　）

7. 香辛料虽然作用很多,但没有药用作用却有防腐作用。（　　）

8. 冷收缩的机理与僵直收缩的机理是相同的,只是温度不同。（　　）

9. 盐渍肠衣中,猪肠衣以白色、灰色为最佳,其次是褐色,青褐色较差,干肠衣多为黄色。（　　）

10. 猪皮中的胶原蛋白为一种不完全蛋白,缺少羟脯氨酸和蛋氨酸,但色氨酸,甘氨酸,脯氨酸,丙氨酸含量高。（　　）

11. 烧烤的主要目的是杀菌保鲜和赋予肉制品特有的色香味。（　　）

12. 凡采用密封容器包装并经高温杀菌的食品称为罐藏食品。（　　）

13. 产生 DFD 肉是由于宰前应激,促进糖原酵解,使肌肉酸度降低,保水力降低。（　　）

14. 延长炸制油的寿命,除了掌握适当的油炸条件和添加抗氧化物外,应注意油脂更换率和清除残渣。（　　）

15. 滚揉作用是使肌肉纤维松弛,缩短腌制时间,增加肉的吸水能力,提高产品的柔嫩度和多汁性。（　　）

16. 牛屠宰加工时击晕一般采用麻电法,用光电麻电器进行。（　　）

17. DFD 肉烹调或腌制时损失大,成品率低。（　　）

18. PSE 肉含酸少,易发生细菌腐败,加工成品货架期短。（　　）

19. 出口肉松的水分含量应控制在18％以下。（　　）

20. 在较好肥度下,脂肪组织中含脂肪量约为90％,蛋白质不到10％,此外为水和其他微量物质。（　　）

21. 西式肠类进行腌制的作用有:一是调节口味;二是肉更富有弹性;三是绞肉和熏烟时不易走油,使之乳化效果增强;四是有利于发色。（　　）

22. 火腿上的三签就是在火腿上任意插三根竹针闻其香味。（　　）

23. 动物宰后肌肉的 pH 主要由 ATP 的分解产物磷酸根离子决定。（　　）

24. 刚烘烤出的香肠表面起白花是霉菌繁殖的原因。（　　）

25. 熏烧烤制品加工中,热熏法应用最多,热熏的温度控制在30～50℃。（　　）

26. 关于火腿三签头的含义是指火腿上肌肉最厚的三个部位。（　　）

27. 西式火腿生产时盐水注射是其特殊工艺。（　　）

28. 弹性纤维在血管、韧带等白色结缔组织中较多,它弹性大,强度也大,但不受酸碱或加热的影响。（　　）

29. 牛肉发生 PSE 肉的频率高于 DFD 肉。（　　）

30. PSS 猪系指宰后呈现灰白颜色、柔软和汁液渗出症状的猪肉。（　　）

31. 食糖有增加腌制品种颜色稳定性的作用,蔗糖保色作用优于葡萄糖。（　　）

32. PSE 肉的发生是由于宰前应激,促使糖原无氧酵解使肌肉酸度降低,保水力降低。（　　）

33. 成品肉松的水分含量应控制在 20％以下。（　　　）

34. 酱卤制品的调料和煮制是制作好该产品的关键工艺。（　　　）

35. 红肉是指猪、牛、羊、禽肉。（　　　）

36. 动物越老,肌肉中水分含量越少。（　　　）

37. 胴体中瘦肉、脂肪、骨骼之比历来以 70：20：10 为理想。（　　　）

38. 酱卤制品的卤汁每次用时才配制,老卤汁不能再用。（　　　）

39. 我国肉的分级标准,牛分五级。（　　　）

40. 咸味是氯离子刺激味蕾产生的感觉,咸味有"百味之主"之称。（　　　）

41. 严格地说微生物的生长取决于食品中的水分总含量。（　　　）

42. 酸性尸僵多在处于疲劳状态下屠宰的动物身上发生。（　　　）

43. 僵直解除是肌动球蛋白分解的结果。（　　　）

五、简答题

1. 烧鸡的加工制作及其注意事项。

2. 猪的屠宰加工工艺。

3. 画出肌原纤维的带型构造,并标明 Z 线、I 带和 A 带的位置,肌节的组成。

4. 冷加工分割肉的意义,加工分割肉时常采用哪两种方法。

5. 成熟的特点及其理化变化。

6. 宣威火腿的加工制作。

7. 禽肉宰前断食的目的,如何操作?

8. 猪的屠宰加工工艺。

9. 肉干(或肉脯)的加工工艺及操作要点及其注意事项。

10. 从肉的组织来分析影响肉品质的因素有哪些?

11. 如何提高火腿肠的质量?

12. 简述影响肌肉系水力的因素。

13. 电刺激改善嫩度原因。

14. 比较干腌法和湿腌法的异同点。

15. 我国肉禽制度按工艺分类,并指出其代表产品。

16. 烤鸭的加工工艺及其操作要点。

17. 罐头制品的加工工艺。

18. 比较冷却肉和冷冻肉的特点。

19. 如何提高中式香肠制品的质量?

20. 通过烧鸡实验,你有何建议和体会?

21. 从肉的组成类分析影响肉品质的因素有哪些?

22. 西式火腿的加工制作。

23. 简述尸僵的发生机制。

24. 试述外观判定肉质的方法。

25. 宰前饥饿及饮水有什么好处。

26. 牛干巴的加工制作。

27. 西式火腿的工艺和技术要点。
28. 腌制的作用和原理。
29. 烟熏的作用。
30. 中式香肠和西式香肠的区别。
31. 肉成熟的机理。
32. 肉冷冻贮藏原理。
33. 肌肉嫩化机理。
34. 宰后如何改善肉的食用品质？
35. 影响肉品质的因素有哪些？
36. 电刺激的作用及其机理。
37. 风味物质产生的途径。
38. 影响肉持水性的因素。
39. 本地猪品种的产肉性能和肉质特点。
40. 肉品加工中添加亚硝酸盐的作用。
41. 影响乳化肉糊形成和稳定性的因素。
42. 肉品加工中添加磷酸盐的作用。
43. 肉与肉制品的呈色机理。
44. 烟熏的作用。
45. 如何控制熏烟中的有害物质？
46. 香肠的分类。
47. 中式香肠的加工工艺及要点。
48. 火腿加工工艺及要点。
49. 西式熏煮火腿加工工艺及要点。
50. 肉罐头加工工艺及要点。

六、综合题

1. 结合国情，谈谈我国肉类工业发展方向。
2. 如何更有效地开发我省民族肉制品？
3. 结合参观肠衣厂和肉联厂，谈谈这些产品的工艺流程以及存在问题和改进措施。
4. 为什么低温肉制品是肉类加工发展的趋势？
5. 如何促进中国传统肉制品的发展？
6. 写出各类肉制品的生产工艺及质量关键控制点。

附　录

附录一　肉制品加工厂质量管理手册

为实施全面质量管理,保证出厂产品质量,根据 GB 2729—1994《肉松卫生标准》以及食品卫生要求,结合工厂的实际情况,编制本质量手册。

质量手册是阐述本厂的质量方针和质量目标,以及质量体系的建立和运行的法规性文件,是本厂质量体系运行中应该长期遵循的法规和准则,全体员工必须认真贯彻执行。

质量手册分为"受控文件"、"非受控文件"和"参考文件"三种。发放前,文件管理员应在质量手册首页上印制标识印章。本厂职员不得执行"非受控文件"和"参考文件"。

"受控文件"的发放对象是中层以上干部。其他职员需要领用或借阅质量手册时,必须经厂长批准后办理领用或借阅手续。

"非受控文件"和"参考文件"的发放,应报科长审批。

文件管理员对所有质量手册的发放和借阅都应办理编号登记和领用人签名手续,妥善保存领用和借阅记录。

质量手册持有者应妥善保管质量手册,如有遗失或损坏应立即向文件管理员报告。如工作变动不再需要使用质量手册时,应及时办理归还手续。

为保证质量手册的适用性,必要时,应修订质量手册,重新发放新版本。

本质量手册自批准发布之日起生效执行。

第一章　质量管理

提高企业产品质量,把质量管理的各个阶段、各个环节、各个部门的质量管理职能和活动合理地组织起来,形成互相协调和促进的有机整体,提高企业品牌形象。具体内容如下:

一、质量方针

质量至上,客户满意。

二、质量目标

1. 提供客户满意及期望的安全、卫生、优质产品。
2. 依据国家标准,遵循相关法规,建立科学、规范、有效的质量体系以及高效、文明的生产作业程序。

3. 确保产品在市场的质量合格率达 100％，并在市场竞争中保持良好的质量信誉和企业形象。

三、保证体系

1. 设立全面质量管理机构，负责组织、协调、督促、检查全厂质量工作，提供质量保证体系的组织保证。

2. 明确质量方针、质量目标和质量计划，在一定时期内达到企业所需求的预期效果——质量目标，并制订实现质量目标的具体计划、措施——质量计划。

3. 建立严格的质量责任制，明确规定企业有关部门、各级人员在保证和提高产品质量中所承担的职责、任务和权限。

4. 实行管理业务标准化和管理流程程序化，将在企业中重复出现的管理工作的处理办法订成标准，纳入规章制度，达到管理业务标准化；经过分析，使质量管理业务工作合理化，并固定下来；用图表、文字表示出来，达到流程程序化。

5. 建立高效灵敏的质量信息反馈系统，规定各种质量信息的传递路线、方法和程序。在企业内形成纵横交叉、畅通无阻的信息网。

6. 开展以职工为主的质量管理活动，尤其是要深入地开展 QC 小组活动，使质量保证体系建立在牢固的员工基础上，使每位员工都能正确理解和贯彻执行质量体系的要求，保证质量体系持续、有效地运行。

第二章　组织机构及职责

一、质量管理小组及职责

公司成立质量管理小组，由×××厂长任组长，组员由以下人员组成：×××、×××、×××、×××、×××。

质量管理人员职责：负责本厂质量管理体系的建立、实施、保持和产品检验，对其体系建立运行及最终产品质量负责。

1. 全面负责企业产品质量工作

领导质量管理小组建立企业质量管理体系，并监督执行、考核。

2. 负责有关产品质量及技术及工作文件的管理

3. 负责原材料采购验收管理及车间质量监督

4. 负责原料、半成品、成品的检验工作

5. 负责生产中产品加工质量的监督控制

严格要求各工序工作人员严格遵守岗位责任制。

6. 负责原材料及成品仓库保管工作

二、组织机构

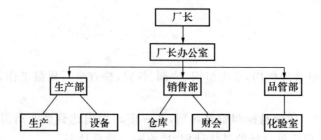

三、职责职权

(一)厂长

1. 审定企业的质量方针及经营方针
2. 批准卫生质量手册,领导和监督本厂卫生质量体系的建立和有效实施
3. 确定组织机构,审定各部门主管岗位职责
4. 管理、考核和聘任中层领导干部
5. 制定企业生产和经营活动的决策
6. 负责协调处理企业的重要公共关系,及主要商务谈判
7. 直接分管财会

(二)厂长办公室

1. 编制规章制度,负责质量体系文件的管理
2. 负责人事制度,建立人事档案
3. 组织员工培训、考核及记录的保存
4. 负责本厂的环境卫生和安全保卫工作
5. 协助厂长处理企业的公共关系
6. 负责日常的接待工作及后勤的管理

(三)生产部

1. 经理职责
(1)协助厂长编制《质量手册》并贯彻实施。
(2)编制生产计划并监督实施。
(3)组织编制工艺文件和产品检验标准。
(4)监督工艺技术和产品标准的贯彻执行。
(5)组织员工的技术培训。
(6)新产品的研制开发。
(7)制定重要工序偏差纠正措施。
(8)负责生产车间的管理。
2. 生产车间
(1)按工艺技术文件组织生产,保证生产工序处于受控状态。
(2)按计划安排生产进度和人员调配并加以控制。

(3)正确使用和维护生产设备。

(4)正确使用产品标识。

(5)实施工序监控和检验。

(6)保证生产供电、供水符合要求。

(7)开展部门内员工的培训工作。

3. 包装车间

(1)负责半成品打包和成品包装。

(2)负责半成品和成品仓库的管理。

(3)负责进出货源的统计工作。

4. 生产设备管理

(1)编制设备管理制度。

(2)实施生产设备的日常和定期维护保养。

(3)对设备事故组织分析和处理。

(4)对大型、精密仪器设备负责安装、使用指导。

(5)保证生产供水、供电符合要求。

(四)品管部

1. 组织编制产品检验操作规程,并监督化验室按标准要求实施产品质量检验

2. 实施进货、各生产工序和最终检验

3. 指导和监督检验记录的管理

4. 组织和监督不合格品的评估和处理

5. 负责计量器具的检定和管理

6. 负责实施内部质量审核工作及不符合项的跟踪审核

(五)销售部

1. 负责实施产品的经营销售,收集信息及客户反馈意见

2. 负责原、辅助材料的采购及对分供方的评估

第三章　生产加工工艺及关键质量控制点

一、肉松生产加工工艺

肉松属于脱水肉制品,是用新鲜猪肉经过高温煮透并经炒制脱水加工等复制而成的猪肉干制品。产品大都为金黄色,有光泽、营养丰富、易消化、食用方便、易携带、易贮藏。

下述资料仅供参考

(一)肉松制品的主要生产工艺控制

工艺流程:

原料肉的选择与处理→配料→煮烧→炒压→拣松→包装和贮存。

(1)原料肉的选择与处理。选用猪前、后腿肉,先剔骨去皮,去掉脂肪及伤斑,再将猪瘦肉切成约 $3\sim4$ cm 的肉块。

(2)配料以 50 kg 猪肉计,约为精盐 0.835 kg,酱油 3.5 kg,白糖 5 kg,味精 0.085 kg。

(3)煮烧。将肉块放在锅中,加水,用大火煮沸,撇去油沫,翻动肉块,继续煮烧,到肉烂;即可炒压。

(4)炒压。此时,应把大火改为中等火力,用炒松机一边压散肉块一边翻炒。用小火边炒边翻动肉块,当肉块炒松、炒干、肉纤维由棕色变为金黄色时,即为成品。

(5)拣松。用手工分出焦糊碎块与结头(筋腱)。

(6)包装和贮存。成品经烤箱消毒杀菌、检验合格后,进行包装。一般用塑料袋、玻璃瓶等包装,贮存在阴凉干燥处。

(二)肉松制品加工控制点描述

1. 原辅材料验收(CCP1)

(1)原料鲜肉来源于与本厂有订货协议的市食品厂、市政府定点屠宰场,必须附有兽医卫生检验检疫证明和合格单。

(2)原料到货后,化验室负责对上述证明及厂检合格单的核查,缺少单证作退货处理。

(3)辅料为白糖、味精和食用盐,质检科与化验室负责对供应方的评估,合格后方可采用。

2. 添加剂使用应符合国家《食品添加剂使用卫生标准》,要验收其合格证(CCP2)

3. 炒松工艺的控制(CCP3)

炒松时,时间大约控制 2 h,应随时观察火力大小,注意大火、中等火力、小火的改变,压散肉块翻炒要彻底,即肉纤维达到金黄色的。

4. 包装贮运(CCP4)

(1)根据产品不同,在外包装纸箱上用水笔打勾,并贴上生产日期。

包装材料必须清洁卫生,包装前应检查包装材料的卫生,特别是内包装袋是否已经杀菌消毒,复合塑料袋密封包装的封口率为 99%,按规格要求的重量不许出现负偏差。

(2)将包装完好的成品装入纸箱封好。

(3)库内堆放产品应整齐堆放,地板上应有货架,距离地面不少于 10 cm,发运应注意运输车辆符合卫生要求。

第四章　肉松生产过程质量控制考核方法

1. 修整工序

原料选用的是猪前、后腿鲜肉,生产中发现未剔除的腿骨和外皮以及脂肪、伤斑等不符合生产要求的物品的总数超过 5% 者,对当班员工罚款 20 元并罚扣 2 分,由当班员工平均扣除。

2. 配料工序

配料比例要准确、得当,盐、味精、糖等固形物品以及食品添加剂应充分、迅速搅拌均匀,配料中未使用计量器具称重的,罚款 10 元并罚扣 0.5 分,搅拌不充分均匀的,罚款 10 元并罚扣 0.5 分;生产中未按要求做好配料记录者,罚款 10 元并罚扣 0.5 分;食品添加剂使用错误或计量数值不准的,罚款 50 元并罚扣 5 分,出现严重质量问题的将予以开除。

3. 煮制工序

生姜、香料袋等调味料、香莘料应使用一次性的纱网袋包起后再放入锅中与肉同煮,煮制时应及时撇去油沫,翻动肉块,未按要求使用纱网袋的,罚款 10 元并罚扣 0.5 分;未及时撇去油沫的罚款 5 元并罚扣 0.5 分;生产中未按要求做好记录者,罚款 10 元并罚扣 0.5 分;出现煮制过火烧焦,当班员工应赔偿所造成的损失的 30%,并罚扣 3 分。

4. 炒松工序

炒松时,应随时观察火力大小,注意大火、中等火力、小火的改变,压散肉块翻炒要彻底。擅自离开工作岗位者每次罚款 5 元;发现有明显的焦糊碎块与结头(筋腱)未拣干净的,每次罚款 5 元;炒松未达质量要求的,即肉纤维未达到金黄色的,罚款 20 元并罚扣 1 分。

操作工应随时抽样检测比较,并做好炒松的相关记录,未做记录者罚款 10 元并罚扣 0.5 分。

5. 包装工序

包装材料必须清洁卫生,包装前应检查包装材料的卫生,特别是内包装袋是否已经杀菌消毒,复合塑料袋密封包装的封口率为 99%,按规格要求的重量不许出现负偏差,违者视情节轻重给予 10~100 元的罚款,并罚扣 2~5 分。

包装前后的产品应按品名、规格、生产班次分别堆放,做到堆垛整齐,批次清楚,违者罚款 10 元及罚扣 1 分。

按工艺规定在包装箱上打印标识,产品标识应准确、清晰,不打标识者罚款 10 元及罚扣 1 分。

第五章 原辅材料及生产加工用水卫生

一、目的

对原辅材料供给方进行选择或评估,按规定进行采购,保证采购的物资符合规定要求。同时对生产加工用水进行质量控制。

二、管理规范

(一)畜禽肉原料的选择和采购

1. 畜禽肉原料采购

应选择无疫区的生长环境,以及对所涉及的药残、有毒、有害物的污染符合我国的卫生规定,经由供销科负责调查后经厂长审批后确定为供应方。采购合同经厂长审批后执行。

2. 原料在进货检验中发现重大质量问题时

供销科应及时调查原因,必要时,报厂长审批取消该供货资格。

(二)辅助材料进货的采购

1. 使用的食品添加剂

必须符合国家强制性标准的规定。应采用我国定点厂生产的、有注册商标的、在食用有效期内的食品添加剂,严禁使用国家禁使用或非食用的添加剂。

2. 辅助材料的采购

由供销科负责,采购单经厂长审批后执行。应保证产品的合格与否,注重有 QS 标志的产品,并进行相关的验证和进行必要的进货检验,发现重大质量问题时,供销科或化验室应及时调查原因,采取退货等对策。必要时,报厂长审批后取消该供给资格。

(三)生产加工用水卫生

1. 生产加工用水必须符合国家生活饮用水卫生标准

2. 储水池应以无毒、不污染水质的材料构筑,每季度至少进行一次清洗消毒,并有防污染的措施

3. 每年至少2次对加工用水的卫生质量进行检测,并保存记录

4. 化验室检验员每周对自来水(或自备水)进行一次水质常规检验,并及时做好《生产用水检验记录》

5. 水质经检测不合格时,应立即发出停产通知,对已生产的可疑产品立即进行隔离和评估,按本手册相应的规定执行

6. 妥善保存检测记录

第六章　厂区环境卫生

一、目的

保持厂区环境卫生,防止污染。

二、管理规范

1. 生产车间不得建立在易于遭受有害、有毒污染的区域,厂区周围保持清洁

2. 厂区邻近道路铺设水泥,以防灰尘造成污染。环境要绿化,路面平坦,无积水

3. 生产区和生活区分开,生产区建筑布局合理

4. 车间内沟道保持清洁、畅通

5. 废水、废料的排放和处理应符合国家环保要求

6. 厂区卫生间设有冲水、洗手设备,有墙裙,墙裙应浅色、平滑、不透水、耐腐蚀。不孳生蚊蝇、不散发臭气,保持清洁

7. 每天打扫厂区,每天至少2次清洗和消毒厂区卫生间,保持环境清洁卫生

8. 原辅材料的存放和处理应有专用场所和设施,不得影响环境卫生

9. 废弃物在远离生产车间的废料区集中堆放,当天清理出厂,使用的容器和堆放的场所按规定进行清洁消毒,保持清洁,防止污染

10. 办公室统一领导和协调全厂的卫生工作,负责每周组织检查一次厂区环境卫生,做好作检查记录。各部门负责维护卫生包干区的环境卫生和设施卫生

第七章　生产车间及设施卫生

一、目的

保持生产车间和设施符合卫生要求。

二、管理规范

1. 食品加工车间应具有足够空间,以利设备安装、操作,工艺流程布局要合理

2. 食品加工车间地面

使用无毒、防滑、耐腐蚀、不透水的材料建筑。地面平坦无积水、无裂缝,易于清洗消毒。

3. 排水系统应畅通,排水口设网罩

4. 车间墙壁和天花板

要使用无毒、浅色、防水、防霉、不脱落、易于清洗的材料修建,墙裙1 m以上。

5. 车间的门、窗应严密,使用不变形、耐腐蚀的材料建筑

门、窗及其他进出料口等必须有严密的防蝇、虫设施。窗口必须安装易于清洗、更换的纱窗。

6. 加工车间内应光线充足、通风良好,作业区照明设施的照度不低于 220 lx,照明应使用安全型防护设施

7. 车间入口处和车间内适当地点,设足够数量的洗手、消毒设备,配备有清洁剂和消毒液,水龙头应为非手动开关,车间入口处有鞋、靴消毒池

8. 化验室检验员

负责定期检测消毒液有效氯浓度,作检测记录,并应及时补充或更换消毒液,洗手消毒液有效氯浓度要求在 30～50 mg/kg,洗鞋消毒液有效氯浓度在 100～200 mg/kg。

9. 加工车间

设有与车间相连接的更衣室,室内通风良好、卫生清洁并应配备有更衣镜和足够数量的更衣柜及鞋柜。

10. 食品加工车间

应安装通风设备,保持车间内空气新鲜。成品包装间应装设控温设备,以确保产品质量。

11. 生产车间的供水、供电必须满足生产需要,按工艺技术文件的规定执行

12. 生产车间必须配备专职卫生清扫人员,经常保持清洁卫生。车间内不得存放与生产无关的杂物

13. 仓库管理按本手册相关规定执行

第八章　生产加工卫生

一、目的

对食品生产中影响产品质量的各个要素进行控制。

二、管理规范

食品加工应符合安全卫生原则,防止有害、有毒(物理、化学或生物)物质污染。产品生产必须具备书面的工艺技术文件,生产科负责组织编制,报厂长审批后执行。

1. 物料控制

(1)必须采用新鲜、无变质、非疫区的畜禽肉,原料运输应符合卫生要求。需冷藏保存应严格控制在工艺规定的温度、湿度和时间范围内,冷藏条件符合安全卫生的要求。

(2)超过质量有效期的原辅材料,或发现有问题的原辅材料,不得发给生产车间使用。

(3)在设置检验点的场所,下道工序必须接受经检验合格的物料。

(4)原料按生产工艺的规定进行充分清洗或挑选,并根据不同的原料性质进行消毒处理。

经清洗干净的原料才能进入加工车间的半成品加工区。达不到卫生质量标准要求的,不得投入下道工序。

(5)同一生产车间,生与熟要严格分开,防止交叉污染。不得同时生产两种不同品种的产品,防止半成品混杂。

(6)加工过程中的不合格品必须存放在不合格品专用容器内,跌落地面的半成品要及时拾起并按工艺规定处理,或放在不合格品容器内,班后集中处理。

(7)生产车间中的下脚废料应存放在专用容器内。

(8)盛放不合格品的容器及运输工具,应及时清洗消毒,消毒液浓度为 $100 \sim 200$ mg/kg 有效氯。

(9)在生产过程中如发现产品存在质量问题,包括被传染病、寄生虫和有毒、有害物质污染的情况时,生产操作人员应立即停止生产,隔离不合格品或可疑产品,放入不合格品专用容器。并报告生产班长和检验员。

(10)不合格品按本手册相关的规定处理。

2. 半成品加工

(1)每班开工前,车间卫生监督员应进行卫生检查。

(2)生产车间应严格按工艺规定进行生产作业。生产工艺的变更应书面报生产科,经审批后才能执行。

(3)生产设备参数的调机和生产溶液浓度的配制(包括消毒液)应由生产车间指定人员实施。

(4)包装过程中,按规定每 30 min 测试金属检出仪的灵敏度,检验员应作记录。发现仪器失灵应立即通知包装组前扣 30 min 的包装产品,经重新检测合格后才能放行。

(5)品质检验员对生产操作进行现场检测和监督,经检验不合格的产品按本手册相关规定执行。

(6)最终产品的检验按本手册相关的规定执行。

(7)包装车间内,包装袋只能装填产品,不得装其他物品,以免误入生产线造成质量事故。

(8)按规定打印产品标识,作记录,以便今后质量追踪。

(9)盛放半成品的容器不得直接放置在地面。

(10)化验室检验员每周检验一次操作台、工器具、设备和检验项目,对产品的卫生、质量等检验项目作记录。

(11)每班生产开始时,操作人员或检验员应对开工后的首批产品进行首检,首检合格才能继续生产。

(12)生产过程中,操作台自检和工序监控中发现质量问题时,应立即采取必要的纠正措施,必要时,应报告上级主管。

3. 生产现场定置管理

(1)生产车间应具有足够空间,以利设备安装和工艺操作,工艺流程布局要合格,避免交叉污染。

(2)车间现场通道上不得随意放置任何物资,保持畅通。

(3)与生产无关的物资或设备应及时清理出生产现场,或集中堆放在指定区域内。

4．工器具、生产设备清洗消毒

(1)经常保持工器具、生产设备的清洁卫生。

(2)加工过程中每班后对工器具、生产设备彻底清洗消毒。

工器具(包括装料筐、案板)：清洗干净后用洗洁精擦洗—去除油渍—清水冲洗—消毒过的干布擦干—75％酒精喷雾消毒—过后再用清水冲洗干净—晾干备用。

烤炉、煮肉锅、炒松机、包装机等生产设备：去除肉渣—用洗洁精擦洗，去油污—干布擦干—75％酒精喷雾消毒。

第九章　生产设备的使用与管理

一、目的

按规定检修维护和正确使用生产设备(包括生产工器具)，保证生产设备符合卫生要求，并处于正常工作状态。

二、管理规范

1．生产设备的使用和管理

(1)食品加工车间直接与食品接触的操作台、工器具、机器设备及其他辅助设备必须使用耐腐蚀、坚硬的材料制作，表面应光滑、无凹坑、无缝隙，并定期用无毒、易清洗的消毒液进行消毒。

(2)自制的生产设备也必须符合规定要求。

(3)新设备在使用前应验证，必要时请相关职能部门共同验收。经验收合格的设备才能用于生产，验收人员在验收重要外购设备后应及时作验收记录。

(4)重要生产设备操作工应经过培训合格才能独立上机操作。

(5)设备使用前应检查其工作状态，只有运行正常的生产设备才能投入生产。

(6)生产过程中设备出故障时，使用人员应立即停机检修，或请机修人员进行检修，检修合格的设备才允许继续生产。同时，应立即检查产品质量，不合格品按本手册相关的规定进行处理。检修人员应作《设备检修记录》。

(7)生产设备损坏一时无法修复时，检修人员应立即挂上"禁用"标志，禁止使用有故障的生产设备。

2．生产设备的维护和保养

(1)生产科负责组织制订和审批设备维护保养规范，并下达执行。

(2)设备使用人员负责日、周、月、年维护。日维护即每天进行检查和表面卫生打扫。周维护主要是对用电线路、燃气设备的维护；月维护重点是设备的调试、校准；每年至少进行一次设备检修、产品比对检验等。

(3)重要生产设备的定期保养指定专人负责，合格的生产设备才能开机生产。

第十章　产品包装、交付、储存和搬运管理

一、目的

采取有效保护措施，防止产品搬运、贮存、包装交付过程中丢失或损坏。

二、管理规范

1. 包装

(1)按工艺规定和生产计划进行产品包装。

(2)用于包装食品的物料必须无毒、清洁卫生、干燥牢固,经进货检验或验证符合相关标准后才能投入使用。

(3)包装前后的产品应按品名、规格、生产班次分别堆放,做到堆垛整齐,批次清楚,防止包装损坏或不同批次的产品混杂。

(4)按工艺规定在包装箱上打印标识。产品标识应准确、清晰。

(5)包装现场自检不合格的产品应立即返工。

2. 交付

(1)生产科根据合同要求以及最终产品检验合格结果,安排交付进库日期,办理交付手续。

(2)在交付之前,仓管员要清点交付产品的数量,查看交付产品的规格、包装是否一致。

(3)最终检验后,因故未能在检验有效期内交付的,在交付前仓管员应通知化验室检验员重新检验,经检验合格的才能交付,仓管员按规定核实产品的检验有效期,符合要求的才能放行。

3. 贮存

(1)原材料、辅料、半成品和成品必须搬入指定的仓库或区域,分类挂牌标识,分批存放。

(2)仓库应保持清洁、干燥,具有防止昆虫、鼠类入侵的设施。

(3)仓库内划分区域,依据产品的不同性质分别储存,包装物料库应当干燥通风,内外包装物应分别存放,避免造成污染。库内不得存放有碍食品卫生的物品,同一库内不得存放相互串味的食品。

(4)库内堆放产品应整齐堆放,地板上应有货架,距离地面不少于10 cm。

(5)不合格品或例外转序产品暂入库储存时,应隔离存放,并作标识和记录。

(6)仓管员按规定管理产品进出库,及时作记录。应经常检查库存品质量,发现问题时,立即通知检验员实施检验。

4. 搬运

(1)搬运应采用适当的搬运方法和工具,防止产品丢失或损坏。

(2)搬运者如发现包装容器损坏可能造成产品丢失或损坏时,应更换包装容器后再进行搬运。

(3)因搬运不当而造成产品损坏,应进行挑选,挑出的不合格品按本手册的规定处理。

(4)食品运输应符合国家有关标准,运输车应清洁卫生。

第十一章 检验管理

一、目的

设置检验点,尽早发现问题,防止不合格品转入下道工序或交付。

二、管理规范

1. 文书管理

应具备书面的原辅材料相关产品标准和卫生标准文本、检验规程和生产过程卫生监控的规程和标准,并严格执行。

2. 进货检验

(1)原、辅材料进厂后由化验室检验员进行抽样检验或由仓管员实施验证,经检验或验证合格的才能接收和投产。

(2)因生产急需来不及检验而入库存放的进货,应经审批,分开存放在例外转序区,或由仓管员放上"例外转序"标牌。

3. 工序检验

按规定进行生产工序关键质量控制点进行检验,经检验合格的才能转入下道工序,不合格品立即交付返工。

4. 最终检验

(1)化验室检验员根据标准或合同要求进行成品的最终检验。

(2)最终检验项目包括:感观、净含量、菌落总数、大肠菌群、水分等必备的出厂检验项目。检验按规定实施逐项检验,并作检验记录,出具检验报告、注明检验合格后生效。所有最终检验都已实施且检验结果都合格的产品,才能向客户交付。

(3)最终检验不合格的产品,按本手册相关的规定执行。

5. 检验设备和设施

(1)设立与生产能力相适应的、独立的检验机构,根据检验任务要求配备相应的、能胜任检验工作的检验员。

(2)具备检验工作所需要的检验仪器设施、设备和药品。

(3)具备书面的检验标准和方法。

(4)检验仪器设备按计量器具检定规定要求进行首次检定和定期检定,经检定合格后才能用于检验。由生产科负责安排人员按规定将测量仪器设备送检,作送检记录。经检定合格的贴上"计量检定合格"的绿色标识,经检定不合格的,贴上"禁用"的红色标识。

(5)日常工作中,应经常作校准检验,发现计量器具偏差或损坏时,检验员应立即停止使用、贴上"禁用"标识,并联系维修。

(6)超过计量周期而未及时计量校准的测量器具,计量员应贴上"禁用"标识,统一收回管理。

(7)经维修正常的测量器具,计量员应进行验收,经验收合格的才能继续使用。

(8)检验设备的计量校准应作记录,并妥善保存。

(9)检验员应熟练掌握检验设备的"使用操作规程",正确使用检验设备,防止因操作失误使检验设备损坏或定位失效,检验设备(如金属探测器等)应指定专人管理。

(10)每位检验员在使用检测设备前必须先检查设备运行状态,正常的检测设备才能使用。

(11)检验设备放置在合适的工作环境,定点放置,不得随意搬动,在必要搬动、储存和保养期间,应采用适当防护措施,保持检验设备完好无损。

(12)检验仪器设备出现偏差失准时,检验员应立即停止检验,并对以前检验的产品进行逐批追溯检验,追溯检验结果应于完成检测后 24 h 内送交生产科进行审核和评估。

(13)严重损坏、无法修复的,作报废的检验设备应集中隔离存放,及时清理出检验场所。

第十二章　不合格品控制

一、目的

对不合格品进行控制,防止接收和交付不合格品。

二、管理规范

1. 经检验不合格的原辅材料

必须退回,不得用于生产加工。特殊情况下经检验员检验分析,报厂长审批后才能让步接收。

2. 在生产过程中挑出的少量不合格品

放入不合格品专用容器内,或交付返工、返修。

3. 生产过程中,经检验的少量不合格品

检验员出具"不合格品通知单"作检验状态标识。生产车间或仓库根据"不合格品通知单"隔离不合格品,不合格品的返工、返修、让步接收必须经厂长审批,降级使用和报废处理也必须报厂长审批。

4. 跌落地面的半成品

操作工应立即拾起按工艺规定处理,或放入不合格品专用容器内,班后集中处理。

5. 半成品生产中挑选出的废品必须放在废品专用容器内,班后集中报废处理

6. 生产过程中因停电、停水等原因导致半成品积压时,应停产并隔离可疑产品,并按本款第 3 条的规定执行

7. 被传染病、寄生虫和有毒、有害物资污染而隔离的食品

由检验员进行检验分析,检验结果报厂长评估、审核处理。

8. 在定时检验和监控点发现不合格品时

检验员应通知后工序扣留上一次检测时间到本次检测之间的产品隔离存放,放上不合格品标牌,按本款第 3 条的规定执行。

9. 最终检验和库存品检查时发现的不合格品

检验员出具"不合格品通知单",发给仓库,隔离存放,不合格品按本款第 3 条的规定执行。

10. 批量不合格品的评估和审批要作记录,填写在"不合格品通知单"上以保证可追溯性

11. 有关部门根据审批决定对不合格品进行返工或返修

经返工或返修的产品应及时通知检验员重新检验,检验合格后才能放行。

12. 客户提供产品的处理必须事先征得客户同意并经厂长审批后处理

第十三章　内部质量审核

一、目的

验证卫生质量体系运行的有效性,不断完善质量体系。

二、管理规范

1. 每年至少进行一次内部质量审核,总的审核面覆盖所有质量体系要素

2. 在开展内部质量审核之前由厂长指定、并成立审核组

3. 审核人员应经培训合格,且独立于被审核领域,以保证审核的公正性

4. 审核前要召集会议

明确当次内部质量审核的目的、依据和范围,分工准备"核查表",保证按计划开展内部质量审核活动。

5. 开展内部质量审核活动应做到

(1)原则上按计划内容开展审核活动,如在审核中发现重大质量问题或隐患时,经厂长同意后可以改变或增加核查内容。

(2)保持审核的独立性,不受有关部门和人员的影响和干扰。

(3)认真填写"审核情况记录",将审核情况完整地记录下来。

6. 审核完成后应作审核总结

审核员应及时将发现的不符合项填报"不符合项报告"交厂部审核。在完成审核的三天内召开总结会,宣布审核结果。

7. 接到"不符合项报告"的部门

应在一周内提出纠正措施方案,填写"纠正措施报告",报部门主管审批,并在规定期限内落实纠正措施。

8. 厂部负责跟踪被审核部门纠正措施执行情况,填写"跟踪审核报告"

9. 被审核部门

如没有按期完成纠正措施或纠正措施不能达到预期效果时,应进一步采取纠正措施,直至不符合项得到改正为止。

10. 所有内部质量审核文件和记录在审核完成后交厂部办公室存档

第十四章　质量文件管理

一、目的

按规范管理质量文件和资料,保证与产品质量或质量体系运行有直接影响的人员使用有效的质量文件和资料。

二、管理规范

1. 办公室负责管理质量体系文件

规章制度、外来文件、培训计划文件和人事档案;生产科负责组织编制工艺技术文件、设备管理文件等;化验室负责组织编制和产品质量文件、检验文件等质量管理文件;供销科负责原、辅材料评估和采购文件以及负责产品销售文件管理。各部门指定人员分管本部门的质量文件,按规定进行审批、编号、发放、更改、保存和处理。

2. 编制和审批

(1)各职能部门主管负责组织本部门质量文件的编制。

(2)文件编制后及时送审。

(3)质量文件应经厂长审批后下发执行,部门文件由部门科长或分管领导审批。

3. 编号

(1)经审批的质量手册、工艺技术文件、检验文件和设备管理文件等必须由厂办进行编号。

(2)编号后的文件及时交办公室打印或复制。

4. 文件标识

(1)质量文件在发放前必须加盖文件状态标识印章。

(2)文件标识分为"受控文件"、"非受控文件"和"参考文件"等三种。发文部门在文件的规定部位加盖相应的文件状态标识印章。

5. 发放

(1)质量文件发放到对质量体系有效运行起重要作用的各个场所以保证有关人员能持有或使用质量文件的有效版本。

(2)工艺技术文件、检验文件和设备管理文件的发放根据审批决定执行。

(3)质量文件的发放应办理登记手续,并妥善保存记录。

(4)本公司人员不得持有或使用"非受控文件",不得执行"参考文件"。

6. 更改和回收

(1)文件更改由文件原编制部门提出,报原审批人员审批后执行。原审批人员不在或业务繁忙时,由原审批人员的上级或指定代理人审批,但代理审批人必须获得原审批的背景资料后才能进行文件更改审批。

(2)质量文件的更改应发更改通知单,或者用不易擦去的钢笔等书写工具进行书写更改,更改的方法是:将拟修改的文字圈起来或划去,在其旁边标注上新的内容,并盖上专用更改章,文件重大更改必须整页更换或重新换版。

(3)应及时发放更改页,同时收回作废页。

(4)文件更改后需重新发行新版本时,由文件编制部门提出申请,报文件原审批人审批后执行。

(5)新版文件发放的同时应收回作废文件,作记录。

(6)"非受控文件"和"参考文件"不办理更改和换版。

7. 保存

(1)分管部门负责管理和保存本部门质量文件的原审批件。

(2)合同、生产计划文件以及采购单证等由本部门指定人员负保存。

(3)存档文件应分类编目存放,易于查阅,妥善保管。机密文件应加锁,防止丢失或失密。

(4)文件持有人应妥善保存文件,如有遗失或损坏立即向发文部门文件管理员报告。如离开企业、或工作变动不再需要使用质量文件时,及时办理文件归还手续。

8. 文件处理

(1)作废或过期失效的文件,由发文部门提出处理方案,报文件原审批人员或部门经理审批后执行。

(2)按审批的处理作废文件,并作处理记录。

(3)改为"参考文件"时,由办公室将原标识圈起,并在旁边盖上"参考文件"标识,以防止误用。

9. 来自外部的文件和资料管理

(1)来自外部的质量文件由办公室送厂长审阅批示,并按领导的批示下发有关部门执行。

(2)外来文件的编号、发放、保存、回收和处理参照本章的有关规定处理。

(3)重要的外来资料(如国家标准等),由有关部门主管审阅后交部门文件管理员登记收存。

(4)外来文件或资料失效或换版时,文件管理员应及时收回失效的文件,或加盖"参考文件"标识。

10. 复印质量文件

必须经部门主管核准后才能复印,复印受控质量文件时,复印件的发放按本章的有关规定进行编号、标识和发放等管理。

第十五章　质量记录管理

一、目的

正确记录质量活动,为质量体系运行提供足够、有效的依据。

二、管理规范

1. 质量记录的填写

(1)质量记录使用规定的格式,要求真实、准确、及时和规范地填写,字迹清晰。

(2)不得使用易擦去的铅笔等书写工具作记录。需长期保存的质量记录必须使用钢笔等不易褪色的书写工具作记录或复印存档。

(3)不能随意涂改记录。确需修改时,将拟修改方案圈起或划去,在旁边填写更改内容。

2. 质量记录的收集、整理和编目

(1)各部门都要指定人员管理质量记录。

(2)检验和验证记录应在完成记录的 24 h 内送交部门主管审核。

(3)办公室负责质量记录的归档管理,质量记录应分类、分期整理,并存档。

(4)应妥善保存质量记录,保持适宜的贮存条件,防止质量记录损坏或丢失。

3. 质量记录查阅

(1)需查阅已归档的质量记录时,应经记录保管部门经理同意后才能借阅。

(2)借阅的质量记录应妥善保管,防止损坏和丢失,阅毕及时归还。

4. 质量记录保存期和过期处理

(1)各种质量记录的期限为三年。

(2)人事记录保存至员工离开公司为止。

第十六章　人员管理

一、目的

提高员工素质,保证质量体系持续有效运行。

二、管理规范

1. 人员卫生要求

（1）食品加工人员（包括检验员）每年至少进行一次健康检查，必要时作临时健康检查，新进厂人员应先经体检合格后方可上岗。

（2）凡患有以下疾病之一者，应调离食品生产岗位：活动性肺结核、传染性肝炎、肠道传染病及带菌者、化脓性或渗出性皮肤病、疥疮、手有外伤者、其他有碍食品卫生的疾病。

（3）食品加工人员不得将与生产无关的物品带入加工车间，不得戴首饰、手表、不得化妆；进入车间时应洗手、消毒、穿戴工作服、帽鞋。离开车间时应更换工作服、帽、鞋。

（4）加工人员必须保持个人卫生，工作服应经常换洗，保持清洁，车间内严禁吸烟、进食。

2. 培训管理

（1）办公室负责根据生产实际需要，制订卫生培训计划，指导和组织员工的培训工作。

（2）各部门主管负责组织本部门员工的质量管理知识和专业技术知识的培训。

（3）质量管理知识包括本厂质量管理体系、规章制度、岗位职责及有关法规知识等。

（4）专业技术培训由部门领导或指定的专业技术人员负责，培训包括专业理论和实际操作技能的培训，以及新工艺、新技术的推广实施，应保证每个员工能熟练掌握本岗位操作技能和标准要求。

（5）必要时，委托外部机构进行培训。

3. 培训要求

（1）新进员工必须经过上岗前培训后才能上岗独立操作，上岗前培训内容包括质量管理理论和专业培训。

（2）从事特殊工种的人员（包括检验员、内部质量审核员以及重要设备操作工），应经专业培训合格后才能独立上岗操作。

4. 培训档案的建立

（1）实施培训考核的培训主管应作"员工培训记录"，实施考试应保存试卷，实施考核的记录考核结果，并妥善保存培训档案。

（2）各部门的培训记录，在培训完成后应及时送办公室存档。

（3）经外部机构培训的人员，办公室负责作培训记录。

（4）培训记录保存至该员工离开本厂截止。

附录二　肉制品生产企业岗位职责

生猪屠宰加工职业技能岗位标准、职业技能岗位鉴定规范

1　工种说明

1.1　工种定义

使用各种加工的机械设备和用具,对生猪进行致昏、刺杀放血、清洗、脱毛或剥皮、开膛净腔、劈半、修整分级及产品整理清洗。

1.2　适用范围及对象

本标准适用与肉类加工厂、屠宰厂(场)企业从事生猪屠宰加工的人员。

1.3　技能等级

本工种分为初级工、中级工、高级工三个技能等级。

1.4　文化程度

初中毕业。

1.5　身体状况

健康。

1.6　学徒期

一年,其中培训期4个月,见习期8个月。

2　技能标准

2.1　初级工

2.1.1　知识要求

2.1.1.1　懂得猪解剖学和病理学的一般知识。

2.1.1.2　了解生猪的名称、产地、品种及其特点。

2.1.1.3　懂得猪屠宰加工工艺及操作规程。

2.1.1.4　懂得猪白条肉(片猪)、猪副产品、猪皮的名称、规格及质量标准要求。

2.1.1.5　懂得常用屠宰加工机械设备、工用具的名称、规格型号、性能及使用维护保养的一般知识。

2.1.1.6　懂得屠宰车间、机械设备、工用具和个人的卫生及消毒要求。

2.1.1.7　懂得屠宰加工机械设备、工用具的安全操作技术要求。

2.1.2　操作技能

2.1.2.1　在掌握猪屠宰加工技术的基础上,在本工序上能正确和熟练地操作屠宰加工机械设备和工用具进行屠宰加工或整理加工副产品。

2.1.2.2　能初步鉴别猪白条肉(片猪)、副产品及猪皮的质量。

2.1.2.3　能独立对所使用的屠宰加工机械设备、工用具进行为什消毒工作。

2.1.2.4　能对所用的屠宰加工机械设备一般零部件的检查、拆装、消毒和调整。

2.1.2.5　能发现屠宰加工过程中的机械设备和产品质量的一般性问题,并能予以解决。

2.1.2.6　能正确地处理刀伤和对触电事故人员进行抢救,能正确地使用灭火消防器材。

2.2　中级工

2.2.1　知识要求

2.2.1.1　懂得猪解剖学和病理学的一般知识。

2.2.1.2　了解生猪的名称、产地、品种及其特点。

2.2.1.3　熟悉猪屠宰加工工艺流程及屠宰加工操作的机理和要求。

2.2.1.4　了解猪及其检验目的和方法。

2.2.1.5　熟悉内销、出口猪白条肉(片猪)、猪副产品、猪皮的规格等级及质量标准要求。

2.2.1.6　熟悉屠宰车间的全面卫生和消毒要求。

2.2.1.7　熟悉屠宰加工机械设备构造、原理、性能和使用维护保养的知识。

2.2.1.8　掌握屠宰加工机械设备、工用具的安全操作要求和安全用电知识。

2.2.1.9　了解《食品卫生法》、《动物防疫法》等法规。

2.2.1.10　了解国家《生猪屠宰管理条例》和本地(包括省、自治区、市和县)对生猪屠宰有关的条例、规定、办法。

2.2.2　能正确地操作使用屠宰加工机械设备和工用具。

2.2.2.2　能按生猪屠宰操作规程,生产出合格的产品。

2.2.2.3　掌握猪副产品的整理加工方法。

2.2.2.4　能凭感官鉴别鉴定猪白条肉(片猪)、猪副产品、猪皮的质量。

2.2.2.5　能组织班组人员对厂(车间)进行卫生和消毒工作。

2.2.2.6　能熟练地对加工机械设备进行检查、拆卸、小修、安装、调试。

2.2.2.7　能及时地发现屠宰加工过程中机械设备和产品的质量的较大问题,并能予以解决。

2.2.2.8　具有组织和管理的安全生产的能力。

2.3　高级工

2.3.1　知识要求

2.3.1.1　具有猪解剖学和病理学、食品卫生学的系统的知识。

2.3.1.2　通晓猪屠宰和副产品、猪皮整理加工全生产流程的操作方法、操作机理和要求,以及不同规格要求的产品加工标准。

2.3.1.3　熟悉猪及其产品的检验目的和方法。

2.3.1.4　能识别病害肉、异常肉及副产品,掌握不同规格要求的产品加工标准。

2.3.1.5　看懂机械屠宰设备结构图和屠宰车间工艺设计图。

2.3.1.6　懂得屠宰机械设备各部件的材质、加工精度和装配技术要求。

2.3.1.7　了解目前国内外猪屠宰加工技术水平以及微机管理常识。

2.3.1.8　了解屠宰污水排放量、污水性质、治理方法和排放标准要求。

2.3.2　操作技能

2.3.2.1　能根据生猪品种、产地和季节的变化调整屠宰加工工艺条件。

2.3.2.2　能解决屠宰加工过程中出现的疑难技术和产品质量问题。

2.3.2.3　能协助机修部门(人员)对屠宰机械设备进行修理。

2.3.2.4　能通过对屠宰厂(车间)的技术经济指标的分析,发现问题和提出解决的措施。

2.3.2.5　能对屠宰厂（车间）的技术改造工程等提出意见和建议,参加工厂可行性方案的研究。

2.3.2.6　参加新设备、新工艺的安装、调试工作。

2.3.2.7　掌握电工、钳工的一般操作技术。

2.3.2.8　能对初级、中级工进行示范操作、传授技能。

3　岗位鉴定规范

3.1　鉴定对象

从事或准备从事本职业的人员。

3.2　申报条件

具有下列之一者均可申报相应等级职业技能鉴定。

3.2.1　初级工

3.2.1.1　学徒期满;

3.2.1.2　经职业技能培训和实际培训并取得结业证书;

3.2.1.3　在本工种连续工作年限达2年以上。

3.2.2　中级工

3.2.2.1　取得本职业初级职业资格证书后,在本职业连续工作4年以上;

3.2.2.2　取得经劳动和社会保障行政部门审核认定的以中级技能为培养目标的中等以上职业学校本职毕业证书。

3.2.3　高级工

3.2.3.1　取得本职业中级职业资格证书后,在本职连续工作4年以上,并经本职业高级正规培训取得毕(结)业证书;

3.2.3.2　取得本职业中级职业资格证书后,在本职连续工作6年以上;

3.2.3.3　取得经劳动和社会保障行政部门审核认定的以高级技能为培养目标的高等职业学校本职毕业证书。

3.2.3.4　有特殊贡献的人员,参加全国或全省(自治区、直辖市)级本工种技术比赛获得前6名者,经省(自治区、直辖市)有关行业部门同意,可申报一等级的职业技能鉴定。

肉品品质检验人员职业技能岗位标准、职业技能岗位鉴定规范

1　工种说明

1.1　工种定义

依据国家有关法律、法规、标准,以感官检验为主,仪器检验为辅的方式,对畜禽及其产品的品质进行检验。

1.2　使用范围

本标准适用与肉类加工厂、屠宰厂(场)企业从事肉品品质检验的人员。

1.3　技能等级

本工种分为初级、中级、高级三个技能等级。

1.4　身体状况

健康。

1.5　文化程度

相关专业中专以上文化程度。

2　畜禽产品品质检验员要求

2.1　初级检验员

2.1.1　专业知识要求

2.1.1.1　初步了解《食品卫生法》、《动物防疫法》、《生猪屠宰管理条例》、《生猪屠宰产品品质检验规程》等国家有关肉类产品标准、卫生标准的规定和要求。

2.1.1.2　具有畜禽生理解剖、常见疾病、肉品卫生以及消毒的一般知识。

2.1.1.4　熟悉本岗位品质检验的部位、检验方法、常见病理化及判定处理规定。

2.1.1.5　初步掌握主要产品的规格、等级、质量标准。

2.1.1.6　掌握2～3种常见消毒药品的配制知识、使用方法。

2.1.1.7　了解《肉品卫生检验试行规程》、《畜禽病害肉尸及其产品无害化处理规程》的规定。

2.1.1.8　初步了解、储存环节，防止产品污染和保证肉品质量的知识。

2.1.1.9　初步了解畜禽恶性传染病的危害和应急措施。

2.1.1.10　初步了解畜禽进厂（场）后，宰前、宰后的检验程序和检验记录要求。

2.1.2　技术要求

2.1.2.1　能初步识别病、健康畜，并能判断肉品是否正常。

2.1.2.2　能初步判定产品规格、标准和卫生质量。

2.1.2.3　能进行宰前、宰后检验。

2.1.2.4　能正确确定本岗位应验部位，并做到检验迅速。

2.1.2.5　能在两个检验岗位上独立操作。

2.1.2.6　能按规定要求处理本岗位常见病畜禽及产品。

2.1.2.7　能正确使用维护、保养、检验工具和设备。

2.1.2.8　能正确配制两种以上常用的消毒药品。

2.1.2.9　能做好本岗位检验工作的原始记录。

2.2　中级工

2.2.1　专业和知识要求

2.2.1.1　熟知《食品卫生法》、《中华人民共和国产品质量法》、《动物防疫法》、《生猪屠宰管理条例》、《生猪屠宰产品品质检验规程》、《生猪屠宰管理条例实施办法》和国家有关肉类产品标准及卫生标准。

2.2.1.2　具有畜禽生理解剖、微生物、常见疾病、肉品卫生基本知识。

2.2.1.3　熟知常用消毒药品的性能、配制、使用方法和消毒原理。

2.2.1.4　具有畜禽常见病的诊断知识。

2.2.1.5　熟知畜禽屠宰加工或肉制品加工的工艺流程和产品品质检验程序及质量要求。

2.2.1.6　熟知宰前和宰后品质检验程序、部位、方法和判定处理规定。

2.2.1.7　熟知品质检验工具、仪器、设备使用和保养知识。

2.2.1.8　熟知主要产品的规格、等级、质量标准。

2.2.1.9　知《肉品卫生检验试行规程》《畜禽病害肉尸及其产品无害化处理规程》的有关规定和要求。

2.2.1.10　熟知防止肉品污染和贮存保鲜方面的知识。

2.2.1.11　熟知畜禽主要各类传染病的病原、传播途径、危害及紧急控制、预防措施。

2.2.2　技能要求

2.2.2.1　能在四个检验岗位上熟练操作，并做到正确、迅速剖开检验部位，刀口整齐，深浅适度、美观。

2.2.2.2　能正确识别一般疾病常见的临床症状、病理变化，并对这些疾病和有害腺体、种猪和晚阉猪、注水或注入其他物质的畜禽产品，按国家标准规定进行处理。

2.2.2.3　能准确确定产品规格、等级和加工卫生质量是否符合国家标准、行业标准或企业标准。

2.2.2.4　能正确使用、维护、保养检验工具、仪器、设备。

2.2.2.5　能做好本岗位检验工作的原始记录，并对检验工作写出书面总结。

2.2.2.6　能指导、培训初级工。

2.2.2.7　能推广应用先进的检验技术和方法。

2.3　高级检验员

2.3.1　专业知识要求

2.3.1.1　熟知《食品卫生法》《中华人民共和国产品质量法》《动物防疫法》《生猪屠宰管理条例》《生猪屠宰产品品质检验规程》《生猪屠宰管理条例实施办法》和国家有关肉类产品标准及卫生标准的规定要求的主要内容和有关要求。

2.3.1.2　熟悉畜禽生理解剖、病理、微生物、兽医公共卫生和肉类加工管理的知识。

2.3.1.3　熟知常用消毒药品的配制、消毒原理和使用方法。

2.3.1.4　熟知畜禽屠宰加工或肉制品加工工艺流程和产品品质检验程序和应达到的质量标准要求。

2.3.1.5　熟知畜禽检的程序部位、方法和无害化处理规定。

2.3.1.6　熟知畜禽产品的规格、等级、质量标准及执行要求。

2.3.1.7　熟知《肉品卫生检验试行规程》《畜禽病害肉尸及其产品无害化处理规程》的规定和要求。

2.3.1.8　熟知畜禽重要疾病和寄生虫病的鉴别处理及防止肉品污染、贮存保鲜方面的知识，并了解国内外新技术及发展动向。

2.3.1.9　熟知畜禽主要各类传染病的病原、传播途径、危害及紧急控制措施。

2.3.2　技能要求

2.3.2.1　能按规定的程序熟练进行宰前或宰后各个环节的检验，做到剖检部位正确、迅速、刀口整齐、深浅适度、美观。

2.3.2.2　能解决和处理肉品品质检验中遇到的疑难问题。

2.3.2.3　能正确识别疾病的病理变化，并能正确处理病畜禽和有害腺体、种猪和晚阉猪、注水或注入其他物质的肉类产品。

2.3.2.4　能正确确定畜禽产品的规格、等级和加工卫生质量，能正确使用新的检验仪器。

2.3.2.5　能正确使用、维护、保养检验工具、仪器和设备。

2.3.2.6　能做好本部门检验工作记录，写出畜禽产品品质检验总结及分析报告。

2.3.2.7　能运用肉品检验基础理论指导培训初中级人员。

2.3.2.8　能对宰前、宰后各环节中影响肉品的因素提出指导和改进意见。

2.3.2.9　能指导推广应用畜禽产品品质检验新技术，提高检验工作水平。

附录三　肉制品加工工职业技能要求

肉制品加工工指运用专用设备和工艺进行肉制品生产加工的人员。本职业共设五个等级,分别为:初级(国家职业资格五级)、中级(国家职业资格四级)、高级(国家职业资格三级)、技师(国家职业资格二级)、高级技师(国家职业资格一级)。

初级、中级、高级工的职业技能要求如下。

一、初级工职业技能要求

职业功能	工作内容	技能要求	相关知识
一、操作前的准备	(一)卫生整理	1. 能清理操作台、地面,并在工作中保持整洁 2. 能保持工作服、围裙、帽子、工作靴等个人用品卫生 3. 能按照卫生规范程序进出车间	1. 车间环境卫生知识 2. 个人卫生知识
	(二)工具、设备准备	能使用、清洗和保养常用工具、设备	常用工具、设备的使用、保养常识
	(三)原料选择	1. 能正确识别猪肉、牛肉和鸡肉 2. 能对原料肉实施解冻	原料肉的解冻方法
二、原料修整	(一)剔骨	1. 能磨刀 2. 能持刀剔骨,使骨、肉分离	1. 磨刀的操作方法 2. 持刀剔骨的操作要领
	(二)分割	1. 能将肥瘦肉分离 2. 能将分割的各种肉料分放并称重	1. 肥瘦肉分离的操作要领 2. 计量的基本知识
三、原料腌制	腌制	1. 能运用于腌法、湿腌法或注射腌制法对原料肉进行腌制 2. 能测量并记录腌制的温度和时间	1. 原料肉的腌制方法 2. 注射机的操作规程 3. 腌制的温度和时间要求
四、肉制品加工(按所加工的肉制品的类别,选择表中所列七项中的一项)	腌腊制品加工	1. 能对特殊产品在腌制前进行擦盐处理 2. 能装缸 3. 能根据产品要求进行翻缸	1. 擦盐的方法 2. 装缸的要求 3. 翻缸的作用

续表

职业功能	工作内容	技能要求	相关知识
	干制品加工	1. 能将修整好的肉料预煮 2. 能将预煮后的肉料脱水 3. 能撇油、收汤 4. 能把调味后的肉块或肉片摊盘上架	1. 预煮的要求 2. 脱水的方法 3. 撇油的技巧 4. 摊盘上架的要求
	酱卤制品及油炸制品加工	1. 能按要求焯水后码放装锅 2. 能按要求翻锅、起锅 3. 能使用绞肉机制作肉馅 4. 能制作不同规格的丸子 5. 能准确测量汤温、油温	1. 装锅、翻锅、起锅的要求 2. 绞肉机、丸子成型机的操作规程
	熏烧烤制品加工	1. 能按产品要求进行熏烧烤前的整形处理 2. 能给原料均匀上色 3. 能按要求将原料挂入烤炉 4. 能烧炉,并测量炉温	1. 熏烧烤前处理工艺要求 2. 上色的技巧 3. 烧炉的方法
	灌制品加工	1. 能使用绞肉机和搅拌机绞肉制馅 2. 能按容量要求投料,并合理控制温度 3. 能完成一个品种灌制品的充填和结扎 4. 能完成一个品种灌制品的煮制	1. 绞肉机、搅拌机、充填机、结扎机、煮锅、夹层锅的操作要领 2. 不同产品制馅后的温度要求 3. 煮制的方法
	西式火腿制品加工	1. 能使用注射机、滚揉机进行注射腌制 2. 能使用绞肉机、搅拌机、嫩化机制馅 3. 能按容量要求投料,并合理控制温度 4. 能使用模具压模成型 5. 能完成一个品种西式火腿制品的煮制	1. 滚揉机、绞肉机、搅拌机、嫩化机、煮锅、夹层锅的操作要领 2. 压模的方法 3. 煮制的工艺要求

续表

职业功能	工作内容	技能要求	相关知识
	中式火腿制品加工	1. 能按要求修割腿坯 2. 能给修割后的腿坯擦盐 3. 能按要求洗腿 4. 能将洗过的腿按大、中、小分类吊挂在晒架上，并标明批次	1. 修割腿坯的步骤和要求 2. 擦盐的要求 3. 洗腿的步骤和要求
五、成品包装、储藏	（一）冷却	1. 能合理码放冷却物 2. 能按要求对冷却物进行温度检测	冷却的方法与要求
	（二）包装	1. 能够操作包装机械，对成品实施包装 2. 能操作脱模设备脱模 3. 能使用打码设备为成品打标 4. 能正确称量包装物	1. 包装、脱模及打码设备的操作规程 2. 磅秤的使用方法
	（三）储藏	能根据不同类别产品正确堆码储藏品	储藏库堆码规范

二、中级工职业技能要求

职业功能	工作内容	技能要求	相关知识
一、操作前的准备	（一）卫生整理	1. 能按配方配制消毒剂（液） 2. 能按要求对设备、工器具消毒 3. 能使用刷箱设备清洗食品箱	1. 消毒剂的配制方法 2. 消毒的方法 3. 刷箱设备的操作规程
	（二）原料选择	1. 能识别原料肉的部位 2. 能判断原料肉品质的优劣、新鲜度 3. 能识别不同原料肉的有害腺体	1. 原料肉的修割标准 2. 原料肉质量感官鉴定知识 3. 畜禽的解剖知识
	（三）辅料选择	1. 能识别常用辅料的品种 2. 能掌握食品添加剂的使用方法及添加量	1. 常用辅料的基本知识 2. 食品添加剂的基本知识

续表

职业功能	工作内容	技能要求	相关知识
二、原料修整	（一）分割	1. 能将肉修割成自然形、肉片、肉块、肉条、肉丁等形状，达到刀工整齐、规格完整 2. 能除去瘦肉中明显可见的夹层脂肪，并除尽对产品风味和质量不利的杂质	1. 自然形、肉片、肉块、肉条、肉丁的规格要求 2. 原料分割的操作要领
	（二）整形	能根据产品的特定要求对整只畜禽或部位肉实施捆扎成型，做到造型美观	原料捆扎成型操作要领
三、原料腌制	腌制	1. 能采用混合腌制法进行腌制 2. 能使用滚揉机进行腌制 3. 能根据不同产品的需要调整注射机、滚揉机的工作参数 4. 能识别腌制后的原料肉	1. 滚揉机的操作规程 2. 不同产品腌制的工艺要求 3. 腌制成熟的标志
四、肉制品加工（按所加工的肉制品的类别，选择表中所列七项中的一项）	腌腊制品加工	1. 能根据产品需要对肉料进行腌制后的整形 2. 能洗肉坯，并把水晾干 3. 能按不同产品要求实施晾晒 4. 能根据产品需要烘烤或熏制	1. 原料整形的方法 2. 晾晒的方法与要求 3. 烘烤或熏制的方法
	干制品加工	1. 能起锅、分锅 2. 能使用擦松机进行擦松 3. 能使用跳松机进行跳松、拣松 4. 能使用干燥箱、烘烤炉进行烘干	1. 起锅、分锅的操作要领 2. 跳松、拣松的工艺要求 3. 擦松机、跳松机、干燥箱、烘烤炉的操作规程
	酱卤制品及油炸制品加工	1. 能辨别不同产品的味道	1. 味的概念和种类 2. 煮制的作用和方法

续表

职业功能	工作内容	技能要求	相关知识
	酱卤制品及油炸制品加工	2. 能使用不同煮制设备进行煮制 3. 能在油炸前进行滚粉 4. 能使用油炸锅按不同产品的要求进行油炸	3. 滚粉的要求 4. 油炸的作用和方法 5. 煮制设备、油炸锅的操作规程
	熏烧烤制品加工	能使用烤炉按不同产品的要求进行熏制、烤制	熏制、烤制的方法与要求
	灌制品加工	1. 能使用斩拌机、乳化机拌馅,并按原料、辅料的添加顺序投料 2. 能识别肠衣的种类、规格和用途 3. 能完成2个以上品种灌制品的充填和结扎 4. 能测量炉温和制品的中心温度 5. 能完成2个以上品种灌制品的熟制或风干	1. 斩拌机、乳化机的操作要领 2. 斩拌中原辅料的添加顺序 3. 肠衣的种类、规格和用途 4. 充填和结扎的工艺要求 5. 熟制或风干的方法与要求
	西式火腿制品加工	1. 能识别肠衣、收缩膜的种类、规格和用途 2. 能在搅拌过程中按原料、辅料的添加顺序投料 3. 能使用充填机、结扎机、压模机进行灌装、结扎 4. 能按要求进行针刺排气 5. 能在熟制过程中测量水温、炉温和制品的中心温度	1. 肠衣、收缩膜的种类、规格和用途 2. 搅拌中原辅料的添加顺序 3. 充填和结扎的工艺要求 4. 充填机、结扎机、压模机的操作要领 5. 熟制的温度要求
	中式火腿制品加工	1. 能按要求晒腿、做腿,使腿形美观 2. 能根据产品要求调控发酵场的温度、湿度 3. 能按要求调整发酵场内火腿的悬挂密度 4. 能按要求落架、堆叠	1. 晒腿、做腿的步骤和要求 2. 发酵场的工艺要求 3. 火腿的悬挂密度要求 4. 落架、堆叠的方法和要求

续表

职业功能	工作内容	技能要求	相关知识
五、成品包装、储藏	（一）感官检验	能对成品的品质、规格、包装进行鉴别，并测量中心温度	不同产品的感官检验知识
	（二）包装	1. 能识别包装材料的品种和规格 2. 能够根据不同产品的需要正确调整真空包装机械的工作参数	1. 包装材料的品种、规格和用途 2. 包装的工艺要求
	（三）储藏	1. 能够定期对储藏库进行消毒 2. 能测定储藏库的温度、湿度	消毒工艺流程

三、高级工职业技能要求

职业功能	工作内容	技能要求	相关知识
一、操作前的准备	（一）原料选择	1. 能根据肉制品的品种选用原料及部位 2. 能鉴别不同原料肉的等级和肉质	1. 常用原料的使用知识 2. 原料肉的等级鉴定标准
	（二）辅料选择	1. 常用辅料及添加剂的使用知识 2. 食品添加剂国家标准	
二、原料修整	分割	1. 能除去不同原料肉的有害腺体 2. 能对畜禽胴体进行综合利用	畜禽胴体的综合利用知识
三、原料腌制	腌制液配制	能根据不同制品的腌制要求，准确配制腌制液	1. 腌制的原理 2. 腌制液的配制方法
四、肉制品加工（按所加工的肉制品的类别，选择表中所列七项中的一项）	腌腊制品加工	1. 能判断腌制成熟的程度 2. 能根据产品调整烘烤或熏制的温度和时间 3. 能正确选择熏料 4. 能在晾晒或烘烤或熏制后对产品进行整形	1. 烘烤或熏制的工艺要求 2. 熏料的种类与要求 3. 产品整形的方法
	干制品加工	1. 能将制品焖酥，并能根据肉质调整焖酥时间	1. 焖酥的要求 2. 炒松的技巧 3. 炒松机的操作规程

续表

职业功能	工作内容	技能要求	相关知识
	干制品加工	2. 能使用铲锅或炒松机炒松 3. 能根据产品需要进行脱水干制	4. 脱水干制的方法
	酱卤制品及油炸制品加工	1. 能根据投料测算加水量或加油量 2. 能恰当掌握煮制或油炸的火候 3. 能配制裹粉并挂糊上浆 4. 能判断原料成熟程度和起锅时间	1. 酱卤制品加工的工艺要求 2. 油炸制品加工的工艺要求 3. 起锅的方法
	熏烧烤制品加工	1. 能恰当掌握熏、烤火候和熏烟浓度 2. 能根据产品合理控制熏、烤温度和时间 3. 能选择和使用烟熏材料	熏制、烤制的工艺要求
	灌制品加工	1. 能判断肉馅的乳化程度 2. 能选择和使用烟熏材料 3. 能使用烘烤炉、烟熏炉进行熟制，并达到成品的质感要求 4. 能使用高压灭菌罐对产品进行杀菌处理	1. 乳化制馅的质量要求 2. 烟熏材料的使用知识 3. 烘烤炉、烟熏炉、高压灭菌罐的操作要领
	西式火腿制品加工	1. 能判断腌制成熟的程度 2. 能选择和使用烟熏材料 3. 能使用烟熏炉完成烘烤、烟熏、蒸煮熟制，并达到成品的质感要求	1. 烟熏的方法和材料 2. 烟熏炉的调试与保养
	中式火腿制品加工	1. 能在选料时鉴别优劣鲜腿 2. 能按产品要求进行堆叠腌制 3. 能按要求对火腿进行发酵	1. 原料的等级标准与鉴别方法 2. 腌制的步骤与技巧 3. 发酵的步骤与技巧

续表

职业功能	工作内容	技能要求	相关知识
五、成品包装、储藏	（一）冷却	能根据产品调整冷却间的温度、湿度	冷却间的工艺要求
	（二）包装	能根据不同产品的需要调整拉伸包装机的工作参数，并能调换模具	1. 拉伸包装机的操作要领 2. 换模的方法
	（三）储藏	能监控储藏库内产品的质量	储藏库管理规范
六、产品试制	产品试制	能够独立制作色、香、味、形俱佳，各项理化指标合格的产品	肉与肉制品的国家标准及行业标准
七、生产管理	（一）成本核算	1. 能节约用料、物尽其用，最大限度地提高成品率 2. 能进行工段产品的成本核算	1. 成本控制的基本知识 2. 成本核算的方法
	（二）技术管理	1. 能及时发现工段产品的质量问题，确保不合格产品不得进入下一工段 2. 能支持并推行全面质量管理	1. 生产管理的有关知识 2. 全面质量管理知识

附录四　肉制品车间管理规章制度

车间管理规章制度生产部:负责公司生产计划的制订和产品质量的管理。

(1)认真做好生产计划,保证产品供应。

(2)合理安排产品及原辅料的库存,定期查库,保证正常生产。

(3)执行各项规章制度,并监督实施。

(4)严格产品质量和卫生管理,保证产品质量。

(5)认真执行厂规、厂纪,加强安全教育,做到文明生产。

(6)配合技术部,落实各项产品工艺规程和设备操作规程,爱护企业财产。

(7)做好爱厂敬业教育,定期进行员工培训。

生产车间

(1)认真落实食品卫生法和卫生管理制度,做到车间卫生清洁,无污水存积、无卫生死角。

(2)落实文明生产制度,抓好安全教育,加强安全检查,消除安全隐患,杜绝安全事故发生。

(3)做好车间工人的劳动考勤,合理安排生产。

(4)严格质量管理,确保产品符合质量标准。

(5)各工序间如发现上道工序所出的半成品有质量问题,有权拒收,并及时汇报。

(6)熟练劳动技能,开展劳动竞赛。

(7)认真落实设备操作规程,爱护设备,按时保养。

(8)各班组应相互配合,注意协调,不得有产品过多积压。

(9)注意节约、节能降耗、降低生产费用。

(10)认真填写生产报表,按时上报。

生产车间各工序

生加工区

1. 原料库

(1)冷库内必须做到整洁卫生,垛位整齐,走道畅通,垛位存放应按保持合理的堆距和高度,原料的进出本着先进先出,分类码放。

(2)符合检验标准的原料肉存放在冷库中,对腐败变质的原料肉不得存放库中。

(3)随时观察库中的温度,超出标准立刻通知有关部门。

(4)原料肉的领用必须手续齐全,严格执行领用手续,随时记录领用的情况,做到日清月结。

(5)库内不可存放异味大的物品,如鱼虾和其他类物品,防止原料肉交叉感染。

(6)进出冷库随手关门,防止冷源流失。

(7)做好防鼠工作。

2. 解冻、修整

(1)解冻池内保持洁净卫生,不许有油污和杂物(班前检查)。

(2)检查原料的质量必须符合标准,质量有问题的原料肉严禁解冻分解。

(3)解冻时间、方式应根据加工工艺的要求。

（4）修整工应把解冻好的分割原料肉去除筋膜、血污、淋巴、脏物、碎骨等。严格按加工工艺的要求修整。

（5）分解好的原料肉及时送到下道工序，不可长时期存放在常温车间。

（6）工作结束刀具和容器、手套应清洗、消毒。

3. 绞肉、切丁

（1）按照设备操作规程作好班前设备的检查工作和卫生检查（包括原料肉存放盒和孔板、刀具）。

（2）根据加工工艺的要求将原料肉绞成或切成规格不同的肉颗粒/肉馅。

（3）及时将加工好的原料送交下道工序。

（4）刀具、孔板更换和卫生清理及摆放和操作的方法必须清楚，并严格执行（这项工作直接影响到最终产品的质量）。

（5）工作结束后及时清理卫生，防止留死角残渣，以免造成原料肉污染。

4. 斩拌

（1）按照设备操作规程做好班前设备检查和卫生检查（包括刀具、斩拌盘）。

（2）根据工艺的要求将原料肉投入斩拌盘内开始工作，逐次加入辅料、冰水等，控制好肉馅的斩拌温度（认真检查辅料和冰水投入数量，严禁错误投入）

（3）及时将加工好的肠馅送到灌制工序以便灌制。

（4）设备停运时一定要严格按照设备操作规程，先按斩拌盘停止扭，再按斩拌刀停止扭。

（5）工作结束后清理卫生，刀具检查（以免刀钝工作，影响最终产品质量）。

5. 搅拌

（1）按照设备操作规程做好设备检查和卫生检查，空气罐储气情况，开启空气阀。

（2）根据工艺要求将原料肉用提升机投放到搅拌机内，逐次加入冰水、辅料（认真检查辅料和冰水投入数量，严禁错误投入，时间由工艺决定。）

（3）及时将加工好的肠馅送到灌制工序以便灌制。

（4）工作结束后，清理卫生，绞龙叶片上严禁残留肉渣，关闭空气罐进汽阀。

（5）观察提升机丝杠的油润滑情况。

6. 腌制、注射液配制、注射、嫩化

（1）将准备好的冰水放入储液罐，然后逐次加入配制好的辅料，经搅动后，液体辅料完全溶解（辅料数量准确，冰水质量准确）。

（2）按设备操作规程作好班前准备和卫生检查。

（3）检查已备好的原料肉是否符合工艺要求。

（4）注射量的多少严格按照工艺要求，控制好注射温度。

（5）注射完毕后，注射肉及时送到滚揉车间或嫩化机工序不可延误，防止肉温上升、注射液析出。

（6）工作结束后认真清理卫生（针头、盐水配制器、上液泵、嫩化机的刀片、滚轴等）。

7. 滚揉

（1）滚揉车间温度 0～4℃，工作时间经常检查库温，发现温度异常，及时通知有关人员，车间内保持清洁卫生。

（2）按照滚揉机操作规程和卫生检查规定，做好准备工作，投入注射（嫩化）的肉致滚揉罐中。

（3）按照工艺要求调定滚揉时间、真空度。

（4）滚揉好的产品，打开滚揉罐盖，观看滚揉情况，如发现异常情况立即通知质检人员及有关人员，不得私自处理或转交下道工序。

（5）滚揉好的半成品及时送到灌制车间。

（6）工作结束后及时清理卫生，检查真空泵油位，真空管道。

8. 灌制

（1）根据工艺的要求领取各类肠衣、卡扣、线绳、挂钩等。

（2）按操作设备规程要求和卫生规定做好准备。

（3）上道工序（搅拌、斩拌、滚揉）准备好的原料馅，加入设备料斗内，按工艺要求进行加工，如发现原料馅不符合质量标准，通知有关人员签定。

（4）安排好生产次序，如原料馅积压应暂时存放在滚揉间，防止原料馅升温，影响最终产品质量。

（5）灌装好的产品及时送到下道工序蒸煮间，以防灌制好的产品时间过长，外形改变、温度升高，影响最终产品质量。

（6）工作结束，清理卫生，存放好设备内余馅。

熟加工区

蒸煮

（1）全自动烟熏室、蒸柜。

①按照操作规程和卫生规定作好班前准备。

②按照工艺的要求调整各段工序仪表，调动数字要严格遵照工艺指定的标准，以保证最终产品的质量。

③在熟制的过程中不得擅自离开岗位，如发现异常情况及时采取措施，以防成品造成更大的损失。（进蒸气阀、风扇、烟雾发生器故障、停电、停气）以上情况必须通知有关部门采取紧急措施。

④工作结束，清理卫生，关闭各种阀门（蒸气、水、空气、总阀门）。

（2）水煮池。

①按照工艺标准掌握蒸气温度，熟制时不可离开工作岗位，随时观察水温的变化，手动开启蒸汽阀以保恒定温度，以保产品质量。

②产品完成温度要求后到规定时间即可出水池送到下一工序。

③工作完毕清理卫生。

冷却间

①负责熟制后的成品经水冷却后放入冷却间，温度 0~4℃。

②保持冷却间清洁卫生。

③货架车摆放整齐，严格掌握冷却时间（按工艺要求）。包装①②③④保持包装间整洁、干燥、温度 14℃。冷却后的成品按工艺要求分类、包装。封装袋工人双手必须经消毒，装袋时防止异物装入袋内，严禁错装成品。真空包装机封口要符合要求。

⑤真空包装袋必须打印出厂日期，贴好标签，严防漏贴。

⑥包装箱内，产品数量准确，产品合格，包装合格，放入合格证，打印装箱入编号，后即可封

箱,箱表面有明显的名称标志。

⑦各种成品分类、存箱,一批成品完成后立即转入成品库存放,以保证成品的存放期。

⑧禁止非工作人员进入以防成品污染。

成品库

①成品库地面保持整洁、干燥,成品箱码放整齐,留有人行通道,按品种分类并有明显标志,严禁错放乱放。

②有齐全的进货和出货手续,严禁无手续出货、进货及登账,做到日清日结月盘点。

③禁止非工作人员进入。

④做好防鼠工作。

附录五　肉制品检验项目表

(一)腌腊肉类制品

1. 咸肉类

序号	检验项目	发证	监督	出厂	备注
1	感官	√	√	√	
2	酸价	√	√	√	板鸭(咸鸭)检验此项目
3	挥发性盐基氮	√	√	√	腌猪肉检验此项目
4	过氧化值	√	√	√	
5	亚硝酸钠	√	√	*	
6	食品添加剂(山梨酸、苯甲酸)	√	√	*	
7	净含量	√	√	√	定量包装产品检验此项目
8	标签	√	√		

注:依据 GB 2730、SB/T 10294 和 GB 2760 等。

2. 腊肉类

序号	检验项目	发证	监督	出厂	备注
1	感官	√	√	√	
2	酸价	√	√	√	
3	亚硝酸盐	√	√	*	
4	食品添加剂(山梨酸、苯甲酸)	√	√	*	
5	净含量	√	√	√	定量包装产品检验此项目
6	标签	√	√		

注:依据 GB 2730 和 GB 2760 等。

3. 中国腊肠类

序号	检验项目	发证	监督	出厂	备注
1	感官	√	√	√	
2	水分	√	√	√	
3	食盐	√	√	*	
4	蛋白质	√	√	*	香肚不检验此项目
5	酸价	√	√	√	
6	亚硝酸盐	√	√	*	
7	食品添加剂(山梨酸、苯甲酸)	√	√	*	
8	净含量	√	√	√	定量包装产品检验此项目
9	标签	√	√		

注:依据 GB 2730、SB/T 10003、SB/T 10278 和 GB 2760 等。

4. 中国火腿类

序号	检验项目	发证	监督	出厂	备注
1	感官	√	√	√	
2	过氧化值	√	√	√	
3	三甲胺氮	√	√	√	
4	亚硝酸盐	√	√	√	
5	瘦肉比率	√	√	√	宣威火腿和金华火腿检验此项目
6	水分	√	√	√	宣威火腿和金华火腿检验此项目
7	盐分	√	√	√	宣威火腿和金华火腿检验此项目
8	质量	√	√	√	金华火腿检验此项目
9	食品添加剂（山梨酸、苯甲酸）	√	√	*	
10	净含量	√	√	√	定量包装产品检验此项目
11	标签	√	√		

注:依据 GB 2730、GB 18357、GB 19088 和 GB 2760 等。

(二)酱卤肉类制品

1. 白煮肉类、酱卤肉类

序号	检验项目	发证	监督	出厂	备注
1	感官	√	√	√	
2	菌落总数	√	√	√	
3	大肠菌群	√	√	√	
4	致病菌	√	√	*	
5	亚硝酸钠	√	√	*	
6	食品添加剂（山梨酸、苯甲酸）	√	√	*	
7	净含量	√	√	√	定量包装产品检验此项目
8	标签	√	√		

注:依据 GB 2726 和 GB 2760 等。

2. 肉松类和肉干类

序号	检验项目	发证	监督	出厂	备注
1	感官	√	√	√	
2	菌落总数	√	√	√	
3	大肠菌群	√	√	√	
4	致病菌	√	√	*	

续表

序号	检验项目	发证	监督	出厂	备注
5	水分	√	√	√	
6	脂肪	√	√	*	
7	蛋白质	√	√	*	
8	氯化物	√	√	*	
9	总糖	√	√	*	
10	淀粉	√	√	*	
11	食品添加剂（山梨酸、苯甲酸）	√	√	*	
12	净含量	√	√	√	定量包装产品检验此项目
13	标签	√	√		

注：依据 GB 2726、SB/T 10281、SB/T 10282 和 GB 2760 等。

（三）熏烧烤肉类制品

序号	检验项目	发证	监督	出厂	备注
1	感官	√	√	√	
2	细菌总数	√	√	√	
3	大肠菌群	√	√	√	
4	致病菌	√	√	*	
5	苯并(a)芘	√	√	*	烧烤产品检验此项目
6	亚硝酸钠	√	√	*	
7	食品添加剂（山梨酸、苯甲酸）	√	√	*	
8	水分	√	√	√	肉脯类检验此项目
9	脂肪	√	√	*	肉脯类检验此项目
10	蛋白质	√	√	*	肉脯类检验此项目
11	氯化物	√	√	*	肉脯类检验此项目
12	总糖	√	√	*	肉脯类检验此项目
13	净含量	√	√	√	定量包装产品检验此项目
14	标签	√	√		

注：依据 GB 2726、SB/T 10283 和 GB 2760 等。

(四)熏煮香肠火腿类制品

1. 熏煮香肠类

序号	检验项目	发证	监督	出厂	备注
1	感官	√	√	√	
2	菌落总数	√	√	√	
3	大肠菌群	√	√	√	
4	致病菌	√	√	*	
5	亚硝酸盐	√	√	*	
6	食品添加剂(山梨酸、苯甲酸、胭脂红)	√	√	*	
7	蛋白质	√	√	*	
8	淀粉	√	√	*	
9	脂肪	√	√	*	
10	水分	√	√	*	
11	氯化物	√	√	*	
12	净含量	√	√	√	定量包装产品检验此项目
13	标签	√	√		

注:依据 GB 2726、SB 10251、SB/T 10279 和 GB 2760 等。

2. 熏煮火腿类

序号	检验项目	发证	监督	出厂	备注
1	感官	√	√	√	
2	菌落总数	√	√	√	
3	大肠菌群	√	√	√	
4	致病菌	√	√	*	
5	亚硝酸盐	√	√	*	
6	食品添加剂(山梨酸、苯甲酸、胭脂红)	√	√	*	
7	铅	√	√		每年检验一次
8	苯并(a)芘	√	√	*	经熏烤的产品应检验此项目
9	蛋白质	√	√	*	
10	脂肪	√	√	*	
11	淀粉	√	√	*	
12	水分	√	√	*	
13	氯化物	√	√	*	
14	净含量	√	√	√	定量包装产品检验此项目
15	标签	√	√		

注:依据 GB 2726、SB/T 10280 和 GB 2760 等。